新编高职旅游大类精品教材

PENGTIAO GONGYIXUE

烹调工艺学

（第3版）

主　编：邵万宽

副主编：史红根　罗林安

参　编：颜　忠　郝志阔　戴明权

旅游教育出版社
·北京·

图书在版编目（ＣＩＰ）数据

烹调工艺学 / 邵万宽主编. -- 3版. -- 北京 : 旅
游教育出版社，2022.1

新编高职旅游大类精品教材

ISBN 978-7-5637-4298-1

Ⅰ. ①烹… Ⅱ. ①邵… Ⅲ. ①烹饪－方法－高等职业
教育－教材 Ⅳ. ①TS972.11

中国版本图书馆CIP数据核字(2021)第167033号

新编高职旅游大类精品教材

烹调工艺学（第3版）

邵万宽　主编

责任编辑	郭珍宏
出版单位	旅游教育出版社
地　　址	北京市朝阳区定福庄南里 1 号
邮　　编	100024
发行电话	（010）65778403　65728372　65767462（传真）
本社网址	www.tepcb.com
E - mail	tepfx@163.com
排版单位	北京旅教文化传播有限公司
印刷单位	三河市灵山芝兰印刷有限公司
经销单位	新华书店
开　　本	787 毫米 × 1092 毫米　1/16
印　　张	21.25
字　　数	419 千字
版　　次	2022 年 1 月第 3 版
印　　次	2022 年 1 月第 1 次印刷
定　　价	52.80 元

（图书如有装订差错请与发行部联系）

前言

中国高等烹饪职业教育已走进一个新的时代，传统的"三段式"烹饪教学模式已被"理论实践一体化"的教学方式所替代。烹饪职业教育只有与行业的发展紧密相连，才能培养出受企业欢迎的高级烹饪技术人才。

《烹调工艺学》是烹饪专业的核心课程之一，它不仅涉及烹调工艺的具体内容，还联系到现代厨房的生产与经营。学好这门课程，对学生进入工作岗位和创业都有很大的帮助。

本教材结合现代职业教育的实际，以就业为导向来设计体例，从烹调入门开始，重点突出操作技能，在实践的基础上使学生掌握必要的基础理论，并引导学生重视烹饪工艺的革新。我们在总结多年从事职业教育教学经验的基础上，本着先进性、适用性、系统性、科学性、创新性的原则编写本教材。

本教材的编写，在体例上突破传统教材的常规，全书共分十个模块，每个模块下设多项任务，每项任务以"活动"的方式进行。教材采用了学习目标、模块内容概述、导入案例、提出问题、任务分解、思考与练习的结构模式，突出技能的训练、知识的运用，使学生真正做到"做中学，学中做"，并力求突出以下特点：

第一，从"理论实践一体化"教学思路出发，在继承传统烹调技艺的基础上，强调先行后知、知行结合、由浅入深、循序渐进。

第二，以当代实用的烹饪技法为主，突出重点。既照顾内容的完整性，又避免理论的堆砌，删繁就简，强调以实用有效为原则。

第三，注重基本功训练与创新能力相结合、教学实践与企业生产相结合，力求将现代厨房烹调工艺生产知识融入企业实际经营业务背景之中。

本教材由南京旅游职业学院邵万宽任主编，南京旅游职业学院史红根、武汉商学院罗林安任副主编。参加编写的有：南京旅游职业学院邵万宽（模块一、模块二、模块三、模块十）、史红根（模块六、模块七），武汉商学院罗林安（模块四、模块九），南京旅游职业学院颜忠（模块八），广东环境保护工程职业学院郝志阔（模块五）；此外，南京白鹭宾馆餐饮部经理兼行政总厨戴明权参与编写了部分内容，并提出了许多建设性的意见。

全书由邵万宽编写大纲和体例，并进行统稿和总纂，对部分模块内容进行了修改和增补。

本教材在编写过程中，参考了国内相关的烹饪工艺专业书籍，以及有关专业人员对烹调技术研究的部分成果，在此向相关作者表示诚挚的谢意！由于编写时间仓促以及编者的水平有限，书中难免有疏漏和不足之处，恳请广大同行、读者提出宝贵意见。

编者

2022 年 1 月

目　录

模块一　烹调入门

学习目标

知识目标　了解烹调工艺的基本操作流程和工艺特色；熟悉烹调工艺学的性质和研究内容；了解现代厨房设计和布局要领；熟悉中餐厨房常用设备和工具使用知识；了解中餐厨房的工种设置与工作范围；熟悉烹调师上岗操作的基本要求；掌握《食品安全法》中食品生产安全知识。

技能目标　掌握烹调工艺的操作流程；把握现代厨房的设计要领并学会分析；熟悉和合理使用中餐厨房设备和工具；树立良好的职业道德观；做好烹调操作前的个人卫生、环境卫生和各项准备工作。

本章导读

本模块介绍的是烹调工艺入门的基础知识和操作要领。阐述了烹调工艺特色和操作的基本流程、中餐厨房的岗位设置、各工种的工作要领、厨房设备和工具的使用知识、烹调操作间的整理、个人卫生要求等，详尽介绍了《食品安全法》的有关知识。通过本模块学习可使初学者了解上岗前的各项准备工作，为后面课程的学习奠定了基础。

导入案例

秦小明是某旅游职业技术学院烹饪系的学生，在第三学年实习中被安排在东方国际大酒店。这是一家四星级酒店，在厨师长的安排下，他被分配到厨房加工中心实习。刚来到加工中心，他感到一切都很新鲜。这是一个为集团的4家酒店提供厨房服务、支持和保障的厨房加工中心。秦小明报到后，厨房加工中心刘强师傅介绍说，该中心现有人员18人，其中厨师3人，厨工8人，设有热菜部、凉菜部、卤水部、浸发部。中心必须保质、保量地满足4家酒店统一菜品、预制菜品的供应。中心厨房有4台七灶明炉、4个煲仔炉，根据企业所需，目前已拥有固定生产干菜红烧肉、雪菜狮子头、美味葱油鸡、金牌蒜香骨等10余道热菜及20余道凉菜的能力。酒店所销售的卤水制品有80%的用量来自卤水部，浸发部则负责向酒店提供水发海参、水发鲍鱼、海螺汁、脆皮汁及烹制鱼类的各种浇汁。

秦小明在中心厨房的生产实习中，发现中心的师傅们都是运用标准化、计量化的生产方式制作菜品，蒜香骨都按具体的尺寸加工，100克的狮子头逐个都要上秤称，水发海参绝对是用纯净水。《中心厨房一日工作总结》《中心厨房配送新菜品通知单》《中心厨房菜品说明》等规定，已成为厨房质量工作的切实保证。这是秦小明在学校从未接触过的，他目睹了这一切，决心从头开始好好学习，虚心向师傅请教，把烹调基本功练扎实，争取早日成为加工中心厨房的一名熟练操作人员，干出一点成绩，向老师和父母汇报。

问题：

1. 成立中心厨房可为4家酒店服务，这有哪些好处？

2. 请思考运用标准化、计量化生产方式制作菜品与传统的模糊投料有什么不同？

烹饪工艺，是从人们的饮食需要出发，对烹调原料进行选择、切割、组配、调味与烹制，使之成为符合营养卫生标准，并达到人们对菜品具体品种色、香、味、形、质、器、趣等属性要求，能满足人们饮食需要的菜品的制作方法。

最初烹饪工艺仅是将生食原料用火加热制熟。早在秦汉时期就有了断割、煎熬、齐和烹饪工艺三大要素的说法，如果用今天的烹饪术语来表达就是刀工、火候和调味。此后，随着时代的发展，人类对烹调与饮食的不断实践，食物原料的扩展和炊具、烹调法的不断发展与提高，烹饪工艺已逐步形成众多的技法体系，形成了许多完整的工艺流程。它包括一切烹饪技能、技术和工具操作的总和。具体内容有原料加工工艺、切割工艺、组配工艺、烹制工艺、调和工艺、熟制工艺、盛装工艺以及新工艺的开发等。

任务一　认识烹调工艺

☞任务目标

- 能深刻理解中国烹调工艺的内涵；
- 熟知烹调工艺学的主要内容；
- 为基本功的训练做好准备。

烹调工艺，是制作菜肴的一项专门技术。它与人类的进步是分不开的。人类的文明始于饮食劳动，烹调工艺的发展促进了人类的进步；人类文明的进步，又促进了烹调工艺技术的进一步提高。中国烹调工艺是历代饮食文化发展的产物，它具有历史悠久、技艺精湛、品种繁多、风味各异、食疗结合等鲜明的民族特色。

活动一　走进烹调的缤纷世界

一、烹调工艺生产

烹调工艺包含两个主要内容：一个是烹，另一个是调。在《辞源》《现代汉语词典》

中都解释为"烹炒调制（菜肴）"。"烹"是"化生为熟"，就是将烹饪原料加热使其成熟；"调"是调和滋味，烹调是"烹"和"调"的结合。具体地说，就是将经过加工整理的烹饪原料，使用不同加热方法并加入调味品而制成菜肴的一门工艺。烹调包括使食物加热成熟的一切劳动，诸如食物原料的选择与加工、烹制与调味等，目的在于制作便于食用、易于消化、安全卫生、能刺激食欲的菜品。

通过"烹"的工艺，可以把生的食物制成熟的食品；可将食物杀菌消毒，使之成为可供安全食用的食品；食物加热后，有利于牙齿的咀嚼，使食物中的养料便于人体消化吸收；烹制后食物能够味香可口，诱人食欲。"调"的工艺是使菜肴滋味鲜美。在烹制过程中，加入适当的调味品，可以起到祛除异味的作用；所有调味品，都有提鲜、添香、增加菜肴美味的效果；调味品的加入，还可以丰富菜肴的色彩，从而使菜肴色彩浓淡相宜、鲜艳美观。烹制加上调味，人类食物才有了多样化的必要条件。

在我国烹饪生产中，每一个地区、每一个民族，乃至每一个自然村镇，都有着特色性的食品，这是人类饮食文化中的优秀遗产。这些食品有浓郁的地方风味，更有独特的加工技艺，它们形式多变，品种丰富，文化风格鲜明，是各地区物质文化与精神文化的结晶。

随着社会的发展与科学的进步，中国烹调工艺逐渐由简单向复杂、由粗糙向精致发展。在此过程中，人们不但通过烹调工艺生产制作出食品，适应和满足了人们饮食消费的需要，而且在烹调生产与饮食消费的过程中，人们逐渐认识到它们所产生的养生保健作用，并能动地加以发挥与利用。同时，人们也逐渐认识到了它们所蕴含的文化内涵，并赋予它们以艺术的内容与形式，使饮食生活升华为人类的一种文明的享受。因此，中国烹调技术活动，兼具物质生活资料生产、人的自身生存和种族延续、精神文明创造三种功能。

应该说，烹调工艺是一种复杂而有规律的物质运动形式，在选料与组配、刀工与造型、施水与调味、加热与烹制等环节上既各自成章，又相互依存。因此，烹调工艺中有特殊的法则和规律，包含着许多人文科学和自然科学的道理。在烹调生产中，料、刀、炉、水、火、味、器等的运用都有各自的法则，而在这些生产过程中，都要靠人来调度和掌握。通过手工的、机械的或电子的手段（目前我们主要靠手工）进行切配加工、加热，使之成为可供人们食用的菜点。任何一份成熟的菜点的整个生产工艺过程都要涉及许多基础知识技能。

烹调技法是我国烹饪技艺的核心，是对前人宝贵的实践经验的科学总结。它是把经过初步加工和切配成形的原料，通过加热和调味，制成不同风味菜品的操作工艺。由于烹饪原料的性质、质地、形态各有不同，菜品在色、香、味、形等质量要素方面的要求也各不相同，因而制作过程中加热途径、糊浆处理和火候运用也不尽相同，这就形成了多种多样的烹饪技法。我国菜肴品种虽然多至上万种，但其基本方法则可归纳为以水为主要导热，以油为主要导热，以蒸汽和干热空气导热，以辐射（含微波辐射）导热，以盐、沙子、石子为导热体几类烹调方法，代表方法主要有烧、扒、焖、烩、汆、煮、炖、煨、炸、炒、爆、熘、烹、煎、贴、蒸、烤、卤、油浸、拔丝、蜜汁等几十余种。

随着烹调工艺的进一步发展，特别是许多新的炊具的不断涌现，20世纪40年代以后，高压锅、电饭锅、焖烧锅、不粘锅、电磁灶、电炒锅等开启了烹调工艺的新领域，为大批量生产提供了许多便利，并为菜品的制作时间和质量提供了有利条件，许多烹调工艺参数得到了有效的控制，传统的烹调工艺又进入了一个新的历史时期。

进入 21 世纪，在保证产品质量的前提下，简化烹调工艺流程已成为现代烹饪工作者的当务之急。广泛利用现代科技成果，将这些新方法引进现代烹调生产中，不断革新烹调方法，缩短烹调时间，以保证产品的标准化和技术质量；在保持传统菜品风味的前提下，加速厨房生产速度，以满足大批客人进餐消费的需求；在菜品的生产工艺上，充分利用食物的营养成分、合理配伍、强化烹调生产与饮食卫生，以达到促进食欲、享受饮食的需求。这正是现代烹调工艺发展的主要任务。

二、烹调工艺的基本流程

1. 烹调工艺流程

烹调，从狭义上讲，仅指菜肴制作过程的加热和调制；从广义上讲，则指菜肴的整个制作过程。按从生到熟的自然加工顺序，制作菜肴一般经过以下工序流程，如图 1-1 所示。

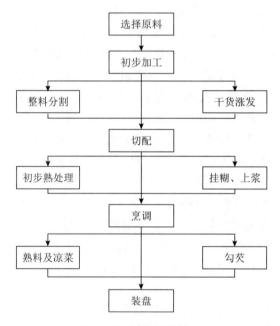

图 1-1　制作菜肴流程

2. 依流程布局厨房

根据烹调工艺流程合理布局厨房，是科学生产的前提，也是保证菜品质量最佳效果的需要。厨房生产必须保证厨房操作流程畅通，从烹饪原料的采购、验收到入库、储存保管，再从烹饪原料的出库到菜品的加工切配、烹调直到菜品的销售，程序众多，工艺十分复杂。所以在厨房布局安排时应考虑以下几方面：

（1）以烹调工艺流程的走向为依据，布局安排相关设备设施。

（2）依据人体的特点布局安排厨房的空间，便于取用物品和方便厨房生产，避免进、出厨房的物流的交叉与回流。

（3）充分考虑厨房设备的使用状况，避免人流与物流的交叉。

（4）合理保持各部门之间通道的畅通。

（5）厨房各部门尽可能安排在同一楼层、同一区域，减少烹饪原料成品的搬运距离，力求靠近餐厅以保证生产流程的连续畅通，提高劳动效率。

活动二　熟悉烹调工艺特色

一、烹调工艺的历史意义

烹调工艺的发明，是人类发展史上的一个里程碑。恩格斯曾说："熟食是人类发展的前提。"自人类懂得烹调以后，至少有以下几方面的进步：

（1）改变了人类茹毛饮血的生活方式。从远古人类的生吞活剥的野蛮生活，发展到烹熟而后食的饮食方式，使人类开始区别于动物的饮食方式。

（2）杀菌消毒，保障了人体健康。烹调可以杀灭食物中的细菌，能起到一定的消毒作用；烹后而食，可以帮助人体消化，改善营养，为人类体力和智力的进一步发展创造了有利条件。

（3）扩大了食源。烹调工艺发明以后，人们渐渐地放眼于食用鱼类等水产品，不断地扩大了食物的范围。人们开始从陆地迁移到江河湖海的岸边居住，就近获取水产食物，不再受地域和气候的限制，脱离了人与野兽为伍的生活环境。

（4）形成了定时的饮食习惯。自从人类懂得熟食以后，逐渐地养成了定时的饮食习惯，不再像过去那样整天忙于撕嚼食物，有了更多的时间从事生产劳动，发展生产力。

（5）促进了人类文明。随着烹调工艺的不断发展，人们的饮食和生活方式逐渐趋于文明，饮食不仅是为了填饱肚子，还孕育了独特的文化。

二、中国烹调工艺基本特色

我国烹调工艺随着历代社会政治、经济和文化的不断进步而日益发展变化，烹调工艺技术水平不断提高，并创造了众多的烹饪菜点，形成了东南西北各自不同的特色风味，并以历史悠久、技艺高超、菜点众多、风味各异、美味可口扬名世界。中国烹调工艺的民族特色与技艺精华主要体现在以下几方面：

1. 原料广泛，重在配伍

中华美食闻名遐迩，除了历代烹调师们精湛的技艺外，我国丰富的物产资源也是一个重要条件，它为菜品的不断创新提供了良好的基础。在这片辽阔的土地上，东西南北各地盛产各种农副产品，绵长的海岸提供了珍贵海鲜，纵横的江河水产富饶，众多的湖泊盛产鱼虾和水生植物，无垠的草原牛羊遍布，巍巍的高山生长山珍野味，茂密的森林特产野味菌类，坦荡的平原五谷丰登。这种地形环境的不同，使中国烹饪具有了十分广阔的原料品种，加上复杂的气候差异，使烹饪原料品质各异。寒冽的北土有哈士蟆、猴头蘑等多种野生动植物的珍稀原料，为我国烹饪提供了许多特有的佳肴；酷热的南疆，窝、虫、蛹、时鲜果品奇特，丰富了菜肴的品种；广阔的东海之滨，盛产贝、螺、鱼、虾、蟹，水产蔬菜联翩上市，增强了菜肴的时令性；风疾土刚的西域，牛、马、羊、驼质优而盛名，使菜肴富有质朴浓烈的民族风味；雨量充沛的长江流域，粮油家畜皆得天时地利之优，使菜肴富丽堂皇。优越的地理位置和得天独厚的自然条件使得我国烹饪特产原料富庶而广博，更为全国各地的烹调师们的菜品制作提供了雄厚的物质基础。

中国烹调工艺的特色与变化发展不仅仅是因为有如此多的食物原材料，更重要的是有烹调师们巧妙合理的调配和利用。一道菜，主料与辅料、调料如何配伍，以及物与味、味与色、色与形、形与器的配伍等，都十分讲究。从而使菜品的味、香、色、形、器、口感、营养和谐统一，使科学与艺术浑然一体，相得益彰。

2. 技精艺湛，重在变化

中国烹调工艺在原料的选择、刀工的变化、材料的配制、调味的运用、火候的把握等方面都有特别的讲究。对所选择的原料要求非常精细、考究，力求鲜活，不同的菜品要按不同的要求选用不同的原料；注意品种、季节、产地和不同部位的选择；善于根据原料的特点，采用不同的烹法和巧妙的配制组合制成美味佳肴。中国烹调精湛的刀工古今闻名，厨师们在加工原料时讲究大小、粗细、厚薄一致，以保持原料受热均匀、成熟度一样。我国历代厨师还创造了批、切、锲、斩等刀法，能够根据原料特点和菜肴制作的要求，把原料切成丝、片、条、块、粒、蓉、末和麦穗花、荔枝花、蓑衣花等各种形状。

中国菜肴的烹调方法变化多端，精细微妙，共有几十种各不相同的烹调方法，如炸、熘、爆、炒、烹、炖、焖、煨、焐、煎、腌、卤以及拔丝、挂霜、蜜汁等。中国菜肴的口味之多，也是世界上首屈一指的。中国各地方都有自己独特而可口的调味味型，如为人们所喜爱的咸鲜味、咸甜味、辣咸味、麻辣味、酸甜味、香辣味以及鱼香味、怪味等。另外，在火候上，根据原料的不同性质和菜肴的需要，灵活掌握火候，利用不同的火力和加热时间的长短，使菜肴达到鲜、嫩、酥、脆等效果，并根据时令、环境、对象的外在变化，因人、因事、因物而异。高超的烹饪技艺为中国饮食的魅力与影响夯实了基础。中国烹调工艺的运用要求人们根据不同的情况作不同的变化处理，这就是中国烹调传统特色的精华所在，也是烹调工艺的一种技巧。

3. 五味调和，重在适口

"味"是中国菜肴之灵魂，也是中国烹饪个性之所在。五味是中国饮食口味之泛称，并不仅仅指酸、苦、甘、辛、咸五种味道。"和"则是饮食之美的最佳境界。这种"和"，是通过对饮食五味的调制而来的，既能满足人的生理需要，又能满足人的心理需要，使身心需要能在五味调和中得到统一。

中国烹调工艺对于味的运用不只是在调味上讲究多层次的程序，注重烹调法与温度的配合协调，还在刀工与浆汁糊芡以及原料的组配等方面下功夫，追求出味入味、提味补味、矫味赋味，力求使菜品具有和谐的鲜美滋味。由于善于知味、辨味、用味、造味，便产生了数不清的味道，因此，中国烹饪的味是多变的。加上全国众多的地方风味的特殊差异，构成了中国饮食的多层次、多方位、多品类的风味体系。

中国菜品"味"的灵魂在于"适口"，烹调工艺也必须围绕"适口"这个标准而设计。自古及今，中国调味理论归结于一点，即凡肴馔适口者皆为珍品。在不同的历史条件、不同的人群和不同的场合下，这是人们通行的观点。我国春夏秋冬四季分明，由于季节的转移，对调味也讲究适应性。如《周礼》中载有"春多酸，夏多苦，秋多辛，冬多咸，调以滑甘"的说法，这就是讲味道要应和季节时令。自古以来，我国一直遵循调味的季节性。冬则味醇浓厚，夏则清淡凉爽；冬多炖焖煨焐，夏多凉拌冷冻。对调味品也要按时令调配，如"脍，春用葱，秋用芥。豚，春用韭，秋用蓼"。味的变化与适口，已成为烹调的一种艺术、一种文化，渗入人们的社会生活和烹饪文化之中。

4.食医相助，重在养生

我国的饮食烹饪有同医疗保健紧密联系的传统。我国在几千年前就很重视"医食同源""药膳同功"，利用食物原料的药用价值，烹制成各种美味的佳肴，达到预防和治疗某些疾病的目的。我国的食疗历史悠久，《黄帝内经·素问·藏气法时论》中明确指出了"五谷为养，五果为助，五畜为益，五菜为充，气味合而服之，以补精益气"的配膳原则。这里提到的主食、副食养、助、益、充，功用不同，都有益于健康，但必须"气味合而服之"。它从医学角度高度概括了我国民族的饮食特色和饮食原则。以后不断发展，宫廷中专门设立饮食营养治疗的"食医"，研究饮食与医疗的辩证关系，寻找滋补有益的食品，并提出了许多合乎科学的道理。

古人云"养生之道，莫先于饮食"。自古以来，我国广大人民常利用现有的食物原料来防病治病，城镇、乡村到处都有药食兼用的飞潜动植物，它们的根、茎、叶、花、果和皮、肉、骨、脂、脏，按一定比例组合，在烹调中稍加利用，就既可满足食欲，滋补身体，又能疗疾强身。对于许多常见病和慢性病，根据食物的寒、热、温、凉四性和辛、甘、酸、苦、咸五味的性味特点，民间有采用饮食疗法的习惯。

在中国烹调工艺中，也渗透着保健养生思想，不仅要做得好吃而且要利于身体健康。如通过烹饪原料的筛选与优化组配，以期达到营养平衡和充分吸收的目的；合理利用烹调方法，爆、炒、炖、焖各有其功，以适应养生与吸收之需；加工中使用浆、粉、糊、芡，赋予菜肴以滋润腴滑或酥脆的美好口感，保持食物原料的营养价值免受损失，以防油炸焦煳，也为了饮食养生与保健。

5.发扬传统，重在出新

历代的中国烹调师善于继承优良的传统，并随着社会的进步而发展。纵观中国烹饪的发展历史，我们可以清楚地看到，烹饪的新成就都是在继承前代烹饪的优良传统基础上产生的。

中国的烹饪文化是由传统遗产和现代创造成果共同组成的。在今天的烹饪活动中既有先人使用的炉灶、锅具，也有现代的煤气灶、微波炉。社会的饮食习俗传统表现了文化继承性，而革新提高的新成果则表现了它的发展与进步。

烹饪学是变化之学、创新之学。烹饪的存在，离不开发展，离不开创新。人们在继承传统并加以扬弃的同时，又创造出许多适合当今人们饮食需求的佳肴。当今各地比较定型的菜品，都是经过较长时间的扬弃，并为一定群体、一定的地区认定的、历史传承而来的。即使是当代烹调师的创新菜点，也属于在继承基础上的创新。

中国烹饪文化经过几千年的发展，烹饪原料的开发利用和炊具改革取得了很大进展。厨房用具中，铁器、陶器继续使用，但机械增多，冷藏设备增多，并且电能已成为一种新热源和新力源。烹调技法已发展到几十种，烹饪成品中饮食菜肴、点心小吃和饮料的品种粗略估计总共不下万种。所有这一切都是在继承中创新而获得的成果。中国烹调师的开拓创新精神古今长存。

三、中国烹调工艺学

1. 烹调工艺学的性质

中国烹调工艺学是以研究中国传统烹调工艺技法及中国烹调工艺基本原理、技术理论和菜品的加工生产为主要内容，包括研究烹调工艺标准化、科学化在内的、揭示中国烹调工艺发展规律的学科。

烹调工艺学是烹饪学科相关专业的一门专业核心课，是基础理论与实践训练并重的课程。它既融合烹饪原料学、烹饪营养学、烹饪卫生学、烹饪化学、烹饪工艺美术、烹饪机械设备等课程的知识于烹调实践中，又必须动手、动脑对菜品的原料选择、加工切配、火候运用、味型调制、菜肴造型等进行实战操作以及基本原理进行研究，并进行生产实践指导。所以，学好烹调工艺学这门课程，是掌握烹饪科学必不可少的基本前提。

烹调工艺学是一门综合性学科，烹调工艺本身，包含多种加工工艺等方面的技术，并和烹饪原料学、营养学、卫生学关系相统一，与饮食保健学、微生物学、食品加工学、饮食管理学、饮食民俗学等紧密相连。通过各学科的交叉渗透，形成了烹调工艺学研究的主要内容。

烹调工艺学的形成、发展、演变，有历史、民族、宗教、民俗、地理等多种因素，并受到这些因素的制约和影响，无疑还涉及社会科学的许多学科，如烹调史学、考古学、民俗学、美学、心理学等。

烹调工艺学是一门实践性很强的学科，它不同于食品工程学，而是以手工艺为主体的更为复杂而丰富的技艺体系，它具有复杂多样的个性、强烈的艺术表现性，通常都是随制随吃，因此它也不同于其他工科技术的机械性。而烹调的产品要求较高，也是一般机械产品所无法达到的：原料的组配、口味的变化、火候的升降、风味的多样、季节的更替、产品的革新，都依赖于工艺的积累和手脑的反应。

随着现代科学饮食观的发展，对烹调工艺生产也提出了更高的要求，安全、健康、生态、环保、营养、卫生的现代饮食理念已深入到烹调工艺体系之中，烹调工艺已不再是过去的经验体系了。通过烹调的生产与实验，并运用其他学科的理论对各流程进行分析和量化，烹调工艺标准化、科学化、智能化的研究也成为主要内容，中国烹调工艺学将被赋予更丰富的内涵。烹调工艺学的建立为继承传统烹调技艺、发展和创新烹调技艺奠定了坚实的基础，为现代人饮食水平的提高及饮食的安全性、营养性、享受性提供了保障。

2. 烹调工艺学的研究内容

烹调工艺学将食物加工过程视为一个完整流程，流程中一切工艺现象皆是被研究的内容。因此，它的研究内容包括一切烹调技能、技术和工具的操作总和。具体包括以下六方面。

（1）选择与加工工艺。这是烹调工艺的首道工序。主要是对烹饪原料进行选择，并进行去粗取精和卫生处理的专门加工，使原料基本符合制熟加工的各项标准，成为直接的、纯净的烹调原料。如对植物性新鲜原料的摘选加工，对动物性新鲜原料的宰杀加工，对干货原料的涨发加工等。

（2）分割工艺。将清理加工后的原料进一步进行切割分解，使料形精细，扩大对制熟加工的适应面，便于人们取食，丰富制品种类。诸如对动物整形胴体的分割加工，刀工与刀法运用，基本料形成形与运用等。

（3）组配工艺。将各种成形原料按规则配置加工成完整的菜肴生坯，包括单一菜肴的组配、整套菜肴的组配、菜肴不同风味的组配、菜肴审美等方面的组配，以使菜品达到营养合理、色香味形俱佳的效果。

（4）调和工艺。在组配工艺的基础上对食料的色泽、香气、口味、形态、质地及营养成分诸方面进行进一步改良加工，主要目的在于增加食料的风味性、美观性以及优化其品质。诸如调味工艺、调香工艺、调色工艺、调质工艺等。

（5）制熟工艺。这是决定烹调工艺质量的关键环节。运用加热或不加热的方法，将经过组配的菜肴生坯，运用炒、炸、煮、烧、炖、焖、煨、烤、煎、糟等制熟加工，使之最终成为可直接食用的制品。

（6）造型与装饰工艺。将烹制好的菜品，采用一定的工艺方法装入特定的盛器中，以最佳的形式加以表现，给人提供食用方便和观赏愉悦。菜品通过造型与装饰工艺，达到良好的视觉效果，最终实现菜肴品尝的最佳综合效应。

3. 烹调工艺学的学习方法

（1）理论与实践相结合。烹调工艺学是以工艺为主的学科，这是一门理论与实践紧密结合的学科，要想学好这门课程，两者不可偏废。在学习中，要以科学理论指导烹调过程中的操作实际，不仅要知道怎样做，还要懂得为什么这样做。

（2）刻苦练习烹调基本功。学习烹调工艺的关键是掌握烹调基本功。这就像大厦的根基一样，基本功扎实了，一切菜品的制作与创新就相对容易解决了。基本功的练习是比较枯燥的，非一朝一夕就能完成的，这就需要经过反复的练习与总结，使得熟能生巧，才能达到最佳的技术效果。

（3）虚心学习，不断积累。烹饪是一门横跨多种学科的综合性科学，因此，必须端正学习态度，不耻下问，由要我学，变为我要学。通过不懈地努力学习、不断进取，就会收效很快，取得好的成绩。

（4）立足传统，不断创新。今天的烹调工艺技术与理论都是在继承前人烹调经验的基础上发展起来的，没有过去的积累，就没有今天的成绩。没有老师和师傅的传教就没有学生和徒弟的进步。在学习中认真思考前人工作的成功所在和不足之处，然后再有的放矢地进行创新，烹调工艺就是这样不断地扬弃、变化和发展的。

任务二 走进现代厨房

任务目标

- 会按照厨房生产流程操作；
- 能按照厨房生产制度工作；
- 能利用现代化的设备标准化生产；
- 了解厨房设备性能并进行科学维护。

活动一 厨房空间和场地布局

进入 21 世纪，人们对于厨房设计的要求比较高，它的空间环境好坏可直接影响到员工的工作效率，也影响着厨房菜品的质量。布局不合理，会带来交叉污染，带来食品安全的隐患。厨房是饭店和餐饮企业不可忽视的一个重要组成部分，企业的发展有赖于厨房的建设、布局与管理。这是因为厨房生产的产品可反映出一家企业的档次和经营管理水平，同时也关系到企业经营的成败。

一、中餐厨房与设置

1. 不同规模的厨房

（1）大型厨房，通常是指生产规模较大，能提供众多客人同时用餐的生产厨房。其场地面积较大，集中设计，统一管理，生产设备齐全，由多个不同功能的厨房或区域组合而成，各厨房或区域分工明确，协调一致，可承担大规模的生产出品工作，能适合各式菜点的制作。

（2）中型厨房，通常是指提供较多客人同时用餐的生产厨房。其场地面积、生产人员略少于大型厨房。大多将加工、生产与出品等集中设计，综合布局。

（3）小型厨房，通常是指提供较少客人同时用餐的生产厨房。小型厨房往往只提供一种餐别的菜点制作。大多将厨房各工种、岗位集中设计，综合布局设备，占用场地面积小，空间利用率高。

（4）超小型厨房，又称微型厨房，通常是指只提供简单食品制作，且场地小、生产人员也少的生产厨房。另外，在许多大企业中，设置小型厨房时多与其他厨房配套完成生产任务。

2. 中餐厨房的设置

现代饭店的厨房设置应根据规模大小、风格和设备的不同在设置上也不一样。合理的人员设置能使工作开展得井井有条，充分调动厨房工作人员的积极性。一般中餐厨房班组人员划分为加工部门、切配部门、炉灶部门、冷菜部门、点菜部门、宴席部门、面点部门等。

（1）加工部门，又称主厨房、加工厨房，是烹饪原料进入厨房的第一生产部门。主要负责将蔬菜、水产、家禽、家畜、野味等各种原料进行拣摘、洗涤、宰杀、整理、干货涨发等加工处理，还要根据规格要求负责对烹饪原料进行刀工切割和原料的腌制上浆等工作，为配菜和烹调生产创造条件。大型饭店或连锁企业在加工部门的基础上成立了"食品加工中心"（中心厨房）或"食品配送中心"。

（2）切配部门，又称案板部，负责将已加工的烹饪原料按照菜品制作要求对主料、配料、小料进行有机地组合配伍，供菜品烹调使用，直接决定每道菜、每种原料的数量，对厨房生产成本控制起着重要的作用。它在所有的生产中起着加工与炉灶烹调两者之间的桥梁、纽带作用。因此，切配工作需要由有经验的厨师来把关。切配厨师要了解接待任务情况及服务对象的要求，熟悉烹饪原料的性能、特点及上市季节等，还要了解各种风味流派的特色，根据服务对象和季节变化不断地更新菜单，创制新品种。

（3）炉灶部门。需要经过烹调才可食用的热菜，都需要炉灶部门进行加工处理。炉灶部门负责将已经配制好的原料烹制成符合风味要求的菜品，并及时有序地提供菜品，这是菜肴制作的最重要的一道工序。该部门是形成菜品风味、特色，决定出品色、香、味、形、质地、温度、营养成分等质量的关键部门。

（4）冷菜部门。包含卤水、烧腊部，负责各种冷菜的刀工处理、腌制、烹调及改刀装盘的工作。冷菜的切配、装盘场所要求较高，特别要在恒温、无菌环境中生产，对员工及食品卫生要求也相当高。

（5）点菜部门，又称零点厨房，主要负责零散客人的点菜用餐。点菜餐厅供顾客自行选择菜品，所提供的菜品品种相对较多，厨房准备工作量大。根据饭店确定的点菜单，负责点菜单上各种菜肴原料的切配工作，要求出菜速度快，保证供应。

（6）宴席部门。主要负责各种宴会接待用餐的菜品制作。根据宴席部或厨师长所开的宴会菜单进行切配和烹调。菜肴在色、香、味、形等几方面非常讲究，要求厨师的技术水平要高，知识面要广。

（7）面点部门。主要负责饭、粥、米、面类糕点、饺类食品的制作出品工作。广东厨房的面点部门还负责茶市小吃的制作和供应。

厨房工种分工

从饮食业的生产来看，主要有两个部分：一是菜品烹调，行业称为"红案"。这是指制作菜肴的全部工作、方法和技术的统称，包括选料、初加工、细加工、临灶成菜等过程；二是面点制作，这是指制作点心（包括主食、小吃）的工作、方法和技术的统称，行业称为"白案"（或"面案"）。

在中餐厨房生产和布局安排中，习惯又细分为炉灶岗、案板岗、冷菜岗、点心岗、初加工岗等几部分。近年来，为了方便厨房生产，便于管理，全国许多厨房流行广东的厨房分工，又将厨房进一步细化。在传统的炉（炉灶岗）、案（案板岗）、碟（冷菜岗）、点

（面点岗）等岗位的基础上，又细分岗位，如炉灶岗细分为一灶、二灶、三灶等，案板岗又分为一砧、二砧、三砧等；冷菜和打荷的岗位也分多种等次。厨房各工种炉、案、碟、点分工明确，职责分明，但又互相协作。厨房工种不同，也就形成了不同的操作流程，形成"一条龙"式的流水线生产，从而保证各种饭菜的制作质量和及时供应。

除上述岗位外，还有烧烤及其他杂工等，代表的有以下工种：

厨工　也称杂工，是初入餐饮行业的基础工种。主要任务是负责厨房内的杂事。例如，搞卫生、领物料、取拿餐具、洗菜择菜、清理干菜、收拾杂物、协助传菜等。杂工能识别厨房各类食品及其原料，熟悉厨房的设备设施，工作勤快，灵活，认真细致，善解师傅用意，做好辅助工作。

水案　负责水冲、水洗、水养等原材料的加工，对各种海鲜、河鲜、野禽的宰杀加工。熟练掌握各种水产品、飞禽走兽的初加工技能和各种相关菜肴的制作。

肉案　负责各种肉类、排骨、禽类的分档取料，细致加工。熟练运用各种刀工刀法，熟悉各种肉类组织结构，做到筋、皮、肉完整分割，使原料物尽其用。

菜案　负责蔬菜类原料的拣摘、削剥、去泥沙、污物杂质等，按照菜品质量标准进行加工、洗涤、合理放置，使之不受污染。熟悉各种蔬菜的质地、性质、用途，综合利用特殊菜品，节约原材料成本。

活物养殖岗　负责定期给水产活养池换水、增氧、保湿、通风，提高水产品的成活率。负责对厨房活养动物性原料进行喂食，整理卫生。

（资料来源：常维臣.厨房工种分工 // 中国烹饪文化大典.杭州：浙江大学出版社，2011.）

二、厨房布局要求

（一）设备布局要求

1．以工艺流程布局设备

厨房生产需要大量的设备、设施，这些设备、设施的安装一定要考虑到生产流程的畅通。要根据烹制菜品的步骤安排厨房内的设备，从进货、验收、加工、切配、烹调等程序，依次对设备进行适当的布局，这样有利于生产加工的顺利进行，有利于上道工序与下道工序之间的衔接，有利于防止差错。

2．以方便生产摆放设备

厨房设备设施的摆放，要考虑到员工的操作空间。一般来说，员工操作时其手臂伸展的正常幅度在1米左右，双臂最大伸展幅度也在1.75米左右，因此，厨房用具的摆放位置都不应小于人体正常伸展范围。厨房的通道间隔，一般炉灶与打荷台的间隔不低于60厘米，主通道通常在1.8米左右，如果通道的两侧都有人站在固定的位置干活，其通道要在2米左右，具体设备之间有多少距离还要根据厨房的实际情况调整，以方便工作为准。

3．生熟分开，杜绝交叉污染

加工生、熟食品的场地一定要分开设置，以防止细菌交叉污染，这是食品卫生管理的一项基本要求。布局的基本原则是：按照食品的加工流程从原料到成品的单向顺序进行安排，防止食品在存放、加工、供应等各环节中产生交叉污染。几种避免交叉污染的布局设计方法是：①加工操作工序按照由生至熟的单一流向设置。②成品通道、出口与原料通道、入口分开设置。③直接入口菜品操作专间应设置在成品通道、出口附近。

4. 冷热分开、干湿间隔

在厨房内，原料的加工场地要与炉灶的烹调场地分开。因为炉灶场地的温度较高，在一定范围内会对生、冷原料产生影响，促使原材料变质。干货与新鲜的水分较多的原料、调料要分开存放；主食加工间的操作场地、室内面粉要远离蒸汽、水分等，这些都是设备在布局中必须注意的问题。

（二）厨房环境设施的要求

厨房空间与环境布局安排实际上就是对厨房的工作环境及各种附属设施进行布局与安排的过程。厨房按照生产流程、经营风格、规模等综合因素充分考虑后，根据各功能作业点的实际情况、分隔面积，在各功能区域内，根据生产的特点确定其生产所需设备、设施的品种、数量、尺寸、放置位置等。厨房布局合理，厨师的工作效率就高。但是厨房布局合理不仅是设备、设施安装合理，还要注意整体和局部的布局，更要考虑到照明、室内温度和设备的摆放间距等具体环境布局。

1. 厨房空间

首先应考虑的是厨房高度。在设计时，厨房的高度一般应在3.5~3.8米。这样便于安装各种管道、抽排油烟机罩，方便清扫和维修。如果厨房的高度不够，会使厨房生产人员有一种压抑感，也不利于通风透气，导致厨房内温度增高。

2. 照明要求

厨房生产要有充足的照明，若照明不足，容易引起工作人员的视觉疲劳，发生工伤事故，也易使异物混入菜品中，严重影响产品的质量。因此厨房必须要有充足的照明，特别是各生产作业区在分布光源时，除分布均匀外，灯的安装也特别有学问，避免当某些设备的顶盖掀起或打开柜门时遮住光线，灯光的颜色要选择自然色，看物品时不失真。

3. 温度控制

厨房生产需要使用大量能源，特别是烹调作业区，员工在操作过程中会产生大量的热量，如果在布局时不考虑通风散热，闷热的环境会导致厨房人员流汗太多，长此以往容易使工作人员的耐力下降，容易产生疲劳，严重影响工作效率及菜品质量。有条件的单位将中央空调通进了厨房，没有条件的单位，也应积极改善环境采取相应的措施。如在墙壁上安装电风扇、安装抽风机或新风系统，尽量让厨房里的空气流通，将厨房的温度控制在26℃左右的舒适度范围内。

4. 厨房墙壁

厨房的墙壁应力求平整光洁，墙面要用淡色的瓷砖贴面（一般使用纯白色和奶白色），要求从墙根贴至天花板接口处。这样处理过的墙壁既美观又易于清洁卫生，防止灰尘、油渍污染厨房后产生异味。

5. 厨房地面

厨房的地面尽量采用防滑地砖，通常要求使用耐磨、耐重压、耐高温、耐腐蚀的材料制成。砖的颜色不能有强烈的色彩对比，也不能过于鲜艳，否则容易引起人们的视觉疲劳。另外在铺设地砖时地面要求平整，不积水，向排水沟方向有一定的倾斜度，以便清扫时用水冲洗。

6. 厨房门窗

厨房的门都应考虑到方便进货，方便人员出入，防止虫害侵入。厨房应设置两道门，一是纱门，二是铁门或其他质地的门，并且能自动关闭。厨房的窗户，既要便于通风，又要便于采光。在窗户的处理上，应设置一道安全窗、一道纱窗。若厨房窗户通风、采光不足，可辅以空调换气、电灯照明。

7. 厨房通风

通风可以有两种方式，一种是自然通风，主要以门窗作为通风换气的通道，利于室内外温差所引起的气流流通达到换气的目的，但厨房内油烟气味很浓，极易进入餐厅。此外处理不好，容易引致苍蝇、蚊虫的增多。另一种是机械通风。在厨房生产时，一旦机械通风开始工作，它可以使厨房的空气产生流动，进而形成气压差，使餐厅气流压大于厨房的气压，使厨房燥热的气流和油烟不会流向餐厅，这样既调节了厨房污浊的空气，又防止了灰尘、蚊蝇的入侵。

8. 厨房排水

厨房排水系统通常需要有好的配套设备，其功能只要有最大排水量和不被异物堵住即可。厨房的排水分为两种形式，一种是国内常用的明沟排水，并且深度、宽度都要满足生产中最大排水量。对排水沟的设计要有一定流向倾斜，沟底两侧必须用白色瓷砖贴面，或用不锈钢水槽做好防水，防止水向外渗透，排水道必须加盖。另一种是暗沟，在国外的酒店厨房中有良好的设备，普遍采用管道排水。

三、建立厨房规章制度

现代厨房都有一整套的管理制度，为了保证厨房生产中的劳动纪律并保质保量地完成菜品制作任务，必须按制度管理行事。厨房管理制度主要包括以下几方面的内容：

1. 厨房工作制度

厨房的工作制度是每一位厨房工作人员在生产过程中必须严格遵守和执行的基本准则。它的主要内容有：厨房员工的工作时间、工作态度、工作纪律、仪表仪容、上下班签到，以及员工用餐等方面的规定。

2. 厨房值班交接班制度

厨房的值班人员必须遵守值班交接班制度。如保证准点接班认真填写交接班日志，保证接班期间的菜点正常出品。当遇到不能解决的问题要及时向值班经理汇报，应妥善处理各种突发问题。

3. 厨房食品安全制度

厨房食品安全是厨房管理的重要环节，制度的制定应依据国家的《食品安全法》和食品卫生等相关方面的条例，根据当地政府和酒店所规定的安全卫生要求，制定厨房的食品卫生制度，包括食品在加工过程中的安全等。

4. 厨房日常工作检查制度

厨房日常工作检查制度是为了确保厨房的各项制度切实得到贯彻执行，真正做到事事有人管理、人人有职责、做事有标准、操作有秩序，对厨房各项工作必须进行制度化、正常化的检查。

5.厨房设备工具管理制度

现代厨房的机械设备较多，为确保厨房设备安全、快速的运行，对其保管、使用应分工到岗，由具体人员包干负责，如有损坏应及时汇报，联系修理，不带病操作和使用，保证厨具设备在使用过程中的安全等。

6.厨房奖惩制度

根据企业规定，结合厨房具体情况，对厨房各岗位员工中符合奖惩条件者进行内部奖惩。奖惩采取精神和物质相结合的办法，与员工的自身荣誉和利益直接挂钩。奖励的方式为授予荣誉与颁发奖状和奖金。惩处方式为降职、降级、停职、停岗和扣发工资、奖金甚至除名。

7.其他制度

包括厨房会议制度、更衣室管理制度、厨房纪律检查制度、员工节假日休假制度、员工加班制度等。

活动二　设备运用与标准化生产

厨房烹调设备主要指用于烹制加工的各种器械用具。它是做好烹调工作、保障菜品及时供给不可缺少的物质基础。先进的厨房设备，能够减轻员工的劳动强度，提高生产质量及生产效率。

一、熟制设备

1.煤气（天然气）灶

炉灶是烹调菜肴熟制的重要设备。目前各饭店企业大多使用的是管道煤气、天然气等现代炉灶，所用燃料比过去燃煤优越得多，给烹调师带来了极大的方便。炉灶虽有大小形状和特点用途不同，但大都有一些构造上的共同特点。大部分炉灶都有坚固的架子，表面覆盖有耐磨的不锈钢。灶面备有耐高温的炉膛，前侧备有开关，结构合理、美观大方、使用方便，热效率高，是现代烹饪理想的灶具。

煤气（天然气）灶的优点在于：

（1）可以自由地调节火力。火力的大小通过开关阀门调节，随用随点，大小可以自由调节控制，可根据各种菜肴成熟的火候灵活掌握，保证菜肴的成熟质量，也给烹调者使用火候带来方便。

（2）符合清洁卫生的要求。现代煤气、天然气灶一般都采用不锈钢材料，光洁、干净，易于清洗及日常保养。

（3）符合劳动保护要求。煤气、天然气燃烧较充分，火力比较稳定，不会像燃煤那样火焰忽高忽低容易造成烫伤，煤炭燃烧不充分产生煤气中毒。另外，煤气天然灶炉前温度较低，一般不会造成灼伤事故。在遇到紧急情况时，还可以及时关阀，保证工作人员的安全。

（4）提高劳动工作效率。煤气、天然气灶使用很方便，用时则明，不用则灭，并可根据加热时间的需要，任意延长或缩短，节省用煤灶时加煤、掏灰的工作，可大大节省人力，提高产品的质量。

（5）节约能源。煤气、天然气一般能充分燃烧，且随用随开，操作灵活，可大大减少不必要的空烧，节省燃料，降低成本。

（6）用途广泛，便于操作。煤气、天然气灶具的炉灶结构简单合理，只是有型号的大小规格不同之别，可以做炒炉、平炉、蒸煮炉等，用途十分广泛，配以电子打火系统，操作十分便利，可大大提高人们的工作效率。

煤气、天然气灶优越性较明显，但也有其隐患及缺陷，主要表现在以下几方面：

（1）使用时，要先点火后开阀。每天在使用后，要及时关阀，以确保安全。

（2）为防止降压或停气给生产带来困难，应备好相关的电气设备以便应急使用。

（3）煤气、天然气成本较高，会增加企业的经营成本，因此要不断提高从业人员的素质，做好开源节流工作将费用降到最低限度。

2.矮仔炉

分单头、双头矮仔炉，有燃气及燃油等类型，规格、尺寸、大小可根据厨房面积设计确定，主要用于煲汤、制作卤水等。

3.电炸炉

分单缸、双缸炸炉，主要由油槽、炸筛、温控器及发热电管组成，由不锈钢材料制成。操作比较方便安全，可根据炸制不同的菜肴品种、数量自由调节温控器，温度一到即自动停止加热，安全性能很好，同时炸出的成品受热均匀，色泽美观，是菜肴制作中炸制成熟的好帮手。

4.蒸箱

蒸箱型号、规格大小多样，与旧式蒸笼相比具有明显的优越性，现代蒸箱一般都采用不锈钢材料制成，清洁卫生度高，在热量运用上采用电、煤气、天然气、蒸汽多种能源，特别是煤气、天然气式蒸箱，它的热能回收率达80%。一方面节省能源；另一方面适用范围广泛，除能蒸饭、菜等制品，还能用来蒸餐具、毛巾，并且它的热度分布均匀没有死角。其容量较大，蒸制品层层排列，不浪费空间，不生水滴，蒸制品表皮不泡松、不变形，是蒸制菜品理想的成熟设备。

5.烤箱

随着现代科技的发展，烤制成熟所使用的烤箱，已从传统的远红外线烤箱发展到今天的电气烤箱、瓦斯烤箱、热风旋转炉、专业性摇篮炉。使用的能源从原来单一的电力加热，发展到现代的柴油燃烧加热、瓦斯燃烧加热、热力加热。产量上从烤制一、两盘菜品发展到现代的大容量18盘、24盘、30盘、36盘等多种选择性，不仅在效率上大大提高，而且现代烤箱运用了精确的电子计时器、火焰监视器，因而热量分布均匀，产品质量更高。

6.微波炉

微波炉是现代科技的结晶在烹饪中的具体运用，微波是一种高频率的电磁波，具有反射、穿透、吸收三种特性。微波炉的主机磁控管，能产生超高频率微波快速震荡食物内的蛋白质、脂肪、糖类、水等分子，使分子之间相互碰撞、挤压、摩擦重新排列组合。所以，微波炉是靠食物本身内部的摩擦生热原理来烹调。

微波炉在制造的每一个过程中，都经过严格的检查，确保微波不外泄，因此使用微波炉较安全。微波炉不仅具有煎、煮、烘、烤、焖、炖、蒸、烩、再加热与解冻等多种烹饪功能，而且也能用来杀菌消毒，溶化奶油、白糖，干燥受潮食物等。由于微波炉热效率高，耗电量少，烹调快，并能保持食物原有的色、香、味与营养成分，且有多种用途，因此被广泛运用。

7. 电磁炉

电磁炉又名电磁灶，是利用电磁感应加热烹制食物的一种新型炉具。其外形是一扁方盒，表面是放锅的顶板，是无须明火或传导加热的无火煮食厨具，完全区别于传统所有的有火或无火传导加热厨具。电磁炉是通过电子线路板组成部分产生交变磁场，当用含铁质或不锈钢锅具底部放置炉面时，锅具切割交变磁力线而在锅具底部金属部分产生涡流（磁场感应电流），涡流使锅具铁分子高速无规则运动，分子互相碰撞、摩擦而产生热能使器具本身自行高速发热，用来加热和烹饪食物，从而达到煮食的目的。具有升温快、热效率高、无明火、无烟尘、无有害气体，对周围环境不产生热辐射，体积小巧、安全性能好和外形美观等优点。

二、烹调的主要用具

1. 铁锅

铁锅，又称炒勺、镬子、炒瓢等，有生铁锅和熟铁锅两大类，规格直径为30~100厘米。饭店中烹调菜肴的炒、炸、煎锅一般用熟铁锅，煮饭和蒸饭多用生铁锅。熟铁锅比生铁锅传热快，生铁锅经不起碰撞，容易碎裂。烹制菜肴的熟铁锅有双耳式和单柄式两种。

2. 手勺

手勺是搅拌锅中菜肴、加入调味品及将制好的菜肴出锅装盘的工具，一般用铁或不锈钢制成。勺口呈圆形或椭圆形。

3. 手铲

手铲是烹制菜肴及煮饭时进行搅拌的工具，有铁制、铜制、不锈钢制等多种。手铲柄端装有木柄，有些不锈钢手铲与柄是连在一起的整体，其大小规格较多。

4. 漏勺

漏勺是用来滤油、沥水及从汤锅、油锅中取料的工具，用铁、铝或不锈钢等制成，其形状为浅底广口、中间有很多小孔。一般铝制的漏勺较小，铁和不锈钢制的较大。

5. 笊篱

笊篱的形状较多，有圆形、方形、长方形等，用铁丝、铜丝、篾竹丝或不锈钢制成，有的可在汤中捞取原料，有的可作滤油用。

6. 网筛

网筛是用来过滤汤汁或过滤液体调味品的工具，是用细铜丝做成的有竹筐的圆形筛子。网筛分粗、细两种，滤清汤的铜丝眼很细，过滤液体调味品的铜丝眼略粗，主要是滤去汤中和调味品中的杂质。

7. 铁叉

铁叉是在沸汤和油锅中叉取较大原料的工具，一般都用熟铁或不锈钢制成。铁叉的一头是铁柄，另一头是叉头，一般是两个尖叉头（也有一个尖叉头的），有的还带有弯钩。

8. 铁筷子

铁筷子是在锅中划散细碎原料或在油锅中夹取食品的工具，较好的是用不锈钢制成的，一般为20~30厘米长的小铁棍子。

9. 蒸笼

蒸笼是蒸制菜肴使用的工具，一般多用竹篾制成，也有用铝或不锈钢制成的。传统的蒸笼多为圆柱形，圆柱形的蒸笼一般是用竹篾制作的，也有铝制和不锈钢制的。另外，用铝或不锈钢制成的长方或正方体形的蒸笼，多用于蒸箱。

10. 汤锅

汤锅是厨房烧煮各种汤类的工具，一般多为铝制或不锈钢制的深圆桶形，两旁有耳把，规格大小可根据饭店的情况而定。

知识拓展

开放式厨房

纽约默瑟大酒店开放式厨房的设计师耗资200万美元设计改造了具有开放式厨房的餐厅。他受到意大利厨房的特色的影响，将一个开放式的厨房设置在具有艺术氛围的大餐厅中。整个食品加工和厨艺程式好似编排芭蕾舞剧一样，井然有序。厨房的烹调部和食用材料准备部分布于可容150个餐位的大厅之中。放置待加工的蚝、虾和生鱼片等海鲜品柜台摆在大厅的一角。放置各式色拉的柜台则分别置于各餐桌之间。以烹调部为中心摆着三排餐桌，从那里可以看清楚整个餐厅。厨师长掌握整个餐厅的动态，根据客人点菜单及时向厨师们和工作人员指派任务。由于厨房是开放式的，客人能清楚地观察整个操作过程，这已引起许多客人的兴趣。厨师和工作人员的一举一动都受到客人的注意，所以清洁卫生是头等重要的。餐厅鼓励客人与厨师对话，让他们观看操作技艺，并接受客人的问候。采取开放式厨房可以使厨师和管理人员及时而直接地了解客人的意见（无论是看到或听到的）。这对改进餐厅工作大有好处。当厨师们听到客人当面说声"谢谢"，那将是最大的奖励。

三、烹调生产的标准化

我国传统烹调工艺的生产基本都是以手工操作为主，不同人的手工操作就会带来许多差别，很难保证制作出的产品的一致性和质量的稳定性。为了保证企业的产品质量，在烹调加工生产过程中就需要执行标准化的概念。近年来，国内许多饭店企业开始走标准化生产之路，使得厨房的菜品风格统一、规格一致、质量可控，还利于批量化生产，使厨房产品质量管理和成本控制走出了一条宽广之路。

目前，现代餐饮企业实行的中心厨房管理和调味汁的定量调制就是一种标准化的生产模式。对于一个企业来讲，标准化的生产首先有利于实行科学管理和提高管理效率。实践证明，将标准化引进厨房生产与管理中，可以极大地提高劳动生产率。其次，有利于稳定和提高产品质量，还可以促进产品更新换代，增强企业素质，提高企业竞争力。最后，有了标准化，可以规范厨房的生产活动，推动建立最佳生产秩序。厨房工作人员的所有生产活动都有具体的标准可以依照，自然就保证了菜品质量、成本控制。

对于厨房生产与管理标准化工作，主要任务有三大项，即制定菜肴生产标准、菜肴标准的实施和标准实施的监督。

1. 制定菜肴生产标准

制定标准是标准化工作的基础，也是标准化活动的起点。对于烹调生产，必须抓好每一道菜品的标准，而且从头抓起，一抓到底。即从原料的采购、加工、切配、烹调、装盘、服务等方面都要制定一系列的标准。

（1）制定采购原料标准。制定原料采购中食用价值、成熟度、卫生状况及新鲜度四项具体标准，凡是食用价值不高、腐败变质、受过污染或本身带有病菌和有毒素的原料就不允许购进，对形状、色泽、水分重量、质地、气味等方面不符合新鲜度标准的原料，不予采购。

（2）制定原料的加工标准。原料的加工好坏是保证菜肴质量的关键。因此，应制定每种干货或鲜货原料加工标准，明确其加工的时间、净料率、方法、质量指标等，这样不但保证了菜肴质量，而且有利于成本控制。

（3）制定原料切配标准。切配是食品成本控制的核心，也是保证产品质量的主要环节。切与配实质上是两个方面，通过切与配，组成一款菜的生坯。无论是切还是配都应有一个严格的标准，如原料在切制时必须大小、粗细、厚薄一致，配菜时主料与配料的比例要量化，配置同一菜肴、同一价格、同一规格，应始终如一。

（4）制定菜肴的烹调标准。烹调的出品质量不仅反映了厨房加工生产的合格程度，也关系到餐厅的销售形象。每个菜肴在烹调过程中所需的火候、加热时间、各种味型的投料比例及成菜后的色、香、味、形、器都应有个标准。也就是我们常讲的"标准菜谱"。每一个菜都要注明所用的原料、制法、特点，包括用什么盛器装置，成菜后的式样、温度等都要写清楚，并附上照片，便于厨师进一步掌握。只要我们按标准去操作，无论谁烹调标准都会始终如一。

（5）制定装盘卫生标准。每个菜品的装盘都应很讲究，应根据菜肴的形状、类别、色泽和数量等来选择合适的器皿，如炒菜宜用平盘，汤羹类宜用汤盘，整条整只菜肴宜用长盘，特殊菜肴宜用特制的火锅、气锅、陶瓷罐及玻璃器皿等。同时，还要注意菜品的盛装卫生标准，做到盛器上下左右无污垢、缺口、破损，这样，饭店菜品的质量就得到了保证。

2. 菜肴标准的实施

标准的制定从厨房实际生产实践中来，标准的实施是对标准的检验。通过实施标准，检验标准的水平高低，并取得信息，反馈于标准的修订，从而制定出更完善的标准。

厨房生产管理人员要经常核实配料中是否执行了规格标准，是否使用了称量、计数和计量等工具，这样才能保证餐饮菜品的成本，并能维护顾客的利益。

3. 标准实施的监督

标准实施过程中必须采取必要的监督，否则标准将会成为一纸空文。监督是实施标准的手段。抓好工序检查、成品检查和全员检查等环节，使出品质量控制工作真正落到实处。同时，注重质量的反馈和顾客对出品质量的评价，以便及时改进工作。

优质的产品是在严格全面的质量管理下产生的，把工艺流程中可能造成不合格产品的诸多因素消除掉，引进与使用科学的先进设备，为产品质量提供可靠的保证，形成一个比

较稳定的生产优良产品的科学体系，实行防检结合，以防为主，把"事后检验把关"转到
"事先的工序控制"，逐步使厨房走上规范化、科学化、制度化、程序化的轨道。

任务三　烹调操作前的准备

☞ **任务目标**

- ●会有条理地清理操作间；
- ●会快速有效地清洁炉灶；
- ●严格执行厨房卫生制度；
- ●熟知《食品安全法》中的食品安全标准。

活动一　操作间的整理

作为一名刚从事烹调制作的工作人员，在进入工作场地时，首先要熟悉操作间的环境
布局，其次知道怎样去维护和清理环境卫生，以及环境卫生的具体要求。

一、操作环境的卫生要求

厨房工作很辛苦，生产环境的优劣会直接影响到员工的工作情绪和工作量，更确切地
说，会影响到产品的质量和生产效率。厨房的头等大事是卫生工作，卫生搞不好，就无
从谈产品质量，厨房卫生关系到消费者的身体健康，关系到饭店声誉，关系到厨房的生
存。厨房环境卫生的基本要求是：厨房必须保持整洁、干净、明亮，地面干燥、洁净，无
杂物，明沟清洁畅通、无异味，无苍蝇、老鼠等，各物品、工具归类码放整齐。为此，必
须做到：坚决执行各项卫生制度；实行环境、食具、用具、"四定"（即定人、定物、定时
间、定度量）的办法。坚持经常性的灭鼠、灭蚂蚁、灭蟑螂、灭蚊子、灭苍蝇等工作。工
作前和工作后，应清洁全部门一次。案板、桌子、灶台、门窗、用具、地面等必须擦干
净。菜刀要勤磨，保持光亮无锈、锋利。地面无污水及各种腐败变质食物，保持清洁没有
臭味、异味。各种厨具在任何时候均应保持清洁，放置整齐，使用前后要清洗干净，无
油腻、无臭味、无异味。放置食物的柜、架要经常保持清洁并每星期消毒一次，覆盖食
具、食品、酱料的餐布要经常清洁、消毒。严格分开案台、炉灶、餐具、铲勺、砧板、刀
具用的抹布，做到专布专用，不应混乱；各种抹布必须经常保持清洁、爽手，没有油腻、
污渍。在工作间内，不准抽烟、戏逐；洗涤食物的盆、桶必须专用，不要用作洗涤个人衣
物或其他不洁杂物。定期大扫除一次，擦洗吸风罩、门窗及卫生死角，做到处处清洁、整
齐，环境美观。无关人员，未经同意不能随便进入工作间，以保证食品卫生和安全。

1. 操作间的墙面卫生

操作间的墙面一般贴制白色瓷砖，要求保持平整、光滑、完整、无裂缝凹陷、洁净。

由于操作间经常要炒制、烤制、烧制、炖制、蒸制各种菜肴等，墙面容易形成水汽、油污或墙砖脱落现象。为了保持墙面卫生，饭店厨房在每餐开餐结束后，一般都要将其擦洗干净，擦干水迹。对于油污重的地方，要用洗涤剂按一定比例加热水稀释后擦拭，或用瓷砖专用清洁剂擦拭后，用清水冲净，用洁净干抹布擦干。对于瓷砖脱落部位要及时贴补，以保持墙面的完整洁净。

2. 操作间的货架整理

烹调操作间是菜肴加工制作的生产场地，也是各种原料、工具、设备等的集中地，为了保证工作场所的整洁，作为初学烹调者，要知道怎样去整理。

（1）货架应尽量放在墙边不占用空间的地方，要保持货架干净整齐，码放物品要分门别类，不能乱放、混放。具体应做到：①存放食品原料要用专门的货架。存放时，要求体积大、质量重的放在货架下面；体积小、质量较轻的放在货架上面；货物要整齐地排列在货架上，有包装的食品原料，一般要求标签向外，无包装的食品原料，要用保鲜盒或食物专用盒存放，并在盒上贴上标签，标志要向外，以便工作中查找。②菜肴制作所使用的工具，品种繁多、体积也较小，有的较易丢失，一般要集中存放在一个固定的货架上，通常用几种规格的不锈钢长盆盛装后，放在货架上。这样摆放，既让人一眼看去整洁不乱，又利于工作中及时找到，提高工作效率。

（2）初学烹调者，不仅要学会整理操作间，而且更要懂得保持环境卫生。这就要求每个初学者要有良好的职业习惯：①工作时，拿取食品原料后，要及时清扫、整理，对于一些用完的食品原料空袋、空壳要及时处理，要经常擦拭货架、工作台，做到明亮、干净无灰尘。②在使用菜肴制作工具后，不要随心所欲乱丢乱放，用后要清洗干净、擦干水分，然后再归类存放。清洗制作工具时要讲究方法，掌握清洗的技巧，要有步骤循序渐进，不要盲目蛮干以免损坏工具。

3. 操作间设备卫生

（1）电烤箱：电烤箱是烤制品的成熟设备，一般根据厨房布局的要求由专业人员安装。应保持电烤箱的内外清洁卫生，用完后要及时清理干净。清洁烤箱外壳时要趁热用软布擦拭，才能将污迹擦净；清洁烤箱内部时要待温度降下去后再进行。烤箱内部清洁不可用水或洗涤剂清洗，只能用干的排笔或软钢丝刷清洁。烤箱顶部不能随便搁放东西，以免影响整体环境。

（2）电冰箱：电冰箱是用于储存和保藏食物的冷冻设备，要经常保持冰箱的内外清洁卫生，注意将食品的生熟分开，忌用热开水、稀释剂、汽油、酒精、煤油、洗衣粉等清洗，以免损害漆层与塑料，更不能用水直接喷浇冲洗。

（3）蒸箱：蒸箱经常用来蒸制饭、菜等，因此内部比较油腻，如不及时清洗就会严重影响蒸制品的质量。清洗前要放尽箱内的水、清扫内部的残渣，用热水抹布蘸洗涤剂内外擦洗，擦去油污后再用清水冲净擦干。

二、炉灶的清理

炉灶是烹调操作间的重要设备，保证它们的清洁卫生，有利于提高工作效率和食品的卫生，保障消费者的身体健康。

烹调操作间的炉灶较多，它是用来烹制各式菜肴的专门设备。现代厨房常用的炉灶有：煤气（天然气）灶、蒸汽灶、电炸炉、微波炉等。

（1）煤气（天然气）灶：烹调操作间使用频率较高的炉灶。由于使用频率高，因此平时更要注意保养，做好清洁卫生工作。煤气（天然气）灶一般油污、水污都比较重，每餐结束后都要及时清洗干净，特别是长期使用炉膛周围更容易形成污垢，往往要用铲刀、钢丝球、洗涤剂配合擦洗才能除去。长期使用后，煤气（天然气）灶由于煤气燃烧不充分或锅中液体外流，久而久之造成积垢堵塞炉眼，因此，要定期用不锈钢针疏通炉眼，保证煤气灶的正常燃烧使用。

（2）蒸汽灶：一般用不锈钢材料制作而成，锅身与灶面合二为一，锅的表面有一带若干孔洞的盖，盖可以自由拿取。常用来蒸制菜肴、点心，熬制各种调味汁等，因此容易产生油污。日常清洁卫生时，要注意一定的程序：首先要关闭气阀，取下盖板后，分别用热水加洗涤剂，用钢丝球将盖板、锅内、灶面油污擦去。然后用自来水冲净擦干后，再将盖板恢复原位。

（3）电炸炉：专门用来油炸菜品的，一般炉体较油腻，其清洗的程序为：首先要拔去电源插头，待油温冷却后放尽炸缸中的油，去除缸内的残渣，用热水加洗涤剂清洁缸体、缸筛及整个炸炉上的油迹，然后用清水过净擦干。

（4）微波炉：主要用来加热和解冻食品，也容易造成油污，其清洁程序为：首先拔去电源插头，打开炉门取出转盘及转子，用干抹布蘸洗涤剂擦去炉内、炉门的油渍后，然后用干净的抹布反复擦净，转盘及转子用热水洗净油污擦干后，装入炉内，关上炉门，最后用抹布将整个炉身擦净即可。

三、地面与吸风罩的清洗

1. 操作间地面的清洗

操作间的地面一般采用耐磨、耐高压、耐高温、耐腐蚀、不掉色的防滑地砖。要求：地面具有明沟，明沟的深浅要适度，明沟各部位均用白色瓷砖贴制，或用不锈钢水槽，明沟上面要有防鼠网及盖板。明沟沿下水方向要有一定的坡度，下水口要用隔离网，以免操作间的杂物堵塞下水道，造成环境污染。操作间的地面沿明沟方向也应有一定的坡度，这样，在冲洗地面时，一般不会造成地面积水，便于日常地面的清洁卫生工作。暗沟要清除下水口杂物，清洗隔离网和盖板。

操作间一般都是原料加工、菜肴烹制、出售的场所，因而场地容易脏乱，除平时注意保持环境的干净，不乱丢、乱扔东西外，还应经常清扫、整理。饭店厨房大都是每餐结束后清理地面卫生。其程序为：①地面的清理。先用扫帚清扫地面杂物，再用温水稀释工业烧碱或口碱、洗涤剂，用地刷蘸取洗涤剂，依次仔细地洗刷每一块地砖，待地砖刷净后用自来水冲净地面，有结水处用水刮刮净。②明沟的清洁。将明沟盖打开，捞尽明沟中的杂物，用地刷蘸热碱水或洗涤剂反复刷净每块瓷砖，用自来水冲净。若明沟盖板油渍较重，可架在火上烧尽油污后，再用钢丝球蘸洗涤剂擦洗干净，最后再盖在明沟上。

2. 吸风罩的清洗

吸风罩是装在炉灶顶部的，它把厨房中的油气味、烟尘、水蒸气和热气排到室外，使厨房清洁、卫生，减少工作人员的油烟污染。它的卫生状况不仅关系到厨房的空气环境、工作人员的健康状况，而且也是引发火灾的根源。因此，吸风罩的清洁卫生尤为重要，其清洗程序为：①关闭吸风罩电源，取下吸风罩每块隔火板。②用小铲刀仔细地铲除吸风罩内的油垢，用喷枪均匀地在吸风罩内喷上专用的油烟清洁剂，待溶解片刻，用专用的油垢刮，从上往下刮，油污就自动脱落，然后用洁净抹布擦净。③在隔火板上均匀地喷上油烟清洁剂后，用钢丝球仔细地擦去油污，冲净、抹干恢复其原位。④将吸风罩上的防爆灯罩壳取下，喷上油烟净，用抹布擦干净恢复原位。这样整个吸风罩就变得洁净、明亮了。

四、带手布的使用与清洗

1. 带手布的使用

带手布，通俗地说，就是抹布。烹调操作间的带手布若不注意清洁卫生，很容易污染食品。带手布在使用过程中应注意以下几方面：①应采用浅色布料，以便及时发现污物。②使用不同的带手布擦拭不同的表面，擦拭不同表面的带手布宜用颜色或其他标记区分。③擦拭直接入口食品接触面的带手布应经过消毒。

2. 带手布的清洗

带手布一般要专布专用，其种类主要有：食品盖布、清洁卫生用的抹布、炉灶用布等。各种用布的清洗方法各不相同。①食品盖布：专门用来盖原料和半成品食品，由于专布专用，一般比较干净，用完后只要用清水搓洗干净，放在盆中用"84"消毒液稀释浸泡5分钟后，再漂洗干净拧干水分，挂在通风处晾干即可。②抹布：专门用来清洁操作间各处卫生，通常油污较重难以清洗干净，有时先放在开水锅中加碱水煮后，再用热水、洗涤剂反复揉洗才能洗干净。

五、烹调前的准备工作

在检查设备、工具的使用情况并做好设备、工具的清洁卫生后，将各种工具放在固定且方便之处，以供烹调生产所用。另外，还需做好以下两方面的准备：

1. 调味品的检查与配备

在烹调前，应检查调味品的剩留情况。对剩留的液态调味品要过滤后再使用，对有异味的调味品要重新更换，对剩余少量的调味品要进行适当的补充，以保证烹调操作的顺利进行。

2. 餐具的就位及保温

为了能在烹调之后迅速出菜，必须提前将所有的餐具放置在工作台附近的固定地方，以方便出菜。寒冷的季节，要对餐具适当的保温，可把餐具放入保温柜或保温台里进行保温预热。

活动二 烹调师上岗前培训

烹调工作者每天都要和食品打交道，为广大消费者服务，这就需要有良好的职业素质，养成良好的个人卫生习惯，严格遵守食品安全卫生制度。因为，这是关系到食品安全和顾客健康的大事。

一、职业素质要求

为了在烹调工作中更好地履行其职能，烹调师必须具备以下素质：

1. 良好的职业道德

古人云："德者事业之基，未有基不固而栋宇坚久者；心者修行之根，未有根不植而枝叶荣茂者。"简单地说，道德是事业的根基，就如同高楼大厦要有坚实的地基，才能坚固长久；树无根，树干不植，何谈枝叶茂盛。这句话告诉我们要立志于事业，必须修养品行、砥砺道德，才能成为一个全面的、和谐的、对社会有贡献的人。

（1）遵纪守法。这是烹调工作者必备的基本品质，也是一个人的言行符合行业和社会道德规范的表现。从厨者应严格按照国家有关政策法规行事，严格遵守《食品安全法》，正确处理个人与集体、个人与国家的关系。

（2）爱岗敬业。它是厨师职业道德的核心和灵魂，也是决定工作成败的首要因素。只有具有认准一条正确的路坚持不懈的精神，才能为自己所钟爱的工作感到自豪，也才能干出好的成绩。爱岗敬业意味着奉献，它意味着为烹饪事业奉献终身。

（3）团结协作。这是一种人际关系，它能形成一种和谐的工作氛围，是实现工作目标取得成功的重要保证。这就要求厨师在工作时首先要做到自重、自强、自尊、自爱，在顾全大局的前提下，相互尊重、同甘共苦，团结一致，通力协作，营造出良好的人际关系和发展空间，从而提高工作效率和保证目标的顺利完成。

（4）提高文化知识水平。进入21世纪的餐饮业，最需要的就是人才和文化。一个文化水平偏低的厨师，可能有娴熟的技艺，并掌握相当数量的拿手菜品，但缺乏观察、分析、归纳、表达和创新的思辨能力及深厚的职业道德修养。厨师业务水平的升华，功夫还在灶外，要想做一名合格的厨师，就需要学习与烹饪相关的各种科学文化知识、营养知识、管理知识，同时还要加强外语、计算机知识的学习。新时代要求厨师是修厨德、专厨艺、学厨理、擅烹调、懂管理、勇于创新的现代复合型厨师。

2. 健康的身体素质

厨房生产劳动是一项复杂劳动，需要支出一定的体力和智力。厨房工作本身就是一种艰苦、繁重的创造性体力劳动，它要求每位厨师树立正确的苦乐观。这就需要他们身体健壮、吃苦耐劳、善思考、精力充沛。

3. 良好的心理素质

厨房工作的职业性质要求广大烹调师有一定的心理承受能力。即面对外部变化和不确定因素，有心理承受能力，能经受各种紧急突发事件、各种困难和挫折，意志坚强，冷静处事，应变自如，临危不乱。

二、个人卫生要求

1. 个人卫生

（1）要经常保持双手的清洁。工作前后，大小便后，必须洗手消毒。

（2）不随便乱扔、乱丢杂物、垃圾，用完工具、空袋等要及时归类存放。

（3）不得在操作间抽烟，不随地吐痰、擤鼻涕或对着食品咳嗽、打喷嚏。

（4）不要在操作间及其周围吃饭，不要随便将案板当凳子坐。

（5）不要随意用消过毒的碗吃饭，不使用客人用的餐具和茶具等。

（6）不要用盛装调味汁的盆、桶洗衣服。

（7）工作时不戴戒指等珠宝饰物，不涂指甲油，不把私人物品带入操作场所。

（8）工作人员要勤洗澡、勤换内衣、勤理发、勤剪指甲和刮胡子。

（9）在烹调操作时，不抓头搔耳。试味须专设小汤匙、小口碗、筷等，不要用口直接在勺中尝味，更不要将试味所余食品或半成品、调味汁放回食品中。

（10）出售食品要用食品夹，禁止用手接触出售的食品，售货人员要戴好口罩。

（11）烹调人员上岗前，必须经过严格的身体检查，身体健康的才能工作。

（12）要按时接受健康检查，按时接受注射疫苗，如发现有人患了有碍食品卫生的疾病（如痢疾、伤寒、传染性肝炎、消化道疾病或带菌者，肺炎等），应及时治疗或调换工作，必须待治愈后，才可从事食品工作。

2. 从业人员严格执行食品卫生"五四制"

（1）从原料到成品实行"四不制度"。

①采购员不买腐烂变质的原料；②保管验收员不收腐烂变质的原料；③加工人员不用腐烂变质的原料；④营业员不卖腐烂变质的食品，不用手拿食品，不用废纸、污物包装食品。

（2）成品（食物）存放实行"四隔离"。

①生与熟隔离；②成品与半成品隔离；③食品与杂物、药物隔离；④食品与天然冰隔离。

（3）用（食）具实行"四过关"。

①洗；②刷；③冲；④消毒。

（4）环境卫生采用"四定"办法。

①定人；②定物；③定时间；④定质量。划片分工，包干负责。

（5）个人卫生做到"四勤"。

①勤洗手剪指甲；②勤洗澡理发；③勤洗衣服被褥；④勤换工作服。

三、《食品安全法》基本知识

食品安全问题，对于饮食业从业人员来说一直是很重要的一个方面，它直接关系到人民群众的健康和生命安全。在我国，国家高度重视食品安全，早在 1995 年就颁布了《中华人民共和国食品卫生法》。在此基础上，2009 年 2 月 28 日，第十一届全国人大常委会第七次会议通过了《中华人民共和国食品安全法》。第十二届全国人大常委会第十四次会议于 2015 年 4 月 24 日修订通过，自 2015 年 10 月 1 日起施行。《食品安全法》是适应新形势发展的需要，为了从制度上解决现实生活中存在的食品安全问题，更好地保证食品安全而制定的。其中确立了以食品安全风险监测和评估为基础的科学管理制度，明确食品安全风险评估结果作为制定、修订食品安全标准和对食品安全实施监督管理的科学依据。

《食品安全法》是一部比较系统、完整的食品安全法律。它的颁布标志着我国食品安全卫生工作进入了一个新的阶段，使食品生产、经营有法可依。同时它对保证食品安全防止食品污染、保障人民健康有着重要意义。

根据食品安全法的规定，作为烹调从业人员应了解有关《食品安全法》基本知识。

1. 有关食品安全标准

（1）保持烹调生产内外环境整洁，并与有毒、有害场所以及其他污染源保持规定的距离。

（2）菜肴制作场所应当有相适应的生产经营设备或者设施，有相应的消毒、更衣、盥洗、采光、照明、通风、防腐、防尘、防蝇、防鼠、防虫、洗涤以及处理废水、存放垃圾和废弃物的设备或者设施。

（3）烹调厨房有食品安全专业技术人员和保证食品安全的规章制度。

（4）烹调厨房设备布局和工艺流程合理，防止待加工食品与直接入口食品、原料与成品交叉污染，避免食品接触有毒物、不洁物。

（5）餐具、饮具和盛放直接入口食品的容器，使用前应当洗净、消毒，炊具、用具用后应当洗净，保持清洁。

（6）储存、运输和装卸食品的容器、工具和设备应当安全、无害，保持清洁，防止食品污染，并符合保证食品安全所需的温度等特殊要求，不得将食品与有毒、有害物品一同运输。

（7）直接入口的食品应当有小包装或者使用无毒、清洁的包装材料、餐具。

（8）烹调生产人员应当保持个人卫生，生产经营食品时，应当将手洗净，穿戴清洁的工作衣、帽；销售无包装的直接入口食品时，应当使用无毒、清洁的售货工具。

（9）烹调制作用水应当符合国家规定的生活饮用水卫生标准。

（10）使用的洗涤剂、消毒剂应当对人体安全、无害。

2. 烹调制作过程中禁止生产经营的食品

（1）用非食品原料生产的食品或者添加食品添加剂以外的化学物质和其他可能危害人体健康物质的食品，或者用回收食品作为原料生产的食品。

（2）致病性微生物、农药残留、兽药残留、生物毒素、重金属等污染物质以及其他危害人体健康的物质含量超过食品安全标准限量的食品。

（3）用超过保质期的食品原料、食品添加剂生产的食品。

（4）超范围、超限量使用食品添加剂的食品。

（5）营养成分不符合食品安全标准的专供婴幼儿和其他特定人群的主辅食品。

（6）腐败变质、油脂酸败、霉变生虫、污秽不洁、混有异物、掺假掺杂或者感官性状异常的食品。

（7）病死、毒死或者死因不明的禽、畜、兽、水产动物肉类及其制品。

（8）未按规定进行检疫或者检疫不合格的肉类，或者未经检验或者检验不合格的肉类制品。

（9）被包装材料、容器、运输工具等污染的食品。

（10）标注虚假生产日期、保质期或者超过保质期的食品。

（11）无标签的预包装食品。

（12）国家为防病等特殊需要明令禁止生产经营的食品。

（13）其他不符合法律、法规或者食品安全标准的食品。

3. 食品生产的有关处罚

在第一百二十三、一百二十四条中，对违反本法规定，有下列情形之一，尚不构成犯罪的，由有关主管部门没收违法所得、违法生产经营的食品和用于违法生产经营的工具、设备、原料等物品；违法生产经营的食品货值金额不足一万元的，并处十万元以上十五万元以下罚款；货值金额一万元以上的，并处货值金额十五倍以上三十倍以下罚款；情节严重的，吊销许可证，并可以由公安机关对其直接负责的主管人员和其他责任人员处五日以上十五日以下拘留：

（1）用非食品原料生产食品或者在食品中添加食品添加剂以外的化学物质和其他可能危害人体健康的物质，或者用回收食品作为原料生产食品，或者经营上述食品。

（2）生产经营致病性微生物、农药残留、兽药残留、重金属、污染物质以及其他危害人体健康的物质含量超过食品安全标准限量的食品。

（3）生产经营营养成分不符合食品安全标准的专供婴幼儿和其他特定人群的主辅食品。

（4）经营腐败变质、油脂酸败、霉变生虫、污秽不洁、混有异物、掺假掺杂或者感官性状异常的食品。

（5）经营病死、毒死或者死因不明的禽、畜、兽、水产动物肉类，或者生产经营病死、毒死或者死因不明的禽、畜、兽、水产动物肉类的制品。

（6）经营未按规定进行检疫或者检疫不合格的肉类，或者生产经营未经检验或者检验不合格的肉类制品。

（7）经营超过保质期的食品。

（8）生产经营国家为防病等特殊需要明令禁止生产经营的食品。

（9）利用新的食品原料从事食品生产或者从事食品添加剂新品种、食品相关产品新品种生产，未通过安全性评估。

（10）食品生产经营者在有关主管部门责令其召回或者停止经营不符合食品安全标准的食品后，仍拒不召回或者停止经营的。

四、着装要求

（1）烹调人员工作时必须穿工作服、工作裤，戴工作帽，系围裙。

（2）着装要统一，衣服大小要得体，保持工作衣整洁，无破损。

（3）帽子要戴端正，刘海要在帽子里边，所穿工作衣纽扣要全，要扣上全部衣扣，包括风纪扣。

（4）要做到勤换工作服、勤洗工作衣，所穿衣服无汗臭。

（5）出售食品人员要戴口罩，口罩要勤洗，勤换，保持干净卫生。

 思考与练习

一、课后练习

（一）名词解释

1. 烹调工艺

2. 烹调工艺学

3. 切配部门

4.《食品安全法》

5. 食品卫生"五四制"

（二）填空题

1. 烹调工艺流程是：选择原料、_____、_____、_____、_____ 和销售。

2. 中国菜品位的灵魂是 _____；技艺精湛的精华是 _____。

3. 厨房布局的主要依据是 _____；摆放设备的依据是 _____。

4. 对厨房环境的基本要求，厨房高度是 _____；温度控制在 _____；墙壁用 _____；地面排水沟要求 _____。

5. 厨房生产标准化工作的任务主要有 _____、_____、_____ 三大项。

6.《食品安全法》的颁布时间是 _____。

7. 烹调工作人员工作时着装要求：_____、_____、_____、_____。

（三）判断题

1. 小型厨房通常是指提供较少客人同时用餐的生产厨房。（　　）

2. 生熟分开就是生品与熟品摆放在不同的餐具中。（　　）

3. 厨房通风就是厨房和餐厅的气流对流而过。（　　）

4. 烹调所用的工具以不锈钢的质地为最好。（　　）

5. 炉灶部门主要负责菜品的成熟和推销。（　　）

6. 烹调的设备先使用后再看说明书。（　　）

7.《食品安全法》是一部比较系统、完整的食品安全法律。（　　）

8. 工作时帽子要戴端正，刘海可以露在帽子外边。（　　）

（四）问答题

1. 中国烹调工艺的基本特色是什么？

2. 烹调工艺的基本流程是怎样的？请设计一幅流程图。

3. 厨房设计中如何杜绝交叉污染？

4. 阐述烹调工作人员应具备的良好的职业道德。

5. 煤气灶或天然气灶在使用时必须注意哪些关键点？

6. 学习《食品安全法》，请找出你认为最为关键的词。

二、拓展训练

1. 以小组为单位，参观几家大、中、小型厨房，并写小组报告进行班级汇报。

2. 以小组为单位，每人分别刀切加工土豆丝 1500 克，并进行对比讲评。

3. 走进实训厨房，请每组选 2 名同学分别对厨房设备进行使用讲解。

4. 分组学习《食品安全法》。全班组织食品安全大讨论，理解餐饮从业人员对食品安全的重要性。

模块二 原料初加工工艺

学习目标

知识目标 了解鲜活原料初加工的一般方法和基本要求；熟悉新鲜蔬菜、水产品、家禽家畜及其腌腊制品的加工方法；能根据不同干货原料进行合理的加工涨发，掌握其步骤和技巧；掌握各鲜活原料加工的要求和关键。

技能目标 掌握各种常用原料的加工方法和操作要领；会运用多种涨发方法涨发各类干货原料；合理加工多种腌腊原料；所加工的半成品原料符合菜品质量规格要求；熟悉不同原料的加工流程和制作要求。

模块描述

本模块主要学习原料初加工工艺，分别对鲜活原料、干货原料、腌腊原料和冷冻原料的加工进行讲解。围绕本模块三个工作任务，将烹饪操作的常用原料进行加工、分类和练习。通过练习与操作，使学生进一步掌握各种原料的加工工艺，完成好菜肴制作的最初流程。

导入案例

某饭店举办青年厨师比赛，总厨师长为这次比赛安排了"活鸡宰杀""灌洗肚肺""活杀鳝片"三个项目。24位年轻厨师分三组比赛，每组8人，抽签决定比赛项目。

第一组："活鸡宰杀"。每人准备好一只活鸡后，厨师长一声令下，8名厨师手忙脚乱地杀鸡破血管，有些人由于紧张，刀口并没有划到鸡的血管，有的鸡颈快要断了，个别人手中的鸡已飞出了场地。在现场，有的人动作很麻利，速度较快，放尽血后，放入盆内加热水烫鸡，毛去尽后，去掉内脏，清洗干净，一份完整的光鸡宰杀整理完成了，最快的只用了8分钟。而有的人将鸡杀飞了的，又去捉鸡，整整花去20分钟。个别人杀好的鸡，形状不完整，不是颈子断，就是翅膀不整齐。

第二组："灌洗肚肺"。有的比赛人员将肺管套在自来水水龙头上，将水灌进肺内，不停地用手拍打，使肺叶扩张；有的人还用水壶灌水进肺内，使大小血管都充满水，再将水倒出，反复多次，冲洗干净。最快者也需20分钟才能把肺叶变白。

第三组："活杀鳝片"。加工人员左手夹牢鳝鱼，钉在木板钉上，右手持刀，用刀在鳝鱼腹肚正中剖开，然后刀从鳝鱼头与脊骨连接处斩断脊骨、铲除脊骨和内脏，洗净后批成鳝片。最快者7分钟完成任务。

三个项目完成后，厨师长和请来的两位专家打分。三个项目分别评出了一、二、三等奖。最后厨师长请烹饪高级技师徐师傅进行了点评。徐师傅对厨师们的作品先进行了表扬，但也一针见血地进行了现场分析，指出了许多不足："活鸡宰杀，不少人没有把鸡的肺取出，有的形状不完整，这些都是可以避免的；灌洗肚肺，不少人都没有把肚肺灌洗白净，为了赶时间，有损了加工质量；活杀鳝片，有的鳝鱼的脊骨没有铲净，有的骨头中还有肉，显得有点浪费，鳝片的形状也大小不一。"

徐师傅总结说："年轻师傅们个个都很认真，这次是基本功比赛，活动组织得很好。现在这些初加工活许多饭店都不重视了，作为一个合格的厨师，希望师傅们多注重基本功的训练，把基本功打扎实，对以后制作菜肴很有好处，还会起到事半功倍的效果。祝大家取得好的成绩！"徐师傅话音刚落，在场的所有厨师对徐师傅的点评都报以热烈的掌声！

问题：

1. 请分别说明活鸡宰杀形状不完整、灌洗肚肺颜色不白净、活杀鳝片未除去脊骨的主要原因。

2. 请分析徐师傅所说的"把基本功打扎实"的真正意义。

任务一　鲜活原料的加工

任务目标

● 会加工各类新鲜蔬菜；
● 能合理加工不同种类的水产品；
● 能加工不同的家禽原料；
● 会加工家畜及四肢原料。

鲜活原料是每天厨房烹调中不可缺少的，它通常指新鲜的蔬菜、水产品、家禽、家畜类等。从市场上购进的鲜活原料，一般都有不宜食用的部位及泥沙等污秽杂物，烹调前必须经过摘剔、洗涤处理等，使原料达到清洁卫生、便于加热食用的要求。初步加工时既要干净卫生，符合烹调的要求，同时又要注意节约，除了污秽及不能食用的部分外，不得浪费任何有用的原料，尽量做到物尽其用。

原料初步加工时，要注意尽可能地保存原料所含的营养成分，如青菜和菠菜等叶菜类是我们体内维生素C和矿物质的重要来源，而这些营养成分极易溶于水中，为保护这些营养，在蔬菜初加工时就应做到先洗后切。

根据菜品的需要，每一种菜品制作对生料加工都有严格的要求。例如：鸭在宰杀后需去内脏，而开膛去内脏的方法有许多。制作"烤鸭"时为了增加鸭的美味，在烧烤时不致漏油，必须采用肋开膛的手法去除内脏；制作"八宝鸭"时则不能开膛，必须采用整料脱骨的手法，将鸭的骨架连同内脏一并去掉；而传统的"扒鸭"，则必须采用背开的方式来开膛去内脏，这样制作出的"扒鸭"，才显得饱满、美观。在对原料进行初步加工时必须考虑到烹调的具体要求。

活动一 新鲜蔬菜的初步加工

新鲜蔬菜种类繁多，食用部位各不相同，有的食用种子、有的食用叶子、有的食用根茎、有的食用花蕾等。所以新鲜蔬菜的初步加工，也必须分门别类地进行。蔬菜中含有大量的维生素、纤维素和矿物质等，在加工过程中应尽量减少蔬菜中营养素的损失。只有当蔬菜中的水分保持在细胞里时才能维持其结构形态，随着水分的散失，蔬菜就会枯萎。目前，蔬菜中的农药残留也比较多，因此，在蔬菜的初步加工中应遵循以下要求：

第一，分类加工。蔬菜品种繁多，在初步加工时应分类处理，根据不同蔬菜的特点采取相应的加工方法。例如：叶菜类蔬菜必须择去黄叶、老叶等；根茎类应先去外皮；豆菜类应去掉豆荚上的筋络或除去豆荚；花菜类则应去掉外叶和花托等，以保证食用的质量和效果。

第二，先洗后切。新鲜蔬菜在洗涤时要注意洗净泥沙和虫卵等，同时在程序上应做到先洗后切，这是因为，新鲜蔬菜内部含有丰富的水溶性的维生素和无机盐，如先切后洗，这些营养成分就会流失。另外，新鲜蔬菜在生长过程中，因施肥或施农药，表面有残留的化学有害物质，若先切后洗有可能人为地造成污染。

第三，合理放置。饭店中新鲜蔬菜使用量较大，同等数量的新鲜蔬菜与其他新鲜的烹饪原料相比所占的体积要大且易被污染。蔬菜洗涤后要放在干净的竹筐或塑料筐中，菜筐摆放时要整齐与卫生，最好摆放在斜式专用蔬菜货架上，便于沥干水分。

一、新鲜蔬菜的加工

新鲜蔬菜的整理加工方法因蔬菜的食用部分不同而有差异。但不管是什么蔬菜，在初步加工时都需经过整理加工和洗涤两个步骤，以保证蔬菜原料的干净和安全。

1. 叶菜类

叶菜类是指以肥嫩的茎叶作为烹调原料的蔬菜，常见的品种有青菜、芹菜、大白菜、卷心菜、青蒜、菠菜、韭菜等，叶菜类蔬菜的整理主要是将黄叶、老叶、老帮、老根等不能食用部分及泥沙等杂质剔除干净。

2. 根茎类

根茎类蔬菜是指以肥嫩变态的根或茎为烹饪原料的蔬菜。如冬笋、茭白、山药、山芋、土豆、莴笋、洋葱等。这类蔬菜的整理主要是剥去外层的毛壳或刮去表皮。应引起注意的是：根茎类蔬菜，大多数品种含有多少不等的单宁物质（鞣酸），去皮时与铁器接触后在空气中极易被氧化而变色，故而根茎类蔬菜在去皮后应立即放在水中浸泡，以防"生锈"变色。

3. 瓜类

瓜类是以植物的瓠果为烹调原料的蔬菜，常见品种有黄瓜、冬瓜、南瓜、丝瓜、笋瓜、西葫芦等。整理时，对于丝瓜、笋瓜等除去外皮即可，外皮较老的瓜，如冬瓜、南瓜等刮去外层老皮后由中间切开，挖去种瓤洗净即可。

4. 茄果类

茄果类是指以植物的浆果为原料的蔬菜，常见的有茄子、辣椒、番茄等。这一类原料整理时，去蒂即可，个别蔬菜如辣椒等还需去籽瓤。

5. 豆类

豆类蔬菜是指以豆科植物的豆荚（荚果）或籽粒为烹调原料的蔬菜，常见品种有青豆、扁豆、毛豆、四季豆等。豆类蔬菜的整理有两种情况：

（1）荚果全部食用的。掐去蒂和顶尖，撕去两边的筋络。

（2）食用种子的。剥去外壳，取出籽粒。

6. 花菜类

花菜类蔬菜是指以某些植物的花蕊为烹调原料的蔬菜，常见品种有：西蓝花、花椰菜、黄花菜等。花菜类在整理时只去掉外叶和花托，将其撕成便于烹饪的小朵即可。

在加工中应避免不必要的浪费，物尽其用，如莴苣有用的叶子和芹菜的外茎就不应扔掉。在去土豆皮和剥蔬菜时，要轻剥薄削，使营养成分不至于损失。

二、新鲜蔬菜的洗涤

加工的新鲜蔬菜必须仔细清洗，对于枯萎的蔬菜要浸泡在冷水里或用冰覆盖，以帮助其恢复鲜嫩，但这并不能恢复其已失去的养分。新鲜蔬菜的洗涤方法常见的有冷水洗涤，也可根据情况采取盐水或高锰酸钾溶液洗涤。

1. 冷水洗涤法

冷水洗涤法是将经过加工整理的蔬菜放入清水中略浸泡一会儿，洗去蔬菜上的泥土等污物，再多次搓洗直至干净即可。冷水洗涤可保持蔬菜的新鲜度，是蔬菜洗涤最常用的方法。

2. 盐水洗涤法

盐水洗涤法常用于夏、秋季节上市的一些蔬菜。如扁豆等在叶片和豆荚等处栖着许多虫卵，用冷水洗一般清洗不掉，可将蔬菜放入浓度为 2% 的盐水中浸泡 10 分钟左右，再放入清水中洗涤就很容易洗干净了。

3. 高锰酸钾溶液洗涤法

将加工整理的新鲜蔬菜放入 0.3% 的高锰酸钾溶液中浸泡 5 分钟，然后再用清水洗净。这种洗涤法主要用于洗涤供凉拌食用的蔬菜。用此方法洗涤可将细菌杀死，同时对不需要加热处理的菜，不至于改变风味。

活动二　水产品的初步加工

水产品的种类较多，一般分为咸水产品（海产品）和淡水产品（江、河、湖、池塘产品）两大类。在咸水产品中还有贝壳类，它也分为两类：一类是有开闭硬壳的软体动物，如牡蛎、蚌、扇贝、贻贝等；另一类是有分节外壳的甲壳类动物，如龙虾、对虾、螃蟹等。由于水产品的类别较多，性质各异，因此，初步加工的方法也较为复杂，必须认真仔细地加以处理，才能符合烹调制作的要求。

水产品初步加工的方法根据水产品的品种和烹调方法而异。一般先去鳞、鳃，然后摘除内脏，洗涤等。

一、鱼类的初步加工

由于鱼的种类很多，形状、性质各异，加工的方法也不相同，主要有刮鳞、去鳃取内脏、褪沙、剥皮、泡烫、宰杀等。

1.刮鳞

使鱼身表面鳞片刮尽。刮鳞时将鱼头朝左，鱼尾朝右摆放在案板上，左手按稳鱼头，右手持刀，由鱼尾向鱼头方向将鱼鳞逆着刮下。

操作时应注意：

（1）不可弄破鱼皮，否则会影响菜肴成熟后的造型。

（2）鱼鳞要刮干净，特别是要检查靠近头部、背鳍部、腹肚部、尾部等地方鱼鳞是否去尽。需要注意的是，鲥鱼和鲥鱼的鳞下因附有脂肪，味道鲜美，初加工时可不去鳞。

2.去鳃取内脏

刮鳞后应去鳃，一般鱼鳃用手就可挖去，但有些鱼，如鳜鱼、黑鱼等，鱼鳃坚硬且鳃上有"倒刺"，这类鱼的鳃应用剪刀剪去，以防划破手指。

取内脏的方法要根据鱼的大小和烹调的不同而定。通常有三种方法：

（1）剖腹取内脏。操作时在鱼的肛门和胸鳍之间用菜刀沿肚剖一直刀口，取出内脏。一般鱼类都采用这种方法摘除内脏。

（2）口中取内脏。为保护鱼体的完整形态，用菜刀在鱼肛门正中处横向切一小口，割断鱼肠。用两根竹棒或竹筷从鱼口腔插入腹内，卷出内脏和鱼鳃。

（3）脊背取内脏。有些菜肴为了保持鱼形的完整性，需要从脊部处剖开摘除内脏，以体现加工工艺的变化和绝妙。如江苏名菜"荷包鲫鱼"。

3.褪沙

褪沙主要用于加工鱼皮表面带有沙粒的鱼类。常用的是鲨鱼。褪沙前，应将鱼放在热水中泡烫，水的温度根据原料老嫩而定，质地老的可用开水，质地嫩的可用温度略低的水。泡烫的时间，以能褪沙而鱼皮不破为准。褪沙后用刀刮净表面沙粒、洗净即可。操作时应注意不可将沙粒嵌入鱼肉，否则影响食用。

4.泡烫

泡烫主要用于加工鱼体表面带有黏液而腥味较重的鱼类，如鳝鱼、鳗鱼、泥鳅等，表面无鳞，但有一层黏液，故应放入开水锅中泡烫后洗去黏液和腥味。

5. 剥皮

剥皮主要用于鱼皮粗糙、颜色不美观的鱼类加工。如比目鱼、橡皮鱼等，初加工时应先剥去皮。具体操作时，由背部鱼头处割一刀口，捏紧鱼皮撕下即可。

墨鱼（又名乌贼鱼）的宰杀方法：将墨鱼放入水中用剪刀刺破眼睛，挤出眼球，再把头拉出，除去石灰质骨，同时将背部撕开，去其内脏，剥去皮洗净待用。雄生殖腺干制后称为"乌贼穗"，雌墨鱼的产卵腺称为"乌鱼蛋"，均为名贵的烹调原料。墨鱼加工时一般在水中进行，防止墨汁溅到身上。鱿鱼体内无墨腺，加工方法同墨鱼大致相同。

水产品经过刮鳞、去鳃、剖腹等各种初步加工后，最后应进行洗涤，洗净鱼腹内紧贴腹肉上的一层黑衣和各种污秽物质，以便于烹调后食用。

6. 宰杀

对于软体水产品的加工，如墨鱼、鱿鱼、章鱼等，主要采用摘洗的方法。

二、虾、贝类的初步加工

1. 虾的加工

主要是剪去虾枪、触须、步足，挑出头部的沙袋和脊背的虾肠、虾筋，有些菜品还要剥去虾壳。小型虾还用于去壳挤成虾仁。加工时要注意保留虾卵，晾干或烘干后，可制成"虾籽"。

2. 河蚌的加工

用薄型小刀插入两壳相接的缝隙中，向两侧移动，沿两侧壳壁割开前、后闭壳肌，然后再将肉质取出，摘去鳃瓣和肠胃，用木棍轻轻将肉质紧密的蚌足捶松，将蚌肉放入盆中，加盐搓洗黏液，再用清水冲洗干净即可。

3. 蛤蜊、蛏子的加工

先将鲜活的蛤蜊、蛏子用清水冲去外壳的泥沙，然后浸入 2% 的食盐水中，静置 1 小时左右，使其充分吐沙，烹调时用清水冲洗干净即可。若取肉加工，既可直接取肉，也可放入开水锅中煮熟捞起，取出其肉；带壳烹调时，需割断闭壳肌。其他贝壳类的原料加工方法基本与此相似。

 **知识拓展**

水产品初步加工要求

水产品在烹制之前一般需经过宰杀、刮鳞、去鳃、去内脏，洗涤及分档等初步加工。水产品的初步加工应符合以下要求。

1. 除尽污秽物质

水产品初步加工时除了要除去鱼鳞、鱼鳃内脏、硬壳、黏液等污秽物质外，特别要除去腥臊气味，贝壳类原料应除去附着在肉中的泥沙，以保证原料在烹调前干净卫生。

2. 符合烹调的要求

各种水产品取内脏的方法有多种，具体采用什么方法加工，必须根据烹调的要求来决定，例如：鲫鱼在红烧或氽汤时，需从鱼腹部剖开取内脏，但在制作江苏名菜"荷包鲫鱼"时，就应从鲫鱼的脊背处剖开，再去内脏。

3.切勿弄破苦胆

鱼类特别是淡水鱼类在初加工时切勿弄破苦胆。弄破苦胆后，胆汁沾染到鱼肉上，会使鱼肉发苦而影响质量。

4.合理使用原料，减少浪费

一些体形较大的鱼，如青鱼、鳙鱼等，除中段可加工成片、条、丝、丁外，其头、尾等均可利用。如青鱼尾巴是上好的"活肉"，可制成名菜"红烧甩水"，而鳙鱼头可制成名菜"砂锅鱼头""剁椒鱼头"等。此外，还有些鱼如鮰鱼、黄鱼等的膘还可干制成鱼肚。总之，水产品初步加工时，应合理地使用原料，减少浪费。

活动三　家禽和家畜的初步加工

家禽和家畜是烹饪原料中的重要组成部分，在餐饮业中使用最为广泛，且初加工较为复杂，而且不同的菜品加工要求相差较大，处理得恰当与否直接影响到菜肴色、香、味、形的质量。这就要求烹调加工人员在加工前必须了解禽畜的有关特点，以帮助合理的分割原料。

禽类和畜类有许多相似的地方，主要包括以下四方面：

（1）瘦肉。瘦肉是被联结组织组合在一起的纤维构成的。纤维的厚度、纤维束的大小和相连组织的数量决定肉的质地。

（2）联结组织。联结组织将肌肉连接在一起，并决定肉的嫩度。联结组织覆盖在肌肉纤维壁上，将肌肉纤维连接成纤维束，并像膜一样把肌肉包起来。连接肌肉和骨骼的肌腱及韧带是由联结组织构成的。肉的部位越老，联结组织就越多。

（3）脂肪。脂肪是分布在肉中的大理石纹般的层装组织。脂肪对保持肉的嫩度和味道起作用。外层的脂肪覆盖在肌肉上。

（4）骨骼。骨骼是不可食用的。在采购原料中，肉的比重高于骨骼可以降低可食用单位的成本。骨骼的形状有助于识别肉块，骨骼用于炖汤味道鲜美。

一、家禽的初加工方法及要求

禽类的初步加工，基本方法均相同。大部分原料都采用放血宰杀的方法。其加工程序一般可分为宰杀放血、泡烫煺毛、开膛去内脏和内脏洗涤四步。

1.宰杀放血

宰杀家禽时，首先准备好一个盛器，盛器内放适量食盐和清水（夏天用凉水，冬天用温水）。以鸡为例，宰杀时左手握住鸡翅，小拇指钩住鸡的右腿，用拇指和食指捏住鸡颈皮，向后收紧颈皮，手指捏到鸡颈骨的后面，右手用刀割断气管和血管，刀口要小。左手捉鸡头，右手钩住鸡脚并抬高，倾斜鸡身，使鸡血流入盛器内，待血放尽，用筷子将盛器内鸡血与水搅拌调匀。

2.泡烫煺毛

泡烫煺毛这个步骤必须在禽类刚停止挣扎，双脚不抽动时进行，过早会因肌肉痉挛，皮紧缩而不易煺毛，过晚会因肌体僵硬羽毛也不易煺净。烫泡时水的温度依季节和禽的老嫩而异，一般老母鸡及老鹅、老鸭等应用沸水，嫩禽用60℃~80℃的水泡烫。冬季水温应高些，夏季水温可略低。

泡烫后煺毛要及时，先煺粗毛，爪上、嘴上的老皮，再煺其他部位的毛，煺毛用力不宜过大，切忌拉破禽类外皮。在煺毛的过程中，以煺净羽毛而不破损鸡皮为原则。

3. 开膛去内脏

禽类去内脏的方法应视烹调的需要而定。常用的去内脏方法有：腹开法、背开法和肋开法。

（1）腹开法。先在禽颈右侧的脊椎骨处开一刀口，取出嗉囊，再在肛门与肚皮之间开一条长约6~7厘米的刀口，取出内脏，将禽身冲洗干净即可。操作过程中应注意切勿拉破肝和苦胆，因为肝破碎后就不宜食用了，而胆破碎，胆汁沾染到禽肉上会严重影响禽的口味和质量。

腹开法用途较广，凡是用于批片、切丝、切丁制作炒、爆菜肴及切块红烧菜肴的禽类均可采用此法加工。

（2）背开法。将禽背部朝右，禽头朝里放置在案板上，左手按稳禽身。右手执刀，由禽尾部插入后用力向后片至颈脊骨，用力掰开禽身，取去内脏、嗉囊及气管、食管。将禽身冲洗干净即可。操作时应注意不可划破禽肠，否则会使肌肉和其他内脏受到污染，影响原料质量。

背开法主要适用于采用清蒸、扒等烹调方法的禽类。因为采用背开法去内脏，禽类烹制成熟装盆时看不见刀口，禽类显得丰满，较为美观。

（3）肋开法。操作时在禽的右肋下开一刀口，然后从开口处取出内脏，拉出嗉囊、气管和食管，冲洗干净即可。操作过程中切忌拉碎禽的肝和胆。肋开法主要用于制作烤类的菜肴，如烤鸡、烤鸭，不在腹部或背部开刀，烤制时不致漏油，使鸡、鸭的口味更加肥美。

根据烹调的要求，禽类初加工去内脏有时不可开膛，如制作"八宝鸭"时，鸭的内脏应通过整料出骨的方法与骨架一同取出。整料出骨的详细内容，将在模块三中详细叙述。

4. 内脏的加工

禽类的内脏除嗉囊、气管、食管、肺和胆囊不可食用外，其余均可烹制成菜肴，家禽内脏因肮脏程度不同，洗涤加工也就有所区别。

（1）肫。先割断连接在肫上的食管和肠，沿肫一侧剖开，除去内部污物，剥去内壁黄肫皮，洗净即可。

（2）肝。开膛去肝后，用刀轻轻摘去附着在肝上的胆囊，将肝放在清水中漂洗干净，捞出即可。

（3）肠。先去掉附着在肠上的两条白色胰脏及网油，然后用剪刀剖开，冲洗掉污物，放入盐、醋中搓洗吸附在肠壁上的污物和黏液，用开水稍烫即可。

（4）油脂。鸡的油脂颜色金黄，在提炼时应注意不要煎熬，否则色泽会变得混浊。正确的方法是先将油脂洗净切成小块，放入碗内，加入葱姜、少许花椒，用保鲜膜封口后上笼蒸至脂肪融化取出，拣去葱、姜和花椒，这样制作出的鸡油色泽金黄明亮，故而烹饪上常称为"明油"。

（5）禽血。将已凝固的血块，用刀切成方块，放入开水锅中，小火煮至血块内心凝固，捞取放入冷水中浸泡。

近年来，从食品安全的角度出发，活禽宰杀不建议在厨房内由厨师进行宰杀。厨房生产中所使用的禽类，一般为肉品加工厂加工后的冷冻原料。

二、家畜内脏及四肢的初步加工

畜类动物的加工目前大多在专业的屠宰加工场进行，从宰杀到内脏的初步整理几乎都不在厨房中进行。肉品加工厂已将传统厨房的宰杀加工取而代之，并且根据畜肉的不同部位进行分档，便于厨房生产加工烹调。厨房只对内脏及四肢进行加工处理。

家畜内脏及四肢泛指心、肝、肺、肚、腰、肠、头、尾、舌等。由于这些原料污物多，黏液重，并带有异味，因此加工时一定要认真对待。内脏及四肢洗涤加工的方法大体上有里外翻洗法、盐醋搓洗法、刮剥洗涤法、清水漂洗法和灌水冲洗法几种。

1. 里外翻洗法

里外翻洗法即是将原料里外轮流翻转洗涤，这种方法多用于肠、肚等黏液较重的内脏的洗涤。以肠的洗涤方法为例：肠表面有一定的油脂，里面黏液和污物都较重，有恶臭味。初加工时把大肠口大的一头倒转过来，用手撑开，然后向里翻转过来，再向翻转过来的周围灌注清水，肠受到水的压力就会渐渐地翻转，等到全部翻转完后，就可将肠内的污物扯去，加入盐、醋反复搓洗，如此反复将两面都冲洗干净。

2. 盐醋搓洗法

主要用于洗涤油腻、污秽重和黏液较多的原料，如肠、肚等。因在清水中不易洗涤干净，因而洗涤时加入适量的盐和醋反复搓洗，去掉黏液和污物。以猪肚为例：先从猪肚的破口处将肚翻转，加入盐、醋反复搓洗，洗去黏液和污物即可。

3. 刮剥洗涤法

即用刀刮或剥去原料外表的硬毛、苔膜等杂质，将原料洗涤干净的一种方法。这种方法适宜于家畜脚爪及口条的初步加工。

（1）猪脚爪的初加工。用刀背敲去爪壳，将猪脚爪放入热水中泡烫。刮去爪间的污垢，拔净硬毛。若毛较多、较短不易拔除时，可在火上燎烧一下，待表面有薄薄的焦层后，将猪脚爪放入水中，用刀刮去污物后即可。

（2）牛蹄的初步加工。将牛蹄外表洗涤干净，然后放入开水锅中小火煮焖3~4小时后取出，用刀背敲击，除去爪壳、表面毛及污物，再放入开水中，用小火煮焖2小时，取出除去趾骨，洗净即可。

4. 清水漂洗法

即将原料放入清水中，漂洗去表面血污和杂质的洗涤方法，这种方法主要用于家畜的脑、筋、骨髓等较嫩原料的洗涤。在漂洗过程中应用牙签将原料表面血衣、血筋剔除。

5. 灌水冲洗法

此法主要用于洗涤家畜的肺。因为肺中的气管和支气管组织复杂，灰尘和血污不易除去，故用灌洗法。具体方法有两种：一是将肺管套在自来水水龙头上，将水灌进肺内，使肺叶扩张，大小血管都充满水后，再将水倒出，如此反复多次至肺叶变白，划破肺叶，冲洗干净，放入锅中加料酒、葱、姜烧开，浸出肺管内的血污洗净即可。二是将猪肺的大小气管和食管剪开，用清水反复冲洗干净，入开水锅中汆去血污，洗净即成。

野生动物保护刻不容缓

我国为保护、拯救珍贵、濒危野生动物，保护、发展和合理利用野生动物资源，维护生态平衡，制定了《中华人民共和国野生动物保护法》。中华人民共和国第十届全国人民代表大会常务委员会第十一次会议于 2004 年 8 月 28 日通过施行。并于 2009 年、2016 年和 2021 年进行修订。为了保护野生动物，拯救珍贵、濒危野生动物，维护生物多样性和生态平衡，推进生态文明建设，制定本法。中华人民共和国境内从事野生动物保护、驯养繁殖、开发利用活动，必须遵守本法。本法规定保护的野生动物，是指珍贵、濒危的陆生、水生野生动物和有重要生态、科学、社会价值的陆生野生动物。

任务二 干货原料的加工

任务目标

- ●会利用水发法加工各类植物性干货原料；
- ●能利用水发法涨发常用的动物性干货原料；
- ●能利用碱水和盐发涨发部分原料；
- ●会运用油发法涨发常用干货原料。

干货原料在烹调前必须有一个恢复其原有特色的过程，这个过程就称为干货涨发。所谓干货涨发就是采用一定的方法使干货原料重新吸收水分，最大限度地恢复新鲜时松软的状态。通过干货的涨发，可以清除腥膻气味和杂质，使原料易于切配烹调，符合食用要求，利于消化吸收。

干货原料的涨发是借助于一定的助发介质经过导热、浸溶、膨胀作用，使其达到涨发的效果。助发介质一般有清水、油脂、精盐以及一些添加物如碱、石灰等碱性原料。不同的助发介质会产生不同的发料品质。根据干货原料在涨发过程中所使用的助发介质的不同，可把干货涨发加工的方法分为自然水发法、碱水发法和热膨胀发法等几种。需要说明的是，在原料的涨发过程中这几种方法并非是孤立使用的，有些干货往往是多种方法混合使用。

活动一 自然水发法

自然水发法是将干货原料放在纯净清水中浸泡，使其重新吸收水分，尽量恢复到原料新鲜时状态的一种涨发方法，这种方法通常简称为水发法。自然水发法是干货原料涨发中最常见、最基本的发料方法，几乎所有的干货原料都必须经过自然水发的过程。自然水发法通常可分为冷水发法和热水发法。

一、冷水发法

冷水发法是把干货原料放在冷水中，使其自然地吸收水分，最大限度地恢复到新鲜时鲜嫩的状态。冷水发法所用的水媒介是常温的清水，并非是很凉的水，称为冷水发法只是为了与热水发法相区别。冷水发法的特点是：简单易行，同时可较多地保持原料原有的风味。

冷水发法的操作方法可分为浸和漂两种。浸就是把干货原料用冷水浸没，使其慢慢吸收涨发。浸的时间要根据原料的大小老嫩和松软坚硬的程度而定。体小质嫩的一些原料，如木耳、口蘑等，浸的时间可短些；硬而大的原料，浸的时间要长一些。另外，浸的方法还可以和其他发料方法配合使用，用于体大质硬的干货原料，如燕窝等。它也是沸水涨发前的辅助涨发。将体大质硬的原料放在冷水中浸一段时间，然后放在沸水中去涨发可以避免其外表因长时间煮焖而被撕烂。

漂主要是一种辅助的发料方法，这种方法有助于清除原料本身或在涨发过程中混入的杂质和异味，如鱼肚、乌鱼蛋等反复煮焖涨发后，还必须用清水漂，以除去一些腥膻气味。而鱿鱼等碱水涨发后的干货原料也应用冷水漂除去碱味，以符合食用的要求。

例：玉兰片的涨发

具体方法是：先用常温自然水浸 10 小时回软，再用开水泡 6 小时左右，放入开水锅中煮开后改小火，煮约 15 分钟取出，再用开水泡 10 小时左右，然后将玉兰片再煮 10 分钟取出，用淘米水泡 10 小时去掉黄色，再煮，如此三四次。在煮的过程中，要先挑选发透的使用。玉兰片横切开后没有白茬时即已发透。玉兰片产出率每 500 克可得 2~3 千克。成品色泽洁白或微黄，质地脆嫩，无异味。

二、热水发法

热水发法就是把干货原料放入热水（温水或沸水）或水蒸气中，经过加热处理，使其迅速吸收水分，涨发回软成为半熟或全熟的半制成品。热水发法主要是利用热的传导作用，促使干货体内分子加速运动，使干料加快吸收水分。

热水发料对菜肴质量的影响极大，如果原料发得不透，制成菜肴后必然僵硬，难以入味，口感就较差；反之，如果原料发得过于熟烂，也会影响菜肴的质量。所以，热水发料时必须根据原料的品种、大小、老嫩情况，以及烹调的要求，分别运用各种热水发料方法。热水发料的具体操作方法应根据干货原料的情况而繁简不一，归纳起来，大体可分为一次热水发料和反复热水发料两种。

一次热水发料：指涨发时只要一道热水操作程序就可达到发料目的的发料方法。这种发料方法适用于体积小、质微硬、略带异味的原料，如粉丝、黄花菜等。

反复热水发料：指涨发时要先后经过几道热水操作程序才能达到发料目的的发料方法。这种发料方法适用于体积较大、坚硬带筋、有腥臊气味的原料。如干鲍鱼等。

热水涨发法根据不同的原料特点，其操作方法又有泡发、煮发、焖发和蒸发四种。

1. 泡发

泡发就是将干料置于热水中浸泡而不再继续加热，使干货原料慢慢泡发涨大。这种方法适用于体积小、质地稍硬的干货原料，如银鱼干、粉丝等。泡发是热水发法中最简单的一种操作方法，但在操作时应注意季节、气候及原料本身的质地特点而灵活掌握水温。

2. 煮发

煮发就是把干货原料放入水中，加热煮沸，使之涨发。此法主要用于一些质地坚硬、体形较大、带有较重腥膻气味的、表面有毛或泥沙的干货原料，如驼掌等，经冷水浸泡一段时间后，需用热水煮，利用高温使水分子渗透到原料内部，使干货回软，最终达到涨发的目的。

3. 焖发

这是煮发的后续过程，此法与煮发结合使用。因为有些干货原料体积较大或表面角质严重，所以内部极不容易发透，若长时间煮，会使原料外表糜烂，而内部仍很坚硬。因此要将原料在沸水中煮一段时间后，改用小火或将锅端离火源，加盖焖一段时间，使干货原料由外到里全部涨发透。驼掌等干料需煮发、焖发结合才能达到松软的效果。

4. 蒸发

蒸发就是将原料放在盛器中用蒸汽加热使原料涨发。这种方法适用于一些易散碎或鲜味强烈的干货原料，如干贝、哈士蟆、海米、淡菜、虾籽等。这些原料经过水煮后会使鲜味受到损失，如把它们放在容器中加入适量的葱、姜、调料、水和高汤再上笼蒸，不仅能保持其鲜味，还能除去部分腥味。

例：干贝的涨发

将干贝在冷水中浸约20分钟，洗去表面灰尘，去除筋质，置容器中加清水及姜、葱、酒蒸1~2小时，至能捏成丝状取出为宜，用原汤浸渍备用。

知识拓展

干货原料

干货原料是指经过脱水后干制而成的烹饪原料。原料经脱水后，可以抑制细菌的繁殖，延长烹饪原料的保存期；干货原料形体缩瘪，重量减轻后，便于运输，打破了原料的区域性；另外，原料经干制后还可以增加特殊的风味。

由于鲜活原料性质不同，质量各异，产地不一，脱水干制的方法也不一样。例如，有的是阳光下晒干的，有的是放在阴凉处风干的，有的是用石灰或草木灰焙干的，有的是用火烘烤干的，也有用盐腌渍后再干制的。因而，所制成的干货原料性质非常复杂，一般来说，晒干烘干的脱水率较高，质地坚硬，但烘干的质量不如晒干的；风干的鲜味损失少，但因水分含量高故而不易储存，腌干的带有咸苦味，容易改变原来的鲜味，石灰焙干的质量最差。在使用前应根据干货原料的特点作涨发处理。

水发原理

干货原料在新鲜的时候，肌体内的蛋白质分子表面布满了各种极性不同的基因。这些极性基因同水分子之间有极强的吸引力，使水分子得以均匀地分布在蛋白质中，并达到饱和状态，从而使蛋白质具有一定的弹性和形状，在分子间的游离水和分子内部结合水的共同作用下，蛋白质呈丰满状态。当这些原料被干制时，由于受外部能量的作用，蛋白质也就变成了干制的凝胶块，但蛋白质分子间和蛋白质分子内部还会留有一定的当初存有水分子的空间。当这些干货原料放在水中长时间地浸泡时，水分子会慢慢地渗透到原料内部的各种物质中，大量水分子重新进到蛋白质分子之间或蛋白质分子内部，填补原料干制后的水分子留下的空间，使干货原料体积膨胀、增大，重新变为柔软而富有弹性的原料。应当强调的是：涨发后的原料是绝对不可能达到新鲜时的状态的，因为原料在干制时由于外部因素，如紫外线照射、加热等的影响，使一些蛋白质发生了不可逆的变性。

活动二　碱水发法

碱水发法是将干货原料先在清水中浸泡，然后再放入碱溶液中浸泡一定的时间，促使干货涨发回软，再用清水漂浸，消除碱水和腥臊气味的一种发料方法。碱水对于干货原料表面有一定的腐蚀和脱脂作用，可大大缩短干货涨发的时间，但在涨发过程中，会使原料的营养成分受到一定的损失。因此应准确掌握碱的用量和涨发时间。碱水发法又可分为生碱水发法和熟碱水发法两种。

一、生碱水发法

1. 生碱水的配制

生碱水的配制方法是：纯碱（碱面）500 克加清水 20 千克，搅匀溶化后即成 5% 的纯碱溶液。

2. 生碱水的涨发原理

生碱水所使用的碱为碳酸钠（俗称苏打），这是一种强碱弱酸生成的盐，当碳酸钠溶于水中时，由于水解的作用，使水溶液表现出较强的碱性，水溶液变得黏滑，有一定的腐蚀作用，这时水溶液变成了强的电解质溶液，大大增强了水分子的极性。当干货原料放入纯碱溶液中时，干货原料外表角质被腐蚀，蛋白质分子的极性也被加强，使其极易与水分子结合，这样就缩短了干货原料的涨发时间。

二、熟碱水发法

1. 熟碱水的配制

熟碱水的配制方法是：将沸水 4500 克，纯碱 500 克，生石灰 200 克在容器中搅和均匀，然后再加入 4500 克凉水，冷却后去掉渣滓，即成熟碱水溶液。

2. 熟碱水的涨发原理

生石灰、纯碱和沸水在容器中搅和后，已发生了一系列的化学变化，生成一种能微溶于水的碱性较强的碱。熟石灰与纯碱又可产生一种碱性和腐蚀性极强的碱，在日常生活中常称为"苛性碱"。当干货原料放入熟碱水溶液中时，干货表面很快就被腐蚀和脱脂，强烈的电解质水溶液大大加强了水分子和干货原料蛋白质分子的极性，蛋白质分子的亲水能力明显加强，干货原料能迅速吸收水分，缩短了干货涨发的时间。

因为熟碱水的碱性和腐蚀性比生碱水要大得多，所以熟碱水泡发的干货原料比生碱水泡发的要更柔润，更膨松，涨发同一干货原料的时间更短。

三、碱水发的过程

碱水发的过程大致可分为清水泡洗、碱水浸泡、清水漂洗三个过程。

1. 清水泡洗

将干货原料放在清水中浸泡一定时间后，洗涤干净。有些原料如鱿鱼等，还应撕去血膜，进行一定的初步加工。

2. 碱水浸泡

把洗净的原料放在配好的碱水溶液中浸泡，待干货起发、回软、变色时捞出即可。

3. 清水漂洗

将捞出的已涨发好的原料用清水反复冲洗清除掉碱液，然后放入冷水中浸泡即可。浸泡时要注意每隔一天换一次水，否则原料会发黏。

碱水发应注意以下几点：

（1）利用碱水浸发是为了缩短时间并达到较高的涨发率的效果，这种利用化学强化方法对原料营养及风味物质均有一定的破坏作用，因此，凡能运用自然水通过加温等方法达到涨发标准的，应尽可能不用碱水浸发。

（2）在浸发时应预先将干料用自然清水浸至回软，以避免碱水对干料表体的直接腐蚀。

（3）严格控制浓度、温度、时间及投料量。一般来说，溶液 pH 值以 10 为基数，随干料的大小、老嫩、厚薄、多少而升降，与时间成正比，浓度高则要降低温度，防止碱液对原料表体腐蚀加快。

（4）干料涨发后以色呈半透明、形态丰满、富有弹性、质感脆嫩、软滑为基本成功。在涨发中应注意观察原料的发制情况，以保证原料的质量标准。

例：鱿鱼的涨发

将鱿鱼干用冷水浸约 8~12 小时至回软，撕去外膜、软骨，取下头足、边鳍，然后放入配制好的生碱水或熟碱水中，直至鱿鱼色泽微红带血色，鱼体增厚，富有弹性，呈半透明状态，取出放在清水中漂洗去碱即可。

活动三　热膨胀发法

一、油发法

油发法即将干货原料放入适量的油中，经过加热使其回软、膨胀、松脆，成为全熟的半成品的涨发方法。

油发的干货一般要求含有较多的胶原蛋白，如蹄筋、鱼肚、干肉皮等。这些原料在氽油时，由于油的传热作用，使胶原蛋白受热而发生变化回软，随着温度的升高，蛋白质分子结构发生了变化。当温度升到 100℃以上时，干货原料中的水分子（各种干货原料在干制时虽已脱水，但还保持着一定的水分）开始蒸发、产生气泡，由于蛋白质结构的改变，干货原料内部在气体的膨胀压力下开始涨大，这样就使干货原料逐渐变得蓬松，最终达到涨发效果。

1. 油发程序

（1）烘干。当干货原料由于储藏原因，受周围环境空气饱和湿度的影响而吸湿，若超过 20% 的湿度则不利于涨发。因此，对有吸湿现象的干料在油发前需进行烘干处理，使之含水量达到最小限度，恢复干燥的品质。可采用烘房 40~50℃烘干、晒干或在热锅中炕干处理。烘干后，干料应是质地坚硬、重量减轻状态，含水分 10% 左右。

（2）油焖。烘干后，干料同冷油一起加热至 60℃左右，干料收缩，至 110~115℃时，原料中胶体呈半熔状态，具有弹性。在此温度中要让干料浸泡一段时间，直至符合炸发的要求。如果不经过这道工序，则会产生干料僵化的不良后果。

（3）炸发。将焖油后的干料投入 180~210℃的多量油中，使之骤然受热产生爆发式汽化蓬松。经炸发以后，干料重量比涨发前减少 10% 左右，色呈金黄，体态空松平整饱满，体壁呈蜂孔均匀分布。

（4）浸漂。将炸发后的原料用温热水进行浸漂，使之自然吸水而形成柔软蓬松的质感，才能达到最终目的。一般来说，吸水后原料可增重 2.5 千克左右。

2. 油发注意事项

油发的操作方法主要是将干货放在适量的油锅内炸发，具体涨发时必须注意以下几点：

（1）用油量要多。油的用量应是干货的几倍。要浸没干货原料，同时要便于翻动原料，使原料受热均匀。

（2）检查原料的质量。油发前要检查原料是否干燥，是否变质。潮湿的干料事先应晾干，否则不易发透，甚至会炸裂，溅出的油会将人灼伤。已变质的干货原料一定要禁止使用，以保证食用的安全。

（3）控制油温。油发干货原料时，原料要冷油或低于 60℃的温油下锅，然后逐渐加热，这样才容易使原料发透。如原料下锅时油温太高或加热过程中火力过急、油温上升太快，会造成原料外焦而内部尚未发透的现象。当锅中温度过高时应将锅端离火口，或向热油锅中加注冷油以降低油温。

（4）涨发后除净油腻。发好的干货原料带有油腻，故而在使用前要用熟碱水除去表面油腻，然后再在清水中漂洗脱碱后才能使用。

例：鱼肚的涨发

将鱼肚先放在温油中浸焖 1~2 小时，待鱼肚表面出现许多小气泡时，再将油锅离火，然后逐渐升高油温至 160℃左右，用漏勺不断地进行翻拨炸发，并将鱼肚不断按入油中，待鱼肚用勺子敲击发出清脆的响声时，略升油温，用热油浇泼鱼肚，以降低鱼肚的含油量。发好的鱼肚色泽金黄，敲击声清脆，用手一掰即断，内无白心。将鱼肚放入热碱水中脱脂后再放入清水中漂洗去碱液即可。

另外，鱼肚还可采用盐发法、水发法加工制作。

二、盐发法

盐发法是把干货原料放在适量的盐中加热，利用盐中的热能，使干货原料变得膨胀松脆，达到涨发目的的涨发方法。

盐发的原理与油发基本相同，凡是可以用油发的原料均可采用盐发法。同一干货原料，用盐发的质量比用油发的较为松软有力，但色泽不如油发的光洁美观。

盐发的方法是：先将适量的盐下锅炒热，使盐中水分蒸发后，待锅内发出盐爆声时，即将干货原料放入翻炒，边炒边焖，直至发透为止。

盐发程序：

（1）预热。将盐加热至80~100℃，使盐中水分蒸发，有盐爆声温度可达110℃。

（2）焖发。投干料于热盐中焖制，盐量应多于干料的5倍以上，将其完全掩埋。将原料翻匀受热后即用小火保温焖制，至干料重量减轻而干脆时，即可炒发。

（3）炒发。焖发后的原料改用高温加热，迅速翻炒原料，使干料中结构水充分汽化，干料体逐步蓬松涨大呈多孔现象，这时盐温可高达210℃以上。

（4）浸漂。炒发后的干料与油发一样用自然水浸漂复水回软，其多孔的结构像海绵一样为吸水提供了有利的条件。

所有发好的干货原料均要在清水中漂洗除去盐分后方可使用。

例：干肉皮涨发

将粗盐下锅炒干水分，放入肉皮并埋入盐中，待发出砰炸声时翻动，再埋入、翻动，如此反复炒焖十几分钟，见肉皮回软卷曲收缩时取出，改小火把肉皮再埋入盐中焖、炒，视不卷曲时即已发好。用开水浸漂，洗去盐分在清水中继续漂洗即可备用。

干肉皮的另一种涨发方法是油发法，其法与油发鱼肚相同。

 **知识拓展**

干货涨发的要求

干货原料品种繁多，产地和质量各不相同，在干货涨发时应根据不同的原料分别对待，不可一视同仁，采取单一的方法。干货涨发时应注意以下要求：

一、掌握干货原料的性质

干货涨发前对干货原料的性质必须有足够的了解。干货原料品种、产地、出产季节不同，其性质也就各不相同。例如：我国沿海各省均出产海参，产于我国北海的灰参和刺参等质量较好，这些海参涨发时在清水中反复煮焖，发透即可，而产于南海等地的"铁壳参"等海参体形较大，肉质较厚，外皮坚硬，这些海参在涨发前应在火上烧去外层老皮，然后再进行涨发。

二、掌握干货涨发的具体方法，认真对待涨发过程中的每一个环节

干货原料涨发时间较长，涨发过程往往要分好几个环节。为了达到最佳涨发效果，涨发时除了要熟悉原料性质，还应认真对待干货涨发的每一个环节。例如：在涨发海参时为了尽早发透形体大的和质地老的海参，煮的时间可适当延长一些，体形小的质地嫩的海参煮的时间应少些而可多些焖的时间，以防止嫩的海参在涨发过程中融化。

三、选择容器要适当

干货涨发所用容器也有一定的要求，最好是选用搪瓷、陶器、不锈钢或铝制品。一般不用铜、铁等容器。因为这一类容器易使一些干货涨发后变色。

四、掌握好涨发媒介的用量

干货涨发时作为传热媒介的水、油、盐等的数量应超过干货原料的几倍，尤其是用水做涨发媒介时容器要大，水要更多些。

任务三　其他原料的加工

☞**任务目标**

- 会对火腿、咸肉、咸鱼进行加工；
- 能合理加工海蜇等原料；
- 能对冷冻原料进行合理的解冻。

活动一　腌腊原料的加工

新鲜原料为了便于保存或改善原料的风味，往往需要进行腌制或熏制加工处理。在腌制加工过程中原料容易受灰尘、污物乃至微生物的污染，表面会吸附一些不能食用的杂物，加工前应先用清水洗涤干净，如咸菜、梅干菜。另外，加工原料在长期的储存、运输等过程中更容易受到外界环境的污染，严重的会发生变质、变味现象，所以在食用或进行烹饪加工时，必须先进行卫生性处理。

一、火腿的加工

火腿，以猪腿（多用后腿）经腌腊制成，经过腌、压、晒、熏、吹等多道工序加工，存放周期长，肉面会产生一层发酵保护层，皮面带有污垢。因此，在初步加工火腿时，先要将肉面表层的发酵保护层仔细地削去；皮面用粗纸擦拭，再用温碱水将火腿洗刷干净，然后用清水冲净碱分，再切配烹调。经过这样处理后的火腿无异味，口味醇正。否则，烹制出的菜肴有异味和哈喇味，影响成菜的风味和质量。

原只火腿的处理方法：先将火腿刷净，用清水浸泡数小时，清除其咸腥臭味，再用热水洗干净，剥去外皮，切除皮下脂肪，斩下火爪，烧滚清水，加入适量绍酒和姜、葱，以慢火将火腿炖熟。趁热取出腿骨，然后将火腿改切成方块形状，以保鲜纸包裹着放入冰箱内妥当保存，以待有需要时取出使用。火腿是一种腌腊制品，腌制时的肉质中脂肪凝固，肌纤维有所分解，黏性降低，易酥碎。加工切制时，要根据火腿的组织结构和性能，耐心细致地顺着或斜着肌肉纤维切制，才能达到菜肴的要求，保证菜肴的质量。如果横着肌肉纤维切，则容易散碎，不易成形，影响菜肴的质量。

二、咸肉、咸鱼、板鸭等的加工

咸肉、咸鱼、板鸭等腌制品，在加工前宜先将原料放在清水中浸泡，以除去一部分盐分，然后再进行各种加工。腌制风鸡时，不拔鸡毛，带毛腌制，毛上的盐和香料能起继续熏腌的作用，并可保持鸡肉的香味不散失，鸡毛层可阻挡潮气，保持鸡身干燥，不致滋长霉菌。加工时则要将鸡毛拔去。板鸭在加工时，先把外层灰尘和内腹的污物冲洗干净，放到冷水里浸泡半天左右，使板鸭回软，减轻咸味后再进行加工烹制。

三、海蜇的加工

海蜇有蜇头、蜇皮之分。它是经过盐、矾腌制脱水而成，咸涩、腥味较重，并含有细沙，所以在烹调前一定要处理干净。一种是用冷水直接发透，即先用冷水洗去泥沙，摘去血筋，然后放入冷水中浸泡 5 天左右，每天换一次清水，待海蜇涨发到非常脆嫩时即可。另一种是在加工时用 70~80℃的热水浸烫至收缩，洗净，切成薄片，再经过反复漂洗浸泡，能起到杀菌消毒、成熟回软的作用，并能去除盐、矾味和腥味，漂清残沙，体积膨胀，质地脆嫩爽口，风味好。一般情况下 8~12 小时即可除去全部咸味和沙。另外，也可将去掉咸味和沙的海蜇用 1/500 的醋精水溶液浸泡数小时，再换入清水浸泡待用。使用处理过的蜇头制作菜品，不仅外形饱满，颜色爽洁，口味清鲜不涩，而且口感爽脆不韧，食后无渣。每千克海蜇可涨发 4~5 千克。

特别提示

初加工岗位操作流程

整理工作场地，准备各种工具，将剩余的蔬菜及时择洗干净，检查原料的数量、质量，按照规格要求加工，每日原料按先蔬菜、后水发货，最后鱼类顺序加工，加工原料确保干净、卫生，并按标牌摆放规范；清洗原料，注意节约用水和回收，保证地面干燥，将所有原料加工完毕，确保数量和质量的供应；接到海鲜单后，同保管员、海鲜负责人快速称海鲜并监督海鲜的重量、质量和数量。海鲜称后必须交于服务员让客人确认，并快速加工。

活动二　冷冻原料的加工

现代餐饮业，冷冻原料已被广泛运用于烹饪实践中，比如冷冻的猪肉、鸡腿、鸡脯肉、鸭、动物内脏等，所有的冷冻原料都必须经过解冻处理才能做进一步的加工烹调。选择科学合理的解冻方式，是保证菜品质量和口感的前提。

原料在冻结和解冻过程中会发生很大的变化。当原料冷冻时，原料中的水冻结成冰，其体积平均可增加 10%，由于体积的膨胀，冰晶极容易刺破原料的细胞，破坏原料的质构，为了减少冷冻过程中原料质构被破坏，原料冷冻时，往往采取低温快速冷冻的方法，因为快速冷冻，原料中的水会形成微细的冰晶，并且均匀地分布在原料组织细胞内，这样原料的组织细胞才不会变形破裂，当在原料解冻时，其细胞液也才不会大量流失。而原料缓慢冻结时，细胞中的水会冻结成较大的冰晶，从而使组织细胞受挤压而发生变形或破裂，冰晶融化的水也不能再渗入细胞内，由此造成原料当中的营养物质大量流失。冷冻原料在烹饪加工前必须先解冻。

一、烹饪原料的解冻

所谓解冻就是使冻结原料中的冰晶体融化，从而恢复到生鲜状态的过程，使食物具有良好的保水性，这样在食用时就有韧性和鲜嫩感。冷冻与解冻使原料中的水分发生了变化，前者使原料的水分由液态变为固态，后者则反之。

1. 解冻对原料品质的影响

烹饪原料的解冻是使原料的冰晶体融化，恢复到原来的生鲜状态和特性的过程。原料在解冻过程中，由于温度上升，原料中的酶的活性增强，氧化作用加速并有利于微生物的活动，因原料内冰晶体融化，原料由冻结状态逐渐转化至生鲜状态，并伴随着汁液流失，在这些变化中，汁液流失对烹饪原料质量的影响最大。

原料解冻后，在冰晶体融化的水溶液中，会有大量的可溶性固形物，例如水溶性蛋白质和维生素，各种盐类、酸类和萃取物质。这部分水溶液就是所谓的汁液。如果汁液流失严重，不仅会使食品的重量显著减轻，而且由于大量营养成分和风味物质的损失必将大大降低食品的营养价值和感官品质。

2. 影响汁液流失的因素

烹饪原料解冻时汁液流失的原因是冰晶体融化后，水分未能被组织细胞充分重新吸收，具体可归纳为如下几点：

（1）冻结的速度。缓慢冻结的烹饪原料，由于冻结时造成细胞严重脱水，经长期冰藏之后，细胞间隙存在的大型冰晶对组织细胞造成严重的机械损伤，蛋白质变性严重，以致解冻时细胞对水分重新吸收的能力差，汁液流失较为严重。

（2）冷藏的温度。冻结的烹饪原料如果在较高的温度下冻藏，细胞间隙中冰晶体生长的速度较大，形成的大型冰晶对细胞的破坏作用较为严重，解冻时汁液的流失较多，如果在较低的温度下冻藏，冰晶体生长的速度较慢，解冻时汁液流失就较少。

（3）解冻的速度。解冻的速度有缓慢解冻与快速解冻之分，前者解冻时温度上升缓慢，后者温度上升迅速。一般认为缓慢解冻可减少汁液的流失，原因是缓慢解冻可使冰晶体融化的速度与水分的转移、被吸附的速度相协调，从而减少汁液的流失，而快速解冻则相反。但快速解冻在保持烹饪原料品质方面也有有利的因素，主要是：食品解冻时，可迅速通过蛋白质变性和淀粉老化的温度带，从而减少蛋白质变性和淀粉老化。利用微波等快速解冻法，原料内外同时受热，细胞内冰晶体由于冻结点较低首先融化，因此在食品内部解冻时外部尚有外罩，汁液流失也比较少。快速解冻由于解冻时间短，微生物的增量显著减少，同时由酶、氧气所引起的对品质不利的影响及水分蒸发量均较小，所以烹调后菜肴的色泽、风味、营养价值等品质较佳。

知识拓展

烹饪原料解冻的形式

根据原料的种类和用途，解冻可以采用下列三种不同的形式。但不同的形式，其质量效果也是不相同的。

1. 完全解冻

所谓完全解冻就是烹饪原料的冰晶体全部融化后再加以处理。多数烹饪原料，如鱼、肉、蛋等冻制品，其冻结点在 −1℃ 左右，所以当温度升至 −1℃ 时，即可认为已完全解冻。值得一提的是，水果的冻结品未解冻时，由于温度太低，食用时缺乏风味；完全解冻时，所呈现的色、香、味质量最佳；完全解冻后若较长时间放置再食用，则水果软化，品质下降。

2. 半解冻

烹饪原料在解冻过程中，表面与内部温度上升的速度不一样，在同一时刻，外层的温度高于内层，内层的温度高于中心。对于一些体积较大的原料，这种表里温度差更为明显，常常表面温度已达 10℃ 以上，中心温度还不到 −1℃。为了避免表面在较高的温度下加速质量变化，减少解冻时间，可在半解冻状态下进行处理，其后的解冻，可在烹饪中进行。烹饪原料采用这种半解冻的形式，不仅操作方便，而且可减少原料中汁液的流失。一些冷冻的小食品，如加糖冻结的水果甜点心，在半解冻状态下食用，尤感清凉美味。

3. 高温解冻

高温解冻是指烹饪原料在较高的温度下，与烹饪同时进行的解冻方法。解冻介质可分为热水、蒸汽、热空气、油、调味液或金属炊具等，由于解冻介质在单位时间内提供的热量多，解冻的速度快。采用高温解冻方法时，要防止原料解冻与烹制时受热不均匀。这是因为大多数的烹饪原料是热的不良导体，解冻介质由于温度高，首先向原料的表面提供大量的热量，但热量从原料表面向内部传递的速度又慢，这样就导致原料表面受热不均匀，甚至会出现原料表面已成熟或过热，而原料内部温度还过低或未热的情况。

二、冷冻原料解冻的方法

烹饪原料最常用的解冻方法是空气解冻法和流水解冻法，此外还有金属解冻法、微波炉解冻法和红外辐射解冻法。冷冻食品的解冻是冻结的逆转过程，它能使冻结食品恢复到冻前的新鲜状态。

1. 空气解冻法

空气解冻法一般有两种：一是将冷冻食品从冷冻室取出放入冷藏室，这种解冻方法时间长，但解冻食品的质量好，一般是晚上取出，第二天早上加工。二是将冻结的食品从冷冻室取出，放在室内空气中解冻，这种解冻方法受气温的影响较大。采用空气解冻法必须注意食品解冻后放置时间不能太长，特别是夏天，解冻后的食品细菌繁殖快，容易造成食品腐败变质。

2. 流水解冻法

冻结的食品急需食用时，可用流水解冻。因为水的传热性能比空气好，解冻时间可缩短。但应注意的是，冻结食品不宜与水直接接触，应带有密封包装，如密封盒、密封食品袋等，否则食品的营养素会被流水冲走，使得食品味道变差。

采用流水解冻法要注意三点：一是冻结的生食品不要完全解冻，当解冻到用刀能切开时就可以烹制；二是不能解冻过头，如肉类、鱼类等食品全部解冻就会有大量的血水流出；三是对于经过蒸煮的熟制品经过冷冻后，在解冻时可采用加热解冻法。但解冻时必须注意要加少量的水并用小火慢慢加热，且不可操之过急，防止用大火解冻造成外烂内冷的现象。

3. 微波炉解冻法

微波炉解冻法，主要适用于小批量食品。它是利用电磁波使冻结食品中的极性分子以极高的速度旋转，利用分子之间的相互振动、摩擦、碰撞的原理来产生大量的热能，使冻结的食品从里到外同时发热，这就极快缩短了解冻时间。

微波炉解冻虽然又好又快，但需要注意以下几点。一是冻结食品不能放在金属制的容器中，只能放在微波炉专用的塑料容器中或是陶瓷制品中，在解冻时，对于解冻较快的表面及边缘部位，应用小片铝箔将其盖住，这样就可以放慢局部解冻过程，在解冻时要不断翻转食物，使之解冻均匀；二是必须重量准确方能确定解冻时间，否则易造成食品解冻过头，使食品散、烂；三是袋装食品在解冻时必须从袋内取出放在容器中，不能在袋内直接解冻，若在袋内解冻必须将袋口打开，否则容易造成袋子破裂。

思考与练习

一、课后练习

（一）填空题

1. 新鲜蔬菜的洗涤方法常见的有 _____、_____、_____ 三种。

2. 水产品内脏摘除的方法通常有 _____、_____、_____ 三种。

3. 甲鱼初步加工的过程是 _____ → _____ → _____ → 洗涤。

4. 家禽开膛去内脏的方法有：_____、_____、_____。

5. 适用刮剥洗涤法的原料有 _____、_____。

6. 家禽内脏及四肢加工洗涤的方法大体有：里外翻洗法、刮剥洗涤法、_____、_____、_____。

（二）选择题

1. 新鲜蔬菜加工的方法是（   ）。

　　A. 边切边洗　　　　B. 先洗后切　　　　C. 先切后洗　　　　D. 依蔬菜而定

2. 嫩禽泡烫煺毛的水温通常是（   ）。

　　A. 100℃　　　　　B. 80~90℃　　　　C. 70~80℃　　　　D. 60~70℃

3. 采用泡烫加工的鱼类主要是：（   ）。

　　A. 鳝鱼　　　　　　B. 黄鱼　　　　　　C. 比目鱼　　　　　D. 墨鱼

4. "八宝鸭"对鸭子开膛去内脏的加工要求是（   ）。

　　A. 腹部开膛　　　　B. 背部开膛　　　　C. 肋部开膛　　　　D. 整料出骨

5. 黑木耳涨发量最大通常采用的水是（　　　）。

   A. 热水　　　　　　B. 温水　　　　　　C. 冷水　　　　　　D. 碱水

6. 加工肠子不需要加入的辅助料是（　　　）。

   A. 碱　　　　　　　B. 醋　　　　　　　C. 面粉　　　　　　D. 盐

（三）问答题

1. 根茎类蔬菜在整理加工时要掌握哪几个关键？

2. 蔬菜的加工有哪些基本要求？

3. 水产品初步加工应符合哪些要求？

4. 水产品初步加工方法有哪几种？

5. 怎样加工鳝鱼？

6. 怎样对家禽泡烫煺毛？

7. 简述海蜇加工的基本方法。

8. 原料解冻的最佳方法是什么？请说明其理由。

二、拓展训练

1. 结合课程所学，请练习宰杀加工鳝鱼或草鱼。

2. 按小组训练，比较不同小组加工的对虾。

3. 每人初加工一条鲫鱼。

4. 学生相互比较各自的操作训练完成情况，并说说加工该种原料的感受。

模块三　刀工切割工艺

学习目标

知识目标　了解刀工刀法的类型、操作方法和基本技术要求；熟悉原料料形加工的一般工艺和花刀工艺手法；能根据不同原料、菜肴合理使用花刀工艺；掌握不同原料的出肉方法、分割工艺以及技术关键。

技能目标　掌握各种刀工刀法的加工方法和操作要领；会运用多种刀工方法加工原料；会使用不同的花刀工艺加工原料；能根据不同的肉类合理使用加工方法；熟悉家畜、家禽肌肉、骨骼组织并进行分档取料；能对禽类和鱼类进行整料出骨。

模块描述

本模块主要学习原料切割中的刀工刀法、料形加工、整料分割工艺，根据不同的原料合理使用刀工技术，围绕三大工作任务进行不同刀工工艺的实操训练。通过刀工的学习，不仅要求正确地掌握和运用各种刀法，而且要在技巧熟练的基础上不断丰富其内容和提高技术水平。

导入案例

刀工：厨师的真功

某一天，中国烹饪大师王海威等名厨考察一家饭店的厨房时，这位王大师突然一改平时温和的语调，连珠炮似的发问：“切虾能这么切吗？切虾有这么切的吗？你学过刀工吗？”

怎么了？一行人围上来。只见菜墩上放着一堆鲜活的大对虾，一半切过，一半待切。操刀厨师虾头一刀、虾尾一刀，切掉并随之废弃的大虾头和大虾尾里，都有不少的虾肉！

显然，这位厨师违背了“优材优用、大材大用、物尽其用、减少废弃”的刀工基本原则，“大虾变小虾”“大料小用”，既浪费原料，又降低了菜肴的档次。难怪王大师不无气愤地责问完之后，又不无含蓄地补充了一句：“像你这么切，我比你切得还快呢！”

此时，王大师和随行的几位名厨，现场进行切虾示范，还表演了腰花、兰花豆腐干等刀工难度大的花刀。那位刚挨过批评的厨师简直佩服得五体投地，冲着众师傅说：“我记得一句话，这回可真用上了：'隔靴搔痒赞何益，入木三分骂亦精！'"

就在此时此地，新老厨师形成了一个共识：虽然现在烹饪器具的机械化程度提高了，但厨师的菜刀仍然有用！刀工是根据烹饪和食用需要，将各种烹饪原料加工成一定形状的过程。烹制任何菜肴，都很难离开刀工这道重要的工序。刀工，是厨师的真功。

《中国烹饪百科全书》中在介绍北京名厨王义均时，特意提到他学习刀工技术，历经9年，掌握了一手娴熟的刀工技巧，"他还精于食品雕刻，如雄鹰展翅，运用国画中写意手法，对鹰的形象力求神似，在技法上刀口整齐，薄厚一致，拼摆细腻，既体现了艺术水平，又具有食用价值。"王义均如今已成为"国宝级"烹饪大师。他的成功，离不开他的"娴熟的刀工技术，过硬的烹调本领"！

每一位厨师只要刻苦练习基本功，掌握刀工的操作要领，就能通过普通的菜刀随心所欲地改变原料形状，就能达到"薄片如纸，细丝如线，粗细均匀，长短一致"的刀工技术效果。

问题：

1. 刀工技术对于一个厨师来说有哪些重要性？假如入厨不练刀工会出现怎样的情况？

2. 王义均大师闻名全国靠的是什么技术的支撑？请从网上查找几位大师的资料说明学习刀工基本功的重要性。

任务一　刀工与刀法

☞任务目标

- 会科学合理地磨刀和用刀；
- 会利用直刀法加工不同的原料；
- 会利用平刀法加工多种原料；
- 能根据原料合理使用斜刀法和其他刀法。

刀工，指采用各种不同的用刀方法，将烹饪原料加工成适应烹调需要形状的操作过程。一般的烹饪原料不经过刀工处理，就不便于烹调；有的虽能烹调，却又不便于食用。在烹调、食用前，必须经过刀工处理。菜品原料的形态整齐状况，又关系到菜品的美观，因此要求烹调技术人员在加工原料时，还要注意美化原料的形态，使制成的菜肴不仅味美可口，而且形象悦人。所以说，刀工是烹调工艺技术不可缺少的重要组成部分。

菜品中的"形"与刀工是密不可分的，不同的刀工处理方法可使菜肴的"形"产生不同的变化。通过"形"的处理可使菜肴发生"质"的变化，进而达到美化和丰富菜肴品种的目的。因此，刀工是烹饪中很重要的一道工序。

活动一　刀工与操作姿势

一、认识刀与砧

1. 刀具

厨房最基本的工具是厨刀。烹制菜肴所用的原料种类很多，性质不同，有的带筋、带骨，有的质硬、有的脆嫩，为了适应不同原料的加工要求，就需要选择相应的刀具，才能保证原料加工后的规格和质量要求。

厨房加工中的刀具很多，形状、功能各不相同。按用途来分，有片（批）刀、切刀、斩刀、尖刀、雕刻刀等几十种。按形状来分，还有圆头刀、方头刀、马头刀、尖头刀、斧形刀等差异。

用于刀工中的刀具，必须经常保持锋利，不钝、不锈，只有这样，才能确保经刀工处理后的原料整齐美观。

在刀切加工时，必须养成良好的操作习惯和使用方法。刀用完后必须用清洁的抹布擦干水分和污物。刀使用完以后，应放在安全、干燥处，以防刀刃损伤或伤人。

随着加工机械的发展，一些机械刀具在厨房使用较多，特别适合大批量的生产加工，如切片机、锯骨机、去皮机、粉碎机等。这些机械厨具的广泛使用，让人们从繁重的刀切加工中解放出来，并且规格统一，保证质量。但机械加工只是比较简单形制的加工，许多复杂的工艺还要依赖于手工刀切。因此，传统的刀工技术是必不可少的。

2. 砧板

砧板，又称菜墩、剁墩，是对原料进行刀工操作时的衬垫工具。在材质方面，传统的都用木质砧板，现代厨房里多用硬质塑料砧板。

传统的木质砧板宜选用密度高、韧性强、不易开裂的，最好是各方面综合质量都比较好的银杏树、橄榄树、榆树或柳树等木质制成的砧板。

硬质塑料砧板指的是专为食物用的无缝硬胶板或丙烯酸硬板（acrylic blocks），都是较安全的砧板，目前高档饭店的厨房使用较多，选用时宜选择颜色半透明、质地较硬、颜色均匀、没有杂质和刺激性气味的塑料砧板。

砧板在使用时应保持其表面平整，且保证食品的清洁卫生。砧板每次用过后，最好用50℃至60℃的热水冲洗，洗完马上晾干或用洁布擦干，清洗后放在通风处竖放，不要紧贴墙放或平放，否则另一侧晾晒不到，很容易滋生霉菌等致病菌。

3. 磨刀石

磨刀有专用的磨刀石。常用的磨刀石有粗磨刀石、细磨刀石和油石三种。粗磨刀石的主要成分是黄沙，质地松而粗，多用于磨有缺口的刀或新刀开刃。细磨刀石的主要成分是青沙，质地坚实，容易将刀磨快而不易损伤刀口，应用较多。油石窄而长，质地结实，携带、使用方便。磨刀时，一般是先在粗磨刀石上将刀磨出锋口，再在细磨刀石上将刀磨快。

知识拓展

刀工的作用

刀工不仅能决定原料的形状，而且对菜肴具有多方面的作用。主要有以下四点：

1. 方便烹调

烹调原料品种繁多，性质各异，操作特点各不相同，经刀工因料制宜处理后，才能适应烹调的需要，并且受热均匀，成熟快捷，利于杀菌消毒。如果这个环节没有解决，许多菜肴的烹调就难以进行。

2. 易于入味

整只或大块原料，在烹调时如果不经过刀工处理，加入调味品后，就不易渗入原料内部。原料经刀工处理成丁、丝、片、条、块或在原料表面剞上花纹，在烹调时就可以使原料成熟快、易入味。

3. 便于食用

整只或整块原料是不便于食用的，必须进行改刀，切成一定的形状，如猪、牛、羊、鸡、鸭、鹅等，必须经过刀工处理，待出骨、分档、斩块、切片等后烹调，才便于食用。

4. 增加美感

原料经过刀工处理后，能切出多种多样整齐的形状，使烹调出来的菜肴规格一致、匀称统一、整齐美观，并且富于变化，能增加菜肴的品种，使菜肴丰富多彩。

二、用刀的操作姿势

1. 操作要求

刀工是具有较强技术性的手工操作。它是比较细致而且劳动强度较大的手工工艺，需要有较持久的体力；所使用的工具又多是较锋利的利器，偶一不慎，就会发生刀伤事故。根据这些特点，刀工有以下几点操作要求：

（1）平时注意锻炼身体，要有健康的身体和耐久的臂力、腕力；

（2）操作时思想要集中，注意操作安全；

（3）要熟练掌握各种刀法，并能正确运用；

（4）要注意食品加工卫生，对生熟原料要分砧板、分刀操作；

（5）有正确的操作姿势。

2. 用刀方法

用刀的基本方法是：右手持刀，以拇指与食指捏住刀箍，全手握住刀柄。握刀时手腕要灵活而有力。左手控制原料，随刀的起落而均匀地向后移动。要求刀的起落高度一般刀刃不能超过手指的中节。总之，左手持物要稳，右手落刀要准，两手的配合要紧密而有节奏。

3. 基本操作姿势

刀工的基本操作姿势，主要从既能方便操作，有利于提高工作效率，又能减少疲劳，有利于身体健康等方面来考虑。一般情况下，操作时，两脚自然分立站稳，上身略向前倾，前胸稍挺，不要弯腰屈背；目光注视砧板上面手操作的部位，身体与砧板应保持一定的距离；砧板放置的高度应以便利操作为准。至于手腕的动作、两手的配合、耐久的臂力与腕力及持久的体力等方面，主要是靠不断锻炼和练习来达到。

刀工的基本要求

1. 做到大小相同，长短相等，厚薄均匀

这样，使菜肴入味均衡，成熟时间相同，形状美观。若大小、厚薄、长短不均，就会影响入味，造成同一盘菜中，味有浓淡、兼有生熟老嫩及不美观等弊病。

2. 使用时看料用刀，轻重适宜，干净利落

原料性质不同，纹路不同，即使同一原料，也有老嫩之别，故用刀必先看料。如鸡肉应顺纹切，牛肉则需横纹切。若采取相反方法，牛肉难以嚼烂，鸡肉烹制时易断碎。用刀要轻重适宜，该断则断，该连则连，做到干净利落，不能互相粘连，或肉断筋连。若剞花刀有花纹的，如爆炒腰花、油泡鱿鱼，则要用力均匀，掌握分寸，以使菜肴整齐美观。

3. 适应烹调方法及火候的需要

在原料改刀时，要首先注意菜肴所用的烹调方法。如炒、爆烹调法都采用急火，操作迅速、时间短，须切薄或切细。炖、焖、煨等烹调法所用的火候都小，时间长，有较多的汤汁，原料切的段或块要大些为宜，如过小在烹调中宜碎，影响质量。

4. 注意菜肴主辅料形状的配合

菜肴的组成多数都是主料辅料搭配，在改刀时，必须注意主辅料形状，一般是辅料服从主料，并且辅料要小于主料，才能突出主料，衬托主料。

5. 合理用料，物尽其用，防止浪费

刀工处理原料，要精打细算，做到大材大用、小材小用，慎防浪费，尤其是大料改制小料，原材料中只选用其中的某些部位，在这种情况下，对暂时用不着的剩余原料，要巧妙安排，合理利用。

6. 符合卫生要求，定期进行消毒处理

烹调加工时，从原料的选择到工具、用具的使用，都要做到清洁卫生，生熟分开，不交叉污染，定期消毒。在刀工的运用中，尽量不损害原料中固有的营养成分，避免因加工不当而使营养成分丢失或相互影响。

活动二　刀法与种类

刀工方法简称刀法。它是用刀具切割各种烹饪原料完成不同形状时的用刀方法。刀法的种类很多，各地名称叫法不一，按刀刃与砧板接触的角度和刀的运动规律大致可分为直刀法、平刀法、斜刀法、剞刀法和其他刀法几大类。

一、直刀法

直刀法，是指刀面与砧板面保持垂直运动的一种用刀技法，根据膀臂摆动及用力的大小，这种刀法又可分为切、剁、砍等几种。

1. 切

一般用于无骨原料的加工，因原料质地不同，所以切又可分为多种方法。根据不同的原料，需要采用不同的切法。具体又分为直切、推切、拉切、锯切、铡切、滚切和摇切等。

（1）直切，也叫跳切。直切要求两手有节奏地配合：左手按稳原料，等距离向后移动；右手执刀，运用腕力，紧随向后移动的左手，一刀接一刀，笔直地切下去。对于青瓜、土豆、冬笋等质地脆嫩的原料，都可采用直切法。

（2）推切，一般刀口由右后方向左前方切下去，着力点在刀的后端。一刀切到底，不能拉回来，以防止原料破碎。切生鱼片，用的就是这种推切法。

（3）拉切，与推切的运刀方向相反。刀口由左前方向右后方拉动，着力点在刀的前端。为防止原料破碎，也要一刀切到底，不能推回去。拉切适用于质地坚韧，不易切断切齐的原料。如切生肉丝。

（4）锯切，是把推切和拉切结合起来，便成了"推拉切"，也叫"锯切"。进刀后，先向前推，再向后拉，一推一拉，如同拉锯。锯切适用于质地松散的原料。例如：涮羊肉的肉片，回锅肉的肉片，火腿，面包。

（5）铡切，有两种用刀法。第一种，右手握住刀柄，刀柄高于刀的前端，左手按住刀背，刀刃前部按在原料上，对准要切的部位，用力向下铡切；第二种，右手握住刀柄，刀刃对准要切的部位，左手掌用力猛击刀背，使刀直铡下去。铡切，操作要敏捷，一刀切好，切后成品整齐。适于铡切的原料，有带壳的，有体积小的，有形圆易滑的，还有略带细小骨头的。例如：活蟹、油鸡。

（6）滚切，也叫"滚料切""滚料法"。滚切的成品，称"滚料块"。在滚切时，左手按住原料，右手执刀与原料垂直，切下一刀，滚动一次原料，边滚边切。圆形、圆柱形、圆锥形的原料适于滚切。左手滚动的原料，斜度适中，右手以一定的角度切下去。滚切同一种原料时，刀的角度保持一致，切出来的成品才能整齐划一。胡萝卜、茄子、茭白等，常被用作滚切的原料。

（7）摇切。右手握住刀柄，左手握住刀背前端。刀的一端靠在砧墩上，另一端提起。刀刃对准要切的部位，两手交替用力切：左手切下去，右手提上来；右手切下去，左手提上来。如此反复摇动，直到把原料切开。例如，花生、花椒、核桃仁等形体小、形状圆、易滑动的原料，都适于摇切。刀在上下摇动时，应保持刀的一端靠在砧墩上。如果刀刃全部离开砧墩，会因原料跳动而使摇切失败。切时还要用力均匀，保持原料形状整齐，大小一致。

无论运用哪种切法，使用哪种原料，切成什么形状，都有一个共同的要求：粗细均匀，长短相等，大小一致，整齐划一，清爽利落。

2. 剁

根据用刀的数量可将剁分为单刀剁和双刀剁。一般来说，辣椒、青菜及鸡肉、猪肉、牛肉、羊肉等禽畜类原料，都经常采用剁的刀法。因为这些原料含有筋络和纤维组织，只有用刀口剁的方法，才能将筋络和纤维组织完全破坏剁开。

（1）单刀剁。操作时刀与墩面垂直，刀上下运动，抬刀比切刀法高，角度较大。主要用于加工末原料，如剁肉末、蔬菜末等。

（2）双刀剁，又称排剁。即左手和右手各持一把菜刀，同时操作，从而提高剁制的效率。两刀间隔一定距离，从左至右，从右至左，有节奏地反复排剁。排剁到一定程度时，及时翻动原料，直至剁成细腻均匀的蓉泥状。

3. 砍

由于原料不同，砍法也不一样。厨师们"看料下刀"，主要有直刀砍、跟刀砍、拍刀砍、开片砍几种。

（1）直刀砍。将刀对准原料要分割的部位，垂直向下用力砍，将原料砍断。直刀砍适用的范围是：带大骨、硬骨的动物性原料，质地坚硬的冰冻原料。例如：带骨的猪肉、牛肉、羊肉，冰冻的肉类、鱼类。

（2）跟刀砍。有三种砍法：一是左手按稳原料，右手把刀刃按入要分割的部位，先直砍一刀，让刀刃嵌进原料，刀与原料同时起落，砍断原料；二是与第一种砍法差不多，所不同的只是右手与原料下落时，左手离开原料；三是砍过一刀后，提起刀，照砍口再砍，直至砍断原料。跟刀砍适用的范围是：质地坚硬、骨大形圆、需连续砍才能砍断的原料。例如，蹄、膀、火腿、猪肘子、大鱼头。

（3）拍刀砍。右手执刀，将刀刃按入原料要分割的部位，用左手捏成的拳头或左手掌猛力拍击刀背，把原料砍断。如果一刀没能砍断，不起刀，继续用左拳或左手掌拍击刀背，直到砍开原料。适用的范围是：坚硬、带骨、形圆、体积小而滑的原料。例如，鸡头、鸭头、熟蛋。

（4）开片砍。将整只猪、羊的后腿分开，吊起来，先在背部从尾至颈将肉剖至骨头，然后顺着脊骨砍到底，砍成两半。适用范围是：整只猪、羊等畜类原料。

二、平刀法

平刀法，又称片刀法、批刀法，是刀面与墩面平行，呈水平运动的一种刀法，适合于加工无骨的原料。可分为平刀片、推刀片、拉刀片、抖刀片、锯刀片、滚料片等。

（1）平刀片。左手按住原料，右手持刀，将刀身放平，使刀面与砧板几乎平行，刀刃从原料的右侧片进，全刀着力，向左作平行运动，直到将原料片开。从原料底部靠近砧墩的部位开始片，是下片法；从原料上端一层层向下片，是上片法。平片法，适用于白豆腐干、鸡鸭血、肉皮冻的刀工处理。

（2）推刀片。左手按稳原料，右手执刀，放平刀身，使刀身与砧板呈几乎平行状态，刀刃从原料的右侧片进，逐渐向左移推，直到将原料片开。推刀片，多用于煮熟的、嫩脆的原料。例如：嫩笋、鲜蘑、熟胡萝卜。

（3）拉刀片。同推刀片的角度一样，不同之处在于：推刀片时，刀身直接向前移动，而拉刀片则是刀身随着腕力轻轻左右移动，使刀刃在原料中呈现平面左右移动状态，将原料片开。拉刀片，多用于较韧的原料，例如：猪肉、牛肉、鹿肉等。

（4）抖刀片。左手指分开，按住原料，右手握刀，从原料右侧片进，刀刃向上均匀抖动，呈波浪形运动，直到把原料片开。蛋白糕、猪肾、黄瓜、豆腐干等软嫩、无骨或脆性原料，采用抖刀片法，能片出别具一格的波浪形、锯齿形，使菜肴造型更美观。

（5）锯刀片。这是将推刀片与拉刀片连贯起来的一种刀法。左手按住原料，右手持刀，将刀刃片进原料后，先向左前方推，再向后右方拉。一前一后，一推一拉，如同拉锯，直到把原料片断。适于火腿、大块腿肉以及无骨、块大、韧性和硬性较强的原料。

（6）滚料片。左手按住原料表面，右手放平刀身，刀刃从原料右侧底部片进后，平行向前移动时，左手扶住原料向左滚动，边片边滚，直至片成薄而长的片状。黄瓜、红肠、丝瓜等圆形、圆柱形原料，都可通过滚料片，加工成长方片。

三、斜刀法

斜刀法，指刀面与菜墩面呈锐角或钝角，刀倾斜运行，将原料片断的运刀技术。根据刀与菜墩夹角的不同可分为斜刀片和反刀片两种。

（1）斜刀片。左手手指按住原料左端，右手将刀身倾斜，刀刃向左片进原料后，立即向左下方运动，直到原料断开。每片下一片原料，左手指立即将片移开，再按住原料左端，等第二刀片入。

（2）反刀片。也称反斜片，左手按住原料，右手持刀，刀身倾斜，刀背向里，刀刃向外，刀刃片进原料后，由里向外运动，直到把原料片断。每片一刀，左手向后移动一次，每次向后移动的距离基本一致，以保证片的形状大小厚薄一致。反刀片适用于黄瓜、白菜梗、豆腐等脆性或软性原料。

四、混合刀法

混合刀法，又称花刀、剞刀法等。即利用切或片的方法，在原料上剞上横竖交叉、深而不断的花纹的用刀技法。烹饪原料经过剞刀法加工，再经过加热，便能卷曲成各种各样的形状：如麦穗形、荔枝形、梳子形、蓑衣形、菊花形、柳叶形、蜈蚣形、佛手形、网眼形、百叶形、球形等。混合刀法又分直刀剞、斜刀剞两种。

（1）直刀剞：直刀剞与直切、推切、拉切基本相似。这种剞法，适用于各种脆性、软性原料。例如：黄瓜、猪肾、鸡肫、鸭肫、墨鱼、青鱼、豆腐干。

（2）斜刀剞：斜刀剞分为两种——斜刀推剞和斜刀拉剞。斜刀推剞与反刀片基本相似；斜刀拉剞与斜刀拉片基本相似。这两种剞法，都适用于各种韧性、脆性原料。例如：猪肉、鱼类。剞刀法综合运用直刀法、平刀法、斜刀法，在原料表面或切或片，但不切开，不片断，只是剞成深而不透的各种刀纹，刀纹深浅一致，距离相等，整齐均匀，互相对称。

五、其他刀法

除以上四大刀法以外，还有一些其他的刀法，其加工范围广，操作方法灵活，原料成形的形状不规则。主要有拍、削、剔、剜、旋、刮等。

1. 拍

拍，也称拍刀、拍料。是用刀膛（刀面）将原料的组织拍松或将较厚的原料拍打成较薄形状的一种刀法。这种刀法可用于加工脆性的植物性原料，如黄瓜、葱姜等，又可用于加工韧性的动物性原料，如鸡肉、猪肉、牛肉等。

操作方法：右手将刀身端平，刀口向外，用刀面拍击原料。用拍刀加工动物性原料，如斩鸡丁，就要先将鸡肉用刀轻轻地拍一拍，推切成小丁。用刀面拍鸡肉，能把鸡肉的纤维组织拍破拍碎，肉的质地更加松软，肉面显得粗糙，易于入味和成熟。用拍刀加工植物性原料如将蒜粒拍碎，把青瓜拍裂、竹笋拍松等，使其质地更加鲜嫩、疏松，也更容易入味。

操作要领：拍击原料用力的大小，要根据原料的性质和菜肴要求来掌握，或拍松，或拍碎，或拍薄，以达到拍的目的为原则。拍击时，用力要均匀。

2. 削

削制法操作时左手扶稳原料，右手持刀。将刀口对准原料被削部位，一刀刀平削下去，此刀法一般用于除去烹饪原料的皮。

削的刀法有两种：一种是左手持原料，右手持刀，刀刃向外，对准要削的部位，一刀一刀按顺序削；另一种是左手持原料，右手持刀，刀刃向里，对准要削的部位，一刀一刀按顺序削。削的用途有两种：一是原料去皮，如：削土豆皮、削山药皮、削鲜笋皮、削莴苣皮、削黄瓜皮；二是将原料加工成一定的形状，一些体长形圆，放在砧板上不易按稳的原料，往往要用削的刀法制成片。如削茄子片、山西刀削面等。削制刀法，要求刀刃锋利，用力均匀。

3. 剔

剔制刀法的运用，需要熟悉家畜、家禽的肌肉和骨骼结构及其不同部位，做到下刀准确。要求出肉不带骨，出骨不带肉。下刀时，刀刃紧贴骨骼操作。剔骨或剔肉，因为原料生熟不同，分为生剔和熟剔两种。剔制刀法，应用范围很广。猪、牛、羊和鸡、鸭等形体大的家畜家禽，以及鱼类、虾类、蟹类、贝壳类等形体小的水产品，常常需要剔骨剔肉。在原料的整料出骨中，剔制操作时须持刀平稳，用力均匀，臂力和腕力配合得当；进刀要准，刀身要平，不能左右倾斜；刀刃紧贴骨骼操作。

4. 剜

剜是从原料表面的处理到原料内部的掏空。剜掉土豆的芽子，剜掉山药的斑点，剜掉肉类表面不宜食用的部位。如整料出骨把鸡、鸭等的骨骼全部剜出，再把肉翻转过来。把冬瓜剜空，把苹果剜空，把辣椒剜空，填入制好的馅料，然后采用蒸、炸、焖等技法制成菜肴。

5. 旋

旋是左手扶稳原料，右手持刀从原料上部片入，一面片一面转动原料，即可将原料片成长条形的带状，此法适用于脆性原料的加工。旋制时，落刀准确，轻快有力，实而不浮，韧而不重；对含水多的原料，轻拿轻放，出手快速，进刀轻巧，干净利落；两手动作要协调，配合紧密，旋去的皮，薄厚均匀。

6. 刮

刮是对形状特异、外表凹凸不平的烹饪原料，用刀刃与原料接触去除残余的毛根、皮膜、污物等手法。多用于动物性原料的肉、肚、舌等部位，除污垢、去血污。如刮鱼鳞、刮鱼青取鱼胶等。运用刮制刀法的目的，是把需要去掉的东西刮下来。

操作要领：刀身基本保持垂直，刀刃接触实物，横向运刀，均匀用力，左手按稳原料，不让原料滑动。

厨房案板岗位操作流程

设置不同原料的专用砧板，刀具及时消毒。将申购的原料进行核实，查看冰箱原料，并鉴定原料的质量，将提前加工的原料切配，并送灶口，腌制的原料提前2小时腌制、冷藏保鲜备用。砧板人员接到菜单后，确认菜单与餐夹是否相符，并核实人数、出菜时间和客人特殊要求，根据菜肴的规格和主配料的搭配比例进行配菜。查看冰箱原料并鉴定原料的质量，将各种汤汁和原料准备齐全，根据菜单要求进行快速制作，注意装盘的美观和菜肴应有的热度，确保菜肴数量和质量的供应。配菜要按出菜程序配制，菜单多时要按顺序交叉配制，并同时出菜，不可混乱、积压。改刀熟菜应用专用砧板，并注意刀工和装盘的美观。

任务二　料形加工工艺

任务目标

- 会将原料加工成一般工艺型；
- 能合理加工不同花刀工艺型；
- 会根据烹调法加工鱼类的花刀。

烹饪原料经过不同的刀法加工后，就会变成形态各异、外观美丽、易于烹调和食用的形状。按照所使用的刀法及原料成型后的外观，一般可将原料的成型分成一般料形（一般工艺型）和剞花工艺（花刀工艺型）两大类。

活动一　一般料形

一般料形，又称一般工艺型，是指块、片、丝、条、丁等加工工艺简单、易于成型的原料形状。如土豆块、山药片、萝卜丝、鸡丁、鱼条、牛肉粒等。

1. 块

块是方体或其他几何形体，用切、砍等刀工方法加工成型的。加工成块的原料一般事先均需加工成一定的段或大条状，然后才能进一步加工成块。常见的有长方块、大小方块、菱形块、滚料块、象眼块等。

（1）长方块。状如骨牌，又叫骨牌块。一般为0.8厘米厚，1.6厘米宽，3.3厘米长。

（2）大小方块。一般指厚薄均匀、长短相等的块形。边长 3.3 厘米以上的叫大方块；边长 3.3 厘米以下的叫小方块。用切或剁等刀法而成。

（3）象眼块。也叫菱形块，形状几乎似菱形，又与象眼相似，故名。交叉斜切即成。

（4）滚料块。用滚料的切法加工而成。一般用于蔬菜类原料，如土豆、山药、黄瓜、莴苣等。加工时必须先在原料的一头斜着切一刀，再将原料向里滚动，再切一刀，这样连续地切下去，切出来的块为大滚料块，滚动幅度小即为小滚料块。

（5）劈柴块。多用于冬笋或茭白一类原料。另外，凉拌黄瓜也有用劈柴块的。加工方法是先用刀将原料顺长切为两半，再用刀身一拍，切成条形的块，其长短厚薄不一，就像做饭用的劈柴，因此得名。

2. 片

片是经过直刀切、平刀或斜刀片后得到的一种较薄的原料形状。其成型方法根据原料性质的不同而各异，质地坚硬的脆性原料如土豆、萝卜、火腿等可采用切的方法；薄而扁平的韧性原料可采用片的方法。常见片的种类有菱形片、柳叶片、指甲片、月牙片、梳子片、夹刀片等。

（1）厚、薄片。薄片指厚薄在 0.3 厘米以内的片，一般采用切或片的刀法制成；厚片指厚薄在 0.7 厘米以上的片。

（2）柳叶片。这种片薄而窄长，形状像柳树的叶子。一般用切或削的刀法加工而成。

（3）象眼片，也叫菱形，形似象眼块，但薄些。

（4）月牙片。先将圆形或近似圆形的原料切为两半，再顶刀切成半圆形的片即成。

（5）夹刀片。原料一端切开成两片，另一端连在一起的片，叫作夹刀片。采用切的方法，一刀切断一刀不断。

（6）磨刀片。是用斜刀片的刀法加工而成。因片时将原料平放在砧板上，用刀自左到右像磨刀一样，一刀一刀地片下去，所以称磨刀片。

在切片时，要注意持刀平稳，用力轻重一致；左手按料要稳，不轻不重；在片的过程中要随时保持砧板的干净，刀要随时擦干。

3. 丝

丝呈细条状。它是先将原料加工成片后（若属较薄的原料，如蛋皮、百叶等无须切成片），再以直刀切、推切或拉切的方法切成丝。丝有粗细之分，丝的粗细主要取决于片的厚薄。切丝时丝的粗细应根据原料自身的性质来定，质地坚硬或韧性较大的烹饪原料在加工丝时其成品可细一些，反之则应粗些。常见丝的规格有三种，即粗丝 0.3 厘米见方，中粗丝 0.2 厘米见方，细丝 0.15 厘米见方。切丝时要注意以下几点：

（1）切片要厚薄均匀。加工片时要注意厚薄均匀，切丝时要切得长短一致，粗细均匀。

（2）堆叠要叠排整齐。原料加工成片后，不论采取哪种排列法都要排叠得整齐，且不能叠得过高。

（3）按稳原料不滑动。左手按稳原料，切时原料不可滑动，这样才能使切出来的丝粗细一致。

（4）根据原料的性质决定顺切、横切或斜切。例如牛肉纤维较长且肌肉韧带较多，应当横切；猪肉比牛肉嫩，筋较细，应当斜切或顺切，使两根纤维交叉搭牢而不易断碎；鸡肉、猪里脊肉等质地很嫩，必须顺切，否则烹调时易碎。

4. 条

条比丝粗，一般为长方体。其成型方法是先用片或切的方法将原料片或切成大厚片，再切成条。条有粗细之分，粗条截面边长约 1.5 厘米，长为 5 厘米左右，宽厚各 1.5 厘米；细条截面边长约 1 厘米，长约 4 厘米，宽厚各 1 厘米。

5. 丁

形状近似于正方体。它的成型方法是通过片或切等方法，将原料加工成大片，再切成条，然后顶刀改成正方体。常见的丁有大、中、小之分，大小取决于条的粗细。一般大丁的边长约为 2 厘米，中丁的边长约为 1.2 厘米，小丁的边长约为 0.8 厘米。

6. 粒

比丁小的正方体，其成型方法与丁相同，也有大粒与小粒之分。大粒边长约 0.6 厘米，小粒边长约 0.3 厘米。粒的大小也是取决于丝或条的粗细。

7. 末

末的形状不规则，成型方法是通过直刀剁而成的。外形的大小一般略小于米粒。

8. 段

段，一般用剁或切的刀法制成，有大段、小段两种。每一种的具体要求根据原料的性质和烹调的需要而定。

9. 蓉泥

一般而言，蓉泥均以排剁刀法或用刀膛压碾使原料细碎成泥状。原料剁成蓉之前应先去筋和皮，制作鸡蓉、鱼蓉时，宜加入适量的猪肥膘，使蓉产生黏性。

10. 球

球的成型方法有两种：一是用挖球器将原料挖成球形；二是将原料先加工成大方丁，然后再削成球形。

活动二　剞花工艺

剞花工艺造型，是一种刀工美化，用剞花的方法，又称混合刀法。就是直刀法、平刀法和斜刀法混合使用。剞花的基本刀法是直剞、平剞和斜剞。具体地说，它是运用剞的方法在原料表面剞上横竖交错、深而不透的刀纹，受热后原料卷曲成各种形象美观、形态别致的形状。这类形状的成型较复杂些，品种也较多。

依据刀纹的深浅度区别，有深剞花形和浅剞花形两个基本类型。深剞花形刀纹深度超过厚度 1/2，其作用是使原料受热卷曲变形，便于原料的成熟，方便食用，主要用脆嫩性脏器、鱿鱼、带皮鱼肉和方块肉为加工对象。浅剞花形刀纹深度不超过 1/2，主要作用是使原料表面受热收缩成型，突出刀纹的图案美，主要用于加工整条鱼。

一、常用深剞花刀

1. 麦穗花刀

先用斜刀法在原料上逆肌纤维排列方向剞上一条条平行的刀纹，深约 4/5，刀距约 2

毫米，再转一个角度，用直刀法剞成一条条与斜刀纹相交呈直角的同样深度的平行刀纹，然后切成长条，加热后卷曲呈麦穗的形状。常用于鱿鱼的加工，如爆麦穗鱿鱼卷。

2. 蓑衣花刀

先将原料的一面剞成麦穗形花刀，再将原料翻过来，用推刀法剞一遍。其刀纹与正面斜十字纹呈交叉形，深度 2/3，刀距 2 毫米，再改成 3.5 厘米见方的块，加热后卷曲呈蓑衣形。适用原料主要是腰子，如蓑衣腰花。

3. 荔枝花刀

先用直刀法在原料上剞出一条条行距相等的平行直刀纹，深约 2/3~4/5，刀距约 2.5 毫米，再转一个角度，用直刀法剞出一条条与先剞的刀纹斜向垂直相交的刀纹，再改成 3.5 厘米长菱形块，加热后卷曲呈荔枝形。适宜于腰、肫、肚等原料，用于爆菜。

4. 梳子花刀

又称眉毛花刀。先用直刀剞出平行刀纹，深约 2/3，刀距约 2.5 毫米，再把原料横过来顶纹切或斜批成片。单片为梳子，连刀片为眉毛，加热成熟而成。

5. 鱼鳃花刀

开始剞法同梳子形一样，但在切片时第一刀只能批（或切）至原料的 4/5 深处，第二刀批（或切）断连刀片，加热而成。最常见的菜肴是炝鱼鳃腰花、腰片汤等。

6. 菊花花刀

将原料的一端用直刀法剞成一条条平行的刀纹，深度约为原料厚度的 4/5，再转一个角度，用直刀法逐刀将原料剞成丝状，改成块状，加热而成。适用于鱼、肉、鹅肫等原料，卷曲呈放射状，宜炸、熘。

7. 麻花花刀

先将原料批成 5 厘米长、2 厘米宽的片，在原料中间顺长划 4 厘米长的口，再在刀口的两旁各划一道 3.5 厘米长的口，用手抓住两头从中间的刀缝穿过，拉紧即呈麻花形。

8. 兰花花刀

先将原料批成 4 厘米见方的薄片，将片的 3/5 处切成细丝卷起，用青蒜叶扎紧，加热后即卷曲呈兰花形。

9. 佛手花刀

将原料批成 4 厘米长、2 厘米宽的块，在 2 厘米长处剞划 4 刀，加热后即卷曲呈佛手形。如佛手白菜。

10. 凤尾花刀

将原料用拉刀法剞成一条条平行的斜刀纹，再转一个角度，用直刀法剞一条条与斜刀纹垂直相交的直刀纹，然后顺着原料筋纹切成窄的长方块，加热后即卷曲呈凤尾形。

11. 葡萄花刀

在原料肉面交叉斜剞深约原料厚度 4/5 的斜向平行刀纹，受热卷曲呈一串葡萄形。适宜于带皮较厚的鱼块，常用于熘、炸，如熘葡萄鱼。

12. 篮花花刀

又叫两面连花刀。因有透空孔格似竹篮孔格，故名。在原料两面平面略斜向直剞平行相交叉刀纹，拉开两面透空呈篮格状。适用于豆腐干、黄瓜、肚尖等原料，如卤篮花干子、篮花黄瓜等。

13. 球形花刀

将原料切或片成厚片，再在原料的一面剞上十字花刀，刀距要密一些，深度为原料厚度的 2/3，然后改为正方块或圆块，加热后即卷曲呈球形状。此种刀法一般适用于脆性或韧性原料。

14. 螺旋花刀

从方块一侧进刀，平剞至 3/4 深度，旋转平剞至 3/4 深度再旋转平剞直至到底，受热呈螺旋形。适用于肉、鸭、鹅，宜炖、焖，如螺旋肉、螺旋肫花等。

15. 鳞毛花刀

在原料肉面逆纤维走向斜剞深约料厚的 3/4、刀距约 4 毫米的平行刀纹，再顺向直剞同等深度、刀距、与前刀纹交叉呈 90 度的平行刀纹。拍粉油炸后呈鳞毛披覆状。此法适宜整条带皮鱼肉的加工，用于熘、炸，如松鼠鳜鱼。

二、鱼类浅剞花刀

我国传统的烹鱼技法精湛，为了便于鱼的成熟或区别于不同的烹调方法，人们在加工鱼的过程中在鱼的身躯上剞上不同形式的花刀，这不仅增加了菜品的美观度，而且使菜品的形式多样化，丰富了烹调技艺。

1. 斜十字形花刀

根据刀纹之间距离的大小，可把斜十字形花刀分成一指刀（刀纹大约一指宽）、半指刀（刀纹大约半指宽）两种。操作时在鱼的两侧由头至尾、由尾至头剞上斜一字排列的刀纹。其加工要求刀距、刀纹深浅一致均匀，不可割穿鱼腹。此花刀一般用于红烧和干烧一类的烹调方法。

2. 一字形花刀

用直刀法在鱼身两面剞一字形刀纹。一条鱼的剞 8 刀左右，加热煎烧后鱼身呈一字形花纹，如红烧。

3. 人字形花刀

用直刀法将鱼体两面剞成人字形花刀，每面约剞 5~6 个人字，加热后鱼身即成人字形花纹。适用于清蒸鱼。

4. 柳叶花刀

加工时在鱼的两侧剞上宽窄一致的类似叶脉的刀纹即可。这种方法成型后一般用于氽汤和清蒸一类的烹调方法。加工要求与斜十字形花刀一样。

5. 波浪花刀

用刀尖在鱼体两侧直剞象征波浪的曲线，共三层，深约料厚的 1/3，比较适合较薄的鱼体，如白鱼等，一般作蒸的花形。

6. 兰花形花刀

在鱼的两侧均匀地剞上兰花图形，鱼每侧剞上 7~9 个兰花形。这种花刀成型后多用于叉烧一类的烹调方法。加工要求与斜十字形花刀一样。

7. 交叉十字形花刀

在鱼的两侧均匀地剞上交叉十字形刀纹，可根据鱼的大小来决定刀纹的疏密与多少。这种花刀成型后多用于红烧和干烧的烹调方法。

8. 牡丹花刀

将鱼两侧均斜刀剞上深至鱼骨的刀纹，然后将刀平片进鱼肉2厘米左右，将肉片翻起，再在每片肉上剞上一刀。一般在鱼每侧剞7~9刀，加热后就呈牡丹花瓣的形态。这种花刀一般用于鲤鱼、黄鱼等的成型。成型后适合糖醋一类炸制的烹调方法。此法的加工，要求鱼一般在1000克左右为宜，两边所剞刀纹相对称。

9. 瓦楞花刀

在鱼体两侧直剞深至椎肋的横向刀纹，再平剞进2~2.5厘米，使鱼肉翻起呈瓦楞排列状，此法适用于体轴长窄、肌壁较薄的鱼，如黄鱼、鲈鱼等，多用于熘。

10. 菱格花刀

在鱼体两侧直剞相叉十字刀纹，呈菱格图案，深约料厚的1/2，刀距2厘米左右。适用于炸、烤，如脆皮鳜鱼、网烤鲤鱼等。需要注意的是，剞菱格花刀的原料一般需拍粉、挂糊或上浆，否则易使表皮脱落。

三、剞花的运刀原则

1. 深剞花刀

深剞花刀法的种类较多，基本原理都较相似。在深剞花刀过程中都应遵循以下原则，才能保证块形卷曲的绝佳效果。

（1）深剞的卷曲、收缩应顺应原料的肌纤维排列方向。一般来讲，具平面排列的原料是相对卷曲；具立面排列的原料是四面卷曲；网状排列的则收缩变形，此三类变形性质是花刀操作的依据。

（2）剞花刀的深度与刀纹距离皆应一致，否则由于收缩不均，翻卷不一，既不能受热均匀，又影响形体的美观。

（3）较薄原料宜采用斜剞的刀法，以增加条纹坡度；较厚原料宜采用直剞的刀法，以表现条纹的挺拔。切不可盲目剞刀，因形伤质。

（4）所剞花形应符合加热特性，区别运用。一般来说，炖、焖、扒、烧所用花形应较大；爆、炒、熘、炸所用花形居中；汆、涮、蒸、烩所用花形应较小。

2. 浅剞花刀

对于鱼类浅剞花刀的加工，为了保证鱼肴的质量，也需遵循以下原则：

（1）鱼体的浅剞花刀应以简单的形式为主，只要在简单线条的变化中体现外形的美观即可，不需要过分加工。

（2）浅剞花刀应与具体菜肴相贴切，符合传统烹调方法的特点，体现菜肴的变化美。

（3）浅剞花刀应根据鱼体肉的厚薄特征而赋予变化，充分体现出不同鱼的优点，而避开其弱点。

（4）剞花加热后因为鱼皮收缩，易与肌肉脱落，因此，在剞花时应充分注意刀纹之间的连接性，防止肌肉裸露，因剞伤质。

拓展知识

厨房案板烹调师的分工与职责

案板烹调师是案板岗位生产制作人员，能根据菜肴的质量要求，把各种经过刀工处理加工成型的原料适当搭配，供烹调使用。以菜肴的质、量、色、香、味、形及营养等方面的搭配是否恰当作为衡量切配水平的标准。现根据不同的技术级别和岗位要求细分为以下岗位：

头砧　又称头案，是案板工作的负责人，熟悉厨房全面业务技术知识，要求切配技术好，刀法熟练，熟知各种菜品的刀工刀法及准备数量，掌握各种原料的不同质量、特征，协调烹饪原料的运转供销，能妥善管理和使用烹饪原料，懂得成本核算，善于管理和策划。

二砧　切配技术好，能对烹饪原料进行精细加工，正确腌制各种海鲜、肉类，负责把经过配置的菜肴传递给打荷工作台。

三砧　配合头砧和二砧的工作，主要从事菜品的切配，负责各个冰箱的管理，如除霜、温控、原料管理等。

四砧　配合风味菜点厨师做好切配工作，按照各种原料的切配计划进行操作，保证原料的新鲜度。按照原料的清洗标准进行原料的清洗，保证原料符合卫生要求。

任务三　整料的分割工艺

任务目标

- 会根据猪或羊的分档分解不同部位的骨、肉；
- 会对整鸡进行分档取料；
- 能对整鸡进行整料出骨；
- 会对棱形鱼类进行出肉加工；
- 会出蟹肉和贝壳类肉。

动物性原料的分割加工是烹调工艺中的一项基础工作，也是烹调基本功的具体体现。其分割工艺主要包括分档、出骨、取料三个方面。

第一，分档。分档即依据整只原料的身躯器官结构特征，按其肌肉、骨骼等组织的不同部位、不同质量，分割成相对完整的小部件档位，方便出骨。

第二，出骨。出骨即剔骨，将骨与肉进行分离，剔除全部硬骨和软骨，一般采用分档、出骨的步骤。一些家禽、鱼类原料还可采用整料出骨的方法，以保持原料外形的完整性。

第三，取料。从出骨的档位中取出适合不同烹调要求的原料，以便于菜肴的加工与制作。

活动一　家畜原料的分割加工

一、猪肉的分割与出骨

猪的分割加工从猪胴体的半片开始。首先将半片猪胴体分割成三段后再进行剔骨。一般将半片猪放在案板上，用砍刀分割成前肢部位、腹肢部位和后肢部位三大部分，俗称前腿、中档和后腿，然后依次剔去各种骨骼。

1. 前肢分解出骨

前肢部位包括颈、前夹、上脑、前蹄等。前肢应自猪前部第5~6根肋骨之间直线斩下，不能斩断肋骨。用刀在肩胛骨与前腿骨关节处用刀割开，用刀沿肩胛骨面平铲去骨面上下肉，用布包住肩胛骨，用力撕下，再用刀沿着腿骨将肉划破，把腿骨剔出。

2. 腹肢分解出骨

腹肢部位包括脊椎排、肋排、奶脯等。肋排应在脊椎骨下4~6厘米肋骨处平行斩下，斩去大排后，割去奶脯。剔肋骨时用刀尖先将肋骨上的薄膜顺长划开，用手将肋骨条推出肉外，直至脊骨，然后连同脊骨一起割下。如果要取排骨时，则需把肋骨从脊骨根部砍断，连带肋骨下的一层五花肉一起片下。

3. 后肢分解出骨

后肢部位包括臀尖、坐臀、外档、蹄、爪、尾、后腿等。剔后腿时从髋骨处下刀割开，剔去关节上的筋。分开两侧的肌肉，刮净取出髋骨，然后沿棒子骨及后腿骨下刀划开，刮去两边肌肉，取出棒子骨和后腿骨。

经过上述三个部位的出骨加工，整片猪的骨肉分解已经完成。牛、羊的出骨加工与猪的出骨加工方法大体相同。随着食品加工业的发展，现代厨房已不同于过去采购半片猪让厨师来分解的情形，而使用的多是已经加工分解后的不同部位的原料。作为初学者必须熟知常用原料整料的分割工艺，磨炼好扎实的基本功。

二、猪肉的部位分解

1. 头尾部分

（1）猪头。从宰杀刀口至颈椎顶端处割下。猪头肉质脆嫩，肥而不腻，多用于酱、扒、烧，如"酱猪头肉""拌猪脑""卤猪脑"等。

（2）猪舌。猪舌表面有一层粗皮，食用时应用开水烫后将老皮刮掉。猪舌肉质细嫩，可用于酱、烧、烩，如"酱猪舌""红烧舌片"等。

（3）猪尾。从尾根处割下。猪尾胶性较大，一般用于酱制、清炖、煮等。

2. 前肢部分

（1）上脑。上脑位于背部靠近颈处，在扇面骨上面，肉质较嫩，瘦中夹肥，可用于炸、熘、烧、炖等烹制方法，如"咕噜肉""叉烧肉"等。

（2）夹心肉。位于前槽、颈和前蹄髈的中间，此处肉质较老而有筋，但能吸收较多的水分，适于制作馅料和丸子，如"珍珠丸子""干炸丸子"等。

（3）前蹄髈（又名前肘子）。前蹄髈位于前腿膝盖上部与夹心肉的下方。此处皮厚，筋多，胶质重，肥而不腻，适合于烧、扒、酱和煮汤，如"红烧蹄髈""水晶肴蹄"等。

（4）颈肉（又名槽头肉），位于前腿的前部与猪头相连处。此处是割猪头的刀口处，污血多。肉色发红，多用于制作肉馅。

（5）前脚爪。脚爪只有皮、筋、骨，没有肉，胶质多，剥去蹄壳后才能烹制，适用于红烧、酱、煮汤制冻等。从脚爪中可抽出一根筋晾干成"蹄筋"。

3. 腹肢部分

（1）脊背。猪的脊背部位，包括里脊、外脊、大排骨。外脊附着在大排骨上面，在剔大排骨时，要注意外脊的完整，并把外脊肉取下。大排骨筋少肉嫩，可用于炸、煎、烤等。里脊，位于猪后腿的上方、通脊的下方，它是猪身上最细嫩的部分，是长扁圆形，其上面常附有白色油质和碎肉，背部有细板筋。里脊适于炸、熘、爆、炒，如"软炸里脊"等。外脊，也称通脊。位于猪的背部和前后腿的中间。按烹调的要求通脊分档成四种：一是纯通脊肉，呈长扁圆形，适用的烹调方法同于里脊，如"炸面包猪排""宫保肉丁"等；二是带肥膘的通脊，肥膘可炼油，肉可作点心馅；三是带部分肥膘的通脊，可用于"焖猪排"；四是带骨的通脊，常用于烧、焖，如"烧大排"等。

（2）五花肋条。位于前后腿的中间、通脊的下方和奶脯之上。五花肋条分为硬肋和软肋两种。硬肋肥肉多，瘦肉少，适用于煮、红烧、粉蒸等；软肋肉质松软，适用于烧、焖等。肋条肉一般分为三层，因此又名五花三层，适合做"扣肉"。

（3）奶脯。在软五花肉下面，即猪的腹部，此部位的肉质量较差，都是些泡泡状的肥肉，一般用于熬油，皮可做冻。

4. 后肢部分

（1）臀尖。臀尖位于后腿最上方，坐臀肉的上面，均为瘦肉，肉质细嫩，可代替里脊肉，适于爆、炒、熘、炸，如"滑炒肉片""宫保肉丁"等。

（2）坐臀。坐臀位于后腿的中部，紧贴肉皮的一块长方形肉，一端厚、一端薄，肉质较老，肥瘦相间，适宜于熟炒、煮、酱等。如"回锅肉""蒜泥拌白肉"等。

（3）弹子肉（又名外档）。弹子肉位于后腿的中下部和坐臀与五花肉的中间，是一块被薄膜包着的圆形瘦肉，肉质较嫩，适用于炒、爆、炸，如"炒肉丝""糖醋肉"等。

（4）后蹄髈（又名后肘子）。从骱骨处卸下的后肢部位，后蹄髈皮厚筋多、胶质多、瘦肉多，适用的烹调方法同于前蹄髈。从后蹄髈中抽出的蹄筋干制后涨发性强。

（5）后脚爪。从膝股骨处割下取得，脚爪只有皮、筋、骨，剥去蹄壳后多用于酱、煮、制冻等。

出肉加工

出肉加工，就是根据烹调的要求，将动物性原料的肌肉组织从骨骼上分离出来。具体方法有两种，一是生出肉，将鲜活原料直接进行出肉加工，如鱼出肉加工成鱼片。二是熟出肉，将已经加热成熟的原料进行出肉加工，如螃蟹的出肉加工。

出肉加工是烹调前的一项重要工序。它不仅涉及原料的利用率，而且直接影响到菜肴的质量。因此在操作过程中要掌握如下基本要求：

第一，出肉要根据菜肴烹调的要求来进行，例如，在制作"糖醋排骨"菜肴时，加工时必须把肋条骨及骨下连接的一层五花肉一起取出，使其有肉有骨，才能保证达到菜肴制成后的质量要求。

第二，出肉时要出得干净，避免不必要的浪费。加工时刀刃要紧贴原料的骨骼进行操作，做到骨不带肉，肉不带骨。

第三，要熟悉家禽、家畜等动物性原料的肌肉、骨骼结构和它们的分布位置，做到下刀准确。

三、牛肉的部位分解

1. 头尾部分

（1）牛头。牛头肉少皮骨多，胶质重，宜酱、烧，如"红烧牛头"。

（2）牛舌。牛舌外有一层老皮。牛舌可以酱、烧、烩。

（3）牛尾。牛尾肉质肥美，骨多肉少，适于炖汤、烧、酱等。

2. 前肢部分

（1）上脑。脊背前部紧靠后脑和外脊的地方叫上脑。牛上脑肉肥瘦相间，适于烤、焖、炒、涮、爆，如"焖烤牛肉""葱爆牛肉"等。

（2）前腿。牛前腿位于颈肉后部，包括前脚和前腱子的上部，肉质较老，适于烧、煮、卤、煨、炖、制馅等，如"红烧牛肉""卤五香牛肉"等。

（3）颈肉。颈肉即牛脖子肉，质较老，多用于红烧、煮汤等。

（4）前腱子。前腱子位于前膝的下部，筋和肉相连，肉质较老，是卤、酱最好的原料，如"五香酱牛肉"等。

3. 腹背部分

（1）脊背。包括牛排、外脊、里脊。外脊位于牛的脊背紧接上脑处，肉质细嫩，肉丝斜而短，适于烤、炒、爆、涮，如"蚝油牛肉"等。里脊是牛身上最细嫩部分，为深红色，呈长扁圆形，它的一头和周围多带碎肉，底部有板筋，适于炒、爆、煎，如"滑炒牛肉丝""洋葱煎牛里脊"等。

（2）肋条（又名腑肋）。位于牛胸部的肋骨处，相当于猪的五花肋条肉，肋条肉中有筋，适于烧、炖、煨等。

（3）胸脯（又名白奶）。位于腹部，肉层较薄，附有白筋，一般用于红烧，较嫩部分也可炒。

4. 后肢部分

（1）米龙，位于牛尾根部，前接牛排，相当于猪的臀尖。米龙肉质细嫩，适于炒、爆、炸、烤、熘等。

（2）里仔盖，位于米龙的下部，肉质瘦嫩可代替米龙。

（3）仔盖，位于里仔盖的下面，用途与里仔盖、米龙相仿，肉质瘦嫩。

（4）和尚头，在仔盖的上方，里仔盖的下方，有一块肉俗称"和尚头"，是由五条筋合拢而成，肉质较嫩，爆、炒制作较好。

（5）后腱子，肉质较老，其质地与用途同前腱子。

（6）牛鞭（公牛的生殖器），胶质重，多用于红烧、炖、煨等。

四、羊肉的部位分解

1. 头尾部分

（1）头：肉少皮多，可用于酱、扒、煮等。

（2）尾：绵羊尾多油，用于爆、炒、汆等。山羊尾尽是皮，可用于红烧、煮、酱等。

2. 前肢部分

（1）前腿：位于颈肉后部，包括前胸和前腱子的上部。羊胸肉脆，适宜于烧、扒；其他肉多筋，只宜用于烧、炖、酱、煮等。

（2）颈肉：肉质较老，夹有细筋，可用于红烧、煮、酱、炖以及制馅等。

（3）前腱子：肉老而脆，纤维很短，肉中夹筋，适宜于酱、烧、炖等。

3. 腹背部分

（1）脊背：包括里脊肉与外脊肉等。外脊肉（又称扁担肉），位于脊骨外面。呈长条形，外面有一层皮筋，纤维斜长细嫩，用途较广，可用于涮、烤、熘、炒、爆、煎、烹等。里脊肉位于脊骨内面两边，形如竹笋，纤维细长，是羊身上最嫩的两条肉，外有少许筋膜包住，去掉筋膜后用途较广。如"烤羊肉串""涮羊肉"等。

（2）胸脯、腰窝：胸脯肉位于前胸，形较长，直通颈下，肉质肥多瘦少，肉中无皮筋，性脆，用于烧、爆、炒、焖等。腰窝肉位于腹部肋骨后近腰处，纤维长短不一，肉内夹有三层筋膜，是肥瘦互夹的五花肉。肉质老，质量差，宜用于酱、烧、焖、炖等。腰窝中的板油叫"腰窝油"，内蒙古、青海、新疆等地均作食用。如"清炖羊肉""酱五香羊肉"。

4. 后肢部分

（1）后腿：羊的后腿比前腿肉多而嫩，用途较广，适用于多种烹调方法。其中，位于羊的臀尖的肉，亦称大三叉（又名一头沉），肉质肥瘦各半，上部有一层夹筋，去筋后都是嫩肉，可代替里脊肉。臀尖下面位于两条腿裆相磨处，叫磨裆肉，形如碗状，肌肉纤维纵横不一，肉质粗而松，肥多瘦少，边上稍有薄筋，宜于烤、炸、爆、炒等。与磨裆肉相连处是黄瓜肉，肉色淡红，形状如两条相连的黄瓜。每条黄瓜肉上肌肉纤维一斜一直排列，肉质细嫩，一头稍有肥肉，其余都是瘦肉。在腿前端与腰窝肉相近处有一块凹圆形的肉，纤维细紧，内外有三层夹筋，肉质瘦而嫩，叫"元宝肉""后鸡心"，以上部位的肉均可代替里脊肉使用。

（2）后腱子：肉质和用途与前腱子相同。

5. 其他部分

（1）羊爪（蹄）：去皮、蹄壳后可用于制汤。

（2）脊髓：在脊骨中，有皮膜包住，青白色、嫩如豆腐，用于烩、烧、汆等。

（3）羊鞭条：即肾鞭，质地坚韧，可用于炖、焖等。

（4）羊肾蛋：即雄羊的睾丸，形如鸭蛋，外有薄花纹皮包住，嫩如豆渣，可用于爆、酱等。

（5）奶脯：母羊的奶脯，色白、质软带脆，肉中带"沙粒"并含有白浆，一烫就脆，可用于酱、爆等，与肥羊肉的味相似。

 **拓展知识**

砧板师傅

在粤菜厨房里，一个好的砧板师傅不仅要刀工过硬，更需要有大局观和敏锐的洞察力，对原料从初始阶段到成品上桌的各个步骤必须了如指掌，特别是要有成本控制的敏感性，务求做到精准、透彻，这也是为什么粤菜厨房的砧板师傅更有可能做厨师长的原因。

一个 200 餐位的酒楼，需要 5~6 名砧板师傅，等级从头砧、二砧、三砧直到末砧。一般来说，从末砧升至头砧怎么说也要三五年的时间。

配菜，是除了切菜以外砧板最主要的工作。服务员将客人点好的菜品菜单拿到砧板，由砧板师傅将客人所点菜品的主辅料依次搭配好，然后再拿到炒锅上由炒锅师傅烹制。最繁忙的时候，配菜的这个过程就如同打仗一般，已切好的原料码放在冰箱里，这就需要砧板师傅的脑子在瞬间调出所需原料摆放的位置，眼到手到，一定要快，速度决定一切。

（资料来源：胡元骏.厨房江湖.北京：中国工人出版社，2006.）

活动二　家禽原料的分割加工

由于形体偏小，禽类原料的分割加工相对于家畜类原料要略简单些。由于家禽的身体构造与家畜有很大的差异性，利用独特的工艺可保持禽类完整的形体，使禽类菜肴丰富多样。

一、整鸡的分档

鸡的分档取料，即将鸡肉分部位取下，再将鸡骨剔去（亦称鸡的出肉加工）。主要手法是：左手握住鸡腿，腹朝上、头朝外，右手持刀，将左右腿跟部与腹部相连接的肚皮割开，把两腿向背后折起，把连接脊背部的筋割断；再把腰窝的肉割断，左手握住两腿用力撕下，沿鸡腿骨骼用刀划开，剔去腿骨。然后，左手握住鸡翅，右手持刀将关节处的筋割断，刀跟按住鸡身，右手将鸡翅连同鸡脯肉扯下，再沿翅骨里身用刀划开，剔去翅骨。最后，将鸡里脊肉（鸡牙子）取下即成。

鸡、鸭、鹅等家禽的肌体构造和不同肌肉部位的分布大体相同。这里以鸡为例，来说明家禽的各部位名称、用途和分档取料的方法。

1. 头、爪部分

（1）鸡头和鸡脖。肉少骨多，但鸡脖的皮韧而脆，可用来卤、酱、烧、煮、吊汤等。

（2）鸡爪。主要是皮和筋，胶性大，皮脆嫩，煮后拆去骨头拌食，别具风味，如"香卤凤爪"。还可利用其胶质煮汤做冻子菜。

（3）鸡翅。肉较少而皮多，质地鲜嫩，可烹制如"贵妃鸡翅""冬菇鸡翅汤"及制作冷菜等。

2. 鸡肉部分

（1）鸡脯。鸡脯肉质细嫩少筋，是鸡身上最好的肉之一，可以切成片、丝、丁、蓉等。母鸡脯黏性大，味鲜美，可制清汤。

（2）鸡芽。鸡芽又叫鸡柳、鸡里脊。鸡芽与鸡脯紧紧相连，去掉暗筋，便是鸡身上最细嫩部位，用法同鸡脯。

（3）鸡腿。鸡腿肉多、筋少，除切丁炒食外，一般适用于烧、扒、香酥等。

3. 内脏部分

（1）鸡肫。质地韧脆、细密，可用于炸、炒、爆、烧、拌、卤等。

（2）鸡肝。质地细嫩，用途同鸡肫相近，代表菜肴有"清炸鸡肝"。

（3）鸡心。质地和用途同鸡肫。

拓展知识

分档取料的技术要求

第一，下刀要正确。分档取料要熟悉原料的各个部位，准确地在肌肉间的筋膜处正确下刀，保证每块肌肉的完整。

第二，必须注意分档的先后次序。原料的各个部位是按一定的方式组合在一起的。只有按一定的顺序取料，才不会破坏各个部分的完整。否则，会影响原料的质量，造成原料的浪费。例如，分档猪前腿肉时，应先取出肩胛骨上的上脑肉，才能取夹心肉。

第三，保证原料的合理使用，做到物尽其用。原料各个不同部位的肌肉具有各种不同的质量及特点，要根据这些不同的质量及特点，最大限度地合理使用原料，以使菜肴具有多样化的风味特色。例如，猪坐臀肉宜制作四川名菜"回锅肉"，前腿夹心肉宜制作馅料用。

二、整鸡（鸭）出骨

1. 划开颈皮，斩断颈骨

先在鸡颈两肩相夹处直划一条约 6.5 厘米长的刀口，把刀口处的皮肉用手掰开，在靠近鸡头处将颈骨剁断，将颈骨从刀口处拉出。要注意刀不可碰破颈皮。

2. 出翅骨

从颈部刀口处将皮翻开，鸡头下垂、连皮带肉用手缓慢向下翻剥，至翅骨关节处，骱骨露出后，用刀将两面连接翅骨关节的筋割断，使翅骨与鸡身脱离，然后用刀将翅骱骨四周的肉割断，用手抽出翅骨，用刀背敲断骨骼即可（小翅骨可不出）。

3. 出鸡身骨

一手拉住鸡颈，一手按住鸡胸的龙骨突起处，向下撅一撅，然后将皮继续向下翻剥，剥时要特别注意鸡背部处，因其肉少紧贴脊椎骨易拉破。

剥至腿部时，应将鸡胸朝上，将大腿筋割断，使腿骨脱离，再继续向下翻剥至肛门处把尾尖骨割断，但不要刮破鸡尾。鸡尾仍留在鸡身上，将肛门处直肠割断，洗净肛门处的粪污。

4. 出鸡腿骨

将大腿皮肉翻下些，使大腿骨关节外露用刀绕割一周，使之断筋，将大腿骨向外抽至膝关节时，用刀沿关节割下，然后抽小腿骨，与爪连接处，斩断小腿骨。至此，鸡的全身骨骼除头与脚爪处已全部清出。

5. 翻转皮肉

将鸡皮翻转朝外，形态仍然是一只完整的鸡。

另外，鸭、鸽、鹌鹑等也可按上述方法进行整料去骨。只是鸭在出骨时，尾部两颗鸭臊要去掉，以免影响菜肴口味。鸽、鹌鹑因皮薄、体小，出骨时用力不宜过大。

拓展知识

整料出骨

整料出骨就是将整只原料去净骨或剔去主要的骨骼，而仍保持原料原有的完整外形的一种技法。它需要运用复杂的刀法和手艺，以及较高的技术来增加原料出骨后的美观度。经过整料出骨而制成的菜肴，第一，可减去一般菜肴在食用时去骨所遇到的麻烦，为客人提供食用的方便，并且加速原料在烹调过程中成熟和入味。第二，经过整料去骨后的鸡、鸭、鱼等原料，由于除去了骨骼，成为柔软的组织，还便于改变它的体形，使外表的形态更加美观。如"八宝葫芦鸭""布袋鸡""叉烤鳜鱼"等。

整料在分割时有以下基本要求：

第一，选料必须精细，符合菜品的要求。凡作为整料去骨的原料，必须仔细地进行选择，要求肥壮肉多、大小适宜。例如，鸡应选择一年左右的肥壮母鸡；鸭应选用 8~9 个月的肥母鸭。这种鸡、鸭老嫩适宜，去骨和烹制时皮不易破裂，成菜后口感适宜。如果太老则肉质比较坚实，烹制时间短就不易酥烂，烹制时间长一些，肉虽酥烂，但皮又易破裂。选用鱼时，应选择 500 克左右的新鲜鱼，而且应肉肥厚，肋骨较软，刺少，如黄鱼、鳜鱼等。肋骨较硬的鱼，出骨后腹部瘪下、形态不美，不宜使用，如青鱼、鲫鱼等。

第二，初步加工必须认真操作。①鸡、鸭在宰杀时，要正确掌握水温和烫的时间，温度过高、时间过长，则出骨时皮易裂。反之，则不易煺毛，容易破坏表皮。②鸡、鸭、鱼均不可破腹取内脏。鸡、鸭的内脏可在出骨时随躯干骨一起摘除；鱼类的内脏可从鳃中用筷子取出。③出骨时下刀要准确，不能使外皮破损。刀刃必须紧贴着骨头向前推进，做到剔骨不带肉，出肉不带骨。

活动三　水产品的分割加工

在水产品菜肴的制作中，较大的鱼必须经过分割加工后制作。一般来说，1公斤以下的鱼无须分割加工，只是切成小块而已。只要有分档使用价值的，即使小鱼也可分割，如黄鳝的背、腹、尾等。经分割分档使用，能充分体现各部位的特点，达到菜品的食用效果和经济价值。

一、水产品的出肉加工

主要介绍一般鱼类、虾类、蟹类、贝类的出肉加工。所谓一般鱼类，是指常用烹制菜肴的鱼类。用来出肉的鱼，一般选择肉厚、刺少的，如鳜鱼、扁口鱼、黄花鱼、鲤鱼等。

1. 棱形鱼类的出肉加工

棱形鱼类，指鱼体外形像织梭形状的鱼类。如大黄鱼、小黄鱼、黄姑鱼、鲤鱼、鳜鱼等。此类鱼具有肉厚刺少的特点。以鳜鱼为例，其加工方法是将鱼头朝外，鱼腹朝左放在砧墩上，左手用抹布按住鱼身，右手持刀，以背鳍外贴脊梁骨，从鳃盖到尾划一刀，再横批进去，沿胸骨出肉。另一面方法相同。

2. 扁形鱼类的出肉加工

扁形鱼类有比目鱼、银鲳鱼等。以牙鲆鱼为例，其加工方法是将鱼头朝外，腹向左平放砧板上，沿其背侧线划一刀直到脊骨，再贴着刺骨片进去，至腹部边缘，将鱼肉连皮撕下，然后将余刺和皮去掉。另一面方法相同。

3. 长形鱼类的出肉加工

长形鱼类多指呈长圆柱体形的鱼。如海鳗、河鳗、鳝鱼等。此类鱼脊骨多为三棱形。以鳝鱼为例，鳝鱼的出肉加工方法有生出和熟出两种。生出肉，一般选用大鳝鱼，其操作过程是：将鳝鱼用剪刀沿其颈口处腹部插入，用力向尾部剖划至尾部，去内脏洗尽用布抹去黏液后，将鳝鱼头朝外，侧身放在砧板上，用刀沿腹内三棱骨的一面从颈口批至尾部，然后左手拿起鱼头，用刀沿另一面铲至鱼尾，取出鳝鱼骨即可。熟出肉加工的操作方法是经过"烫杀"后"划鳝"，一般选用"笔杆青"中小鳝鱼。"划鳝"方法是将鳝鱼头朝左，腹朝里，侧放在砧板上，左手握住头，用小刀或扁形竹扦条从左到右沿腹部边线划下腹部肉。再将鳝鱼翻一面以同法划下背肉即可。鳝鱼的头骨可用来提取鲜汤。

4. 虾的出肉加工

虾有咸水虾和淡水虾两大类。咸水虾如明虾、竹节虾等。其形状大，出肉加工方法一般采用剥的方法，即将虾头去掉（另作他用），再将虾壳剥下，虾尾留否应根据菜肴要求来定。如制作"脆皮大虾"时应留尾壳，制作"凤尾大虾"也应留尾壳及靠近尾部2~3节壳。淡水虾一般体形小，不易剥，而采用挤的方法。其操作手法是用左手捏住虾头，右手拉下虾尾壳，再用力往前一挤虾肉即从脊背处挤出。

淡水河虾在四五月中旬有虾子及虾脑，在出肉加工时应物尽其用。取虾子的方法：将虾放在清水中漂洗，去掉杂物，将虾子漂去，再上笼蒸或炒熟透后，弄散备用。虾脑可取出用来代替天然色素等，制作菜肴时可用。另外，也有的根据菜肴的制作要求，将虾煮熟后再剥出虾肉，如制作"龙虾色拉"等。

5. 蟹的出肉加工

蟹的出肉加工亦称"剔蟹肉"。其方法是将蟹蒸熟或煮熟后，按部位出蟹肉和蟹黄。

（1）出腿肉。将蟹腿取下，剪去一头用擀面杖在蟹腿上向剪开的方向滚压，挤出腿肉。

（2）出螯肉。将蟹螯掰下，用刀拍碎螯壳后取出整肉。

（3）出蟹黄。先剥去蟹脐，挖出小黄，再掀下蟹盖用竹扦剔出蟹黄。

（4）出身肉。将掀下蟹盖的蟹身肉，用竹扦剔出，也可将蟹身片开用竹扦剔出蟹肉。

6. 贝壳类的出肉加工

贝壳类动物有海螺、鲍鱼、文蛤、青蛤、贻贝、毛蚶、竹蛏、牡蛎等。其出肉加工方法一般有生出肉和熟出肉两种。

海螺的生出是：将海螺壳砸破，取出肉，摘去螺黄，取下厣（yān），加食盐、醋搓去螺肉黏液，洗净黑膜。熟出方法是：将海螺洗净后，放入冷水锅内煮至螺肉离壳，用竹扦将螺肉连黄挑出洗净。

贻贝、毛蚶、竹蛏、牡蛎、文蛤、青蛤等原料的加工方法也分生出和熟出两种。生出一般用刀将肉直接从壳中取下，洗净即可。熟出一般放入冷水锅中煮熟后将肉取下。

鲜鲍鱼的出肉加工一般用生出法，即用刀刃紧贴壳里层，将肉与壳分离，然后去鲍鱼肠沙，刷去黑衣即可。

总的来说，用生出法加工的原料，质地较鲜，一般用于爆、氽、蒸等烹制方法。熟出后的原料，色泽较差，一般用于红烧及其他用途。

二、鱼的分档

鱼的分解加工，主要根据不同鱼的特点进行，其主要目的是提高食用效果、便于不同菜品的特色制作。正确的分割与剔骨，可以提高鱼的使用率和出肉率。鱼的分档一般多用于棱形鱼类。

1. 头、尾部分

（1）头。一般肉少骨多，宜红烧。但鳙鱼头肉多且肥，宜用来炖、烧汤用，如"拆烩鱼头""鱼头豆腐汤"等。也有将鱼头用来糟醉等。

（2）尾。肉质鲜嫩肥美，宜红烧。青鱼尾巴肥美，可制作名菜"红烧划水"。

2. 鱼肉部分

（1）中段。肉层厚，刺骨少，质地适中，宜加工成片、丝等。可用来炒、氽、烩等。

（2）肚裆。肉质肥嫩，宜用于烧。

三、整鱼出骨

整鱼出骨指在不破坏整鱼外观形象的前提下，将鱼体内的主要骨骼及内脏通过某处刀口、部位取出的方法。适合整鱼出骨的鱼有鳜鱼、鲤鱼、鲈鱼、刀鱼等，出骨的鱼类重量不宜太小，前三种鱼以 500 克 / 条以上为宜，刀鱼的重量以 250 克 / 条为宜。出骨的主要方法有开口式出骨和不开口式出骨两种。

1. 开口式整鱼出骨

以鳜鱼为例。一般为先出脊椎骨，后出胸肋骨。具体步骤是：

（1）出脊椎骨。将鱼头朝外，腹向左放在砧板上，左手按住鱼腹，右手持刀，沿鱼背鳍紧贴的脊骨处横片进去，从鳃后直到后部划开一条长刀口，用手在鱼身上按紧，使刀口张开，刀继续紧贴脊椎骨向里片，直至片过脊椎骨。另一面方法相同。

（2）出胸肋骨。刀片过脊椎骨后继续沿肋骨的斜面向前推进，使肋骨与肉分离。最后，在靠近鱼头、鱼尾处用剪刀剪断脊椎骨取出鱼骨，再将鱼身、肉合起，仍保持鱼的完整形状。

2. 不开口式整鱼出骨

以棱形鱼类为例。整鱼出骨时需用一把长约20厘米、宽约2厘米、两侧刀刃锋利的剑形刀具。方法是（以鳜鱼为例）：取鳜鱼洗净后，从鳃部把内脏取出，擦干水分，放在砧板上，掀起鳃盖，把脊骨斩断，在鱼尾处鱼身一面斩断尾骨。然后，将鱼头向里，尾朝外，左手按住鱼身，右手持刀将鳃盖掀起，沿脊骨的斜面推进。后平片向腹部，先出腹部一面，再出脊背部，这样可使腹部刺不断。然后，翻转鱼身，同样方法出另一面。待完成后，可把脊骨连肋骨一起抽出，洗净即可。

 思考与练习

一、课后练习

（一）填空题

1. 刀法的种类大致可分为 _____ 、_____ 、_____ 、_____ 和其他刀法。

2. 斜刀法可分为 _____ 、_____ 两种。

3. 常见鱼类的花刀有 _____ 、_____ 、_____ 、_____ 等。

4. 通常将半片猪分割成 _____ 、_____ 、_____ 三大部分。

5. 猪的后肢部分有两块较嫩的肉叫 _____ 、_____ 。

6. 鸡肉中最嫩的肉是 _____ ；青鱼最肥美且活肉的部位是 _____ 。

（二）选择题

1. 加工花椒使用的刀法是（　　　）。
　　A. 推切　　　　　　B. 锯切　　　　　　C. 铡切　　　　　　D. 滚料切

2. 适用高温短时间加热的菜肴原料多为（　　　）。
　　A. 体积小而薄的原料　　　　　　B. 体积大而厚的原料
　　C. 质老韧性大的原料　　　　　　D. 质嫩的原料

3. 适合咖喱茭白的料形加工是（　　　）。
　　A. 滚料块　　　　B. 劈柴块　　　　C. 骨牌块　　　　D. 象眼块

4. 利用深剞花刀刀法成型的是（　　　）。
　　A. 波浪花刀　　　B. 牡丹花刀　　　C. 蓑衣花刀　　　D. 十字花刀

5. 臀尖肉分布于猪的部位是（　　）。

  A. 前肢   B. 腹肢   C. 后肢   D. 中方

6. 适宜制作肉馅心的部位是（　　）。

  A. 前夹   B. 坐臀   C. 五花   D. 外裆

（三）名词解释

1. 刀工

2. 刀法

3. 整料出骨

4. 斜刀法

5. 麦穗花刀

6. 分档取料

（四）问答题

1. 怎样对刀具和砧板进行合理保养？

2. 分别说明块、片、条、丝、丁的不同要求和具体用途。

3. 在食物原料的表面为什么要剞花刀？有什么现实意义？

4. 分档取料的主要目的是什么？

5. 简述加工"篮花黄瓜"的制作要领。

6. 简述整鸡出骨的刀法与步骤。

二、拓展训练

1. 请在实训课上剞 5 种不同花刀的半成品。

2. 按小组训练，各切制 8 种不同的料形。

3. 每人 2 块豆腐干，切制成"兰花干"。

4. 按小组分别画猪、羊、鸡的不同部位并进行相应部位的特点描述。

5. 每人一只整鸡，按要求做整鸡出骨。

6. 每人加工制作麦穗花刀、荔枝花刀，并进行比较分析。

模块四 菜肴组配工艺

学习目标

知识目标 了解菜肴组配工艺的基本特点和种类；了解菜肴组配工艺的主要准备工作与基本要求；掌握单一菜肴组配的基本规律与方法；熟悉零点套菜和不同筵席菜肴的组配技巧；掌握菜肴风味与审美的组配原则。

技能目标 能够从菜肴的数量、色彩、香气、滋味、形状、质地、营养等方面合理配菜；能根据菜肴的质量标准合理搭配原料；会组配零点套餐和不同的筵席菜肴。

模块描述

本模块主要学习菜肴组配工艺，根据单一菜肴的组配、整套菜肴的组配、菜肴风味与审美的组配分别讲解示范和提供练习。学习内容由浅入深，逐层提高，一步步达到完成好菜肴组配的目的。

导入案例

某连锁酒店因经营拓展需要，举办了较大规模的厨师招考会。招考涉及厨房各岗位，其中，案台岗招聘配菜师5人，男女不限，经过面试决定由12人参加配菜师的考核甄选。

考核配菜师的重点确定在配菜的基本技能和必备的基本知识上，包括实际操作和现场抽签问答，分别占总成绩的70%和30%，实际操作主要考核配菜的质量、精准度和速度。配菜考核分单品菜的组配、零点套菜的组配两个项目，每个项目由6人独立参加考核，抽签决定每个考核项目的人员分配和考核顺序，个人总成绩在90分以上者将被录用。

在考核现场，案台上摆放着电子秤及相关配菜用具，货架上归类存放着30种不同规格的精加工烹饪原料，供选手自由选用。

单品菜的组配指定考核传统菜"鱼香肉丝""滑炒鸡丝"和"黄焖甲鱼"。参加考核的6人中，有3人顺利过关，其余3人被淘汰。有的选手在配菜时采用估量法，或超重，或分量短缺；有的选手把"滑炒鸡丝"配成了"清炒鸡丝"；有的选手在配"鱼香肉丝"时，黑木耳的量与笋丝的量几乎一样，而且配料和辅料的量合在一起超过了主料；还有的选手用3两水发香菇做"黄焖甲鱼"的配料，当评委问及"为什么要配香菇？"答："香菇有特别的芳香，不仅能做甲鱼菜的配料，还可以做许多菜的配料，这样能增强菜肴的香味。"

在考核零点套菜的组配时，现场假设正处在营业高峰期，并根据顾客点菜的先后顺序、不同的就餐人数、不同类别的菜肴以及顾客的特殊要求，提供了10张零点菜单，要求考生按所提供的菜单配菜。通过角逐，仅有2人总成绩在90分以上，4人落榜。落榜的原因有四条：一是有一位选手临场经验严重不足，不知道该从哪张菜单开始配菜，仅看菜单就花费了3分钟。二是有人不能做到灵活应变，只能根据进单时间先后配菜。有评委问"你这样配菜引起了顾客投诉怎么办？"考生哑然。三是有人没有按顾客特殊要求配菜。四是配菜的基本知识欠缺。

问题：

1. 为什么配菜要慎用香菇？

2. 在营业高峰期，怎样配菜能够避免顾客投诉？

3. 请同学们说说你从这个案例中得到了哪些启示？

任务一　单一菜肴的组配

☞任务目标

- ●掌握配菜的主要准备工作与基本要求；
- ●掌握单一菜肴组配的基本规律；
- ●会组配单一原料构成的菜肴；
- ●会组配多种原料混合构成的菜肴。

菜肴的组配，简称配菜或配份，是烹调菜肴前案台岗对原料进行处理的最后一个环节。从菜肴的整个工艺流程看，它直接担负实现菜肴既定目标要求的组织重任，行使对整个工艺流程的指挥职能。配菜，不是把烹饪原料进行简单的组合，它需要在懂得烹饪原料、烹饪营养学、成本核算与控制、餐饮消费心理学、餐饮市场营销学、烹饪美学等相关知识，全面了解不同类型菜肴的性质和规格，精通所配菜肴的全部工艺，准确把握成本，合理控制利润，彰显菜肴品质的基础上，把加工成型的烹饪原料有计划、按比例地加以合理组织搭配，使之可以烹制出完整的菜肴。单一菜肴的组配是组配工艺中的基础工艺。

活动一　配菜的组织准备

一、配菜组织准备的主要工作和基本要求

（一）配菜组织准备的主要工作

从厨房整体组织结构看，配菜岗位是其中的一个十分重要的组成部分，配菜团队中的

每一位成员必须做的准备工作主要包括以下五方面。

1. 清理案台

上班开始，配菜岗位人员首先要将案台清理干净，杜绝其污染物交叉污染烹饪原料。其次为了节约人力，有的厨房没有把"切"与"配"分成两个岗位，案台工作者既担负着原料精加工任务，同时又肩负配菜重任，切配成为一个工作过程的两个方面。因此，在正式开餐营业之前，必须对案台予以清理，要避免未加工料与组配料相互混放，防止组配料中混入边角余料及其他杂料，给配菜提供方便操作的洁净案台。

2. 清理配菜用具

不同企业的厨房所提供的配菜用具存在一定差异，一般包括配菜盘碗、电子台秤以及可盛放大量原材料的盆、塑料筐等，这些用具必须始终保持干净。配菜用的盘碗不仅要与盛装菜肴成品的餐具区分开来，而且要耐磨损，方便传送，通常选用不锈钢盘碗。所有配菜用具应按指定位置分类存放，存放地点以方便取用、不影响工作为准。

3. 清理原材料

对厨房有多少库存原材料（包括未加工料和已加工料），每一位配菜人员要做到心中有数，并加强工作上的沟通衔接，及时予以使用，防止原料积压变质。对于已经腐败变质的原料，要坚决杜绝使用，防止造成食物中毒。

4. 清点尚未出售的菜肴成品

当餐厅营业结束后，一般会有剩余的菜肴成品尚未出售。配菜人员应主动清点菜肴的剩余品种及数量，仍可售卖的，要合理组织出售，防止重复组配的现象发生。

5. 做好估清工作

估清工作主要包括两个方面，即营业前估清和营业中估清。

营业前估清，主要是指对于不能出售的菜肴和某些库存量较大的原料及菜品，要事先告知配菜人员和服务部，该停牌的停牌，该大量推销的产品要及时推销。

营业中估清，主要是指因售卖造成某些原材料和成品菜肴短缺，需要及时告知配菜人员和服务部，予以停止推销。

估清通常是由于货源组织不到位、对客流量估计不合理、原材料准备不充分等因素造成的，是经营中的一种非正常现象。如果客观存在估清，且将这项工作纳入配菜范畴，配菜人员就应当予以认真对待。

（二）配菜组织准备的基本要求

1. 充分重视，不留责任空隙

配菜前的组织准备是一项基础工作，是保证配菜顺利、有序、快捷、高效进行的基本前提。这项工作必须落实到位，做到有始有终，不留责任空隙。

2. 熟悉环境，及时进入工作状态

厨房提供的配菜工作环境包括场地、配菜设施设备及用具等，环境条件因企业不同而有所差异。一方面，配菜人员要在最短时间内熟悉和适应环境；另一方面，对于需要配备哪些配菜的设施设备和用具，应当清楚明了，要能够提出针对配菜工作的合理化意见和建议，防止因环境因素影响配菜的速度和质量。

3. 规范操作，培养好习惯

现代厨房十分重视标准和规范，配菜也不例外。从某种意义上讲，配菜前的准备，是配菜师必备的基本功之一。换言之，一个优秀的配菜师，应当从做好配菜的准备工作入手，要能够将配菜的准备工作作为一种好习惯固定下来。配菜人员不仅要熟知配菜场地设施设备的合理布局，各种配菜用具及原材料的规范存放，而且要始终与厨房及服务部相关岗位保持有效沟通，使配菜工作处于良性循环状态。

二、单一菜肴的构成

单一菜肴的构成，是指组成单一菜肴的基本要素和方法。它对于彰显菜肴特色，合理控制菜肴的质与量以及成本等，均具有十分重要的作用。

（一）单一菜肴的构成要素

一份完整的菜肴通常由主料、配料、调料以及其他添加料构成。

1. 主料

主料是指在菜肴中占主导地位的原料。它在菜肴中起着关键作用，为菜肴提供主体风味指标、价值含量、营养指数等。一般所占比重较大，主料可以是一种原料，也可以由多种原料组合而成。

2. 配料

配料是指在菜肴中仅次于主料的原料。它在菜肴中处于从属地位，其主要作用是通过与主料的配合，使菜肴的质构更趋合理，风味更为完善。配料在质量和经济价值方面不能超过主料，否则会导致喧宾夺主，搭配失调，改变菜肴原有的风貌。配料可以是一种原料，也可以是多种原料。

3. 调料

调料是指调和菜肴滋味的原料。其突出特点是比重小，作用大，它决定菜肴风味，其用量一般占菜肴总量的 5% 以下。

4. 其他添加料

其他添加料泛指起着色、致嫩、膨松等作用的物质。这些物质在菜肴中不占明显比例，甚至不具有实质性食用意义，用量极少。随着营养卫生知识的广泛普及，餐饮从业人员专业综合素质的不断提高，许多色素剂、碱剂、膨松剂等已不被提倡用于烹饪产品。

（二）单一菜肴的构成形式

从菜肴组配角度讲，组配原料主要涉及菜肴的主料、配料，而且组配方法不同，两者的应用也不同。

1. 单一原料构成形式

单一原料构成形式，是指菜肴中没有配料，只有一种原料。组配这类菜肴，必须选择新鲜度好、口感也佳的原料。要注意突出原料的优点，设法淡化原料的缺点。

2. 主配料构成形式

主配料构成形式，是指菜肴中既有主料，又有配料。通常主料占总质量的 60% 以上，配料占总质量的 20%~40%，这种组配适合大多数菜肴。一般动物性原料作为主料时，配料则为植物性原料，反之亦然。要避免通过加大配料的量来降低菜肴的成本与质量。

3. 无主次之分构成形式

无主次之分构成形式，是指一个菜肴中的原料有两种或两种以上，在数量上基本相同，在比例上基本相等。这类菜肴在形的配制上有三种方法：如果原料都是加工形态，则它们的形态与规格是同一的；如果其中一种原料是自然形态，则其余原料的加工形态和规格应与自然形态接近或相仿；如果原料都是自然形态，则它们的大小应尽量接近。至于色泽的配制，可以是顺色，也可以是花色，要因具体菜肴而定。无主次之分的菜肴，在名称上往往带有数字，如"爆双脆""烩三鲜""干锅四样"等。

三、菜肴组配的营养要求

合理营养是健康的物质基础。配菜时必须根据原料的营养成分、性能、特点进行合理、科学的搭配，使菜肴中的营养成分能够做到定性、定量，以确保菜肴的营养价值。

（一）烹饪原料的营养特点

人类的食物是多种多样的。一方面，各种食物所含的营养成分不完全相同，每种食物都至少可提供一种营养物质；另一方面，人类需要的营养素有40多种，除了母乳可以满足6个月以内的婴儿的营养需要外，没有一种食物可以满足人体对营养的全部需要，因而提倡广泛食用多种食物。

从营养学的角度，食物可分为五大类，每一类各有不同的营养特点。

第一类为谷类及薯类。谷类包括米、面、杂粮和杂豆，薯类包括马铃薯、甘薯、木薯、芋头、山药等。主要提供碳水化合物、蛋白质、膳食纤维及B族维生素。薯类是货真价实的低脂肪、高膳食纤维食物，对控制血糖、体重，减少便秘，预防肠道疾病有重要作用。大部分薯类还是典型的高钾低钠食品，其钾含量之高令很多水果都"自愧弗如"。加之其含有多酚成分，使其具有很好的抗氧化、预防心血管疾病的功效。红心甘薯中胡萝卜素含量丰富，马铃薯维生素C含量丰富，山药含丰富的B族维生素和多种生物活性物质，有助于增强机体的免疫功能。

第二类为动物性食物。包括鱼、禽、肉、蛋、奶等，主要提供优质蛋白质、脂肪、矿物质、维生素A、B族维生素和维生素D。鱼类一般含脂肪量较低，且含有较多的多不饱和脂肪酸，尤其是深海鱼类富含EPA和DHA，对预防血脂异常和心脑血管疾病等有一定作用。禽类脂肪含量也较低，其脂肪酸组成也优于畜类脂肪。蛋类中各种营养成分较齐全，是很经济的优质蛋白质来源，其营养价值也很高。瘦肉铁含量高且利用率好，肥肉含一定量的饱和脂肪和胆固醇，摄入过多易引起肥胖，且是某些慢性病的危险因素。奶是营养价值极高的天然食品，所含蛋白质在体内的消化率高达90%以上。牛奶中富含的钙质，是膳食中最容易被吸收的钙来源。奶对于促进儿童、青少年的生长发育，预防骨质疏松等有重要作用。

第三类为大豆类和坚果类。包括黄豆、青豆、黑豆、花生、瓜子、核桃、杏仁、松子、榛子、栗子、腰果等，主要提供蛋白质、脂肪、膳食纤维、矿物质、B族维生素和维生素E。大豆还含有多种其他有益于健康的成分，如大豆异黄酮、大豆皂苷、植物固醇、大豆低聚糖等，这些成分对预防心血管疾病、对抗骨质疏松、改善更年期症状等都有积极作用，被称为"豆中之王"。坚果虽为营养佳品，但所含能量较高，过量食用易导致肥胖，每周 50 克最适宜。

第四类为蔬菜、水果和菌藻类。主要提供膳食纤维、矿物质、维生素 C、胡萝卜素、维生素 K 及有益健康的植物化学物质。蔬菜的特点是含水分多，新鲜蔬菜可以达到 90% 以上。蔬菜中营养素的健康功能各异，而且在不同的蔬菜中含量有所差别，这就是为什么要尽可能搭配不同种类、不同颜色蔬菜的原因。深颜色蔬菜，如红色、橙色、深绿色、紫色蔬菜中的营养素含量比浅颜色蔬菜含量高。一般花叶类蔬菜的营养价值比根茎蔬菜高，特别是维生素和膳食纤维含量高。菌藻类，如口蘑、香菇、木耳等富含铁、锌、硒等矿物质。海产菌藻类如紫菜、海带中还富含碘。它们是低脂肪、低能量的优质食品。

第五类为纯能量食物。包括动植物油、淀粉、食用糖和酒类，主要提供能量。动植物油还可提供维生素 E 和必需脂肪酸。植物油部分氢化产生反式脂肪酸，在植物油的精炼过程中及植物油经过反复煎炸也可形成一些反式脂肪酸。反式脂肪酸摄入量过多对人体健康不利。

（二）菜肴原料的营养组配方法

1. 粗细搭配

随着人们生活水平的提高，制作菜肴选料时，往往一味追求精细，这是不利于健康的。正确的方法应当是粗细搭配，应有意识地选择小米、高粱、玉米、荞麦、燕麦、薏米、红小豆、绿豆、芸豆、糙米、全麦粉等粗粮粗料。如谷类蛋白质中赖氨酸含量低，而豆类蛋白质中蛋氨酸含量较低，若将谷类和豆类食物合起来用，它们各自缺乏的氨基酸可以得到互补，从而提高了各自蛋白质的生理功效。粗粮粗料中膳食纤维、B 族维生素和矿物质的含量比细粮细料要高得多，但粗粮粗料口感较差，若粗细搭配，正好相互弥补不足，提高了营养价值。

2. 荤素搭配

动物性原料中含有较多的蛋白质、脂肪，植物性原料中含有较多的维生素、无机盐，荤素搭配能确保各类营养素的均衡和充分，并能使食物性质达到酸碱平衡，满足人体对营养素的需要。

3. 食物多样

各种不同的营养素存在于不同的烹饪原料中，为了做到各营养素的充分、均衡，选配原料要全面和多样，避免原料组配偏向某一类食物。

4. 油食适量

大量的事实证明，控制脂肪的摄入对保证健康是十分重要的。脂类中的胆固醇如果在血液中积存太多了，容易导致心血管疾病。选配原料应避免使用"部分氢化植物油""起酥油""奶精""植脂末""人造奶油"等，减少售卖很香脆、酥滑的多油食物的频度和数量，少配制油煎、油炸食物。

5. 少配甜菜

糖类是人体生命活动的主要能量来源，但如果摄取过多，这种能量物质用不完，则以脂肪的形式储存起来，其后果是导致肥胖。另外，甜食对牙齿也有一定的危害。

四、菜肴组配的性味要求

1. 依据食物"五味"特性配菜

"五味"是指食物的辛、甘、酸、苦、咸。中医的五味一是指食物的具体滋味,二是指食物的作用。不同的味有不同的作用和功效。食物五味之中以甘味最多,咸味与酸味次之,辛味更少,苦味最少。辛味食物如韭菜、紫苏、草果、山柰、胡椒、蛤蟆油、葱、姜、蒜等,具有发散行气、通血脉等作用,适用于气血不畅或风寒湿邪等。甘味食物如鸡肉、兔肉、鸡蛋、羊肉、泥鳅、燕窝、冬虫夏草、花生、木耳、冬瓜、黄瓜、牛肉、鹌鹑、鹅肉、黄豆、鳙鱼、鳜鱼、鲈鱼、青鱼等,有滋养补脾、润燥作用,气虚、血虚、阴虚、阳虚者宜多吃味甘之品。酸味食物如马齿苋、乌梅、食醋、石榴等,具有收剑、固涩止泻作用,多用于虚汗久泻、尿频、遗精等病症。酸味还能增进食欲、健脾开胃,增强肝脏功能,提高营养成分的吸收率。但过食酸物又会导致消化功能紊乱。苦味食物如苦瓜、豆豉、荷叶等,具有清热、健脾等作用,多用于热证、湿证。咸味食物如猪腰、猪血、鳖甲、山药、天麻等,具有润下、补肾等作用。有些食物的性味有多种,猪肉、龟肉、田螺、鸽蛋、带鱼、海参、对虾、紫菜等具有甘、咸特点。猪肝、羊肝、芹菜、白果、人参、百合、三七、菊花等具有甘、苦特点。蚕蛹、当归、肉桂等具有甘、辛特点。驴肉、杏仁、赤小豆、苹果、番茄、枇杷等具有酸、甘特点。辣椒、陈皮等具有苦、辛特点。配菜时应综合考虑上述食物的"五味"特点。

2. 依据食物"四性"配菜

"四性",指食物具有寒、热、温、凉四种不同的性质。"寒与凉""热与温"仅是程度有所不同,食物的寒凉性和温热性是相对而言的。介于寒凉与温热之间,即寒热之性不明显,则称为平性。常用食物中,以平性食物居多,温热者次之,寒凉者最少。"虚则补之,实则泻之,寒者热之,热者寒之"是中医辨证施治的原则。为避免盲目进食,有利于合理配餐,现列举温热性、寒凉性常用食物如下,供四季配餐时参考与应用。

温热性食物:狗肉、羊肉、鸡肉、猫肉、鸡肝、猪肝、猪肚、羊肾、羊心、牛肾、鹧鸪、山鸡、鲤鱼、鲢鱼、鳝鱼、鳙鱼、淡菜、虾、海参、辣椒、胡椒、葱、姜、蒜、韭菜、板栗、桂圆、当归、芥菜、樱桃、乌梅、橘子、松仁、桃子、杏、山楂、荔枝、菠萝、石榴、红糖、饴糖、食醋、丁香、桂皮、山柰、茴香、花椒、陈皮、酒、大麦等皆属温热性食物。凡有温热证体质者应慎食或禁食。反之,寒凉证者则可适当食用。

寒凉性食物:兔肉、兔肝、鸭肉、鸭蛋、猪肠、猪脑、猪蹄、羊肝、鳖、田螺、蛤蜊、牡蛎、小米、绿豆、薏仁米、豆腐、菠菜、白菜、苋菜、芹菜、莲藕、百合、紫菜、笋、番茄、茄子、丝瓜、苦瓜、冬瓜、黄瓜、地瓜、蘑菇、马齿苋、梨、香蕉、柿子、柚子、西瓜、荸荠、甜瓜、罗汉果、菱角米、海带、豆豉、鳢鱼、酱、蜂蜜、猪油、菜油、麻油等皆属寒凉食物。凡寒凉证体质者皆应慎食或禁食,温热证者则可适当食用。

3. 依据食物的"归经"理论配菜

"归经"是指不同的食物,对于人体脏腑经络各个部分有选择性的特殊作用,与其五味理论有关。"辛入肺,甘入脾,酸入肝,苦入心,咸入肾",食物"归经"理论加强了食物选择的针对性。

食物的"归经"与"四性"相结合，则作用更加明显，如同为寒性食物，虽都具有清热作用，但其作用范围不同，有的偏于清肺热，有的偏于清肝热，有的偏于清心火等。同理，补益类食物，也有补肺、补肾、补脾的不同，根据食物的"四气""五味"和"归经"确定其功效和作用，大致可分为滋养机体、预防疾病、治疗疾病三大类。

中医认为人体最重要的物质基础是精、气、神，统称"三宝"。"精""气"是人体生命活动的原动力，"神"是精气充盈的外在综合体现，精、气、神都离不开饮食的滋养。

4. 依据食物的特殊功能配菜

食物对人体的营养作用，本身就是一项重要的保健预防措施。除药膳的配制具有极强的针对性外，对于普通菜肴，也应该充分利用某些食物的特殊功能有目的的配菜，以充分彰显食物的食疗保健作用。大蒜、红薯、卷心菜、西蓝花、大豆、豆腐、洋葱、西红柿、茄子、辣椒、花菜、黄瓜、土豆、紫苏、韭菜、胡萝卜、芹菜、甘蓝、坚果、莴苣等是抗癌食物；一些低脂肪、富含蛋白质的海产品、大豆、鸡蛋、鱼头、牛肉等是增强智力、改善心情的食物；山药、核桃、百合、枸杞、枣等是强身健体的食物；牛奶、核桃、莲藕、黄花菜、菠菜、沙丁鱼、香菇、羊栖菜等是安神、促进睡眠的食物；红白萝卜、芦荟、番茄、茄子、牛肉、玉米等是健胃食物；动物肾脏、牡蛎、狗肉、羊肉、牛鞭、鳖龟、韭菜、鳝鱼等是补肾壮阳的食物；芹菜、茄子、南瓜、芦笋、土豆、莲子、山药、魔芋、兔肉、鹌鹑蛋、海蜇、海带、墨鱼等是降压食物；木瓜、黄瓜、番茄、洋葱、冬瓜、竹笋、红薯、辣椒等是减肥食物；黑木耳、西蓝花、紫菜、黄瓜、玉米、木瓜、番茄、鸡翅、兔肉、带鱼、海参等是美容食物；各种黑色食物均有美发功效。

总之，营养配餐有十大平衡理论，即主食与副食平衡、酸与碱平衡、荤与素平衡、杂与精平衡、饥与饱平衡、食物冷与热平衡、干与稀平衡、动与静平衡、情绪与食欲平衡、食物寒热温凉四性平衡。只有将这些理论转化为技能，实施科学配菜，才能给人带来营养与健康。

五、菜肴组配的标准化要求

目前，我国许多大中型餐饮企业厨房都制定了菜肴质量标准手册，这是餐饮企业规范化发展的需要，也是提升产品竞争力的重要举措之一。

（一）菜肴标准化的主要特点

1. 产品质量稳定

制定菜肴标准化手册，重点落在"标准"上。要形成每道菜肴的系列标准，必须符合其菜肴的固有特质。因此，菜肴标准化的形成，需要有一个"试制—筛选—再试制—再筛选"的反复提炼过程，通过深厚的积淀，使菜肴标准达到最佳化。

2. 记录内容翔实

菜肴标准化手册，通常按销售品种进行分类，采用图表与文字相结合的方式，将每一菜肴的相关内容逐项记录，文字简洁精练，内容详细完整。其主要内容包括以下几方面。

（1）菜名、菜品编号、用途、总成本、销售毛利率、售价、菜肴定型日期、菜肴彩照；

（2）色香味形质等成菜特点、组配盛器的形状与规格以及装盘形式；

（3）菜肴营养成分分析、保持菜肴营养价值的措施；

（4）菜肴用料配方与原材料成本明细；

（5）各生产环节工艺流程与制作要点。

3. 可操作性强

菜肴标准化手册实际上就是细化的菜肴制作说明书。它内容具体，生产规格标准明确，是厨房人员烹饪操作的指南。各生产岗位都必须依照"手册"的相关规定进行规范操作，不允许任意改变所规定的标准。

4. 便于统一控制

菜肴标准化手册是一种控制工具，它从原料采购到制成成品，都规定了严格的制作工艺，"手册"不使用模糊数据，不给厨师自行处理的空间，克服了厨房生产因人而异所产生的千差万别，标志着烹饪工艺走上标准化、规范化的轨道。这对于提高菜肴制作水平和速度，合理控制原料成本，稳定菜肴质量，提升产品的竞争力，都具有十分重大的意义。

（二）单一菜肴标准化的组配方法

在菜肴标准化手册中，有一部分涉及组配标准。在组配菜肴时，一方面，必须按组配标准执行；另一方面，应当把组配的标准化纳入整个菜肴的标准化之中，统筹考虑。只有这样，菜肴的组配才完全符合其标准的要求。菜肴组配标准的控制与其组配方法密切相关。一般来讲，菜肴标准化的组配方法有如下几种。

1. 原料种类、规格恒定法

任何一道成功的菜肴，都规定了使用原料的种类及规格，因此，按规定的原料种类及规格配菜应当成为一种恒定的法则，不能随意加以替换和改变。特别是在营业过程中，当原料出现短缺时，应当做到宁可估清，也不能滥用替代品。

2. 原料品质固定法

原料品质的好坏，直接影响到菜肴质量的优劣。明确规定菜肴所使用的原料品质，是菜肴质量标准中的重要内容。配菜选择的原料品质，应当与规定的原料品质相一致。

3. 标准秤称量法

秤是配菜时经常使用的称量衡器，通常有盘秤、杆秤和电子秤。配菜时一般根据称量物品数量的多少使用不同的秤。把称量作为配菜时的一种方法习惯化，不仅是诚信待客的需要，更是有效控制原料成本的重要举措。

4. 标准量杯法

量杯是厨房使用的一种容器，一般为玻璃或塑料制成，用来取量厨房生产中常规用量的原料。通常一量杯的容积为250ml，量杯分为五个刻度，分别是50ml、100ml、150ml、200ml、250ml。换算量杯是厨房使用的能够将多种制式的容积和质量与公制比较的一种容器。为了简便换算，常将一个量杯的表面刻上不同制式的刻度与公制对应，以保证配比的准确。

5. 盛器定量法

盛器定量法是指根据规定的原料量选择适合的盛器予以额定。这种盛器配料法简单快速，尤其适合客流量大时流水作业。

6.分工协作法

菜肴的组配，需要根据生产规模等多种因素合理确定岗位人员。由于烹饪技艺具有手工操作上的不可替代性，因此，为了真正确保配菜达到标准化，还需要对配菜岗人员按菜肴权重、技艺程度等恰当分工，明确规定各人员的配菜范畴，并以此为基础，分工协作，做到标准落实、规范操作，人尽其用，人尽其才。

六、按需变化的组配要求

菜肴的制作必须达到使顾客满意。所谓顾客满意，是指顾客通过将对产品可以感知的效果与他的期望值相比较以后，而形成的一种感觉状态。一般而言，顾客对菜肴满意度的高低主要取决于三个方面，即服务质量、菜肴价值和菜肴价格。其中，菜肴价值是指菜肴的特性、品种、品质等所产生的价值。配菜是实现菜肴价值与价格的重要环节，合理的菜肴原料组配，是实现菜肴价值转化为销售价格的物质基础。

按菜肴质量标准配菜，是配菜人员必须遵循的操作规范，但相应的这种规范操作不是孤立的，它还必须结合多种因素，尤其是顾客的需求状况灵活变通。换言之，由于就餐者的年龄、性格、嗜好、信仰、体征等都存在差异，因而，对菜肴形成了差异化的需求，配菜人员应当对客人的诉求予以充分了解，使配菜有的放矢。特别是当客人对原料组配已经提出了个性化要求的时候，配菜时要给予足够的重视，尽可能满足客人的需要。

活动二　菜肴组配的感官认识

菜肴组配的感官认识，是指在组配菜肴过程中所必须掌握的配菜标准中的基本知识与技能。

一、菜肴色彩的组配

（一）烹饪原料色彩的特点

1.红色

大自然中，有许多烹饪原料都呈现出动人的红色，如红番茄、红辣椒、红萝卜、红枣、红豆等。红色原料大都含β-胡萝卜素，能增强人体免疫力和细胞活力。红色给人以热烈、艳丽、激动、芬芳、饱满、成熟、美好、富有营养的印象，可刺激和兴奋神经系统，能让人联想起香鲜、甜美。用原料自然红色制作的菜肴，最能促进人的食欲。

2.黄色

大自然中，呈黄色的烹饪原料有很多，如黄辣椒、黄番茄、黄花菜、韭黄、黄豆、竹笋、生姜、杏等。黄色原料大都含有丰富的胡萝卜素和黄酮素，常吃可预防心血管病和老年失明。黄色给人以温暖、辉煌、高贵、灿烂、轻松、柔和、充满希望的感觉，它醒目、大方，尤以金黄明度最高。黄色可刺激神经和消化系统，能让人联想到酥脆和香鲜，增进人的食欲。

3.绿色

烹饪原料呈现天然绿色的一般以蔬菜居多，有淡绿、葱绿、嫩绿、浓绿、墨绿之分，若配以淡黄则更觉突出。绿色原料含丰富的维生素及钾、钙、钠、铁等碱性元素，能维持人体内酸碱平衡，直接调节人体的生理功能。它可以镇静神经系统，有助于消除疲劳，益于消化。绿色给人以自然、明媚、脆嫩、新鲜、清淡的感觉，能让人联想到春天、青春、生命、希望与和平。

4. 紫色

东方人认为，紫色容易产生倦意，而西方人则认为紫色是富贵色。呈紫色的烹饪原料有紫菜、紫茄、洋葱、紫葡萄、紫包菜等。紫色原料含膳食纤维，有助于改善消化系统，清理胃肠道食物垃圾。紫色属于忧郁色，常能损害味感。紫色与黄色搭配，被认为是不吉利之色。但如果运用得好，能给人以优越、奢华、淡雅、脱俗之感，使人感到美好。

5. 黑色

呈黑色的烹饪原料较多，如黑木耳、熟冬菇、黑豆、黑米、海参、酱大头菜、豆豉等。黑色原料含有丰富的铁、蛋白质、维生素、氨基酸和生物活性物质，具有补血明目、延年益寿的食疗作用，被认为是保健食物。黑色给人以安静、深思、严肃、庄重、坚毅的感觉，黑色还表示阴森、烦恼、忧伤、消极、痛苦和压抑。在菜肴组配中，如果运用得好，会收到味浓、干香、耐人寻味的效果。黑色能使不相协调的色彩统一为一体，它与红色相组合效果最佳。

6. 白色

白色是具有味觉的颜色。呈白色的烹饪原料有熟白薯、熟山药、大白菜、茭白、白果、莲子、银耳、白萝卜、豆腐等。白色原料含有蛋白质、淀粉、纤维素、钙质、维生素等人体所需的营养物质。白色给人以洁净、软嫩、清淡、爽口的感觉，是最好的衬色和协调色，多数颜色都能和白色搭配。

（二）菜肴原料色彩的组配方法

菜肴原料色彩的组配方法有三类，即单一色组配、类似色组配和对比色组配。

1. 单一色组配

单一色组配是指组成菜肴的原料色彩由单一的颜色构成，如"清炒"等菜肴。

2. 类似色组配

类似色组配是指所组配的原料具有相类似的颜色，它们的基本色相相同，只是光度不同，又称同类色组配、同性色组配，烹饪上习惯称为顺色配。其组配效果表现为统一协调、优美柔和、简朴素雅。典型菜肴如"糟溜三白"，原料由鱼片、鸡脯肉、冬笋片构成，成熟后三种原料都呈白色，色彩相似，明净清洁，鲜亮雅致。

3. 对比色组配

对比色组配指构成菜肴的原料具有不同的颜色，烹饪上习惯称为花色配、逆色配和异色配。对比色组配有多种形式，最基本的对比可以从色彩三要素，即色相、色度和纯度中任何一方单独形成，其组配形式主要分三种，即强烈对比、调和对比、黑白对比。

（1）强烈对比组配。这种对比，是用两种以上纯度较高的色彩进行组配。如红与绿对比，使得红的显得更红，绿的显得更绿，或使一种颜色变得更明快。菜肴"炝糟鸡丝"，一红一绿，红绿分明，热烈而沉静。

（2）调和对比组配。即用纯度和明度较弱的色彩对比组配，能使菜肴色彩产生丰富的变化。如"梅花鱼圆汤"，选用淡绿色、淡红色、白色鱼缔做成梅花鱿鱼圆，熟后浮在汤面上。红与绿本是对比色，但在白色的映衬下出现，取得了十分调和、清雅的色彩效果。

（3）黑白对比组配。即用明度和暗度强烈的色彩对比组配。如"黑木耳炒地瓜"。黑白对比鲜明，能获得明显的色彩效果，给人以醒目和清晰之感。

总之，菜肴色彩的组配对艺术效果要求高，配菜时首先要确定菜肴的色调，即菜肴色彩的"主调"或"基调"，其次要确定好辅色，把握好原料色彩的主次关系。一般要求主配料及辅料的色差要大，比例要适当，配料和辅料要突出主料的颜色。特别是多色料相配，要以一色为主，多色辅之，色彩悦目。此外，还要防止色彩错觉，不成调子。

二、菜肴香气的组配

（一）烹饪原料香气的主要特点

烹饪原料的呈香特点十分复杂，从菜肴香气组配的角度讲，主要表现为以下五个特点。

1. 香气的主导性

菜肴香气的来源比较复杂。从生成途径看，主要是生物合成、微生物作用以及加热等；按挥发性从大到小的顺序可分为头香、中段香、基香等；从烹饪实践的角度分，有原料的天然香气和烹调加工产生的香气。但无论从哪个角度划分菜肴香气的来源，烹饪原料本身的香气对形成菜肴香气的主导作用是毋庸置疑的。研究烹饪原料香气的主导性，其主要目的是在组配菜肴时，高度重视各种烹饪原料香气特性，熟知它们在加工烹调后的香气变化状态与规律，使组配出的菜肴能够充分彰显原料呈香的个性。

2. 香气的隐藏性

许多烹饪原料之香具有隐藏性，在组配菜肴时，一方面要正确使用可以直接感知的烹饪原料的香气；另一方面更要重视不被直接感知的烹饪原料香气的合理搭配，使组配的菜肴香气真正符合标准要求。

3. 香型的多样化

烹饪原料的天然香型具有多样化特点，概括起来主要有以下几种：辛香、清香、乳香、脂香、酱香、酸香、腌腊香、烟熏香等。每一种香型涉及具体原料又有细微差别，呈现出个性化特点，而且不同类型的原料所含的香气成分也不相同。正因为烹饪原料香气成分的多样化，才使得菜肴香气丰富多彩。组配菜肴时，要根据菜肴要求，合理选配原料香型。

4. 香气的流失性

许多烹饪原料，尤其是经过精细加工的原料，其香气会随着原料存放时间的延长、储藏及加工方法的不当产生流失。为此，应重点做好以下三方面的工作。

（1）正确选择原料。组配菜肴应选择新鲜度高、无化学农药等污染的原料，以确保原料天然香气成分的含有量及其醇正。

（2）合理储藏保鲜。要建立严格的储藏保鲜制度，采取切实可行的储藏保鲜措施，防止原料变质甚至发生腐败。即使是原料轻度质变，其呈香浓度也会下降。原料的储藏保鲜要注意三点：一是控制好温度；二是封闭存放，如采用保鲜膜封存、对上浆料用油封存等。用油封存上浆料，既能防止原料香气与水分的流失，又能增加原料的脂香，还能利于原料滑油时散籽，可谓一举多得，简便易行；三是保持适当的储藏量，经过精细加工的原料，如果堆积过多，极易变质。另外，加工量要适度，要根据经营需要而定。

（3）尽量缩短使用时间。从原料香气的角度讲，原料存放时间的长短，直接决定了原料香气含量的多少。配菜人员要十分清楚原料的保质期与保存期，采取经常清理原料、缩短配菜与烹调时间等措施，防止原料香气流失。

5. 香气的渗透性

香气的渗透性主要是指在保存原料和烹调菜肴的过程中，由于多料混合，使原料的香气物质不同程度地发生相互渗透。渗透的结果主要有两个方面：其一，赋予菜肴或原料更加愉悦的芳香，如用油封存上浆料；其二，此料之香串入彼料，改变或掩盖了彼料的香气。如"黄焖甲鱼"，若选用香菇做配料，且香菇用量达到甲鱼量的 1/3 以上，经过烹调后，香菇的香气就会渗进甲鱼之中，使甲鱼明显带有浓厚的香菇味，掩盖了甲鱼本味。所以，只有科学选配原料香型，即按菜肴所需的原料种类、数量和比例搭配，才能充分彰显菜肴的风味特色。

（二）菜肴原料香气的组配方法

菜肴原料香气的组配方法主要有以下四种。

1. 出香法

"出香法"是指在组配菜肴时要充分体现出原料愉悦的香气。尤其是选用鲜活的动植物做主料时，必须突出主料的香气，调辅料只能起辅佐主料香气的作用。如"滑炒里脊丝"，里脊肉本身香气较好，所配的调辅料则不能掩盖其香气。

有些原料的香气比较相近，如鸭肉与鹅肉、牛肉与羊肉、大白菜与包菜等。若将香气相近的原料组配在一起，会相互制约，使各料的香气变得更差，故不宜相配。

2. 入香法

"入香法"，是指对于香气较欠缺或严重缺乏香气的原料，要配入增加香气的调辅料。经过涨发的干货原料香气较淡，如蹄筋、鱼肚、鱼翅等，用它们做主料时，需要用鸡脯肉、火腿、鲜笋等本身香气好的原料与之搭配，以补充干货原料香气的不足。

3. 借香法

当主料异味较重时，可借助他料的香气予以掩盖，如牛肉可以用洋葱、香芹、大蒜、香菜、辣椒等其中任一原料搭配。为了达到掩盖异味的目的，要求所使用的配料具有浓郁的香气。另外，这种组配设计也为炉灶烹调传递了一种信息，能够提示炉灶依据组配料的特点，对主料异味做恰当的控制处理。

4. 缀香法

此方法常与配菜缀色组合使用，所选择的辅料不仅色彩要鲜明，而且香气要充分。缀，即点缀之意，控制好辅料用量是关键，应以不喧宾夺主、不压抑主料香气为度。这种组配方法具有广泛普及性，如"老鸭汤"缀入金华火腿，"椒盐排骨"点缀青、红椒及洋葱粒，"清炒鱼丝"点缀较细的红椒丝等。

三、菜肴滋味的组配

烹饪原料的滋味是菜肴风味体系的核心内容之一。从一定意义上讲，原料的滋味决定菜肴的滋味。原料滋味的组配与炉灶调味是相辅相成的，两者共同构成菜肴成品的滋味。

（一）烹饪原料的滋味特点

中国烹饪原料种类繁多，因而其滋味也复杂多变。一般来讲，原料滋味的特点主要表现在以下五方面。

1.果蔬原料越新鲜，滋味越好

果蔬的新鲜度通常可以从色泽、质地、含水量等多个方面进行鉴别。越新鲜的果蔬，其风味物质保持越好，成菜的优质系数也越大。许多现代餐饮企业之所以开辟果蔬种植基地，其目的就是为了给顾客提供优质的绿色生态食品。

2.鱼类的鲜味物质随新鲜程度而变化

鱼所含鲜味物质为氧化三甲胺，它随鱼新鲜度的降低而减少。氧化三甲胺极不稳定，容易还原成具有腥味的三甲胺。特别是鱼死后，氧化三甲胺不断还原为三甲胺，使鱼的腥味加重。若将活鱼现宰杀现烹调，鱼腥味小，鲜味足。配菜应根据不同的烹调方法及菜品的要求，灵活选择鱼的品种与品质。

3.成熟的动物肉滋味好

畜禽等动物宰杀后，会发生僵直、排酸等四个阶段的变化。排酸，又称成熟，即僵直肉组织中的酸度降低至中性。这个阶段的肉细嫩多汁，柔软有弹性，含水量增加，有明显的香气和鲜美滋味，营养价值也高。因此，选配"成熟肉"烹调菜肴，能够显著提高菜肴质量。

4.同类原料，季节、产地与品种不同，滋味差异明显

以萝卜为例，萝卜按生长季节分有秋、春、夏及四季萝卜，各种萝卜的滋味均存在明显差异。仅就秋萝卜看，北京心里美、山东圆脆萝卜含糖高，味甜，细嫩多汁，可以生食；而北方的大红袍、陕西的胭脂红萝卜等，含糖低，味淡薄，以熟食为佳。如果用大葱生食，北方的大葱明显优于南方，前者辣味轻，葱香味足，带有甜味，而后者则略差。同样属于一种叶菜，霜前霜后滋味差别较大，霜后的菜叶口感柔软，甜味增强，比霜前叶菜品质要好。

5.原料滋味的变化与加工方法有直接关系

烹饪原料固有滋味的变化受加工方法的影响较大。经过浸泡、冲漂、烘干或晒制等方法处理的干货原料，其自然本味会发生不同程度的流失、减弱或消失，形成淡味原料。利用新鲜的鱼、虾、鸡脯肉、猪里脊肉等制作胶类原料，工序越烦琐，其自然风味丧失越严重。动物原料的解冻方法不同，达到的状态也不同，微波解冻易造成原料部分过热，导致过热与非过热的原料风味不一致，而高频解冻，原料品质良好。空气解冻若耗时过长，表面易酸化。流水冲泡解冻，控制不当容易造成营养与风味物质流失。采用嫩肉粉等食品添加剂嫩化的原料，其自然风味随添加量的不同发生不同程度的改变。

原料滋味的组配，是配菜的重要内容之一。配菜人员既要熟知常用原料固有的滋味特点，还要掌握在不同条件下原料滋味的变化状态，合理选配原料滋味。

（二）菜肴原料滋味的组配方法

1.应时应地组配

应时组配是指菜肴口味的组配要符合时令季节的需要，一般夏季清淡，冬季浓烈，春

秋季适中。应地组配是指菜肴口味的组配要遵循各地的风俗习惯和风味特点，入乡随俗，灵活应用，因地而变，适口为先。

2. 突出主料本味

本味，是指原料中应保持的自然之味。本味突出的菜选用的主料要物尽天然，返璞归真，力求鲜活，彰显原料的天生丽质，如清蒸、清炒、清炖、清烹等。

3. 因味型特点组配

味型，是指具有本质特征的食品口味类别。中国菜肴的味型有传统味型和现代新潮味型，呈现出多种多样的特点。根据菜肴的味型组配与之相适应的原料，能够最大限度地发挥原料的使用功效，达到物尽其用，量材使用，降低成本的目的。例如，制作浓味鱼菜，可使用新鲜鱼，而不必一定要挑选活鱼，因为浓味能遮盖和改变鱼的本味。因菜肴味型特点选择与之相适应的原料，是组配菜肴的基本要求之一。

四、菜肴形状的组配

菜肴的形状仅次于菜肴的色彩为人所感知，也是评价菜肴质量的一个重要因素。这里所指的形状组配，是将不同烹饪原料按照一定的形状设计的要求予以生坯配形，为菜肴的制熟成型奠定基础。因此，菜肴成品造型效果与原料形状的组配密切相关，原料形状的合理组配能够为菜肴制熟后的总体搭配提供基本成型的材料保障。

（一）烹饪原料的成形特点

形，泛指食物所表现的形态、形象、形构与形式。形态，指造型物的外部形状与组合形态，包括外部形态、内部形态与物质形态。形象，指造型物的象形特征，包括自然象形、意象象形和几何形等。形构，指造型物的材料构成，包括材料质构形式与材料性质。形式，指式样与运用的类型方式等。烹饪原料的成型多姿多彩，但从总体上看，分原料自然成型和刀工成型两类，它们为菜肴配形提供了丰富的材料资源。

菜肴生坯配形所选用的自然成型原料一般具有形小、便于烹制调味、自然成型能赋予美感、能充分表现原料特有品质等特点。刀工成型是对原料自然成形的进一步优化，表现为片、丁、丝、条、块、段、茸、末、泥、球等基本工艺形和花刀工艺形，具有多样性和异质性的特点。菜肴生坯配形要从原料自然成型与刀工成型特点着眼，以菜肴整体造型要求为先导，选择匹配的成型原料，既充分反映成型原料的个性，又准确表现配形的变化与统一，达到配形的完美结合。

（二）菜肴原料的配形方法

1. 统一律配形

又称同一律配形，即传统的同形相配，它是按照原料形状统一的要求和烹调需要确定主料的规格形状，达到配料、辅料与主料一致，和谐相称。如丝配丝、条配条、块配块、茸配茸等。

2. 协从律配形

配料与辅料在菜肴中处于从属地位，其形状应近似于主料，起协调、衬托主料的作用。如主料成熟后成菊花形，辅料可改刀成秋叶片、柳叶片等。主料成熟后卷成筒，辅料可切成条形与之相配。为突出主料，一般情况下配料、辅料的规格不能超过主料。此外，还应把握动物性原料受热后会收缩的特性，使其成熟后达到核定标准。如"笋丁熘鸡丁"，笋丁不易受热收缩而鸡丁易收缩，那么组配时生鸡丁应适当大一些。

3. 连缀律配形

一般情况下，异形或体形相差较大的原料不作平行组配，否则让人感觉散乱无序。但运用特殊的成型组配方法，将原料包、卷、酿、夹、串形成一个新的生坯整体，会产生更好的视觉效果，既丰富了菜肴品种，又提高了菜肴档次，是许多花式菜肴主要的配形方法。

另外，菜肴形状组配还应考虑到烹调方法、加热时间以及食用方便等，避免不实用、无意义的配形。

五、菜肴质感的组配

质感，是质地感觉的简称。菜肴的质感主要是在口腔中发生的，是食物进入口腔后，通过咀嚼，为人的触觉感受器感受到的，对菜肴特质属性的认识，是对菜肴最为本质的感觉之一。

（一）烹饪原料的质感特点

烹饪原料本身的质感十分复杂，其特点主要分为机械、几何、触觉三个方面。研究烹饪原料的质感特点，不仅有利于原料质感的科学组配，而且也为菜肴质感的形成与评价提供了理论依据。

1. 质感强度

质感强度，简称质强度。烹饪原料的质强度分为10级，按由强到弱的排序依次是：硬、老、韧、木、弹、脆、松、嫩、软、烂。每一种原料的质强度都存在差异，有明显的多样化表现。烹饪原料质强度与多种因素有关，如品种、产地、季节、含水量、木质纤维系数等。坚果、猪腿骨等原料干紧坚挺，为硬质料；老鸡老鸭、役用牛肉等干紧粗密，为老质料；牛板筋等原料紧密且弹性强，为韧质料；老鸡脯、老笋等原料纤维粗老，熟后也难以嚼断，犹如木柴，为木质料；水发鱿鱼、皮冻等原料弹性好，为弹性料；脆骨、莲藕、黄瓜、莴苣等原料虽有一定硬度，但咀嚼时脆感清晰，为脆质料；肉松、油酥等原料松疏明显，为松质料；新鲜的叶菜、鱼类、里脊肉、嫩鸡脯肉等原料含水量较高，质地细腻，为嫩质料；豆腐、各种水调面团等原料属于软质料；烂是固态菜肴在质地上的最低强度，通常是老韧性原料经长时间加热而形成。从食用喜好看，硬、老、韧、木质原料让人难以接受，但经过特别制作其质感会耐人寻味。脆、松、嫩、软、烂能给人愉悦的口感，组配原料时应尽可能予以选择。

2. 质流性

质流性是指液态和固态食物通过口腔咀嚼时的流动性质。有黏、稠、醇、滑、爽五个等级。黏，有的是属于原料本质性的，如去皮的山药、无鳞鱼体表的黏液等；有的是因质变引起的，如肉表面黏了则是变质肉。稠是具有较大厚度的羹型制品的口感，是由过多的淀粉成分构成的，如"脆炸鲜奶"所熬制的鲜奶坯料。醇，是鲜汤中溶有丰富物质的浓厚感，是动物性水溶物质较多的结果，如奶汤、清汤等。滑，即润滑感，如汤菜炒熟后就有这种明显感觉。爽，其感觉为清鲜淡薄、洁净爽口，许多新鲜、天然的绿色植物原料以及味极轻的汤品尤其如此。

3. 质感厚度

质感厚度是指食料具有多种触觉并存的质感，即由两种或两种以上单一质地所构成的质地感觉，烹饪上称为复合型质感，简称复合质感，细分又有双重质感和多重质感。事实上，无论是原料还是菜肴，它们的质地都不是单一的，而是多种质地结合的质感。即便是同一种原料，通常也是多种质地并存。烹饪原料质地的多样性，突出表现在质地的主次关系上，如有的原料以"脆"为主，以"嫩"为辅，还有的在以某一种或某几种质地为主的同时，带有更多的辅助质地。在菜肴中，以对主料的触觉感受性为主体，其表现得越充分，触觉的感受面激发越多，则质感厚度越高，反之则低。由此可见，应重视对菜肴原料质地的合理组配，尤其是对主料质地的恰当选择与确定，原料质地的组配将对菜肴质感厚度产生必然的影响。

4. 质感变异

任何烹饪原料，都具有其固有的质地。在加工烹调之前，如果受外界因素的侵蚀，其原料固有质地会发生不同程度的改变。因此，做好原料的储藏保鲜以及合理控制原料的采购量，适时采购，及时使用，十分重要。一方面，从菜肴质感上讲，倘若使用了变质原料，菜肴美妙的质感也就没有保障。另一方面，为了丰富菜肴品种，满足不同阶层人对质感的诉求，烹饪上也需要运用一些加工处理方法来改变原料质地，使菜肴质感厚度大幅度提高。为此，原料质地的组配应当与加工处理方法相配套。

（二）菜肴原料质感的组配方法

烹饪原料质感的组配要依据原料质地特点、菜肴特色、食用要求等多种因素综合考虑。一般常用的原料质感组配方法主要有以下两种。

1. 同质相配

同质相配是指将质地相同和基本相同的数种原料组配在一起，如脆配脆、嫩配嫩、软配软等。如山东名菜"油爆双脆"中的猪肚与鸡肫相配，两者都是比较爽脆的原料，食用这一菜肴颇给人爽口之感。

2. 异质相配

异质相配是指将不同质地的原料组配在一起，以此增加菜肴质感厚度，避免单调，形成质感反差，给人质感丰富的口感享受。如四川名菜"宫保鸡丁"，鸡丁软嫩，花生仁酥脆，软嫩酥脆交织在一起，口感风味得到体现。但异质相配法要慎重使用，质感反差不宜过大，要使原料的各种质感达到和谐统一。

拓展知识

营业高峰期菜肴的组配规律

营业高峰期，是指在一年之中经营处于旺盛时期的某季节、某月份、某月中的某天或者某天中的某营业时段。

1. 营业高峰期的主要特点

一般而言，营业高峰期的特点主要反映在以下几方面。

（1）客流量大。在营业高峰期，客流量通常是平时的数倍，而且客流往往集中在一个时间段内，常出现拿号等位的现象。

（2）翻台率高。此现象在普通餐饮店中表现得非常突出，尤其是就餐大厅，翻台次数是平时的好几倍，呈"流水席"接待状态。

（3）出菜速度快。在营业高峰期，厨房岗位人员常做临时调配，团队配合较平时更主动、更灵活，时间管理更严格，整体工作效率更高，厨师必须以娴熟的技艺又好又快地生产菜品。

（4）就餐时间短。在营业高峰期，客人点菜速度快，通常多点出菜快的菜品，出菜速度也明显加快，相对平时而言，客人就餐时间缩短。

2.营业高峰期菜肴的组配方法

对营业高峰期，厨房必须有敏锐的洞察力和预见性。就配菜而言，厨房应当通过分析对比，找出营业高峰期菜肴的销售规律，并采取以下的方法配菜。

（1）依据以往菜肴点击率指数，合理准备配菜原料，尽量减少估清。

（2）通盘考虑就餐桌位，即依据点菜单进厨房的时间先后统筹安排菜肴，尽量避免客人等餐过久。

（3）根据菜肴制作的难易程度，掌握好配菜的先后顺序。

（4）以恰当的方式标记已组配的菜肴，防止出现漏配和重复配制现象。

（5）特别产品，限量配制与销售，并予以公示。

（6）配菜责任落实到人，始终保持沟通顺畅，要忙中求稳，稳中有序，加强督导，确保质量。

任务二　整套菜肴的组配

👉任务目标

●掌握套餐组配的基本方法；

●会运用筵席菜肴组配方法配置菜肴；

●会组配套餐及各种档次的中式筵席；

●会依据菜肴风味的审美特点合理组配菜肴。

整套菜肴的组配，是指根据就餐目的、对象，选择多种类型的单个菜肴进行组合搭配设计，构成有一定质量规格的整套菜肴的过程。

整套菜肴的组配与单个菜肴的组配有显著区别，主要表现在工艺属性、审美层次等方面。单个菜肴的组配主要研究如何组配才能成为一道美味佳肴，它更多地强调单个组配客观对象构成的完整性；而整套菜肴的组配主要研究整套菜肴的设计风格，它更多地强调群体组配客观对象与消费群体的双向联系和统一。从审美层次看，单个菜肴的组配所表现的审美是个别的、单独的，而整套菜肴的组配则表现出全面性、整体性和完善性。

整套菜肴的组配，表现在进餐形式和饮食行为方式上，有两种不同的性质：侧重于实用型的营养进餐形式，称为套餐或便餐、和菜；侧重于社会性和审美性的进餐形式，则称为筵席或宴席、酒席。这两种进餐形式具有不同的饮食行为需要，因此，其菜肴的组配也有较大的差异。

活动一　套餐的组配

套餐，又称定菜或和菜，它通常是指把客人一餐饭所需的菜肴、点心或饮料等组合在一起，以包价形式销售的餐式。套餐是许多餐饮企业为了经营的需要和迎合顾客的种种需求、增加餐饮收入而设计的。套餐，根据所接待的对象和人数，可分为普通套餐和团体套餐。

一、普通套餐菜肴的组配与设计

1. 中餐正餐套餐的设计方法

中餐正餐套餐菜单的内容包括：冷盘、热炒、大菜、主食、汤、点心和水果等。各个菜点的数量要根据用餐的人数合理安排。以 5~6 人为例，一般来说，冷菜 3~4 个，热菜 5~7 个，再配上 1 道汤、2 道点心、1 道蔬菜和简易水果拼盘。在设计中餐正餐套餐菜单时需注意以下五点。

（1）菜单中菜品的顺序要严格按照正常就餐的顺序进行编排。

（2）平衡菜肴的品种，满足人们对菜肴的营养、口味、质感的不同追求。

（3）根据用餐者的就餐目的和要求选择合适的菜品。

（4）套餐菜单中的菜品应选择一些赢利比较大的菜肴。

（5）菜品的选择要考虑本餐厅的厨师力量、厨房设备以及原料供应等因素。

例：上海 APEC 会议 20 位首脑工作午餐套餐菜单

相辅天地蟠龙腾　冷龙虾

互助互惠相得欢　翡翠羹

依山傍水螯匡盈　炒虾蟹

存抚伙伴年丰余　煎鳕鱼

共襄盛举春江暖　片皮鸭

同气同怀庆联袂　美点盆

繁荣经济万里红　鲜果盅

2. 中餐节日套餐的设计方法

节日套餐菜肴的内容和正餐套餐菜肴一样，它仍是由冷菜、热炒、大菜、汤、点心和水果组成。只是在菜品安排上要紧扣节日的主题选择菜品。在设计中餐节日套餐菜肴时需注意以下四点。

（1）节日套餐菜肴的设计要紧扣节日的主题。

（2）套餐菜单上菜肴的顺序要严格按照正常的就餐顺序进行编排。

（3）菜肴的命名要有艺术性，要有庆祝、吉祥之意。

（4）要选择时令的原料制作菜肴。

二、团队客人套餐菜肴的组配与设计

团体套餐菜肴的设计必须认真分析其特点，掌握其规律。由于团体套餐的种类很多，因此，现仅介绍如下两种设计方法。

1. 会议套餐的设计方法

会议套餐的菜点通常包括开胃小菜、热菜、汤、点心、水果等。开胃小菜一般可以安排诸如榨菜、四川泡菜、八宝辣酱以及一些常见的冷菜等；热菜一般可以安排一些可以下饭的菜肴，如豆瓣青鱼、麻婆豆腐等，也可以安排一些地方特色菜肴，如在北京开会，饭店则可安排酱爆鸡丁、北京烤鸭等北京名菜；而对于汤、点心和水果的安排，应根据具体情况灵活掌握，如水果应视季节而定。在设计会议套餐菜肴时应注意以下六点。

（1）认真分析参加会议人员的来源、职业、结构等，了解他们的饮食喜好和禁忌。

（2）菜单中应安排一些口味较重便于下饭的菜肴。

（3）菜单中应安排一些大家比较喜爱的且经济实惠的菜肴，如就餐者中外地客人较多，还应尽量安排一些本地地方名菜。

（4）菜单的内容要齐全，应含有冷菜、热菜、汤、点心和水果等。

（5）所安排的菜肴要便于大批量生产，即多安排一些烧、蒸、炸的菜肴，尽量少安排炒、煎的菜肴。

（6）菜肴的选择仍要考虑同业竞争的因素，多选择一些具有竞争力的菜肴。

例：某会议套餐菜单

冷菜四味拼　　两鲜豆腐羹

蚝油炒牛柳　　蘑菇蒸鸡块

爆米炖鸡蛋　　鱼香茄子煲

清蒸鲜鲈鱼　　蒜蓉空心菜

萝卜排骨汤　　白菜鲜肉饺

青菜白煮面　　应时水果盘

2. 旅游团队套餐的设计方法

旅游团队套餐菜肴的安排一般以热菜为主，同时还应配备汤、主食等。在团队套餐菜单中，以一桌10人为例，热菜通常安排7~10道，汤1道，主食多为米饭、面条或馒头之类。若客人有需求，还可以安排1~2道开胃小菜或水果。在设计旅游团队套餐菜肴时需注意以下五点。

（1）了解每批旅游团队客人的来源及组成，有针对性地设计菜肴。

（2）热菜应安排一些富含蛋白质、脂肪、糖类等营养素的食物，以补充团队客人因旅游而耗费的能量。

（3）菜品中应安排一些口味较重、便于下饭的菜肴。

（4）菜品中应尽量安排一些本地的地方特色菜肴或本饭店的特色菜，以满足游客的心理需求，同时宣传饭店。

（5）由于团队客人的就餐非常讲究时效，因此菜品应选用事先可以做好准备的菜肴，如蒸菜、炖菜或烧菜等。

三、套餐组配的要求

套餐组配，尤其强调膳食平衡，其组配的关键是制订合理的套餐计划。

（1）依据季节、年龄、劳动强度，结合人的肌体健康状况，确定总热量及热源质的配比率。

（2）按照热源质的合理分配要求，计算出三大生热营养素的大约需要量。

（3）依据食物成分表，结合营养素需要量以及套餐的经济含量选择品种，并确定其质量和数量。

（4）制定菜单。套餐菜单既要有明细，又要简洁明了，要标明每个品种的原料数量及其营养特点。一日三餐的菜单在原料、品种、制法上应有区别，尽可能避免重复。

活动二　筵席菜肴的组配

筵席是指人们为了某种社交目的，以一定规格的酒菜食品和礼仪款待客人的聚餐方式。聚餐式、规格化、社交性是筵席的三个鲜明特征，遵循商品经济价值规律是筵席设计的基础。

一、筵席菜肴组配的特点

筵席菜肴的组配，是整个筵席活动的核心工作，其组配特点主要反映在以下几方面。

（一）主题突出

各种筵席都具有鲜明的主题。主题即举办筵席的目的，它是筵席的灵魂。紧紧围绕筵席主题组合菜品，是筵席菜品设计的普遍特点。

（二）档次分明

中式筵席一般分为高档、中档、低档三个等级，等级不同，菜式组配也不同。高档筵席，原料质佳，风味突出，制作精细，菜式精致，品位较高。中低档筵席，原料普通，工艺较简单，制作简便，菜式多大众化。其中，低档筵席主要讲求经济实惠。

（三）格局趋同

近年来，中式筵席经过不断革新，其基本格局趋于一致，菜式结构主要包括以下几方面。

1.冷菜

冷菜，又称冷盘、凉菜、冷碟、凉碟等。形式有单盘、双拼、三拼、什锦拼盘、彩拼带围碟等，为佐酒开胃菜。特点是调味讲究，注重造型，荤素兼备。

2.热炒

通常排在冷菜后、大菜前，起承上启下的作用，主要采用爆、炒、熘等快速烹法，特点是色艳、质美、鲜热爽口。热炒菜可以连续上席，也可以穿插在大菜中上席，讲求质优者先上、质次者后上，清淡者先上、浓厚者后上，名贵菜肴穿插上，以体现跌宕起伏的上菜变化。

3. 大菜

大菜的含义有两种：一是烹调工艺上的含义，主要是指原料形态较大，采用炸、烧、煮、焖等一类烹调方法制成的菜肴；二是销售上的含义，是指名贵物料制成的价值高档的菜肴。大菜是筵席中的柱子菜，包括头菜和热荤大菜。

头菜是筵席菜肴中原料最好、质量最佳、名气最大、价格最贵的菜肴。它通常排在所有大菜最前面，统率全席。头菜是衡量筵席等级的标准，故头菜选用的原料和制作方法通常依筵席的整体价位而定，一般多选山珍海味或常用原料中的优良品种制作头菜。头菜出场醒目耀眼，能够掀起筵席菜式的高潮。

热荤大菜是大菜中的主要部分，多由肉畜菜、禽蛋菜、水鲜菜、海味菜、山珍菜组成。它们与甜食、汤品联为一体，共同烘托头菜，构成整桌筵席的主干。热荤大菜在用量上一般不受局限，尤其是整形的热荤大菜，越大越显气派，但档次不应超过头菜。

4. 素菜

素菜是筵席中不可或缺的品种，主要由粮、豆、蔬、果等制作而成。素菜入席有六大特点：一是应时顺季，选时令原料；二是筵席越高档，原料越精致，烹法越讲究；三是素菜能改善筵席食物的营养结构，促进食物的消化；四是去腻解酒，变化口味；五是上席顺序大多偏后，也可穿插于油腻菜之后；六是筵席中的素菜不宜过多，通常以2~3道为宜。

5. 汤品

筵席中的汤品主要有首汤、二汤、中汤、座汤、饭汤之分。

首汤，即开席汤，上席于冷菜之前，多呈羹状，由清汤制成，特点是清淡润喉，开胃提神，刺激食欲，多见于广东、广西、海南、中国香港、中国澳门的筵席。

二汤，多见于满人筵席。由于头菜多为烧烤，所以要配一道爽口润喉的汤，因其在热菜顺序中排列第二而得名。

中汤，又称跟汤，穿插在大荤热菜之后的汤。此汤的特点是解酒菜之腻，为品尝其后的美味做铺垫。

座汤，又名主汤、尾汤，因上在筵席大菜之尾而得名，它是中式筵席中不可缺少的一道汤。其规格较高，仅次于头菜，通常为店方的品牌汤，惯用有盖品锅或其他精美器皿盛装，高档筵席常采用一人一盅的分餐制形式。

饭汤，是指在筵席行将结束时，与饭菜配套的汤品，特点是档次较低，口味偏重，宜于佐餐。

一般来讲，低档筵席只配座汤，中档筵席加配二汤，高档筵席再加配中汤，饭汤在现代筵席中不为多见。筵席档次越高，汤品越精。

6. 甜菜

甜菜泛指包括甜汤、甜羹在内的甜味菜品。甜菜有干稀、冷热、荤素之别，具体上何种甜菜需视季节和筵席档次以及顾客喜好而定，一般1~2道甜菜，主要起调剂滋味、改善营养、解酒醒酲、满足不同人群的需求等作用。

7. 果拼

又称水果拼盘，在传统筵席中最后上席，表示筵席结束。果拼具有一定的艺术色彩，筵席越高档，其刀工处理的艺术效果越好，所选原料为新鲜的水果，如香蕉、苹果、甜橙、哈密瓜、猕猴桃、火龙果、樱桃、番茄、西瓜、白瓜、小金瓜等。

（四）合理配餐

合理配餐是筵席菜点组配的重要内容。席面除了菜肴外，还要配置主食或点心，席前或收席后配备茶水，筵席上这种成套组配主要是为了达到合理的进餐效果。传统的筵席配餐菜量较大，荤腥原料偏多，这也是当今筵席改革的主要方面。现代筵席提倡按照"两高三低"，即高蛋白、高维生素、低热量、低脂肪、低盐进行食品的组配，使筵席的营养成分能够基本满足人体生理的需要。

拓展知识

影响筵席菜肴组配的因素

随着社会的进步和人们生活质量的提高，人们对筵席设计的要求也日益提高。设计菜肴，是设计筵席的核心。要合理设计筵席菜肴，必须把握影响筵席菜肴组配的因素。一般来讲，筵席菜肴的组配主要受以下因素的影响。

（一）筵席类别

举办筵席，都有其明确的目的。不同的办宴目的，决定了筵席的不同类别。如庆婚宴、祝寿宴、满月宴、团圆宴、乔迁宴、升学宴、公务宴、商务宴等，其办宴目的十分清楚。菜肴的组配必须牢牢抓住筵席的类别进行科学设计，形成不同种类筵席的独特风格。

（二）筵席售价

承办筵席是为了获得合理的利润，因此，筵席菜肴的组配设计必须与筵席的售价相符合。既不能超出标准，也不能低于售价。要根据规定的筵席销售毛利率，通盘考虑菜肴的成本结构及其配置，确保承办的筵席既能达到预期的收益，又能让顾客满意。

（三）宾主特点

由于人们的食物结构受到自然选择和人文选择双重因素的制约，因此，客人对筵席的要求也就存在一定差异。在设计筵席菜肴之前，对客人的饮食习惯、风土人情等多方面的特点进行了解，既有助于分析总结客人的总体共性需求，同时又能照顾到特殊客人的特殊需求，从而组配出受赴宴者欢迎的菜肴。尤其是随着我国改革开放的逐步深入，招待外宾的筵席日益频繁，如何根据外宾的国籍、宗教、忌讳等安排菜式，显得十分重要。比如美国人不吃狗肉；日本人喜清淡、嗜生鲜、忌油腻与荷花、爱鲜甜；意大利人要求醇浓、香鲜、原汁、微辣；印度人拒绝吃牛肉；信奉喇嘛教者禁鱼虾，不吃糖醋菜。凡此种种，都要了如指掌，做相应处置。

（四）消费心理

筵席菜肴的组配设计受顾客消费心理需求的影响较大，只有以客人的需求为导向，才能组配出宾主双方都满意的筵席菜肴。顾客消费心理类型大致分为六种，中老年人多为传统型，年轻人多为新潮时尚型，喜欢挑剔者属严肃型，消费水平一般或较低者属节俭型，消费能力强者多奢侈型，对品牌钟爱者属偏好品牌型。上述消费心理类型反映在筵席菜肴的需求上，呈现出各不相同的特点。总之，深入分析客人的心理需求，是筵席菜肴组配设计不容忽视的重要内容。

（五）办宴季节

办宴的季节不同，筵席菜肴的组配设计也应当有所不同，主要体现在原料选择，色泽、口味与质地的确定上。筵席菜肴应当尽可能选择符合季节的时令原料，尽可能按照季节特点设计菜肴的色彩、口味与质地。冬季菜肴应以深色特别是红色为主，口味以醇厚浓重为主，质地以软烂为主，适当增加汁浓菜；夏季菜肴以淡雅色彩为主，口味以清淡为主，质地以脆嫩为主，适当增加汁稀菜和苦味菜。总之，组配筵席菜肴要审时度势，四季各异。

（六）原料供应

筵席菜肴设计必须充分考虑到原材料的供应状况，要尽可能设计方便采购和运输的菜肴原料，要提前做好菜肴与原料调整计划，以及原材料采购计划，确保正常开席。此外，积存的原料要优先选用，防止原料库存过多造成浪费。

（七）技术能力

筵席菜肴的设计要与厨房的技术力量相匹配，扬技术之所长，避技术之所短，力推品牌与精品菜式和独创技法，不制作陌生菜品，不过多配制工艺造型菜。总之，整桌筵席菜肴的安排要从实际技术力量出发，方便操作，保证按时开席。

二、筵席菜肴组配的方法

筵席菜肴的组配，以照顾到各种制约因素为前提，围绕筵席菜肴组配的要素设计其菜肴，是筵席菜肴组配的基础；综合各种条件确定上菜顺序，是筵席菜肴组配的关键。一般来讲，筵席菜肴的设计程序是筵席菜肴组配方法的核心内容。

（一）确定筵席菜肴的结构与比例

筵席的档次，通常用筵席售价或菜品总成本予以直观表示，这是确定筵席菜肴结构的依据。一般而言，筵席菜肴的结构为冷菜、热炒、大菜、汤菜、饭菜、面点、果拼。其中，冷菜主盘、头菜、座汤、首点是筵席菜品的"四大支柱"，应当在设计筵席结构时引起高度关注。尤其是头菜，它是筵席菜品的主角，要在用料、味型、烹法、装盘等方面选好用好。热炒、大菜都是筵席菜品的重要角色，在结构设计上要突出其衬托主体和彰显主题的作用。总之，整桌筵席的菜品结构要设计合理、多样统一。

筵席菜肴比例的确定，除了依从筵席档次外，还要参考办席季节、席座人数、人员结构等因素灵活处理。就办席季节来讲，春夏季筵席冷菜比例略大，热菜比例可适当缩小；秋冬筵席冷菜比例略小，热菜比例应适当增大。就赴宴者结构而言，若是平民百姓，尤其是体力劳动者聚宴，菜式品种则可多些，以经济实惠为主；若是白领阶层聚宴，菜式品种则可少而精，应重点突出菜肴的风格特点。总之，筵席菜肴比例的分配应当枝干分明，匀称协调。筵席菜肴的比例分配可参考表4-1。

表4-1　筵席菜肴比例分配

单位：%

筵席档次	冷菜	热菜	饭点蜜果
普通筵席	10	80	10
中档筵席	15	70	15
高档筵席	20	60	20

（二）确定筵席菜肴的选取范围

在筵席菜肴的结构与比例确定之后，紧接着就是选择筵席菜品。筵席菜品的选择分两个阶段较为合理，第一阶段为初选阶段，第二阶段为菜品的调整与确定阶段，这一阶段的问题将在后面阐述。

筵席菜品的初选，并不意味着可以随心所欲，它既不是单个菜肴的简单组合，也不是在浩如烟海的菜品中任意挑选，它必须根据筵席的主题与售价、办宴季节、客人需求、备料情况、厨房生产能力、筵席的结构比例、菜品色香味形质器养的变化多样等诸多制约条件综合设计，在适当的菜品挑选范围内，初步确定出每一类菜品的数量、等级及品种，为后续工作打下基础。

（三）核对售价，确保筵席成本合理

首先，筵席菜肴主要是在老菜和新菜中进行挑选。老菜是指长期销售的菜肴，新菜是指销售时间不长或从未销售过的菜肴。老菜和已销售过的新菜，其售价与成本是既定的，而未销售过的新菜，则要做好成本与售价的核算工作。其次，初步确定的筵席菜品，要通过单品售价累加出总售价，与筵席售价进行核对，确保筵席成本能够控制在合理范围内。

一般来讲，筵席在总售价上有一个让利幅度，这需要根据实际情况灵活确定，通常让利幅度为总售价的 5% 左右。

（四）调整与优化筵席菜品的组配设计

调整菜品是指对初步设计的筵席菜品进行全面的审核，对不符合要求的菜点进行更改，使其组合设计达到最优化。调整筵席菜品要遵循以下四点基本要求。

1. 重点突出，主次分明

突出核心菜品，即冷菜中突出主盘，热菜中突出大菜，大菜中突出头菜，面食中突出首点，汤品中突出座汤，明确体现筵席菜品的主从关系。

2. 发挥所长，彰显特色

全面审视菜品的组配是否做到技施专长，优选物料，技法新颖，名菜名点贯穿其中；整桌筵席菜品的排序是否做到跌宕起伏、水乳交融；是否充分体现饮食习尚和地方风土人情。

3. 注重情韵，讲求吉数

筵席菜品的命名十分注重情韵，追求格调一致。可以是写实性命名，其名称简洁醒目，朴实无华；也可以是寓意性命名，常与筵席特点相结合。如婚宴，菜肴可以命名为"百年好合""推纱成双"等；团年宴，菜肴可以命名为"年年有余""全家乐福""金玉满

堂"等。总之，寓意性命名要有文采，做到菜名艳美，富有联想。各道菜品命名的字数要相等，喜庆筵席的菜品总数成双数。

4. 质价相宜，足够食用

质价相宜包括两层含义：一是指菜品的售价要符合其质量；二是指菜品质价的总体权重要适当，切忌因某菜价格过高，导致其他菜式不能安排，菜品总量不够食用。一桌筵席应当安排多少个菜品合适，没有一个定数，需要视具体情况而定，做到既足够食用，又不造成浪费。一般而言，10人座席面，菜品总数可以控制在12~18道，其中，价格适中的精品菜式占菜品总数的60%~70%，品牌菜式则占30%~40%。

（五）编排上菜顺序

筵席菜目的编排顺序决定筵席的上菜程序，其编排顺序一般是冷菜、热炒、头菜、大菜、汤菜、饭菜、面点、果拼。讲究先冷后热，先炒后烧，先咸后甜，先清淡后浓厚。头道热菜是最名贵的菜，座汤上席表示菜已上齐。上咸汤跟咸点，上甜汤跟甜点。筵席的上菜顺序可以根据各地习俗进行调整，以充分体现当地筵席的饮食风格。

拓展知识

不同区域的上菜程序

编排上菜顺序是筵席菜肴组配的重要环节，是筵席经营思想与经营水平的体现，直接关系到客人对筵席菜品的感受过程及总体评价。而不同区域的上菜格局是有一定的差异的。

1. 北方型上菜顺序

包括华北、东北、西北的大部分地区，主要形式是冷菜（有时也带果碟）—热菜（以大件带熘炒形式组合）—汤点（面食为主体，有时也跟大件之后）。

2. 西南型上菜顺序

包括四川、贵州、云南、重庆和藏北等地，主要形式是冷菜—热菜（一般不分热炒与大菜）—小吃（1~4道）—饭菜（以小炒和泡菜为主）—水果（当地名品）。

3. 华东型上菜顺序

包括上海、江苏、浙江、安徽、江西、湖北、湖南等部分地区，主要形式是冷盘（多系双数）—热炒（双数）—大菜（含头菜、二汤、荤素大菜、甜品、座汤）—饭点（米、面兼备）—茶果。

4. 华南型上菜顺序

包括广东、广西、海南、香港、澳门、福建等地，主要形式为开席汤—冷盘—热炒—大菜—饭点—时果。

（六）编制菜单

筵席上菜顺序确定以后，就可编制菜单。当然，也可以在编制菜单时确定上菜顺序。筵席菜单是按上菜程序编排的经营筵席的计划书，是筵席销售的有效依据和控制工具，是消费者与经营者之间最直接的沟通桥梁。菜单并不只是一张简单的产品目录，它更是餐饮企业十分重要的对外宣传材料，对于扩大餐饮企业在社会的影响力和知名度，都具有十分重要的意义。

（七）菜肴原料的组配

菜肴原料的组配是制作筵席菜品的重要环节。做好这项工作，能够为筵席菜品生产的正常运转提供坚实的基础。菜肴原料的组配有以下七点基本要求。

（1）提前备好各种必需的设备和器具，做好安全检查工作。

（2）合理调配人员，做好人员分工，强化岗位人员的组配经验与技术能力。

（3）控制原料质量，确保原料的卫生安全。

（4）控制好每道菜品的原料数量，既确保筵席够用，又不造成浪费，把原料组配成本控制在规定的范围内。

（5）原则上按上菜程序组配原料，但对于耗时长、难熟制、能够放置的菜品，要提前组配给炉台烹调。所有菜品原料应适时组配，做到既能保障供应烹调，又能确保原料不发生变质。

（6）按筵席与菜品特点组配原料，确保筵席的质量与特色。

（7）充分发挥配菜的引领作用，随时做好沟通协调工作，做到上菜节奏合理，按上菜程序出菜。

活动三　菜肴风味与审美的组配

菜肴风味与审美的组配，是从组配的角度研究菜肴风味美的规律性，揭示菜肴风味组配中美的创造，以及审美意识与风味组配的内在联系。由于风味主要由色、香、味、形、质构成，因此，菜肴风味与审美组配主要围绕视觉、触觉、嗅觉、味觉几方面的审美展开。

一、影响菜肴风味审美组配的主要因素

（一）厨师素养

这是影响菜肴风味审美组配最重要的因素。厨师应当接受烹饪审美教育，培养审美能力和鉴赏能力，提高审美情趣，要有良好的审美表现和创造力，以充分展示烹饪产品的美感。总之，厨师要有良好的艺术修养，要在产品制作过程中使产品达到人们对美的需求，使菜品在餐桌上展现出赏心悦目、脍炙人口的魅力，给人以美的享受。

（二）原料品质

俗话说"巧妇难为无米之炊"。菜肴风味佳与不佳，与原料组配的质量好坏有直接关系。特别是具有地方与民族风味特色的菜肴，更要重视对原料品质的选择，要通过具有显著特点的原料的合理组配，为菜肴风味特色奠定基础，以充分体现地方与民族风味菜的审美情趣。

（三）社会文化

社会文化是指自然环境（食物资源、生态条件、地理气候条件）、社会情况（历史背景、地区经济状况）、生活习俗和文化传统。由此产生了多种多样的对菜品风味的偏好取

向，我国各大区域都有自己乡土食俗特色。东北沿海地带嗜爱海味，口味偏重咸酸；华北习惯烤涮，爱咸鲜香浓，重汤，烤鸭、涮羊肉、扒鸡、铁锅蛋等都是由来已久的美味；西北菜肴多拌炒，嗜酸辣，重鲜咸，佐料多为油泼辣子、细盐及蒜瓣，羊肉泡馍等菜肴是餐桌上不可缺少的美味；东南人一日三餐干稀调配，菜肴清淡微甜，不喜欢吃辣椒、生蒜和老醋，有生食遗风；中南人每日必吃蔬菜，肉品比重较高，口味偏好鲜嫩脆爽；西南菜作料多，小炒、小煎、干烧、干煸和麻辣香浓风味很有特色。我国少数民族都具有世代相袭的饮食风俗习惯，如湖南西部的侗族，其菜肴风情集中在一个"酸"字上，无菜不腌，无菜不酸，以酸味为美。

（四）个人状况

个人状况主要是指人的文化素养、生活习惯、饮食经历、心境与健康状态等。审美是人们对审美对象的一种情感体验，也是一种认识活动，需要有一定的知识和修养。一般来讲，个人文化素养越高，饮食经历越丰富，对菜肴的审美能力越强。生活习惯是人在一定生活环境中长期养成的一种生活方式、生活风尚和生活行为，是一种自动化的生活固定模式，具有一贯性，不容易改变。一个不喜欢吃辣味菜的人，不会觉得辣菜是美味；习惯了清淡口味的人，对浓厚味型不会有太大兴趣；一贯不喜欢吃鱼菜的人，对鱼菜会特别敏感，有味同嚼蜡、难以下咽的感受。所有这些现象，都是由个人意愿、知识和技能构成的一种判断。心境是在一个较长时间里影响人的整个行为的一种比较持久的情绪状态，因而能使一个人的经历和体验都染上一种情绪色彩。一个人心境的好坏能强化或钝化他的感觉能力。心境好时，对菜肴风味感觉敏锐，反应迅速；心境不好时则感觉显得迟钝。审美活动始于感官与客观事物的直接接触，因此，需要有健全的、敏捷的审美感官、神经传导系统和中枢神经系统。如果人的健康出了问题，则会影响到对相关事物信息的接受效果。一个得了重感冒的病人，容易接受流汁、带汤的食物，尤其不能接受干的食物，因为这个时期病人的味觉唾液分泌少，味感迟钝，需要汤水来激发味觉产生味感，在健康人群里越嚼越有味道的干香菜，对病人来说却毫无食欲与美感。

综上所述，菜肴风味的美既是相对的，又是绝对的，是人的本质力量的感性显现，是由饱腹需求向身心愉悦的升华。厨师应当充分重视对菜肴风味审美主体和客体的研究，从实际出发，根据具体条件探索菜肴风味与审美组配的规律，有的放矢地塑造美、展示美，形成菜肴美的相对性与绝对性、美的内容与形式的有机统一，从而引起食者的情感共鸣。

菜肴风味、美食与审美的关系

研究菜肴风味与审美的组配，首先有必要探讨风味、美食与审美的关系，这对于正确把握菜肴风味与审美的组配，具有重要意义。

关于风味的内涵，国内外学者有许多研究，其观点差别较大。传统的中国烹饪，习惯以色、香、味、形来表达风味的内涵。大约在20世纪90年代，人们意识到了菜品"质"的重要性，于是，色、香、味、形、质就成了中国烹饪风味的实际内涵。因此，风味的内涵可以表述为：风味是指食品色、香、味、形、质的综合特征。具体涵盖以下内容。

色——色相、色调、色性、色泽、色浓度

香——香型、香势、香韵、香构

味——味型、味性、味厚、味浓度

形——形态、形象、形构、形式

质——质温、质强、质厚、质流、质构

美食与风味有着密切的联系。人们对美食的认识受多种因素的影响，其中，社会性和历史局限性显得尤为突出。可以说随着人类文明的进步，美食的内涵也随之发生演变，如果食品符合人的食用欲望，则可称之为美食。安全、营养、可口、美观，是美食的四大基本要素。以此为前提，注重菜点色泽的调配、形状的塑造、口味的调和、嗅感的悦人、质感的适宜、营养的合理、火候的适度、烹饪原料安全无毒、品相口感雅致清爽、健体强身之功用、整体和谐完美，是中国烹饪美食的基本内涵。

由上不难发现，菜品风味与美食的表现结果，都蕴含着一定的审美要求，审美倾向不同，对风味与美食的判断标准也就不同。重视审美研究，从审美的多元要素中总结提炼出符合大众化的审美取向，合理开发菜品风味，是形成美食的重要任务。

二、视觉审美与菜肴组配

菜肴的色泽和形态是由视觉感知的，人的感官对之最敏感。合理的色泽、形态的组配，能够与人的食欲建立起一种愉悦的条件反射关系，使人对菜肴的食用欲望产生定式。

（一）菜肴色泽的审美组配

色泽，是两个不同的概念，"色"即颜色，"泽"指光亮。一道菜肴展示在人的面前，首先被眼球感知的就是色泽，因此，无论是配色还是调色，都要有强烈的视觉冲击力，使人眼睛为之一亮。菜肴色泽的审美组配要遵循以下五点基本原则。

1. 组配料必须新鲜

新鲜的原料本色好，尤其是体现原料自然色泽的菜肴，对原料的新鲜程度要求更高。这类菜肴在烹调中通过油脂的滋润，鲜亮的视觉效果会更好。

2. 突出和优化原料的自然色

突出原料的自然色，是为了满足现代人崇尚物尽天然、淳朴自然的审美需要。果蔬中呈红、黄、绿、紫等自然颜色的原料，能够赋予人们回归大自然的情感体验，如果能做到配色合理，再加上烹调中不掩盖原料的本色，则成菜后的色泽会让人心旷神怡。

优化原料的自然色，主要是指对于色感较差的原料，通过加工调制与色泽的互补搭配，达到美化菜肴色泽的目的。如鱼丝、鱼片通过上蛋清浆和清炒，成菜洁白无瑕，给人以赏心悦目的感觉。许多在调色上颇具特色的烹调方法，如红烧、干烧、黄焖、红焖、红扒等，成菜后菜肴色泽都十分鲜亮夺目。可以说，从切配和烹调上对原料色泽进行优化，是菜肴色泽审美最重要的内容。

3. 冷色调原料勿相配

中国菜禁忌冷色调中的紫、黑、蓝等近色相配，如"烩海参"不能放黑木耳，"乌鱼汤"不能放海带等，否则会给人一种消沉、低落、悲哀，只见黑暗不见光明的压抑的心理感受。用积极色相配，会产生活泼、向上、热烈的视觉效果。

4.勿用色素赋色

在菜肴中使用色素不为鲜见，尤其是人工合成色素的使用较为普遍。从世界卫生组织和我国《食品安全法》对色素使用的规定看，并没有禁止使用人工合成色素，只要求严格按照规定的使用标准使用。但从现代人饮食观念看，只要菜肴中有明显的色素感，多数人都非常反感，这是饮食审美心理的正常反应，既说明了人们的安全意识在不断提高，也说明了人们对菜肴原料自然美的渴望。因此，无论是配色还是调色，都应该做到勿用色素赋色。

5.菜肴色泽的整体要协调

菜肴色泽的整体协调有两层含义：一是单个菜肴色泽的组配要协调，要遵循其组配的原则与方法；二是在整桌菜肴的组配上，要注意菜肴色泽之间的协调。有的菜肴从单个看配色很美，如三色菜、五彩菜等，但如果在一个餐桌上这样的菜多了，给人的视觉效果便是"杂乱"。因此，整桌菜肴的组配一定要与每个菜肴成菜的色泽效果联系起来统筹考虑，处理好菜肴相互之间的色泽关系，充分体现整桌菜色泽的和谐、变化和节奏三项美感。

（二）菜肴形态的审美组配

菜肴的"形"内涵丰富，其中，形态美是菜肴组配的主要内容之一。原料形态的组配是菜肴形态构成的基础，如果菜肴的形态没有原料的形态作依托，其整体形态的美便无法存在。原料的形态包括自然形态和加工形态两大方面，它们在组配中形成的美是菜肴整体形态美最核心的内容。一般来讲，菜肴形态审美的组配应遵循以下六点基本原则。

1.自然大方

"自然大方"有三个方面的含义。第一，要充分利用自然形态好的原料进行组配。这既是完美体现原料形态自然美的需要，也是有效减少加工流程、合理保持原料营养成分和风味特色的需要。例如，螃蟹自古吃法甚多，终以清水煮食或蒸食最得本味，因此最受世人推崇的食蟹方法当属"清蒸大闸蟹"。此菜上桌时，众人观其色，看其形，思其肉，垂涎欲滴，跃跃欲试，若非整只烹制，而另取他法，则绝无此效果。第二，要依据原料的自然特征灵活组配，做到量材选用，恰当利用。武汉创新菜肴"汤逊湖鱼丸"，一改鳙鱼不能做鱼丸的老传统，其头和鱼架用萝卜煮汤，其身肉剁成鱼粒，做成鱼丸氽在白汤中，颇为新颖，可谓量材选用、合理利用的典范。观其形，汤逊湖鱼丸虽不能漂浮于汤面，似乎也缺少了几分圆润，但吃起来却鱼味十足，不乏其粗犷的美感。第三，菜肴的整体形态不矫揉造作，不画蛇添足，不臃肿难堪，简单中蕴藏细腻，复杂中体现大方，干净利落，雅致清爽。这种视觉效果在许多传统名菜中表现得淋漓尽致。江苏的"霸王别姬"、湖北的"千张肉"、山东的"九转大肠"、广东的"红烧大群翅"、北京的"烤鸭"等地方风味菜肴的整体形态美，给消费者留下了极其深刻的印象。

2.形体合一

形体合一主要是强调在原料组配上要有统一的形体美感，尤其是片、丁、丝、条、块等小型料的组配，要做到大小适宜，厚薄适当，长短一致，粗细均匀，无碎断，无连刀，多种料形的组配相得益彰。在原料需要切割的情况下，刀工是创造原料形态美的前提，没有扎实的刀工作基础，原料的刀工成形必然达不到菜肴的质量要求。配菜应当使用经过刀工处理后的优质料形，使组配的料形产生和谐统一的美。

3. 形中有形

中国菜肴中有许多菜肴都是"形中有形"，可谓不胜枚举。"花酿武昌鱼"是湖北的一道名菜。武昌鱼整鱼去骨后，将两扇鱼肉剞上十字花刀，经腌制再摆成灯笼形，中间用调味的丝料垫底，再抹上鱼缔，鱼缔上缀以图案，蒸熟食用。此菜由三种形美构成，观其外形，鱼肉的花刀形态清晰可见，表层的鱼缔光滑并呈凸形，垫底的丝料粗细、长短均匀一致，具有集造型美、刀工美、组配美于一体的三重美感。江苏的"三套鸭"，山东的"扒酿海参"，广西的"梧州纸包鸡"，四川的"百花江团"，湖北的"金包银""银包金"等菜肴都是形中有形的典型代表，是艺术美与食用美的完美结合。

4. 形法相宜

这里所指的"法"是菜肴的制作方法。显然，"形法相宜"是指菜肴形态的组配要与制作方法相符合，任何脱离菜肴制作方法的料形组配，都不会给菜肴带来美感。"陈皮牛肉""水煮牛肉""灯影牛肉"是四川的传统名菜，尽管都是牛肉菜肴，但由于制作方法不同，决定了它们在牛肉的配形上有显著区别。"陈皮牛肉"采用的是炸、烹法，它要求用黄牛脊背肉或子盖肉，切成 6cm 长、2cm 宽、0.3cm 厚的片；"水煮牛肉"烹法为煮，它要求用黄牛柳肉，切成 5cm 长、3cm 宽、0.2cm 厚的片；而"灯影牛肉"则要求成菜后牛肉薄如纸，所以，它选用黄牛后腿腱子肉，其片的规格要求为 4cm 长、3cm 宽、厚不得超过 0.1cm。不仅如此，"陈皮牛肉"和"灯影牛肉"除主料为牛肉外，不配其他配料，而"水煮牛肉"则要求用莴苣尖、芹菜、青蒜垫底，并要求莴苣尖为 6cm 长的薄片料形，芹菜、青蒜要求为 5cm 长的段。许多传统菜之所以能够成为名菜，与其独特的制作方法有十分密切的关系，在原料组配上，无疑应当遵循传统，给人以古朴的地道美感。

5. 形不重复

这里所讲的"形不重复"是就整桌菜而言的，尤其是筵席菜肴，无论是原料形态的组配，还是菜肴的整体形态，都应当避免重复出现，要尽可能地将不同刀工形态的原料和不同整体形态的菜肴展示在筵席餐桌上，让人充分享受原料和菜肴形态的变化之美。

6. 粗精适度

归纳起来讲，原料与菜肴形态的美可分为粗犷之美与细腻之美两大类，前者讲求抽象，注重神似，后者讲究精细，注重形似。利用各种原料的较大料形和花刀处理的料形制作的菜肴，皆有粗犷之美；利用各种茸料、泥料、粒料、细丝料、小丁料、薄片料、小条料等制作的菜肴，皆有细腻之美。粗犷之美给人以大方、力量、生机、实在之感。江苏的"松鼠鳜鱼"、湖北的"大碗胖头鱼"、新疆的"烤全羊"、安徽的"符离集烧鸡"、浙江的"东坡肉"等，都是体现粗犷之美的佳作。细腻之美则表现为柔和、均衡、爽朗、幽雅。扬州的"鸡汤煮干丝"、湖北的"橘瓣鱼氽"、山东的"汤爆双脆"、广东的"五彩炒蛇丝"、四川的"雪花鸡淖"等，无不反映出菜肴的细腻之美。中国菜在粗犷与细腻的处理上，技法多样，形式多变。哪些菜肴是粗犷的美，哪些菜肴为细腻之美，在其"度"上如何把握，关键在于要做好刀工处理和原料组配的基础工作。只有"粗精适度"的菜肴，才有可能形成强烈的美感。

三、触觉审美与菜肴组配

菜肴的触觉审美是一个十分复杂的问题，其中，质地审美是菜肴最为本质的触觉审美内容。

（一）触觉审美的基本特性

1. 灵敏性

触觉的灵敏性来自对食品刺激的直接反馈，主要从触觉阈值和触觉分辨力两方面来反映。研究证明：触觉先于味觉，触觉要比味觉敏锐得多。

2. 联觉性

触觉与味觉、嗅觉、视觉等都有不可分割的联系，这种联系表现为一种综合效应，从而满足深层次的审美需求。其中，触觉与味觉的联系最为密切。触觉既可直接与味觉发生联系，也可通过嗅觉的关联与味觉发生关系。

3. 变异性

触觉的变异性，是指食品受生理条件、温度、重复刺激等因素的影响引起的触觉感知上的差异与变化。

（二）菜肴触觉的审美组配

由于触觉审美最本质的内容是质地审美，因此菜肴触觉审美组配的重点也应当是质地审美的组配。菜肴质地审美的组配一般要遵循以下六点基本原则。

1. 突出原料固有质地

中国厨师十分擅长利用各种技法改变和优化原料的质地，这是中国菜肴丰富多彩的原因之一。然而，一物有一物的质感美，突出原料的固有质地，也应当引起厨师的足够重视，尤其是一些质地本来就很好的原料，应当注意体现其质地的本色美。当对原料质地进行改变和优化时，也要注意适当和适度，任何掩盖原料质地美的方法都是不可取的。

2. 选配质优原料

原料质地的优劣与季节和产地有直接关系，应尽可能挑选当季原料和名特产原料进行菜肴的组配。我国民间有许多谚语与原料质地有关，如"一月藜，二月蒿，三月四月当柴烧""三月虾，嫩似水""雨前椿芽嫩如丝，雨后椿芽生木质""三月田螺四月鳝""桃花流水鳜鱼肥""正月葱，二月韭""西湖莼菜胜东吴，三月春波绿满湖"等，都说明了选配时令原料的重要意义。我国的地方特产原料颇多，山东九斤黄鸡、北京鸭、东北中国鹅、广东石岐鸽、成都毛风鸡、南京板鸭、江苏高邮咸蛋、湖北梁子湖武昌鱼、武汉洪山菜薹、济南青圆脆萝卜、广西桂林荸荠、湖北柿饼南瓜、广东苦瓜、陕西大角辣椒、四川通江银耳等，都是上品原料。人们追求顺时而食，崇尚名特产原料。选配这类原料，能够为形成菜肴风味美提供前提，自然也是触觉审美之需。

3. 围绕风味配质地

由于菜肴的触觉感受效果与味觉、嗅觉、视觉等都有密切关系，而色、香、味、形又是构成风味的要素，因此，一旦菜肴的风味特征确定以后，其原料质地的组配也应当随之予以确定。任何脱离菜肴风味特征组配菜肴质地的做法，必然有悖于风味审美的要求。

4.处理好质感的主从关系

从触觉刺激强度看，富有质感层次的菜肴，对触觉刺激的审美效果明显占优势，而且菜肴的质感层次越丰富，触觉刺激感受越强烈，菜肴的触觉美越佳。需要指出的是，组配菜肴质地，一定要处理好质感的主从关系，当一个菜肴有多重质地时，只有以某一质地为主，其他质地相协调，才能在触觉刺激效果上达到最高境界。如"三色炒虾仁"，其主体质感是虾仁的嫩，同时兼备滑、润、爽、脆。"三色"为三种植物料，虽都具有脆感，但由于一物有一物的脆感，因此，三种植物料在"脆"的感觉上仍然有细嫩的差别，且伴有嫩感。

5.彰显地方菜肴质感风格

在质地美感上，不同地区有不同风格。如江苏菜的质感特点是细嫩平和，清而有质，醇而酥烂。粤菜的质感素以清、嫩、脆、酥、烂、爽见长。川菜的质感是嫩而不生，厚而不重，久嚼不腻。而西北的秦菜，在质感上讲究"酥烂不失其形，鲜嫩不失其色，质脆不失其味，清爽不失其汁"。另外，同样一道菜，因地区做法不同，质感风格亦有差异。如四川的"宫保鸡丁"的传统组配，其配料必须是花生仁，而广东有的地方做"宫保鸡丁"，则把花生替换成腰果，还有的地方在四川配料的基础上，加配胡萝卜丁、莴苣丁、笋丁、黄瓜丁、红辣椒丁等。从弘扬中国菜的角度看，我们不能轻易对它们加以肯定或否定，因为改革是中国菜发展的必然趋势，"存是根，变是魂"，只要改革利于中国菜的发展，都应当予以支持。菜肴质地的组配，也理所应当彰显地方菜肴的质感风格。

6.稳定菜肴质感

任何一款菜肴，一旦得到食客的认可，其整个制作方法和菜肴形成特征就应当在一定时间、范围和条件下保持稳定不变。特别是餐饮连锁店，每个店的菜肴质量都必须做到稳定一致，不宜随意改变。自然，作为菜肴属性之一的质感同样也应当保持稳定。

四、嗅、味觉审美与菜肴组配

菜肴要给人以享受，当然不可缺少嗅觉与味觉的美感。嗅觉感受到的令人喜爱的挥发性物质被称为香气，令人厌恶的挥发性物质被称为恶气。嗅感是一种比味感还要复杂和敏感的生理感受。嗅觉与味觉风味是风味体系的核心，也是菜肴审美的主体，其中，味觉风味尤为重要。嗅、味觉风味的充分体现，离不开原料选择、粗精加工、原料组配和烹制调制。其中，烹制与调制是关键。从原料组配来讲，只有符合嗅、味觉风味特征的原料搭配，才能最终为菜肴形成嗅、味觉美感提供保障。这也就是说，组配所形成的菜肴坯料在未达到加热制熟时，已具有明显的嗅、味觉方面的原料组配信息。福建名菜"佛跳墙"，之所以有"佛闻弃禅跳墙来"的故事，是因为有"坛启荤香飘四邻"的诱人香气，这种香气虽说是由特殊的制作方法形成的，但本质上还在于原料的巧妙组配。嗅觉风味如此，味觉风味也是如此。总之，嗅、味觉风味的审美体验，与菜肴组配情况有非常密切的关联。另外，筵席菜肴嗅、味觉风味在审美上十分重视层次感，菜肴组配应掌握好先后顺序。

综上所述，一道好的菜肴，首先是色泽和形态令人为之吸引，同时当香气扑鼻而来时，便诱人产生强烈的食欲。其次由口腔和味蕾感受到它舒适的触感、品味它的美味。由此可见，菜肴风味审美调动了人的许多感官，其中以鼻和舌最为重要。眼睛虽然欣赏到了菜肴的色形美，对引起食欲的作用不可低估，但就感受美味必不可少的感官而言，仍在鼻和舌之后。菜肴的组配，应尤其突出味觉与嗅觉的审美组配，同时色形的组配也不容忽视。

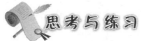

思考与练习

一、课后练习

（一）填空题

1. 一份完整的菜肴由 _____、_____、调料及其他添加料构成。

2. 菜肴色彩的组配方法有三类，即 _____、_____、_____。

3. 组配菜肴色彩，首先要确定菜肴的 _____，其次要确定 _____。

4. 菜肴原料的配形方法有 _____、_____、_____。

5. 菜肴原料质感的组配方法有 _____、_____。

6. 筵席的档次，通常用筵席售价或 _____ 予以直观表示。

7. 风味是指食品色、香、味、形、质的 _____ 特征。

8. 组配菜肴风味要形成风味美的 _____ 与 _____，_____ 与 _____ 的有机统一。

（二）选择题

1. 在菜肴色彩的组配中，最好的衬托色和协调色是（　　）。
   A. 红色　　　　　　B. 绿色　　　　　　C. 黄色　　　　　　D. 白色

2. 芹菜的香型是（　　）。
   A. 辛香　　　　　　B. 清香　　　　　　C. 脂香　　　　　　D. 酸香

3. 下列属于淡味原料的是（　　）。
   A. 火腿　　　　　　B. 鱼翅　　　　　　C. 鸡肉　　　　　　D. 瘦肉

4. 下列颜色的蔬菜，营养价值相对较高的是（　　）。
   A. 淡绿色蔬菜　　　B. 淡黄色蔬菜　　　C. 白色蔬菜　　　　D. 深红色蔬菜

5. 下列组配原料相对合理的是（　　）。
   A. 鱼肉与西红柿　　　　　　　　B. 茄子与苦瓜
   C. 胡萝卜与白萝卜　　　　　　　D. 芹菜与甲鱼

6. 能够最有效控制原料组配成本的方法是（　　）。
   A. 称量法　　　　　B. 量杯法　　　　　C. 盛器定量法　　　D. 估量法

7. 在菜肴组配中，辅料一般占总质量的（　　）。
   A. 5% 以下　　　　B. 10% 以下　　　　C. 20% 以下　　　　D. 30% 以下

8. 筵席菜肴中原料最好、质量最佳、名气最大、价格最贵的菜是（　　）。
   A. 彩拼　　　　　　B. 头菜　　　　　　C. 首汤　　　　　　D. 座汤

（三）问答题

1. 配菜前要做好哪些准备工作？

2. 菜肴香气的组配方法有哪些？

3. 菜肴营养的组配方法有哪些？

4. 在营业高峰期怎样合理配菜？

5. 影响筵席菜肴组配的因素有哪些？

6. 如何组配筵席菜肴？

7. 烹饪原料的质感特点有哪些？

8. 菜肴色泽、形态、质地的审美组配应遵循哪些基本原则？

二、拓展训练

1. 按小组练习，每组从红、黄、绿、黑、紫、白六种植物原料中挑选三种，加工成丝，分别按主配料的不同进行组配，比较分析各小组的组配效果。

2. 组配名菜"鱼香肉丝"的原料并烹调成菜，体会菜肴色香味形的组配与炉灶操作之间的联系，并从风味审美的角度分析判断其菜肴的质量。

3. 分小组，每组编排一桌酒席的菜单，成本价 800 元，并自行确定筵席主题。各组选一名代表介绍组配的依据和特点，互相点评。

4. 现场参观星级酒店和社会餐饮企业厨房单一菜肴和筵席的组配，并撰写心得在全班交流。

模块五 烹制工艺

学习目标

知识目标 了解烹制工艺的概念、作用和烹制工艺中的热传递现象，掌握各种烹制工艺基本方式的特点；理解火候和初步熟处理的概念，掌握火候调控的一般原则、初步熟处理的工艺流程与操作关键。

技能目标 能根据水、油、汽等不同的传热介质恰当运用火候；掌握火候调控的方法和基本要素；会正确运用初步熟处理技术；掌握焯水、过油、汽蒸、走红的技术要领。

模块描述

本模块主要学习热的传递与控制、火候的运用以及初步熟处理工艺。围绕三个工作任务的操作练习，可以帮助学生掌握火候的调控、火候大小的辨别、初步熟处理的工艺流程，为后面的菜肴制作打下扎实的基础。

导入案例

建雄职业技术学院烹饪工艺与营养专业二年级学生刘刚周末回家，刚好赶上亲朋好友在他家聚会。他一踏进家门，就得到了家中客人的热烈欢迎。大家一看刘刚回来了，马上就有人提议要看刘刚的手艺，检验一下他在学校学习的情况。刘刚听了以后，心里暗自高兴：这下好了，可以在大家面前露一手了，让大家看看我的烹调技术水平。他二话不说，根据家中购买的原料开始筹备家庭便宴的菜单。一个多小时后，一桌热腾腾的饭菜准备好了，客人看了很高兴，都问这问那的。有客人问："刘刚，你做的麻酱豆角怎么那么翠绿，我们在家做的怎么没你这样的颜色？"另一个客人问："小刘，你做的菠菜豆腐汤，很多人说没有多少营养价值，这是为什么？"又一个客人问："你的红烧肉怎么做得那么红亮，有什么技巧呀？"小刘听了以后一一作答，在场的客人听了都明白了，纷纷夸刘刚技术学得不错，还注重营养的搭配。客人们品尝后，都对刘刚的表现竖起了大拇指。

问题：

1. 刘刚的烹调水平学得如何？从哪些方面体现出来？

2. 客人对刘刚竖起了大拇指，请你也回答一下客人对刘刚提出的这几个问题。

任务一　热的传递与控制

☞ **任务目标**
- 理解热传递的三个基本方式；
- 掌握烹制工艺中的传热介质；
- 会运用传热介质烹制菜肴。

烹饪原料经过组合搭配成为菜肴生坯后，通常进入烹制或调和的阶段。烹制相对于调制而言的。广义的烹制指某个具体的菜肴从选料到制成成品的方法和过程，而狭义的烹制仅指菜肴制作中加热的方法和过程。这里所指的是后者，即根据烹调和食用的要求，利用一定的设备工具，通过一定的方式，对烹饪原料进行加热处理的方法和过程，又称烹制技术，有时也简称烹。它是菜肴制作的关键工序，是临灶操作的中心环节。

活动一　探寻烹制工艺中的热传递

从物理学上讲，烹制工艺就是热量的传递过程。热量传递的推动力是温度差，它总是从高温物体传给低温物体。在烹制工艺中，热量由热源传给原料，主要有直接加热和间接加热两种形式。利用燃料燃烧或电流产生的热量，不经过介质就直接加热烹饪原料的过程，叫直接加热；而利用炉灶设备将燃料燃烧的热量或电热量，通过水、油或气等介质，间接传给被加热原料的过程，叫间接加热。比较两者，直接加热有着更加广泛的应用前景，特别是红外线、微波和高频加热等。

一、热传递的基本方式

热传递，又称导热传热，指的是由于温度差的存在而引起的热量传输。加热使原料由生变熟，整个过程中都存在着热量的传输。热源释放的热量通过各种热媒传输到原料表面，又由原料表面传输到原料中心。原料在一定的时间内吸收一定的热量，才能完成由生变熟的转化，并达到烹调的具体要求。因此，要掌握烹制技术，就必须了解烹制过程中热量传输的基本规律和特点。

根据热量在传输过程中物理本质的不同，热传递可分为三种基本方式，即热传导、热对流和热辐射，在烹调中三种方式往往是同时存在的。

1. 热传导

热传导，简称导热，是在无分子团宏观相对运动时，单由微观粒子（分子、离子、电子等）的直接作用（迁移、碰撞或振动等）而引起的热量传输现象。简单地讲，就是整个物体（包括单个的或由几个物体直接接触组成的）各部分之间的热量传输现象。导热是物体中微观粒子热运动，导致能量转移的结果。众所周知，温度衡量物质微观粒子热运动激烈程度。温度越高，微观粒子的热运动就越激烈，其热运动的能量也越大；反之，温度越低，微观粒子热运动的能量就越小。物体中温度较高的部分，微观粒子的热运动能量较大，它们发生迁移、碰撞或振动，就会引起热运动能量的转移，在宏观上就表现为热量从温度较高的部分向温度较低的部分传输。

导热一般发生在固体中，如置于炉火上的铁锅，热量从锅外壁与炉火接触的部位向四周及锅内壁传输。在流体中也可发生，但不是纯粹的导热，并且比较弱，一般可忽略。

傅立叶定律是导热的基本定律，可表述为：导热现象中所传输的热流与引起导热的温度差成正比，与导热表面积成正比，而与导热面之间的距离成反比。即：$Q=\lambda S\Delta t/\delta$

式中：Q：传热流量，即单位时间内传输的热量。

S：导热面积。

Δt：两导热表面的温度差，即 $t_{高}-t_{低}$。

δ：两导热表面间的距离。

λ：导热系数，不同的物质有所不同，其数值大小表征着物质导热性能的优劣。λ 越大，物质导热性越好。根据傅立叶定律分析铁锅（λ 一定）的导热，可知，铁锅越厚，单位时间内由锅外壁传输到内壁的热量就越小。

2. 热对流

热对流，简称对流，它只能发生于流体内部。流体中有温差存在时，各处的密度便不相同，于是轻浮重沉，产生流体质团的相对移动。这种依赖流体质团整体宏观移动并相互混合传输热量的物理现象，或者说，流体内部各部分发生相对位移而引起的热量转移现象，称为热对流。如锅内水的变热，锅内壁温度较高，把热量传导给靠近锅壁的水层，使这部分水温度升高，密度减小，于是上浮，冷水沉降到锅壁。一锅水各部分如此移动，最后导致整体温度升高。锅内油的变热也同理。

烹调加工中经常遇到的是锅壁面与水或油之间由于温差存在而发生的热量变换，如上例。这种热量交换常称为对流换热，或称放热。放热实际上是一种复合换热形式，紧贴壁面的水或油的薄层中发生的是导热，其他部分的热传输才是对流。对流换热中所传输的热流量，可用以下经验关系式（牛顿冷却公式）表述：$Q=\alpha S\Delta t$

式中：Q：热流量，即单位时间内对流交换的热量。

S：总传热面积。

Δt：流体与壁面间的平均温差。

α：对流换热系数或放热系数。

该式的物理意义为：固体壁面与流体间对流换热的热流量。对于烹调而言，炉火对锅外壁的辐射面越大，火力越猛，热流量就越大。放热系数受很多因素的影响，如流体流速，流体的导热系数，黏性、比热、密度等物性量，壁面的几何尺寸，形状位置等。但在一定条件下，它的大小可以反映放热效率的高低。一般而言，α 越大，放热效率越高，反之亦然。

对流换热，按热运动产生的原因不同可分为自然对流（换热）和强迫对流（换热）两种类型。自然对流的起因是流体内部存在的温度差。加热一锅静止不动的水或油，由于温度差引起的对流便是自然对流。强迫对流起因于外力对流体的作用。如加热水或油时，搅拌引起水或油的对流。强迫对流可增大放热系数，也就是能提高放热强度。如水的放热系数，在自然对流时为 10~250，而在强迫对流时可达 500~10 000。水的对流换热还有一个特殊类型，那就是沸腾换热。水沸腾时，由于水汽化吸收大量的汽化潜热，同时由于气泡在加热面的形成和脱离，使加热面不断受到较冷流体的冲刷或强烈的扰动，因此其换热强度远比无相变对流换热要大得多。如水在沸腾换热时的放热系数高达 2500~25 000。

3. 热辐射

热辐射是一种非接触式传热。如炉火对锅外壁的传热，烤制食物时原料表面的受热等。

辐射是物质的一种固有属性。任何物质的分子、原子都是在不停地运动着，由于分子碰撞和原子的振动，会引起电子运动状态的变化，从而向外发射能量。这种物体对外发射能量的过程叫作辐射。物体所发射的能量称为辐射能，由电磁波所载运。电磁波的传播不需借助任何介质，在真空中都能进行。一旦遇到另一种物体，电磁波所载运的辐射能就会有一部分被该物体吸收，进而引起物体内电子的谐振运动，增加物体内微观粒子运动的动能，即辐射能转变为热能。

热辐射就是如上所述的，以电磁波为载体，在空间传输辐射能的现象。它不需要冷热物体间接触，在任何温度下，在各种物质之间都能发生。若物体间温度相等，则物体相互辐射的能量相等；若物体间温度不等，则高温物体辐射的能量大于低温物体辐射的能量，总的结果是高温物体的热能，通过辐射能传递给低温物体，以提高低温物体的热能。烹调加工中利用辐射热加热原料，一般是通过燃料燃烧或电能转换的形式产生强烈的热辐射，来达到加热原料的目的。

物体的温度越高，辐射力（在单位时间内物体的单位面积向外放射的能量）越强。产生热辐射必须要有很高温度的热源存在。烹调工艺中，利用热辐射传热的主要有直接用火烧烤的热辐射和电磁波辐射两种方式。前者多为传统的烹调方法，如挂炉烤鸭、烧鹅等；后者为现代烹调工艺，如红外线烤箱对原料的加热和菜肴的烹制。远红外线、微波等电磁波穿透能力较强，现在已广泛用作加热食物的手段。

热传递虽然有上述三种基本方式，但在烹制工艺中，热量的传递通常并非都是以一种方式进行的，有时还可以是两种或三种基本方式同时进行。一般说来，固体和静止的液体所发生的热传递完全取决于导热，而流动的液体以及流动或静止的气体热传递，导热虽然发生，但起主导作用的是依靠内部质点的相对运动而进行的热对流或因放热而形成的热辐射。比如给油加热时，在油保持静止阶段主要是以导热为主，经过进一步的加热，热油分子上升而冷油分子下降，使油中产生了相对流动，形成了热对流。可见，在液体加热过程中，导热与其他热传递方式都是相伴而行的，主要看哪种方式占主要地位。

二、热传递过程

烹制工艺最重要的目的，就是把生的原料加热成熟。因此，烹饪原料必须从周围环境吸取热量以使自身的温度升高，才能由生变熟，形成人们所希望的色、香、味、形。热量传递的动力是温度差，在烹制传热系统中，热源的温度最高，原料的温度最低，热量从热源传至原料的过程就是烹制中的传热过程。完成这一过程，要经过这样两个阶段：一是热量从热源传至原料外表，称之为烹饪原料的外部传热；二是热量从原料外表传至原料的内部，称之为烹饪原料的内部传热。

1. 烹饪原料的内部传热

不论采用何种热媒，都是为了把足够的热量传输给原料，使其发生适度变化，由生变熟并获得一定的感官性状。加热原料的过程中，除了微波加热外，传统的加热一般都只是把热量传输到原料表面，然后再从表面逐渐向内部传输，使原料熟透。

原料内部的传热方式一般以导热为主。大多数原料在受热时，内部没有流体质团的宏观移动，只有微观粒子热运动引起的热量转移。原料内部的热传导主要是自由水及其他一些分子较小的物质的热运动所致，淀粉、蛋白质、纤维素等高分子物质的导热性很差。

烹饪原料的种类繁多，由于它们的化学组成和组织结构不同，导热性能便有一定差异。几类原料的导热系数（千卡/米·小时·℃）如下：畜肉0.4~0.45，禽肉0.35~0.4，鱼肉0.35~0.4。总体来看，烹饪原料都是热的不良导体，加热时原料中心的温度变化比较缓慢。如4.5千克牛肉置沸水中煮1.5小时，其中心温度才62℃；一条大黄鱼放入油锅中炸制，油温达180℃时，鱼表面温度达到160℃，内部温度只有60~70℃。另外，原料的状态、大小、黏度等不同，传热速度也不一样。一般而言，固态或高黏度的原料，以导热方式传热，传热速度较缓慢，块状较大的原料热量到达其中心的时间更长。液态原料的主要传热方式为对流，随着黏度的增大，逐渐会有导热现象发生，传热速度也逐渐减慢。所以烹制原料时，应根据不同原料的传热特点来合理确定加热温度和加热时间，才能达到预定的火候要求。

2. 烹饪原料的外部传热

烹饪原料的外部传热过程与热源的种类、炊具、灶具、烹制方式及传热介质等因素有关。通常情况下，烹饪原料的外部传热过程有三种类型：一是热量由热源直接传至原料表层，如直接烧烤，即原料直接放在火（或火灰）中加热，其传热的方式是热传导；二是热量由热源只通过直接介质传至原料表层，如煎、贴、封闭的烤箱烤、管道直接供热蒸汽蒸等，其传热方式因直接介质的物质状态不同而有差异；三是热量由热源先通过间接介质（锅），再通过直接介质（如水、油）传至原料表层。它的传热过程又包括下列三个环节：

（1）热源把热量传给锅的底部。如果热源是火焰，在旺火情况下，火焰高而稳定，火焰接触锅底，直接将铁锅烧热，主要的传热方式是传导，其次也有辐射和对流作用；在微火情况下，传热的方式主要是辐射，其次是对流。如果灶具是封闭的烤箱或烤炉，则热传递的方式主要是辐射换热。

（2）热量从靠热源一侧的锅底传到锅面。由于锅的原料不管是金属还是陶瓷，都是固体，所以这一环节热传递的方式是热传导。

（3）热量通过直接介质传给原料表层。如果传热介质是水或油，则热传递的主要方式是对流传热；如果传热介质是盐或沙粒，则热传递的主要方式是热传导。

活动二　常用热媒的传热与烹制

热媒，也称传热媒介或传热介质，它是烹制过程中将热量传输给原料的物质。常用的有水、油、水蒸气、空气、电磁波等，有时还用到食盐、沙粒、泥、金属等。

烹制工艺中的传热介质分类如图 5-1 所示。

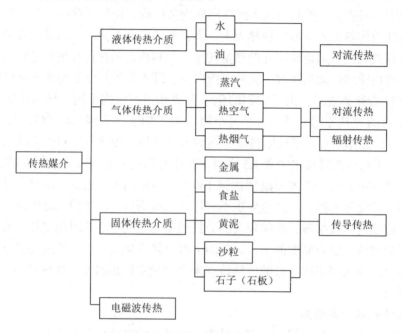

图 5-1　烹制工艺中的传热介质分类

一、水传热

在烹饪一道美食或一道烹饪工艺程序进行时，水常常在烹饪过程中起主导作用，这一说法早在春秋时代就已提出了。例如，"水最为始"这个烹饪技术理论观点，是《吕氏春秋·本味》最早提出来的。其曰："凡味之本，水最为始"。这个"始"，是按先民认为的构成各种物质的五种元素——水、火、木、金、土"五行"的顺序来的。

水是烹调加工中最常用的热媒。其传热方式主要为对流，通过对流把热量传输到原料表面，将原料加热成熟。水用作热媒具有如下特点：

（1）水的比热大，导热性能好。比热大决定了加热后的水能储存大量的热量，即可使原料按一定要求加热成熟，又不致使水的温度因环境改变而大幅度下降。导热性能好，便于水形成均匀的温度场，使原料受热均匀。

（2）水在常压下温度最高可达到100℃。此温度下既可以杀菌消毒，使原料受热成熟，又可以使菜肴获得滑嫩、酥烂等质感。尤其是含结缔组织较多的原料，只有在80℃以上的水中较长时间加热才能达到一定的口感要求。

（3）水在微沸时，即常压下水温接近100℃，又不剧烈沸腾，这时，将热量传输给原料的能力最强。水剧烈沸腾是大量水汽化的表现。由于水的汽化需要吸收很多的热量，使得 100℃的水与原料换热时，沸腾状态的换热量比微沸水时要小。并且沸腾越剧烈，换热量越少。这就是为什么用微沸水加热时，原料成熟并达到酥烂质感所需要的时间，一般比剧烈沸腾水加热要短一些的原因。

（4）水具有溶解能力强的特点。以水烹制菜肴，便于加热过程中的调味操作，有利于原料的入味和原料之间滋味的融合，还有助于调色料的调色，不只是会引起原料中水溶性营养素的流失。

（5）水的化学组成比较单一，化学性质比较稳定，并且无色、无味、无臭。因此，它长时间受热不会产生对人体有害的物质，也不会对原料本身风味带来不利影响。

菜例：白切肉

用料：

猪坐臀肉 1000 克，酱油 500 克，葱、蒜各 4 克，干虾子 10 克，姜 2 克，绍酒 3 克，白糖 50 克。

制法：

①把酱油、虾子、葱姜、白糖、2 克蒜泥用旺火略热，待沸后加绍酒，捞出葱姜，立即端下锅待用。

②锅上火放清水，将去皮猪坐臀肉修齐切成方块，待水烧沸后下锅中烫一下，捞出用冷水洗净。锅再上火放清水或汤，烧沸时放下肉块，加盖用小火焖煮，至熟时捞出，肥膘朝上放入盘中，冷却。

③取冷却的猪肉，先批去表层的肥膘，留薄薄的一层，切成 0.3 厘米厚的片，整齐地装入盘中，在肉上放上 2 克蒜泥，浇上预先调制好的卤汁即可（亦可蘸汁食用）。

特点：肉质鲜嫩，肥而不腻，口味香醇。

二、油传热

食用油脂传热在烹调加工中应用十分广泛。其传热方式和水一样也是对流。但是它在性质上与水相比较有很大差异，如沸点较高，具有疏水性、高温下易发生化学变化等。因此，油传热具有自身的特点。

（1）能使菜肴获得香脆、香酥等口感。这是因为油脂沸点较高，可达 300℃左右，并且具有疏水性。高温油脂的作用可使原料由外到内大量失水。

（2）油温变化幅度较大，适合于对多种不同性质的原料进行多种不同温度的加热，可以满足多种烹调技法的要求。油烹所能形成的菜肴口感较之水烹更为丰富多彩。

（3）可使原料表面上色。在高温作用下，原料表面会发生明显的焦糖化反应和羰氨反应，呈现出淡黄、金黄、褐红等多种鲜亮的色彩。油脂高温分解的产物也可影响菜肴色彩的形成。

（4）可产生浓郁的焦香气味。油脂在高温下分解，以及原料在高温下发生的焦糖化作用、羰氨反应等，不仅可使菜肴增色，而且能形成油炸制品特有的焦香气味。

菜例：面包猪排

用料：

猪排 8 块、面包糠 200 克、鸡蛋黄 3 个、盐 3 克、味精 3 克、胡椒粉、淀粉若干、葱姜适量。

制法：

①鸡蛋黄加适量生粉搅拌均匀备用。

②猪排剔骨，用刀背拍松，抹上盐、味精、料酒、葱姜和胡椒粉腌渍，静置十分钟。

③面包糠放入一方形容器中。猪排拣出葱姜，撒上少许干淀粉，用猪排在蛋液中拖过，拍上面包糠，压实。

④起油锅，四五分热时，将猪排入油炸至金黄出锅，改刀装盘上桌即可。

特点：色泽金黄、松脆香嫩、入口酥酥、咸鲜味美。

三、水蒸气传热

以水蒸气传热的"蒸"，作为中国乃至世界上最早的烹饪方式之一，贯穿整个中华饮食文明的历史。据史料记载，世界上最早使用蒸汽烹饪的国家就是中国，蒸的起源甚至可以追溯到炎黄时期。我们的祖先从水煮食物的原理中发明了蒸，并逐渐懂得了用蒸汽作为导热媒介蒸制食物的科学道理。

水在常压下达 100℃时就会沸腾，形成大量的水蒸气。水的汽化潜热较高，在 100℃以下时为 9.7171 千卡 / 摩尔。水蒸气在受热原料表面液化时，就会将汽化潜热释放出来，供给原料较多的热量。水蒸气的传热主要以对流的方式进行，在原料表面凝结放热，将热量传输给原料，使其受热成熟。水蒸气是我国烹调广泛运用的传热介质，其传热具有如下特点：

（1）能形成菜肴的独特口感。蒸汽以对流和传导方式对烹饪原料加热，一般温度在 100~125℃。掌握不同的汽蒸火候能形成不同的菜肴风格。如旺火足汽速蒸，能形成鲜嫩的口感；中火足汽缓蒸能形成软烂的口感；中小火放汽速蒸，能形成菜肴极嫩的口感效果。

（2）能保持菜肴的原汁原味，减少营养素的流失。水蒸气作热媒不会像水那样在加热时与原料间发生剧烈的物质交换，所以能将原料本身的风味成分很好地保存于其中，并减少原料中水溶性营养素损失，蒸的食品基本上保留了食物中的一种物质——赖氨酸，它是合成蛋白质的重要成分。

另外，水蒸气传热还具有卫生条件好、有助于菜肴定型等特点。

菜例：粉蒸鮰鱼

用料：

鮰鱼 600 克，葱结、姜片各 5 克，绍酒 30 克，精盐 5 克，酱油 20 克，白糖 15 克，味精 3 克，胡椒粉 2 克，炒米粉 150 克，油 50 克。

制法：

①先将鮰鱼杀洗干净，切成 5 厘米长的段，再切成块，放盘内加葱、姜、绍酒、精盐、

酱油、白糖、味精、胡椒粉，拌和腌制 2 小时后，拣去葱、姜，再加入炒米粉拌和。

②取大碗一只，将拌有米粉的鱼块，整齐排入碗里，先中间后两边排成三排，浇入食用油，摆上葱结、姜片。

③将笼锅烧开，放入鱼碗，用旺火蒸 45 分钟，蒸到米粉涨发成熟，取出拣去葱结、姜片即可。

特点：鲜嫩肥香，肥糯不腻，夏令菜品，别有风味。

四、电磁波传热

电磁波是辐射能的载体，被原料吸收时，所载运的能量便会转变为热能，对原料进行加热。根据波长的不同电磁波可分为很多种，专门在烹制传热中运用的主要是远红外线和微波两种。

1.远红外线传热

用于加热的远红外线，通常是指波长为 30~1000 微米的电磁波，属于热辐射射线（波长为 0.1~1000 微米）的范围。远红外线不同于一般的热辐射，因为它不仅载有辐射热能，而且还具有较强的穿透能力。一般的热辐射仅能加热原料表面，对原料内部没有多少直接作用，远红外线除了加热原料表面之外，还能深入到原料内部去，使原料分子吸收远红外线而发生谐振，达到加热的目的。因此，远红外加热具有热效率高，加热迅速的特点。

2.微波传热

微波，是一种频率较高的电磁波。其频率为 3×10^8~3×10^{11} 赫兹，其低频端与普通无线电波的短波波段相连，高频端与红外线的远红外线波段能相接，所对应的波长为 10^3~10^6 微米。它不属于热辐射射线，因此不能对原料表面直接加热。

微波加热的机理：在对原料加热时，微波利用较强的穿透能力深入到原料之中去，并利用其电磁场的快速交替变化（相当于交流电电流方向的改变），引起原料中水及其他极性分子的振动，使得振动的分子之间相互摩擦而产生热量，达到加热的目的。

微波加热，原料表里一般总是同时发热，不需要热传导，因此具有加热迅速、均匀，热效率高等特点。微波加热的食品基本保留了原料原有的色、香、味，营养成分损失也有所降低。它的不足是原料表面难以像烘烤、油炸那样上色和变得香脆。微波加热与烘烤或油炸配合使用可以达到此类菜肴的质量要求。微波不能被金属所吸收。因此不可用金属容器或带金边瓷盘子盛装食物加热，否则会延长加热时间，产生电弧，损坏炉子。

五、其他热媒传热

1.热空气传热

热空气的传热方式为对流。它在烹制传热中一般不起主导作用，只是在烘烤食品时协助电磁波传热，如"烤肉串"。

2.食盐或沙粒传热

食盐和沙粒都是固体传媒，以导热的方式传热。操作时必须不断翻炒，或埋没原料，这样才能使原料受热均匀，如"盐焗鸡"。

3. 金属传热

烹调中使用的金属热媒主要是金属加热容器。它以导热的方式将热量传输给原料。在煎、贴、炒等烹调方法中有所运用。金属加热容器的传热只能加热原料的一面，如"烙饼"。

 **拓展知识**

烹制过程中的变化

一、色的变化

颜色是评价菜肴质量的第一个重要标准。色彩鲜艳和谐的菜肴能给人以美的享受，可以增进人们的食欲。虽说烹饪原料五颜六色，但菜肴的颜色是烹饪原料受热后变化的最终结果，通过控制加热时间及火力的大小，可以得到我们需要的颜色，这也就是我们通常所说的控制火候。

动物肌肉中所含的血红素，常以复合蛋白的形式存在，分别称为肌红蛋白和血红蛋白。动物肌肉的鲜红色主要是由细胞中的肌红蛋白和毛细血管决定的。在烹调过程中，当加热至60~70℃时，动物的肌肉变成白色，加热至75℃则变成灰褐色，这就是由于肌红蛋白受热变性，血红素被氧化成变性肌红蛋白所致。

绿色蔬菜由于叶绿素而呈绿色。叶绿素在植物活细胞中与蛋白质相结合。绿色蔬菜受热至一定温度时，蛋白质因变性而凝固，叶绿素呈游离状态，此时如果外界温度继续上升或传热介质呈酸性，叶绿素的结构将被破坏，原来呈绿色的蔬菜就会变成黄褐色。

某些含丰富单宁的原料，如茄子、莲藕、洋葱等在铁锅中加热，所含单宁与铁离子作用后生成黑色的物质，影响成菜的颜色。

类胡萝卜素的结构分为顺式和反式两种，这两种类胡萝卜素都呈橙红色，但顺式类胡萝卜素的颜色比反式的要深。天然原料由于存在的都是反式类胡萝卜素，在加热和酸等因素的影响下，类胡萝卜素均表现为顺式结构，因此含有此类成分的原料加热后颜色会变深。

在烹饪过程中为保持菜肴色彩的鲜艳，对于肉类，如果要求菜肴的颜色洁白，如江苏鱼圆、雪花鸡淖等，我们应将加热的温度控制在60~70℃；为保持绿色蔬菜的翠绿，一般应旺火快炒，以免因为加热时间过长而变成黄褐色，或是先焯水再进行炒制；含单宁丰富的原料则可以选择不锈钢的锅具。

二、香气的产生

菜肴浓郁的香气是原料经加热后产生的，主要有两种途径：一是原料所含的香气物质受热后挥发出来；二是原料受热后产生分解反应或酯化反应，生成呈香物质。

姜、葱、蒜和洋葱等经高温煸炒，原料中呈香物质会迅速挥发出来；芫荽经受热香气马上溢出；紫菜等经过烘烤便会发生氨基酸的羰氨反应，生成芳香化合物。新鲜的肉类原料受热后香味浓郁，呈香成分复杂。据测定：烹制牛肉时产生的香气含300多种化合物，其中有醛、醇、酯、呋喃、胺、含硫化物等；鸡肉烹煮后产生的香气主要是由羰基化合物和含硫化合物组成。实践证明：肉类烹调时，使用的温度不同，产生香气的物质成分也有所不同。我们通常嗅到的香气是各种香气物质的混合气味。各种发酵食品的香气组合主要是由微生物作用于蛋白质、糖、脂肪及其他物质而产生，其主要成分是醇、醛、酮、酸、酯等化合物，如酱油、鱼露等。

另外，有的原料在加热过程中常会产生一些酸类物质，如苹果酸、柠檬酸；有的原料烹调时加入食醋，醋酸若与烹入的酒一起受热便会发生酯化反应，生成具有芳香气味的酯类化合物。因此烹制不同的原料，成菜的香气也不同。

三、鲜味的变化

鲜味的主要成分是一些氨基酸、核苷酸、琥珀酸等，这些成分主要存在于畜类、水产类、蘑菇、竹笋和鲜味调味品之中。

经研究：5-肌苷酸（IMP）和5-乌苷酸（GMP）均有较强鲜味，尤其IMP是呈味核苷酸中最强的一种。IMP在牛肉、鸡肉、鱼肉中有较丰富的含量，是肉的鲜味的代表。这些原料与水一起受热后，其中的一部分蛋白质会逐渐分解，直至生成某些游离态的氨基酸，其生成物中的谷氨酸在一定氯化物的浓度下便生成鲜味物质。GMP在竹笋、蘑菇、香菇中含量较丰富，是蔬菜等植物鲜味的代表。

动物肌肉中的IMP易被磷酸酯酶分解，就会失去鲜味。如果用猛火快炒的方法处理这些原料，磷酸酯酶很快会失去活性，从而可避免核苷酸分解作用的发生，炒制后的肉类便显得肉质嫩滑、味鲜美。

味精是烹调中常用的鲜味剂，主要成分为谷氨酸钠，但不耐高温，在加热至270℃时就会发生水分子内脱水现象，生成焦性谷氨酸钠，从而失去鲜味。鸡精的原料来自新鲜的鸡肉和鸡蛋，主要的增鲜剂是呈味核苷酸，它可与谷氨酸钠复合产生鲜度的相乘效应，使得增鲜、调味合二为一，鲜度可达到158%~250%。味精的鲜相对来说较为单一、集中；鸡精则有鸡的鲜、香味，具有浓郁的复合香味。

我们在烹制菜肴的过程中应该充分考虑到原料中原有鲜味成分的变化，而对鲜味调味品的选择、用量及其加入的时间也要引起足够的重视，从而使得烹制出来的菜肴鲜香无比。如在烹制煮、蒸、炖类菜肴时味精不能加入得过早，否则会变质，失去鲜味。

四、形的变化

"刀工精细，配料巧妙"是中国菜肴一大特点，主要反映在一份菜肴中原料的大小、粗细、长短、厚薄、形态的一致上，但因原料的特性各异，经过加热，原有的形状也会发生变化。要使原料最终保持一致，就必须从其内部结构入手加以了解。

新鲜的植物性原料细胞内含水量高，细胞间存在丰富的果胶物质，当受热至一定程度时，细胞间的果胶溶解，细胞彼此分离。与此同时，因为细胞膜受热变性，增加了细胞的通透性，细胞内的水分及无机盐大量逸出，细胞的膨压下降，整个植物组织变软。如果加热过度，植物组织中水分外逸，细胞膨压消失，从而改变了原有形状，影响菜肴的外观形态。

不带骨的动物性原料经调味上浆或拍粉后形状也不稳定。当把原料投入中油温中炸制时，其表面的蛋白质、淀粉等会很快凝固，使原料定型。动物性原料常含有较丰富的蛋白质，例如草鱼中含17.9%，鸡肉中含21.5%，牛肉中含20.3%。这些蛋白质在加热过程中会发生变性作用。蒸鱼时，高温的水蒸气与鱼接触，鱼体表面的蛋白质在热的作用下迅速凝固形成保护芡，可以减少无机盐的损失。

原料在加热过程中变化极为复杂，只有注重色、香、味、形及营养5个方面的变化，利用变化中的有利因素为我们的烹调服务，才能提高菜肴质量，使烹制的菜肴色、香、味、形俱佳并兼具营养的特征，从而适应当今人们日益更新的饮食观念，更好地满足人们的饮食需要。

任务二　火候及其运用

☞**任务目标**

- ●能够根据不同的原料运用火候；
- ●会调控不同火候并合理加以利用；
- ●掌握影响火候的基本因素。

火候是烹调加工的三大基本技术（切配、烹制、调制）中烹制的中心内容。早在春秋时期《吕氏春秋·本味篇》中就有提道："火之为纪，时疾时徐。灭腥、去臊、除膻，必以其胜，无失其理"。不论什么时候用到火候，都不得违背用火的道理。烹制技术即可以看作火候的技术，火候三要素在烹制工艺中相互联系，相互制约，构成若干种火候形式，不同的火候形式又具有不同的功效。

活动一　认识火候

一、火候的概念

火候指在一定的时间范围内，在不变或一系列连续变化的温度条件下，食物原料在制熟过程中从热源（能源、炉灶）或传热介质中经不同的能量传递方法所获得的有效热量（能量）的总和。对于火候的定义，我们需要从以下几方面理解：

首先，一般情况下所说的火候，指的是"最佳的火候"，即把烹饪原料烹制到最理想程度。所谓理想的程度，有内外两层意思：就外在来说，多少原料需要多少热量，达到多高的温度，才能烹熟烹饪原料，这一程度是可以精确计算出来的，如现在的微波烹饪、红外线烤箱烹饪等都是如此。至于内在的程度，则是指通过加热，把烹饪原料烹制得鲜美香嫩恰到好处，这是烹制工艺的最高要求，也是最难把握的。

其次，烹调中的火候含有三个层次的意义，它们分别由热源、传热介质和烹饪原料三者通过一定的表现形式（外观现象或内在品质）呈现出来。对热源而言，火候就是热源在一定时间内向原料或传热介质提供的总热量，它由热源的温度或其在单位时间内产生热量的大小和加热时间的长短决定；对传热介质而言，火候就是传热介质在一定时间内产生的总热量，它由热源及传热介质的种类、数量、温度和对原料的加热时间所决定；对烹饪原料而言，火候就是原料达到烹调要求时所获得的总热量，它由热源、传热介质、原料本身的状况及其受热时间所决定。

再次，对于一定种类一定数量的烹饪原料，或一个菜肴来说，它的烹制质量预先都有一个标准（尽管存在主观因素，但至少应有一个范围）。因此，其应达到的"火候"就是一个定值。一般情况下，加热时间长，热源（或传热介质）的温度（火力）就应高（大）；反之，热源（或传热介质）的温度低（或火力小），加热时间就短。火候掌握的关键是找出时间与热源温度（火力）的比例关系。

最后，火候是以原料感官性状的改变而表现出来的，火候的表现形态是人们判断火候的重要依据。因为原料在受热的过程中，内部的各种理化变化都会由色泽、香气、味道、形状、质地的改变所反映。其中最核心的是口感（质感）的变化。原料受热口感的变化是一个动态的过程，从生到刚熟、再到成熟、到熟透以至于发生解体、干缩、焦糊。不同的菜肴，火候要求不同。每类菜肴都有自己的标准。如炒、爆一类的菜肴，口感要求脆爽、细嫩；烧菜、蒸菜、卤菜要熟软。这些特点在制作中应通过经验判断和感官鉴别加以把握。

二、火候的要素

如果把火候看作是烹制中原料在一定时间内发生适度变化所需要吸收的热量，那么就可以认为热源火力、热媒温度和加热时间是构成火候的三个要素。

1. 热源火力

这里不是单纯指"火焰烈度"，而是指燃料燃烧时在炉口或加热方向上的热流量，也包括电能在单位时间内转化为热能的多少。燃烧火力的大小受燃料的固有品质、燃烧状况、火焰温度，以及传热面积、传热距离等因素的影响。在燃料种类和炉灶构造不变的情况下，可以用改变单位时间内燃料燃烧量的办法来调整燃烧状况、火焰温度、传热面积、传热距离等，以改变火力的大小。电能"火力"的大小主要由加热设备所控制，可以通过设备上的调控部件来调节。热源火力是能够准确测定的。以电能为热源的加热，在设备设计时就已测定了基本的数据。而烹调加工中以燃料为热源的加热，火力的大小仍主要靠经验判断。人们通常综合火焰的颜色、光度、形态、热辐射等现象，把燃料火力粗略地划分为旺火、中火、小火和微火四类。如果参考有关火力的实验数据（有待测定），与经验结合起来判断，结果会更精确一些。

2. 热媒温度

又可称为加热温度。这里特指烹制时原料受热环境的冷热程度，它是火候的一个不可缺少的要素，以前人们在阐述火候时往往忽视了这一点。烹调的实践告诉我们，热源释放的能量必须通过热媒的载运，才能直接或转换后作用于原料。要使原料在一定的时间内获取足够的热量，发生适度的变化，一般都要求热媒必须具有适当高的温度。如：上浆原料的滑油，油温要求保持在四至五成，否则不是"脱袍"，就是原料表层发硬、质地变老。再如：炒青菜，要求在火候上保证菜肴的口感脆嫩、色泽绿亮，单凭热源火力和加热时间的组合是绝对不行的，还必须考虑原料在下锅之前锅内热度够不够高。冷锅就下料，火力再大（在烹调可能的范围内），短时间加热或适当延长加热时间，都难以达到预期的效果。由此可见，缺少了热媒温度这一要素，火候将难以成其为火候。以微波加热时，该要素不再是热媒温度，而是微波所载电子能的多少。这只是一个特例。

3. 加热时间

即原料在烹制过程中受热能或其他能量作要素。所谓形状，包括原料的体形大小、块形厚薄等。一般而言，在烹调要求和原料性质一定时，体大块厚者发生适度变化需要吸收的热量较多，体小块薄者需要吸收的热量较少。这一点在火候运用时不可忽视。由于原料的性状对火候的运用有着较大的影响，在烹制由多种原料组配而成的菜肴时，有必要根据各种原料的不同性质和形态，合理安排投放顺序，以满足各种原料的不同火候要求。

三、火候各要素之间的相互关系

火候三要素在烹制工艺中相互联系，相互制约，构成若干种火候形式，不同的火候形式又具有不同的功效。如果把它们粗略地划分为三个档次，热源发热量分为大、中、小，热媒温度分为高、中、低，加热时间分为长、中、短，那么从理论上讲就可得到 27 种不同的火候形式，也就是 27 种不同的火候功效。在实际烹制工艺中，火候各要素的档次划分远不止三个，按原料性状和烹调要求的不同，所组成的火候形式简直难以数计。这就是我国烹调的火功微妙之处。

 **拓展知识**

掌握火候的一般原则

虽然火候的恰当掌握是非常复杂而困难的事，但也有一定的规律可循，更主要的还是从实践中积累经验，熟悉"看火"技术，掌握好"火候"。这是烹调师必备的条件。

在烹制菜肴的过程中，可变因素很多，而且变化复杂。要根据原料的性质、烹调要求、加热方法，灵活掌握火力和加热时间。掌握火候应遵循以下一般原则：

1. 不同形状原料的火候
（1）质老形大的原料用小火，时间要长；
（2）质嫩形小的原料用旺火，时间要短。

2. 不同质感菜肴的火候
（1）要求脆嫩的菜肴用旺火，时间要短；
（2）要求酥烂的菜肴用小火，时间要长。

3. 用水、蒸汽传热的火候
（1）用水传热，菜肴要求软、嫩的一般需用旺火；
（2）用蒸汽传热，菜肴要求鲜嫩的一般需用大火，时间要短；
（3）用蒸汽传热，菜肴要求酥烂的需用中火，时间要长。

4. 不同烹调方法的火候
（1）采用炒、爆烹调方法的菜肴需用旺火，烹调时间要短；
（2）采用炸、熘烹调方法的菜肴需用旺火，烹调时间要短；
（3）采用炖、焖、煨烹调方法的菜肴需用中小火，烹调时间要长；
（4）采用塌、煎、贴烹调方法的菜肴需用中小火，烹调时间略长；
（5）采用汆、烩等烹调方法的菜肴需用大火，烹调时间要短；
（6）采用烧、煮、烩烹调方法的菜肴需用大火，烹调时间略长。

5.制汤的火候掌握

（1）吊制奶白汤需用旺中火，烹调时间要长；

（2）吊制清汤需用小火，烹调时间要长。

活动二　火候的运用

一、不同火候的识别

通常人们所讲的"火候"一词，其实是一个大概念，包括火力和热能的作用时间两个方面。我们这里所说的火候实际是专指"火力"的意思。从经验判断，火力的大小大致可分为四种：旺火、中火、小火和微火。火候运用见表5-1。

表5-1　火候运用一览表

火候名称	适宜原料	对应的质感	适宜烹调类别	加热时间
旺火	质嫩形小的原料和新鲜蔬菜	滑、脆、嫩	炸、熘、爆、炒	时间短
中火	形体略大的原料	酥、烂	炒、制汤	时间较长
小火	质老、形大的原料或整形的原料	酥、烂、脆	炖、焖、煨、烤	时间长
微火	形大、带壳的原料	脆、酥、烂	焐、烤	时间长

1.旺火

旺火又称武火，火焰高、急而稳定，火苗呈淡绿色或黄白色，光度明亮，热气逼人。在燃料处于充分剧烈燃烧、燃气压力大而且供氧足或者电流高等情况下，可获得旺火。

2.中火

中火又称文武火，火焰中等、缓慢而且比较稳定，火苗为浅绿色或橙红色，光度较暗，辐射热较强。在燃料处于比较充分地燃烧、燃气压力和供氧量略低或者电流略小等情况下，可获得中火。

3.小火

小火又称文火、慢火，火焰低而细小，火苗呈青绿色或橙黄色，光度黯淡，辐射热较弱。在燃料燃烧不充分、燃气压力小、供氧量不足或电流小等情况下可得到小火。

4.微火

微火又称绿豆火，火焰极其微小，形同绿豆，火苗为绿色或暗红色，几乎看不到火焰，供热极其微弱。

在燃料燃烧非常不充分、燃气压力非常小、供氧量非常不足和电流极其微小等情况下可得到微火。

二、影响火候的因素

一般来说，火力运用大小要根据原料性质来确定，但也不是绝对的。有些菜肴根据烹调要求要使用两种或两种以上火力。如"清炖牛肉"就是先旺火，后小火；而"氽鱼脯"则是先小火，后中火；"干烧鱼"则是先旺火，再中火，后小火烧制。菜肴制作中掌握火候要注意以下因素。

1. 原料对火候的影响

菜肴原料多种多样，有老、有嫩、有硬、有软，烹调中的火候运用要根据原料质地来确定。软、嫩、脆的原料多用旺火速成，老、硬、韧的原料多用小火长时间烹调。如果在烹调前通过初步加工改变了原料的质地和特点，那么火候运用也要改变。如原料切细、走油、焯水等都能缩短烹调时间。原料数量的多少，也和火候大小有关。数量越少，火力相对就要减弱，时间就要缩短。原料形状与火候运用也有直接关系。一般地，整形大块的原料在烹调中，由于受热面积小，需长时间才能成熟，所以火力不宜过旺；而碎小形状的原料因其受热面积大，急火速成即可成熟。

2. 传热方式对火候的影响

在烹调中，火力传导是使烹调原料发生质变的决定因素。传导方式是以辐射、传导、对流三种传热方式进行的。传热媒介又有不同介质之别，如水、油、蒸汽、盐、沙粒等。这些不同的传热方式直接影响着烹调中火候的运用。

3. 烹调技法对火候的影响

烹调技法与火候运用密切相关。炒、爆、烹、炸等技法多用旺火速成。烧、炖、煮、焖等技法多用小火长时间烹调。但是根据菜肴的要求，每种烹调技法在运用火候上也不是一成不变的。只有在烹调中综合各种因素，才能正确地运用好火候。

三、掌握火候的一般规律

掌握火候的一般规律见表 5-2。

表 5-2　掌握火候的一般规律

可变因素		火力	加热时间
原料性状	质老或形大	小	长
	质嫩或形小	旺	短
成品要求	脆嫩	旺	短
	酥烂	小	长
	制奶白汤取汁	旺、中	较长
	制清汤取汁	小	长
投料数量	多	中、小	较长
	少	旺、中	较短
传热介质	以油为介质	中、旺、小	短
	以水为介质	旺、小、中	长
	以蒸汽为介质	旺、中	较短

续表

可变因素		火力	加热时间
烹调方法	滑炒	旺	短
	爆炒	旺	短
	烧	旺、中、旺	较长
	炖	旺、小、旺	长
	焖	旺、小、旺	长

任务三　初步熟处理工艺

任务目标

- 会运用焯水工艺进行初步熟处理；
- 掌握不同的油温处理不同原料；
- 能根据不同的菜肴选择合适的汽蒸方法；
- 会运用走红工艺进行初步熟处理。

初步熟处理工艺就是根据原料的特性和菜肴的需要，用水或油等传热介质对原料进行初步的加热，使其成为初熟、半熟或熟透状态，为正式烹调做好准备的工艺操作过程。

初步熟处理可以使烹调原料色泽鲜艳、质感脆嫩，可以除去血污及腥膻味，可以调整和缩短正式烹调的时间，便于切配成型。某些原料，还可以在初步熟处理的过程中提取鲜汤。

初步熟处理是正式烹调前的准备阶段，同菜肴的质量密切相关。如果这道工序不符合要求，不按照制作要求进行操作，就不可能做出美味佳肴。

烹调加工中，对原料进行初步熟处理的方法，常用的有焯水、汽蒸、过油、走红四种。它们在操作方式、适用范围、目的和作用等方面，都各不相同。

活动一　焯水

焯水，又称飞水、冒水、出水、水锅等，就是把经过初步加工后的烹调原料，放入水锅中加热到半熟或刚熟的状态，以备进一步切配成型或为菜肴烹调之用。需要焯水的烹调原料比较广泛，大部分蔬菜及一些有血污或有异味的动物性原料，都应进行焯水。焯水在烹调中有以下优点：

1.增加色泽，利于营养卫生

蔬菜中含叶绿素较多，焯水后可使其颜色更加碧绿、鲜艳。如笋、萝卜、豇豆、四季豆、苦瓜、菜头等蔬菜原料，焯水后能除去一些不正常的味道（如涩味、苦味）和某些原料含有的草酸（如菠菜、茭白等），能保证这些原料成菜的质感和营养性。

2.可去除原料的血污和异味

烹饪原料都带有一些不适宜口味要求的成分，如：动物性原料的腥、膻、臊、臭等气味或有些原料过于油腻；植物性原料也带有涩、苦等异味。这些原料，经焯水后可以去除原料中的血污和不良气味，使菜肴达到成品所要求的标准。

3.老嫩兼顾，同时成熟

烹调原料由于品种、性质不同，加热成熟所需要的时间也不一样。如一般肉类原料比蔬菜类加热的时间要长；禽类成熟要比畜肉类快；同是蔬菜，芦笋的成熟就较慢，萝卜类其次，叶菜类较快。将成熟时间长短不一的原料一起加热，如果其中一部分成熟度恰到好处，那么另外的原料必然是生熟不一，失去了鲜美滋味。焯水就可以有意识地调剂多种原料的成熟时间。

4.提前准备，便于烹调

经过焯水的烹调原料，达到了正式烹调的要求，符合正式烹调所需的成熟程度，变为半熟、刚熟或熟透的状态，因而正式烹调的时间就可以大大缩短。对于那些必须在较短的时间内迅速制成的菜肴，焯水尤为必要。

5.便于原料去皮或切配加工

花生、番茄、土豆、山药、板栗等，生料时去皮困难，焯水后就相对容易些。肉类、笋、藕等原料焯水后比生料便于切配加工。

一、焯水的方法

焯水可分为冷水锅焯水与沸水锅焯水两大类。

（一）冷水锅焯水

冷水锅焯水，是将原料与冷水同时下锅。水要没过原料，然后烧开，目的是使原料成熟，便于进一步加工。土豆、胡萝卜等因体积大，不易成熟，煮的时间需要长一些。有些动物性原料，如白肉、牛百叶、牛肚等，也是冷水下锅加热成熟后再进一步加工的。有些用于煮汤的动物性原料，也要冷水下锅，在加热过程中使营养物质逐渐溢出，使汤味鲜美，如用热水锅，则会导致蛋白质凝固。

1.操作程序

冷水锅焯水流程如图5-2所示。

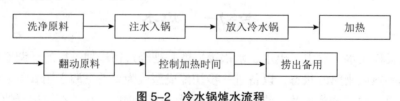

图5-2 冷水锅焯水流程

2.适用范围

（1）肉类：适用于腥、膻味等异味较重、血污较多的动物性原料，如牛肉、羊肉以及大肠、肚等动物内脏。这些原料如在水沸后下锅，则表面会因骤受高温而立即收缩，内部的血污和异味就不易排出。

（2）蔬菜类：适用于笋、萝卜、芋头、马铃薯、山药等蔬菜。笋、萝卜中存在的异味，只有在冷水中逐渐加热才易消除。这些蔬菜，体积都较大，需要较长时间的加热才能使其成熟，如果在水沸后下锅则易发生外熟里不透的现象。

3. **操作要领**

（1）在加热过程中随时翻动原料，使其受热均匀。

（2）要根据原料性质和切配烹调需要掌握好成熟度。

（3）异味重、易脱色的原料应单独焯水。

（4）焯水后的原料应立即漂洗、投凉。

（二）沸水锅焯水

沸水锅焯水，就是将锅内的水加热至滚开，然后将原料下锅。下锅后及时翻动，时间要短。要讲究色、脆、嫩，不要过火。这种方法多用于植物性原料，如芹菜、菠菜、莴笋等。焯水时要特别注意火候，时间稍长，颜色就会变淡，并且也不脆、嫩。所以放入锅内后，水微开时即可捞出晾凉。不要用冷水冲，以免导致新的污染。

1. **操作程序**

沸水锅焯水流程如图 5-3 所示。

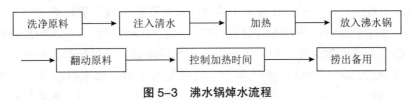

图 5-3 沸水锅焯水流程

2. **适用范围**

（1）蔬菜类：适用于需要保持色泽鲜艳、吃口脆嫩的原料。如菠菜、莴笋、绿豆芽、芹菜等。这些蔬菜体积较小、含水量大、叶绿素丰富，如果冷水下锅则由于加热时间较长而失去其鲜艳色泽和脆嫩口感，所以必须在水沸后放入原料，并用旺火加热迅速焯水。

（2）肉类：适用于腥膻异味小的原料，如新鲜的鸡、鸭、蹄髈、方肉等，这些原料放入沸水中焯一下，就能除去血污，减少腥膻等异味。

3. **操作要领**

（1）加水量要宽，火力要强，一次下料不宜过多。

（2）根据原料具体情况，掌握好下锅时水的温度。

（3）根据切配、烹调需要，控制好继续加热的时间。

（4）严格控制成熟度，确保菜肴风味不受影响。

（5）焯水后的原料（特别是植物性原料）应立即投凉。

（6）异味重、易脱色的原料应分别焯水。

二、焯水的基本原则

1. **根据烹调原料的不同性质掌握好焯水时间**

原料之间有大小、粗细、厚薄、老嫩、软硬之别，焯水时应区别对待，控制好加热时间，使其符合烹调的需要。

2. 特殊气味的烹调原料应与一般烹调原料分开焯水

有些原料，如羊肉、肠、肚等，气味很重，如果与一般无特殊气味的原料同时同锅焯水，会使一般原料也沾染上异味。

3. 根据原料颜色的要求分开焯水

深色烹调原料与浅色烹调原料应分开焯水，以免浅色原料被染上深色而影响美观，如有色蔬菜与无色蔬菜。

4. 根据不同的原料选用不同温度的水锅

一般新鲜的烹调原料用沸水锅焯水；有异味、血污的原料用冷水锅焯水。如牛、羊肉用冷水锅，新鲜蔬菜等鲜活原料用沸水锅。

三、焯水对烹调原料的影响

焯水过程中，原料会发生种种化学变化和物理变化，很多是有益的，是我们要利用的。菠菜、茭白等类原料所含的草酸，通过焯水，可以溶析出来；萝卜所含的黑芥子酸钾成分能分解生成一种无色、透明、有辛辣味的芥子油，萝卜焯水时芥子油大部分被挥发掉了，其辛辣味也就减轻了，同时，萝卜中所含的淀粉受热水解为葡萄糖又产生了甜味。

当然，焯水也会造成部分营养的散失。鸡、鸭、肉等焯水时，在水中加热会使其所含的蛋白质及脂肪分解而散失在汤中。蔬菜中所含的维生素、无机盐类，既怕高温，又易氧化，且溶解于水，焯水时造成的损失更大。但从全面考虑，焯水对制成菜肴还是利大于弊，因此，它仍然是烹调中一项重要技术。今后有待于进一步探讨与研究怎样把营养成分的损失缩小到最低限度。有些不经过焯水即可直接烹调的原料，如果直接烹调不存在菜肴的加热时间和色泽的问题就不必焯水，如菜心、韭菜等。

四、焯水的操作要领

（1）焯水前要洗净原料表面的血污，去除杂质。

（2）沸水锅焯水必须做到沸水下料，水量要大；火要旺，焯水时间不能过长，以保持原料的色泽、质感和鲜味。

（3）蔬菜类原料焯水后要迅速捞出并用冷水冲凉或透凉，直到完全冷却为止。鸡、鸭、蹄髈、方肉等原料焯水后要从水沸处捞出，其汤汁不可弃去，去掉浮沫后可作制汤之用。

初步熟处理的作用

1. 缩短正式烹调的加热时间

对用量较大的烹饪原料进行初步熟处理，作为半成品或预制品在一定时间内储备待用，可以使正式熟处理过程快捷方便，以避免厨房工作的忙乱现象。

2. 调整同一菜肴中主辅料的成熟速度

不同的烹饪原料，由于质感、大小不同，它们的成熟度是不一样的，加上料块大小和用量多少的差异，因此在同一加热条件下，其生熟程度也是不同的，因而不可能同时出锅。为了保证成菜的质量，只有将难熟的原料用预熟的方法先行处理，达到半熟或接近成熟，然后在正式制熟时，与其他易熟原料同时下锅，最后一起出锅，才能保证其生熟程度和风味特色的均匀一致。

3. 增加和保持原料的色泽

在初步熟处理过程中，许多烹饪原料自身的组成成分会起变色反应（美拉德反应、焦糖化反应）而使原料的色泽增加，如许多烹饪原料经过高温油炸形成金黄色。

4. 除去原料的异味

大多数动物性原料常具有膻、腥、臊、臭等不良气味，如果不在正式烹调前除去异味，将会严重影响菜肴成品质量。而一些植物性原料，也常有酸、涩、腥等异味成分影响菜肴的口味，也必须在正式烹调前去除。

活动二　过油

过油也称为油锅，是指在正式烹调前以食用油脂为传热介质，将加工整理或切制成型的食物原料，加热至一定程度，达到正式烹调需要的操作过程。

过油是初步熟处理的另一种重要手段，对菜肴风味的形成起着重要作用，是一项技术性很高的工艺。具体来说，它在烹调中的优点有以下几方面：

1. 丰富原料的质感

需要过油的原料都含有不同程度的水分，而水分是决定原料质感的重要因素。过油时利用不同的油温和不同的加热时间，使原料的水分与初始状态产生差异，从而形成多种质感。

此外，许多需要走油的原料还需上浆、挂糊，由于浆、糊的不同，同种原料也会体现出不同的质感。

2. 增加原料的色彩

过油是通过高温使原料表面的蛋白质类物质发生化学反应，使淀粉变成糊精，从而达到改变原料色彩的目的，经过不同的过油方法处理之后，特别是经过挂糊过油之后，会为原料增光添彩。

3. 加快原料的成熟速度

过油虽然是初加热，但由于具有很高的温度，使原料中的蛋白质、脂肪等营养成分迅速分解，从而加快了原料的成熟速度。

4. 改变或确定原料的形态

过油时原料中的蛋白质类物质在高温状态下会迅速凝固，使原料的原有形态和改刀后的形态，在继续加热和正式烹调中不被破坏。

一、油温的识别与掌握

（一）油温的识别

所谓油温，就是锅中的油经加热所达到的各种温度。油温大致可分为三类：

1. 温油锅

即油锅烧至三四成热，油温为 90~120℃；油面无青烟，无响声，油面较平静；原料下锅后周围出现少量气泡。

2. 热油锅

即油锅烧至五六成热，油温为 150~180℃；油面微有青烟，油从四周向中间翻动；原料下锅后周围出现大量气泡。

3. 旺油锅

即油锅烧至七八成热，油温为 180~240℃；油面有青烟，用手勺搅动时有响声；原料下锅后周围出现大量气泡，并有轻微的爆炸声。

油温识别见表 5-3。

表 5-3　油温识别

分类	俗称	温度	油面情况	原料入油后反应	运用
低温油		1~2 成 30~80℃	油面平静，无其他现象	基本无反应	浸泡原料
中温油	温油锅	3~4 成 90~120℃	无青烟、响声，油面平静	原料周围出现少量气泡	滑油
热温油	热油锅	5~6 成 150~180℃	微有青烟，油从四周向中间翻滚	原料周围出现大量气泡，无爆响	炸制
高温油	旺油锅	7~8 成 180~240℃	有青烟，油面较平静，搅动时有响声	原料周围出现大量气泡，有爆响	走油 重油

（二）油温的掌握

正确鉴别油温后，还必须根据火力大小、原料性质及下料数量的多少三个方面正确地掌握油温。

1. 根据火力大小掌握油温

（1）用旺火加热，原料下锅时油温应低一些。因为旺火会使得油温迅速升高，如果原料在火力旺、油温高的情况下锅，极易造成迅速凝结散不开，出现外焦内不熟的现象。

（2）用中小火加热，原料下锅时油温应高一些。因为以中小火加热，油温上升较慢，如果原料在火力不太旺、油温低的情况下入锅，则油温会迅速下降，造成脱糊、脱浆。

（3）在过油的过程中，如果火力太旺、油温上升太快，应立即端锅离火或部分离火，在不能离火的情况下，可加入冷油使油温降低至适宜的程度。

2. 根据投料多少掌握油温

投料数量多，下锅时油温应高些。在原料数量多的情况下，投料后油温将必然迅速下降，而且降幅较大，回升较慢，因此应在油温较高时下锅。反之，投料数量少，下锅时油温应低些。

3.根据原料大小、质地掌握油温

原料形大质老,油温可高一些;原料形小质嫩,油温应低一些。

以上各种掌握油温的方法不是孤立的,必须同时考虑,灵活运用,把油温控制在原料所需要的范围内。只有这样,才能使原料合理地、均匀地受热成熟。

二、过油的方法

按照油温高低、油量多少和过油后原料质感的不同,过油可以分为滑油和走油两种方法。

(一)滑油

滑油又称为划油、拉油等,是指将鲜嫩无骨或质地脆嫩的烹调原料加工成较小的丁、丝、条、片等上浆后,放入中油量的温油锅中划散,断生即捞出的一种初步熟处理方法。滑油时,多数原料都要上浆,以使原料不直接同油接触,使水分不易溢出,而保持原料香鲜、细嫩、柔软的特性。滑油的温度一般在二至五成热。

1.滑油的程序

滑油流程如图 5-4 所示。

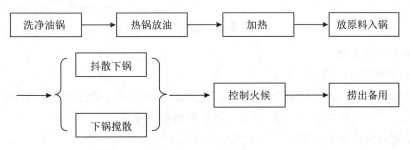

图 5-4 滑油流程

2.滑油注意事项

(1)上浆后的原料应分散下锅或抖散下锅。

烹调原料上带有黏性的浆状物,如果一起倒入油锅内,容易发生粘连,对菜肴的质、色、味、形都有很大影响,所以要分散下锅,并应在恰当时间内将原料轻轻拨散,防止粘连。

(2)滑油的油量应适中,为原料的 4~5 倍,油温应掌握在三四成热的温度内。

油温过高、过低都会影响原料滑嫩的效果。油温过低,会使原料上的浆汁脱落,以致原料变老,失去上浆的意义;超过五成热的油温,则会使原料粘在一起,并使原料表面发硬变老,失去了制品的特点。一般用三四成热的温油锅较为适宜。

(3)菜肴要求色白的原料,滑油时必须用猪油或浅色的植物油。

3.滑油的适用范围

(1)原料质地鲜嫩、加工形状薄小的原料。

(2)采用爆炒、滑炒、滑熘等烹调方法制作菜肴之前对主料的预熟处理。

4.滑油的操作要领

（1）铁锅应擦净预热，再注入食油。

（2）视食物原料数量多少，掌握用油数量和调控油温。

（3）上浆的原料应注意浆的浓度和挂浆均匀。

（4）使用植物油应事先烧透。

（5）若成品菜肴要求颜色洁白，应选用洁净油脂（如白大油或清油）。

（6）滑油后的原料要软嫩而滑、清爽利落。

（二）走油

走油也称为过油、冲油、油促、油炸等，是指将加工处理的原料放入大油量的热油锅中，加热制成半成品的一种初步熟处理方法。走油时，因油的温度较高，原料内部或表面的水分迅速蒸发，从而达到定型、色美、酥脆或外酥内嫩的效果。

1.走油的程序

走油的流程如图5-5所示。

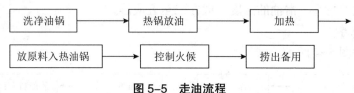

图5-5　走油流程

2.走油的操作要领

（1）必须用多油量的热油锅。

走油时油量需多一些，要能淹没原料，使其能自由滚动，受热均匀；原料应在油温热时分散投入，火力要适当，火候要一致，防止外焦而内不透。

（2）需要外酥内嫩的原料，过油时应该重油。

重油，也称复炸，就是重复油炸。原料经过挂糊，先投入旺火热油锅内炸一下，再改用中火温油锅继续炸制，使其在温油锅中渐渐受热，直至内外熟透，捞出，再放入旺火油锅内炸一下。这样就可达到外酥脆、内质嫩的要求。

（3）需要酥脆的原料，要用温油锅浸炸。

有些菜肴，如"葱酥鱼""麻辣酥鱼"等，要求内外酥脆，应先将原料放入中火热油锅炸一下，再改用中小火温油锅继续炸，直至酥脆。

（4）带皮的烹调原料下锅时，应当皮朝下肉朝上。

因为肉皮组织紧密，韧性较强，所以不易炸透。皮朝下，受热较多，易达到整体受热均匀的要求，同时也防止表皮气泡破裂，热油飞溅伤人。

（5）锅中油爆声微小时应将原料推动、翻身。

烹调原料放入热油锅时，其表面水分在高油温下急剧蒸发，油锅内会发出油爆声。油爆声转弱时，说明原料表面的水分已基本蒸发，这时将原料推动、翻身，使其受热均匀，防止相互粘连、粘锅或炸焦。

（6）必须注意安全，防止热油飞溅。

原料放入大油锅时，由于其表面水分骤受高温汽化迅速逸出，而引起热油四处飞溅，容易造成烫伤事故，因此必须设法防止。防止的办法有两点：一是下锅时，原料与油面距离应尽量缩短，迅速放入；二是将原料的表面水分揩干。

（7）正确掌握好过油的油温。

油温是过油的关键。油温的高低，要以烹调原料过油后的质感来确定。一般过油后要求质感细嫩柔软的烹调原料，应用温油锅；要求质感外酥内嫩的原料，应用热油锅，且重油。

（8）投料数量与油量应成正比，这样才会使烹调原料受热均匀。

3.过油的适用范围

（1）适用过油加工的原料较多，如家畜、家禽、水产品、豆制品及某些蔬菜类等均可。

（2）采用油爆、烧、拔丝等烹调方法制作菜肴前主料的预熟处理。

4.过油应注意的事项

（1）挂糊的原料一般应分散入油，防止粘连；不挂糊的原料应抖散入油；上浆的原料入油后应用工具（筷子、排勺）划散。

（2）需要表面酥脆的原料，应热油复炸（重油）。

（3）需要保持色泽洁白的应采用新油并注意选择油脂的品种（白大油、色拉油）。

（4）根据正式烹调的要求确定成熟度。

（5）根据菜肴成品风味特点掌握火候和颜色。

活动三　汽蒸

汽蒸，又称为气锅或蒸锅，就是将已经加工整理的烹调原料，放入水蒸气中加热，采用不同火力蒸制成半成品的初步熟处理方法。汽蒸是别有特色的加热方式，受热原料一直保持在封闭状态，因而有较高的技术性。要求必须掌握好烹调原料的性质、蒸制后的质感、火力的大小、蒸制时间的长短等方面的技术，否则，难以保证达到成菜对半成品的质量要求。汽蒸是较为传统的方法，有助于营养素的保持，具体的优点是：

1.能保持原料形整不烂，酥软滋润

烹饪原料经整理加工后入笼，在封闭状态下加热，不经翻动，成熟和保持原形，并且在不同火力、不同加热时间下，原料会有不同的质感。

2.能更有效地保持原料的营养素和原汁原味

汽蒸的原料，既不经高温，又在湿度饱和状态下加热，所以，能减少营养素受高温破坏或分解流失的程度，使原料具有最佳呈味效果。

3.能缩短烹调时间

原料通过汽蒸，已基本符合成菜的质感要求，所以缩短了烹调的时间。因为蒸汽的温度能保持在100℃以上，在增加气压的情况下温度则更高。

一、汽蒸的方法

根据汽蒸的烹调原料性质和蒸制后烹调原料质感的不同，可分为两种方法：

（一）旺火沸水长时间蒸制法

即用足量的蒸汽对烹调原料进行较长时间初步熟处理的方法。

1.蒸制程序

旺火沸水长时间蒸制流程如图5-6所示。

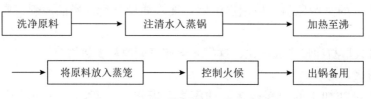

图5-6　旺火沸水长时间蒸制流程

2.应用范围

主要适用于体积较大、质地较老韧不易煮烂的动物性烹调原料。可用于干贝、鱼骨、莲子等干货原料的涨发，也可用于锅烧、扣菜、酥炸等烹调的半成品制作。如"香酥鸭""旱蒸回锅肉""软炸酥方""姜汁肘子"等。

3.操作要领

要求火力大、水量够、蒸汽足，这样才能保证蒸制的半成品烹调原料的质量。蒸制时间的长短，应视烹调原料质地的老嫩、软硬程度、形状大小及菜肴需要的成熟程度而定，如果火候不到，质老难嚼，则风味全失。

（二）中小火沸水徐缓蒸制法

即用少量的蒸汽对烹调原料进行慢慢初步熟处理的方法。

1.蒸制程序

中小火沸水徐缓蒸制流程如图5-7所示。

图5-7　中小火沸水徐缓蒸制流程

2.应用范围

主要适用于形体较小、鲜味足、质地细嫩易熟、不耐高温的动植物、食用菌类烹调原料或半成品原料。例如香菇、竹荪、猴头蘑、鱼肉、虾肉、鸡蛋糕等半成品原料的蒸制；绣球干贝、蝴蝶海参、三丝全鱼卷、芙蓉嫩蛋、葵花鸡等造型菜肴的热处理。

3.操作要领

（1）水量足，蒸汽冲力不大，保证蒸制的半成品原料的质量。

蒸汽的冲力过大，就会导致原料起蜂窝眼、质老、色变、味败，有图案的工艺菜还会因此而影响形态。发现蒸汽过足，可减小火力，或把笼盖拉出一条缝隙放气，以降低笼内温度和气压。

（2）掌握好时间，火力适当，使半成品原料符合菜肴质感细嫩、柔软的特点。

进行汽蒸，要根据烹调原料的新鲜度、性质、类别、形状和蒸制后的质感等因素，掌握好火候的调节。否则，达不到良好的效果。

（3）蒸制时要与其他初步熟处理工艺配合。

一些原料在进行汽蒸以前，还需要进行其他方式的热处理，如过油、走红、焯水，均应按其热处理原则，保证菜品质量。

（4）多种原料同时汽蒸，要防止串味。

不同的烹调原料、半成品，所表现出的色、香、味也不相同。进行汽蒸时，要考虑好最佳放置方案，防止相互串味，污染颜色。

二、汽蒸应注意的事项

（1）注意与其他加热方法的相互配合。

（2）注意调味要适当。

（3）注意原料的选择。

（4）防止原料间相互串味。

（5）准确控制加热时间、恰当掌握成熟度。

（6）适当控制汽量，确保风味特色。

烹饪原料合理烹制的意义

1. 合理烹制

指根据不同烹饪原料的营养特点和各种营养素的理化性质，合理地采用烹制加工方法，使菜肴的色、香、味、形等方面达到烹制工艺的特殊要求，又在烹制工艺中尽可能地保存营养素，消除有害物质，使营养易于消化吸收，更有效地发挥菜肴的营养价值。

任何烹饪原料经过加工与烹制，其营养成分的含量、质量都有一定程度的改变。由于各种原料的属性不同，营养素的性质不同，因此，为了充分满足人体对营养素的需要，应对烹饪原料进行合理的搭配，采用适宜的烹制工艺，减少营养素的破坏。

2. 合理烹制的意义

（1）杀灭有害生物。在烹制过程中，通过对原料进行洗涤和加热，可除去或杀死原料中的寄生虫卵和有害微生物，起到消毒作用，使食品对人体无害。

（2）除去或减少某些有害化学物质。随着科技的进步，人工合成的农药、激素应用于农业和畜牧业。如应用于某些植物的生长调节剂、孕激素等，能导致人们患肥胖病。另外，一些植物含有的酶类、生物碱等也可使人中毒。通过合理烹饪，可以减少这些有害物质在食物中的含量，降低其危害程度。

（3）最大限度地保存原料中的营养素。原料在烹饪时，其中的某些营养素会发生不同程度的破坏或损失，如一些不稳定的营养素，会在加热时失去原有的生物活性，水溶性维生素和无机盐也会在烹制中损失。因此，我们应该掌握造成一些营养素损失的机理，采取适当措施，进行合理烹饪，最大限度地保存原料中的营养素，为食用者提供尽量多的营养素。

（4）改善食物的感官性质，使之易于消化吸收。在烹制过程中，食物所含的物质之间会发生一系列的物理、化学变化，由于食物的成分非常地复杂，再加上烹制方法的多样化，食物在烹制时的变化过程是十分复杂的综合性理化变化过程。

活动四　走红

走红又称"红锅""着色""挂色"，是指将烹调原料通过投入各种有色调味汁中加热，或将其表面涂上某些带色调味品后进行油炸等方法，使烹调原料的表面上色，增加菜肴美观的一种初步熟处理方法。有些用烧、蒸、焖等烹调方法烹制的菜肴，需要将烹调原料上色后再进行烹制。这就常常需要用走红的方法。走红可对菜肴产生以下好处：

1.增加原料的色泽
各种家禽、家畜、蛋品等通过走红，能使其表面带上浅黄、金黄、橙红、金红等颜色，符合菜肴色泽的需要。

2.增香味、除异味
走红过程中，原料不是在调味卤汁中加热，就是在油锅内炸制，或经过烟熏、烤制等方法进行着色。在调料、温油、熏烤的作用下，能除去原料异味，增加香鲜味。

3.使原料定型
走红过程中，一些整形或大块原料基本决定了成菜后的形状。有些走红后还需要切配的原料，也决定了大致的规格。

一、走红的方法

（一）卤汁走红
卤汁走红，是指在正式烹调之前，把经过初步加工整理的烹调原料放入锅中，加入鲜汤、香料、料酒、糖色（或酱油）等，用小火加热至达到菜肴所需的颜色的工艺过程。

卤汁走红使用形体较大或完整、质地较嫩、带皮的动物性烹调原料。如整只的鸡、鸭、鸽，大块的猪肘、猪肉等。菜肴"芝麻肘子""生烧大转弯""灯笼鸡"等，就是先经焯水或走油后放入深色的卤汁内走红上色后，再另装碗后加原汁，蒸至软熟成菜的。

1.卤汁走红的加工程序
卤汁走红流程如图5-8所示。

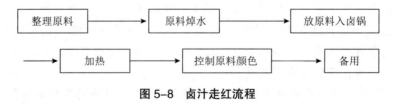

整理原料 → 原料焯水 → 放原料入卤锅

→ 加热 → 控制原料颜色 → 备用

图5-8　卤汁走红流程

2.卤汁走红法的操作要领
（1）应按成品菜肴的需要掌握好有色调味料用量比例及卤汁颜色的深浅。

（2）一般是先急火烧沸，再改用慢火加热，使菜肴原料的着色和入味同步进行。

（3）根据成品菜肴的需要，严格控制加热时间，把握成熟度，确保菜肴风味。

3. 卤汁走红法的适用范围

一般多适用于鸡、鸭、鹅、鸽等禽类及方肉、肘子和家禽内脏等原料。

（二）过油走红

过油走红，是指在原料表面涂抹上一层有色或加热后可生成红润色泽的调料，经高温油中加热时使烹调原料外皮着色的一种方法。

过油走红适用于形体完整、质地较嫩、带皮的动物性烹调原料及蛋品，如完整的猪肘、大块的带皮猪肉、猪蹄、凤爪、整鸡、整鸭、蛋品等烹调原料的上色，代表菜例："梅菜扣肉""红烧肉""德州扒鸡""卤猪手""虎皮鸡蛋"等。

1. 过油走红的加工程序

过油走红流程如图5-9所示。

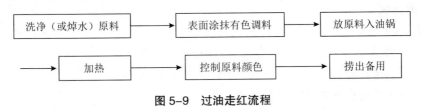

图5-9 过油走红流程

2. 过油走红法的操作要领

（1）原料表面涂抹调味料要均匀并风干。

（2）原料入油时要轻，防止热油飞溅烫伤。

（3）要掌握好油的温度（一般控制在150~230℃）。

3. 过油走红法的适用范围

一般多适用于鸡、鸭、鱼、肉（方肉、肘子等）。

（三）烟熏或烤制走红

烟熏走红是在高温加热的同时，利用烟色渗入烹调原料的外皮，附着在烹调原料的外表皮使其着色。

烤制走红是在烹调原料表层涂抹蜂蜜、饴糖等着色剂，利用烘烤加热，使烹调原料外皮形成焦糖色以及胶性蛋白质而形成的棕红色。

烟熏或烤制走红适用于形体较大外皮完整、质地较嫩的动物性烹调原料，如整只的鸡、鸭、鸽、猪脸、肚、蹄、肘等，可形成特别的烟熏火燎之风味。

二、走红的操作要领

（1）卤汁走红应按菜肴的需要，掌握有色调味品用量和卤汁颜色的深浅。

（2）卤汁走红时先用旺火烧沸，及时改用小火加热，使味汁和色泽缓缓浸入原料或附在表面。

（3）过油走红要将有色调味品均匀地涂抹在原料表面。油温要掌握在六成以上，这样可较好地起到上色的作用。

（4）控制好原料在走红加热时的成熟程度，迅速转入烹调，才不致影响菜肴的质量。

（5）鸡、鸭、鹅等应在走红前整理好形状，走红中应保持原料形态的完整。

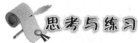
思考与练习

一、课后练习

（一）填空题

1. 初步熟处理的方法有 _____、_____、_____、_____。

2. 热传递的基本方式有 _____、_____、_____。

3. 烹调加工的三大基本技术是 _____、_____、_____。

4. 焯水可分为 _____、_____。

5. 火候的三要素为 _____、_____、_____。

（二）选择题

1. 属于蒸的火候种类是（　　　）。

 A. 小火慢蒸   B. 中火慢蒸

 C. 中等大火慢蒸   D. 中等小火慢蒸

2. 樟茶鸭子的初步熟处理需要经过（　　　）。

 A. 腌、熏   B. 熏、蒸   C. 蒸、炸   D. 腌、熏、蒸、炸

3. 初步熟处理着色方法业内又称为走红、挂色和（　　　）。

 A. 卤制   B. 酱制   C. 红锅   D. 红卤

4. 烹饪工艺中的热源主要包括固体燃料、液体燃料、电能以及（　　　）。

 A. 燃料   B. 气体燃料   C. 天然气燃料   D. 煤气燃料

5. 以下哪种不是水烹方式的成品特征（　　　）。

 A. 汤汁醇美   B. 有利于提高菜肴的营养价值

 C. 味透肌理   D. 酥烂、水嫩

（三）问答题

1. 烹饪原料在加热过程中有哪些变化？

2. 在菜肴制作中如何掌控油温？

3. 初步熟处理的作用是什么？

4. 焯水工艺有哪些优点？

5. 汽蒸时应注意哪些事项？

6. 过油应注意哪些事项？

7. 影响火候的主要因素有哪些？

二、拓展训练

1. 结合课程所学，请用菜肴操作实例说明不同原料、菜肴所需的油温。

2. 按小组训练，分别对菠菜、方肉、羊肉等进行初步熟处理。

3. 在操作训练中进行比较，说出原料焯水、过油、汽蒸、走红的不同感受。

模块六　调和工艺

学习目标

知识目标　了解调和的概念、内容及作用；掌握调味工艺、调香工艺、调色工艺和调质工艺的基本原理；掌握调味工艺、调香工艺、调色工艺和调质工艺的种类、方法和要求。

技能目标　掌握菜肴调味、调香、调色和调质的方法和要领；能准确调制多种常用复合调味味型；能根据原料性质、菜肴特点及烹调方法的不同掌握各种挂糊、上浆的调制比例、方法；能根据烹调的不同要求掌握芡汁的种类以及勾芡的方法和操作要领；掌握制汤的原料选择、操作方法及工艺技巧；能独立制作清汤和奶汤。

模块描述

本模块主要学习烹调过程中的调和工艺。它是在烹调过程中运用各类调料和多种调配手法，使菜肴的滋味、香味、色彩和质地等风味要素达到最佳的工艺过程。从本质上讲，调和工艺是对菜肴原料固有的风味特征进行改良、重组和优化的过程，以去除异味，调和美味，适应口味。本模块围绕调味工艺、调香调色工艺以及调质工艺三个工作任务，讲解菜肴制作过程中调和工艺的整个操作流程。

导入案例

味香鱼头的吸引力

一个普通的鱼头，要蒸要炖都极简单，本没有什么特色可言，但尝试过不寻常的做法，就会带来不寻常的效益。

早在清朝乾隆年间，在西南地区一个无名小镇上住着一户渔家，老两口有一位聪明孝顺的儿子总是想些新花样来孝敬父母。他把通常扔掉的花鲢鱼头用来煮汤，没想到越熬越香浓。又琢磨着家乡人爱吃辣味以驱潮气，便想把这鲜汤做成辣的一定更讨父母欢心。于是他按照传统工艺把料炒制以后与白汤一起调制成红辣的鱼汤，吃饭时喝上几口，又香又辣又不失鱼的鲜味，父母家人尝过以后果然赞不绝口。其做法在小镇上流传开来并被追捧者带出镇外，冠以"味香鱼头"之美名。

故人早已驾鹤西去，但味香鱼头的手艺却被当地的师傅带到了省城，并将之发扬光大，成为远近闻名的特色菜。

此鱼头最大的特点是调料一改传统的炒制法，而用油浸泡法，不伤原味，且无渣、无沫，锅底含十余味中草药，用当地特色的调料，食用时先香后辣，留有余香。最大功效就是即使人们顿顿吃这种鱼头，肠胃也不会有虚火，因为有多种香料和调料的组合，配方独特，使得味香鱼头食客广众，每天的顾客络绎不绝，常常排起长队。

这是在传统菜的基础上再创品牌特色的例子。此菜的高明之处，就是紧紧抓住菜肴的精髓——精心配伍、调制"香"和"味"，创作出了一个有特色风味的鱼头菜肴，留住了南来北往越来越多的客人。

问题：

1. "味香鱼头"吸引人的主要特色在哪些方面？
2. 传统菜如何面对日益变化的现代餐饮市场？

任务一　菜肴调味工艺

☜任务目标

- 了解味与味觉的含义及味觉的特性；
- 能加工调制多种复合调味原料；
- 掌握调味工艺的方法和基本原理；
- 能根据调味工艺的基本要求合理调味；
- 能调制清汤和奶汤以及常用卤水。

调味是烹调工艺的一项重要环节，中国古籍中对调味与本味早有论及，最远距今已有三千六百余年的历史。被称为烹饪之圣的伊尹是我国古代烹制食物和五味调和方面最为出色的厨师，他创立的"五味调和说"至今仍是中国烹饪的不变之规。

要使一个菜肴的色、香、味、形、质、养都达到美的境地，除了依靠原料的精良、火候的调节适宜之外，还必须有正确恰当的调味。味是菜肴之灵魂，味正则菜成，味失则菜败，这充分说明了调味在烹饪中所起的作用。简单地说，调味就是调和滋味，调味工艺就是运用各种调味原料和有效的调制手段，使调味料之间及调味料与主配料之间相互作用，协调融合，产生物理的和化学的变化，以去除恶味，增加美味，丰富色彩，赋予菜肴一种新的滋味的一项技术操作工艺。俗话说："开门七件事：柴、米、油、盐、酱、醋、茶"，其中有四件是调味品，可见调味在日常生活中的地位，它也是调和工艺的中心内容。

活动一　味觉的认知

一、味与味觉

味的基本词义是舌头尝东西、鼻子闻东西所得到的感觉。从心理学角度来分析，味是一种感觉，是我们的大脑两个半球对于客观事物的个别特性的反映，是由食物的味刺激我们的神经所引起。刚出生的婴儿就有辨味的本能，知道加了糖的牛奶好吃，药是苦的不吃，以哭来拒食，长大以后就更知道辨味了。然而在日常生活中，多数人对味的概念未必清楚，最易混淆的是"滋味"和"气味"，其次是"滋味"和"触感"。人在品尝食物的味时，实际上是"滋味、香味、触感"三者的综合感受。

（一）认识味觉

味觉是指某种物质刺激舌头上的味蕾所引起的感觉。味觉是一种生理感受，包括广义的味觉和狭义的味觉。

1. 广义味觉

也称为综合味觉，是指食物在口腔中，经咀嚼进入消化道后所引起的感觉过程。广义味觉包括心理味觉、物理味觉、化学味觉三种。

（1）心理味觉是指人们对菜肴形状、色泽、选料等因素的印象，由人的年龄、健康、情绪、职业，以及进餐环境、色彩、音响、光线和饮食习俗而形成的对菜肴的感觉均属于心理味觉。

（2）物理味觉是指人们对菜肴温度、浓度等性质的印象，菜肴的软硬度、黏性、弹性、凝结性及粉状、粒状、块状、片状、泡沫状等外观形态以及菜肴的含水量、油性、脂性等触觉特性均属于物理味觉。

（3）化学味觉是指人们对菜肴咸味、甜味、酸味等成分的印象，人们感受到的菜肴的滋味、气味，包括单纯的咸、甜、酸、苦、辛和千变万化的复合味等均属于化学味觉。

2. 狭义味觉

狭义味觉是指烹调菜肴中可溶性成分，溶于唾液或菜肴的汤汁，刺激口腔中的味蕾，经味神经达到大脑味觉中枢，再经大脑分析后所产生的味觉印象。口腔内的味觉感受体首先是味蕾，其次是自由神经末梢。

味蕾是分布在口腔黏膜中极其活跃的组织之一，主要分布在舌头表面的乳突中，特别是舌黏膜皱褶处的乳突侧面更为稠密，少部分分布在软腭、咽喉和会咽等处。味蕾以短管（味孔口）与口腔相通，一般成年人有2000多个味蕾，每个味蕾由40~60个椭圆形的味细胞组成，并连接着味神经纤维，味神经纤维又连成小束直通大脑。

味蕾有着明确的分工：舌尖部的味蕾主要品尝甜味，舌两边的味蕾主要品尝酸味，舌面的味蕾主要品尝咸味，舌根部的味蕾主要品尝苦味。而甜味和咸味在舌尖部的感受区域，有一定的重叠。

（二）味觉的特性

味觉一般都具有灵敏性、适应性、可融性、变异性、关联性等基本特性。这些特性是控制调味标准的依据，是形成调味规律的基础。

1. 味觉的灵敏性

味觉的灵敏性是指味觉的敏感程度，由感味速度、呈味阈值和味分辨力三个方面综合反映。味觉的灵敏性高，是我国烹调形成"百菜百味"特色的重要基础。

（1）感味速度：呈味物质一进入口腔，很快就会产生味觉。一般从刺激到感觉仅需1.5×10^{-3}~4.0×10^{-3}s（秒），比视觉反应还要快，接近神经传导的极限速度。

（2）阈值：是可以引起味觉的最小刺激值。通常用浓度表示。可以反映味觉的敏感度。阈值越小，其敏感度越高。呈味物质的阈值一般较小，并随种类不同有一定差异。如：苦味千万分之五；醋酸百万分之十二；蔗糖千分之五；食盐千分之二；味精十万万分之三十三。

（3）味分辨力：人对味具有很强的分辨力，可以察觉各种味感之间非常细微的差异。据试验证明，通常人的味觉能分辨出5000余种不同的味觉信息。

2. 味觉的适应性

味觉的适应性是指由于持续某一种味的作用而产生的对该味的适应。如常吃辣而不觉辣，常吃酸而不觉酸等。味觉的适应有短暂和永久两种形式。

（1）味觉的短暂适应：在较短时间内多次受某一种味刺激，所产生的味觉间的瞬时对比现象，是味觉的短暂适应。它只会在一定时间内存在，稍后便会消失。因此，在配制宴席菜肴时要特别注意，尽可能安排不同味型的菜品或根据味型错开上菜顺序。

（2）味觉的永久适应：是由于长期经受某一种过浓滋味的刺激所引起的。它在相当长的一段时间内都难以消失。在特定水土环境中长期生活的人，由于经常接受某一种过重滋味的刺激，便会养成特定的口味习惯，产生味觉的永久适应。如四川人喜吃超常的麻辣，山西人受用较重的醋酸等就是如此。受宗教信仰或个人的饮食习惯（包括嗜好、偏爱等）的影响也会引起味觉的永久适应。

3. 味觉的可融性

味觉的可融性是指数种不同的味可以相互融合而形成一种新的味觉。它是菜肴各种复合滋味形成的基础。在菜肴制作的调味过程中，应该注意味觉可融性的恰当运用。

4. 味觉的变异性

味觉的变异性是指在某种因素的影响下，味觉感度发生变化的特性。所谓味觉感度，就是人们对味的敏感程度。味觉感度的变异受多种因素影响，分别由生理条件、温度、浓度、季节等因素所引起。此外，味觉感度还随心情、环境等因素的变化而改变。

5. 味觉的关联性

味觉的关联性是指味觉与其他感觉相互作用的特性。人们的各种感觉都必须在大脑中反映，当多种感觉一起产生时，就必然发生关联。与味觉关联的其他感觉主要有嗅觉、触觉等。

嗅觉与味觉的关系最密切。通常我们感到的各种滋味，都是味觉和嗅觉协同作用的结果。触觉是一种皮肤（口腔皮肤）的感觉，如软硬、粗细、黏爽、老嫩、脆韧等。此外，视觉也与味觉有一定的关联。

（三）影响味觉的因素

1. 温度对味觉的影响

味觉感受的最适宜温度为 10~40℃，其中，30℃时味觉感受最敏感。在 0~50℃范围内，随着温度的升高，甜味、辣味的味道增强，咸味、苦味的味道减弱，酸味不变。一般热菜的温度最好在 60~65℃，炸制菜肴可稍高一些；凉菜的温度最好在 10℃左右。

2. 浓度对味觉的影响

对味的刺激产生快感或不快感，受浓度影响很大。浓度适宜能引起快感，过浓或过淡都能引起不舒服或令人厌恶的感受。一般情况下，食盐在汤菜中的浓度以 0.8%~1.2% 为宜，烧、焖、爆、炒等菜肴以 1.5%~2.0% 为宜。低于这个浓度口轻，高于则口重。

3. 水溶性对味觉的影响

味觉的感受强度与呈味物质的水溶性有关。呈味物质只有溶于水成为水溶液后，才能刺激到味蕾产生味觉。溶解速度越快，产生的味觉也就越快。水溶性大的呈味物质，味感较强；反之，味感较弱。

4. 生理条件对味觉的影响

引起人们味觉感度变化的生理条件主要有年龄、性别及某些特殊生理状态等。一般而言，年龄越小，味感越灵敏，随着年龄的增长，味蕾对味的感觉会越来越钝，但是，这种迟钝不包括咸味。性别不同，对味的分辨力也有一定差异，一般女性分辨味的能力，除咸味之外都胜过男性。女性与同龄男性相比，多数喜欢吃甜食。人生病时味觉略有减退，重体力劳动者，味感较重，轻体力劳动者，味感较轻。

5. 个人地缘对味觉的影响

不同的地理环境和饮食习惯会形成不同的嗜好，从而造成人们味觉的差别。但是，人的嗜好随着生活习惯的变化是可以改变的。"安徽甜、河北咸，福建浙江咸又甜；宁夏河南陕甘青，又辣又甜外加咸；山西醋、山东盐，东北三省咸带酸；黔赣两湖辣子蒜，又麻又辣数四川；广东鲜、江苏淡，少数民族不一般。"这一首中国人的口味歌，准确生动地反映了不同地区个人嗜好对味觉的影响。

6. 饮食心理对味觉的影响

饮食心理是人们生活中形成的对某些食物的喜好和厌恶。比如一些人对某种原料或菜肴颜色及味道的反感。此外，还包括不同民族由于宗教信仰和饮食习惯不同造成的味觉差别。

7. 季节变化对味觉的影响

随着季节的变化，也会造成味觉上的差别。一般在气温较高的盛夏季节，人们多喜欢食用口味清淡的菜肴；而在气温较低的严冬季节，多喜欢口味浓厚的菜肴。

8. 饥饿程度对味觉的影响

民间俗语"饥不择食"，就是说人们过分饥饿时，对百味俱敏感；饱食后，则对百味皆迟钝。

二、味的种类

味的种类很多，据统计多达五千多种，但概括起来可分为两大类，即单一味和复合味。

（一）单一味

单一味又称基本味或母味，是最基本的滋味，是未经复合的单纯味。从味觉生理的角度讲，基本味有咸、甜、苦、酸四种。从食物角度讲，《内经》指出，食物有"四性五味"，即寒热温凉四性，酸苦甘辛咸五味。其中辣味实际上是辣味物质刺激口腔黏膜引起的热觉、痛觉以及刺激鼻腔黏膜的痛觉的一种混合感觉。从烹调的角度讲，一般将基本味分为咸、甜、苦、酸、辣、鲜、香七种。

1. 咸味

咸味是绝大多数复合味的基础味，是菜肴调味的主味。菜肴中除了纯甜味品种外，几乎都带有咸味，而且咸味调料中的呈味成分氯化钠是人体的必需营养素之一，因此咸味常被称为"百味之本""百肴之将"。咸味能去腥解腻，突出原料的鲜香味，调和多种多样的复合味。常用的呈现咸味的调味料主要有食盐及酱油、黄酱等调料。

2. 甜味

甜味在古代也称甘味，在调料中的作用仅次于咸味。在烹调中，甜味除了调制单一甜味菜肴外，更重要的是调制更多复合味的菜肴。甜味可以增加菜肴的鲜味，有去腥解腻，缓和辣味等刺激感的作用。常用的呈现甜味的调味品主要有蔗糖（白糖、红糖、冰糖等）、蜂蜜、饴糖、果酱、糖精等。

3. 酸味

烹调中用于调味的酸味成分主要是一些可以电离出氢离子的有机酸，如醋酸、柠檬酸、乳酸、苹果酸、酒石酸等。酸味具有使食物中所含有的维生素在烹调中少受损失的作用，还可以促进食物中钙质的分解，除腥解腻。酸味一般不独立作为菜肴的滋味，都是与其他单一味一起构成复合味。烹调中较常用的呈现酸味的调味料主要有食醋、番茄酱、柠檬汁等。著名的食醋品种有山西老陈醋、镇江香醋等。酸味能使鲜味减弱，少量的苦味或涩味可以使酸味增强。与甜味和咸味相比，酸味阈值较低，并且随温度升高而增强。

4. 辣味

辣味是某些化学物质刺激舌面、口腔及鼻腔黏膜所产生的一种痛感，是烹调中常用的刺激性最强的一种单一味。辣味物质分在常温下就具有挥发性和在常温下难挥发需加热才挥发两种。前者习惯称为辛辣，后者称为热辣或火辣。辛辣味除作用于口腔外，还有一定的挥发性，能刺激鼻腔黏膜，引起冲鼻感。产生辛辣味的主要有葱、姜、蒜、芥末等，主要成分是蒜素、姜酮等物质。产生热辣味的辣椒素和胡椒盐主要存在于胡椒和小辣椒之中。辣味刺激性较强，具有去腥解腻、增进食欲、帮助消化等作用。较常用的呈现辣味的调味料有辣椒、胡椒、辣酱、蒜、芥末等。

5. 苦味

苦味主要存在于含氮酰基成分物质的原料当中。苦味是一种特殊味，单纯的苦味并不可口，在菜肴中一般不单独呈味，都是辅助其他调味品的作用，形成清香、爽口的特殊风味，如杏仁豆腐。产生苦味的主要是一些生物碱，如咖啡碱、可可碱、茶叶碱等，其原料主要来自各种药材和一些植物，如杏仁、陈皮、柚皮、枸杞子、苦瓜等。苦味具有开胃、助消化、清凉败火等作用。

6. 鲜味

鲜味主要为氨基酸盐、氨基酸酰胺、肽、核苷酸和其他一些有机酸盐的滋味。通常一般不能独立作为菜肴的滋味，必须与咸味等其他单一味一起构成复合的美味。鲜味主要来源是烹调原料本身所含的氨基酸等物质和呈现鲜味的调味料。鲜味可使菜肴鲜美可口，增强食欲，而且有缓和咸、酸、苦等味的作用。含鲜味物质的原料主要有畜类、水产类以及蕈类，烹调常用的呈鲜调味料主要有虾子、蚝油、味精、鸡精、鱼露及鲜汤等。

7. 香味

香味属于嗅味。其种类很多，主要来源于原料本身含有的醇、酯、酚等有机物质和调味品，在受热后，散发出各种芳香气味。香味的主要作用是使菜肴具有芳香气味，刺激食欲、去腥解腻等。较常用的调味品主要有脂类、酒类、香精、香料等。如酒、葱、蒜、香菜、芝麻、酒糟、桂花、椰汁、桂皮、八角、茴香、花椒、五香粉、麻油等。

（二）复合味

复合味是指用两种或两种以上呈味物质调制出的具有综合味道的滋味。常见的复合味型的调味品有以下几类：

（1）酸甜味：如糖醋汁、番茄酱、番茄沙司、山楂酱等。

（2）甜咸味：如甜面酱等。

（3）鲜咸味：如虾油、虾子酱油、虾酱、豆豉、鲜酱油等。

（4）香辣味：如咖喱粉、咖喱油、芥末糊等。

（5）辣咸味：如辣油、豆瓣辣酱、辣酱油等。

（6）香咸味：如椒盐等。

很多调味品除了可以增加菜肴的滋味外，还有使菜肴改变颜色，增加美感的作用。

很多复合调味料可根据菜肴口味的要求和客人的嗜好来调制。本模块"活动三"将详细介绍复合调味料的性能与加工。

拓展知识

调味工艺的作用

调味是烹饪中一项重要的内容，我国古代对菜肴的调味已十分讲究。2000多年前的《吕氏春秋·本味》篇就对饮食调味作了叙述："调和之事，必以甘酸苦辛咸，先后多少，其齐甚微，皆有自起。"调味就是根据主、辅料的特点和菜肴的质量要求，在烹调工艺中加入调味料，使菜肴产生令人喜爱的特殊美味。调味的作用主要表现在以下几方面：

1. 去腥解腻

烹饪原料中有些原料带有腥味、膻味或其他异味，有些原料较为肥腻，通过调味，可除去或减少制出菜肴的腥与腻等。如鱼有腥味，一般选用姜、葱、芹菜及红辣椒，除去腥味。羊肉有较重的膻味，用葱、姜、甘草、桂皮、绍酒等味料调味，以去其膻味。以猪肉类为主料的菜肴，容易因肥腻而使人厌食，常用胡椒粉、麻油、香菜、椒末与酒等调味，或配酸甜酱碟，或用酸黄瓜、菠萝片、柑片之类围边，供客人佐食去腻。

2. 提鲜佐味

有的菜肴原料营养价值高，但本身并没有什么滋味，除用一些配料之外，主要靠调味料调味，使之成为美味佳肴。如鱼翅、海参、豆腐、竹荪、蛤士蟆等原料本身都没有或缺乏滋味，都需要味料协助提鲜使之产生美味。

3. 确定口味

菜肴口味的形成，主要依靠调味来决定。调味能帮助某种原料形成特有的滋味。同一种原料，可以通过调味的作用烹制成几种甚至十几种滋味不同的菜肴。如燕窝若加入咸味味料之后，可制成"三丝官燕""菜胆燕"等；若改放冰糖、清水，则制成的是"冰花甜燕"。咸甜两样，滋味大不相同。可见调味除确定口味之外，还是扩大菜肴的品种和形成各种不同风味菜肴的重要方法。

4. 丰富色彩

烹饪原料通过调味，还可以丰富菜肴色泽。如番茄酱能使菜肴呈鲜红色，西柠汁能使菜肴呈淡黄色，红腐乳汁能使菜肴呈玫瑰红色，从而使菜肴色彩多样，鲜艳美观。

5. 杀菌消毒

调味料中有的具有杀灭或抑制微生物繁殖的作用。如盐、姜、葱等调味料，就能杀死微生物中的某些病菌，提高食品的卫生质量。食醋既能杀灭某些病菌，又能保护维生素不受损失。蒜头具有杀灭多种病菌和增强维生素 B_1 功效的作用。

活动二　调味方法与原理分析

一、调味工艺的基本方法

调味工艺的基本方法是指在烹调工艺中，通过调味品作用于烹饪原料，使其转化成菜肴的途径和手段。

（一）调味的阶段

1. 烹前调味

即在原料加热以前进行调味，此阶段专业上习惯称为基本调味。主要目的是使原料在加热前就具有一个基本的滋味（底味），同时改善原料的气味、色泽、硬度及持水性。一般多适用于在加热过程中不宜调味或不能很好入味的烹调方法制作的菜肴。如炸、烤、蒸等。烹前调味一是要准确使用调味品、调制手法及掌握入味时间，二是要留有余地。

2. 烹中调味

即在原料加热的过程中进行调味，这一阶段专业上习惯称为正式调味、定性调味或定型调味。其特征是在原料加热的过程中进行，目的是使菜肴的主料、辅料及调味料的味道融合在一起，从而确定菜肴的滋味。烹中调味应注意各种调味品的投放时机，进而达到每种调味品应起的作用，确定菜肴的滋味，保持风味特色。

3. 烹后调味

即在原料加热成熟后进行调味，此阶段专业上习惯称为辅助调味。目的是补充前面调味的不足，进一步增加风味，使菜肴的滋味更加完美。

（二）调味次数

1. 一次性调味

在烹调过程中，有些菜肴的调味，在某一个阶段一次性加入所需要的调味品就能彻底完成菜肴复合味的调味。

2. 多次性调味

即在制作同一个菜肴的全过程中，调味分几个阶段进行多次调味，才能确定菜肴口味，以突出菜肴的风味特色的调味方法。如油炸、滑炒类菜肴在加热前调定基本味，在加热中或调味后补充特色味。

（三）调味的具体方法

根据菜肴制作过程中，对原料入味的方式不同，把调味的具体方法分为以下几种：

1. 腌渍调味法

将调味品与菜肴的主料或辅料融合或将菜肴的主、辅料浸泡在溶有调味品的溶液中，经过一定时间使其入味的调味方法称为腌渍调味法。腌渍有干腌法和湿腌法两种，干腌法多用于不容易破碎的原料，湿腌法一般用于容易破碎的原料。

2. 分散调味法

将调味品溶解后分散于汤汁状的原料中，使之入味的调味方法称为分散调味法。多用于汤菜和操作速度特别快的菜肴。

3. 热渗调味法

在热力的作用下，使调味料中的呈味物质渗透到原料内部的调味方法，称为热渗调味法。烹中调味基本都属于此法，一般规律是加热时间越长，原料入味就越充分。慢火长时间加热的烹调方法制作的菜肴，都具有原料味透的特点。

4. 裹浇调味法

将调味品调制成液体状态，黏附于原料表面，使其带味的方法称为裹浇调味法。如勾芡、拔丝、挂霜、软熘等方法制作的菜肴。

5. 黏撒调味法

将固体状态的调味料黏附于原料表面，使其带味的方法称为黏撒调味法。一般是先将菜肴原料装盘后，再撒上颗粒或粉末状调味料。如加沙蜇头、软烧豆腐、鸡蓉干贝。

6. 跟碟调味法

将调味料盛装入小碟或小碗等盛器内，随菜肴一同上席，由食用者蘸而食之的方法称为跟碟调味法。如烤、煮、涮、炸、蒸等方法制作的菜肴，一般都采用此法。

跟碟调味法具有较大的灵活性，能同时满足数人的口味要求。

以上方法在实践中可单独使用也可多种综合使用。

二、调味工艺的基本原理

1. 滋味的生成

食物的滋味是从哪里来的？弄清了这个原理，有助于提高烹饪工艺水平。归纳起来，主要有以下四个因素：

（1）食物滋味生成来源于食物自身的味，无论是常规自然食物还是调味原料都有自身的味道。如常温下的水果是甜的、酸的，或是酸甜的；生萝卜有辣味；苦瓜有苦味；醋、番茄酱是酸的；糖、糖精、蜂蜜是甜的；陈皮、咖啡是苦的；辣椒、胡椒、生姜、大蒜是辣的；等等。

（2）食物滋味生成来源于调味。烹饪过程中，将调料加入一般原料中，以改变烹饪原料的本味，这个过程称为调味。这种改变、加强、弥补自然食物本味的方法和技术是烹调工艺的重要组成部分。

（3）食物滋味生成来源于对食物的加热。自然食物在受热后，本味有所改变。例如生萝卜很辣，大蒜的辣味也很重，但加热后它们的辣味消失；生甘薯味略甜，而烤熟后味道更甜；生肉的味是腥的，而熟后有鲜味。

（4）食物滋味生成来源于利用微生物使自然食物发酵，产生新的味道。例如熟糯米饭略甜，加入酒曲经发酵制成的米酒，味道特别甜；圆白菜本味清淡微甜，经盐水泡腌几天后成为泡菜，有强烈的酸味；等等。

2. 调味工艺的原理

味的组合千变万化，但万变不离其宗，掌握调味基本原理，并充分运用味的组合原则和规律，才能识得真滋味，调出人人喜爱的好味道。菜点的调味原理，是从化学和物理的角度分析味的生存和转变的规律。主要原理有以下五方面：

（1）溶解扩散原理。溶解是调味过程中最常见的物理现象，呈味物质溶于汤、水或油中，是一切味觉产生的基础。即使完全干燥的膨化食品，它们的滋味也必须通过人们的嘴咀嚼、溶于唾液后才能被感知。有了溶解过程就必然有扩散过程。所谓扩散就是溶解了的物质在溶液体系中均匀分布的过程。溶解和扩散的快慢，都和温度相关，所以加热对呈味物质的溶解和均匀分布是有利的。溶解扩散作用有时也被用来去除原料中的不良味感。常用的有焯水，去除原料异味和苦涩味。例如苦瓜中有苦味成分，如果嫌苦瓜苦味太浓，则可在烹调前通过焯水使部分苦味成分溶解在汤中，从而减轻苦瓜的苦味程度。

（2）渗透原理。在调味过程中，呈味物质通过渗透作用进入原料内部，同时食物原料细胞内部的水分透过细胞膜流出组织表面，这两种作用同时发生，直到平衡为止。但调味品的混合是不均匀的，如果仅靠调味料分子的静态扩散作用，很难达到浓度平衡，必须通过加热、搅拌增大调味料的接触面积。

渗透作用的动力是渗透压。渗透液的渗透压越高，调料中的呈味物质分子向原料内部的渗透作用越强，调味效果越好。物质溶液渗透压的大小与该物质的浓度和温度成正比，所以在调味时，要掌握好调味料的浓度、调味时的温度和时间，才能达到满意的效果。

（3）吸附原理。吸附是指某些物质的分子、原子或离子在适当的距离以内附着在另一种固体或液体表面的现象。在调味料与原料之间的结合，有很多情况就是基于吸附作用，如勾芡、浇汁、亮明油、调拌、粘裹、撒粉、蘸汤、粘屑等，都与吸附作用有一定的关系。当然，在调味工艺中，吸附与扩散、渗透及火候的掌握是密不可分的，影响吸附量的因素主要有调料的浓度、原料表面形态、环境温度（如麻婆豆腐）等。

（4）分解原理。原料和调味料中的某些成分，在热或生物酶的作用下，分解生成具有味感的化合物，而这些新生化合物有些属于呈味物质，通过调和结合在一起。如蛋白质水解生成肽和 α- 氨基酸，鲜味增强；淀粉水解产生麦芽糖，菜肴甜味增强；腌渍能产生有机酸，产生酸味；等等。另外在加热和酶的作用下，原料中的腥、膻等异味分解，客观上起到了调味作用，也改善了菜肴的风味。

（5）合成原理。合成是指食物原料中的小分子量的醇、醛、酮、酸和胺类化合物，在加热条件下，互相之间起合成反应生成新的呈味物质，这种作用在原料和调味品之间也会进行。合成常见的反应有酯化、酰胺化、羰基加成及缩合等。合成产物有的会产生味觉效应，更多的是嗅觉效应。

三、基本调味的方式

调味方式又称调味手段，将调味品中的呈味物质有机地结合起来，去影响烹饪原料中的呈味物质便是调味的方式。具体是根据菜肴口味的特点要求，针对菜肴所用原料中呈味物质的特点，选择合适的调味品，并按一定比例将这些调味品组合起来对菜肴进行调味，使菜肴的味道得以形成和确定。

常用基本的调味方式有：味的对比、味的相乘、味的消杀、味的转化等。

1. 味的对比

味的对比又称味的突出，是将两种或两种以上不同味道的呈味物质，以适当的浓度调和，使其中的一种呈味物质滋味更为突出的调味方式。例如，用少量的盐提高鲜味，提高糖液甜度。例如，在 15% 的蔗糖溶液中加入 0.017% 的食盐，结果这种糖盐混合液比 15% 的纯蔗糖溶液更甜。

2. 味的消杀

味的消杀又称味的掩盖或味的相抵，是将两种或两种以上不同的呈味物质，按一定比例混合使用，使各种呈味物质的味均减弱的调味方式。例如，口味过咸或过酸，适当加些糖，可使咸味或酸味有所减轻，并食不出甜味。烹鱼时加醋和料酒等，不仅能产生脂化反应形成香气，而且还会消杀鱼中的腥味。

3. 味的相乘

味的相乘又称味的相加，是将两种或两种以上同一味道的呈味物质混合使用，导致这种味道进一步加强的调味方式。例如，鸡精与味精混合使用可使鲜度增大，而且更加鲜醇。

4. 味的转化

味的转化又称味的改变，是将两种或两种以上味道不同的呈味物质以适当的比例调和在一起，导致各种呈味物质的本味均发生转变而生成另一种复合味道的调味方式。例如，把糖 300 克、醋 500 克、精盐 20 克调成汁，就形成一种酸甜味。还有鱼香味、怪味等都是运用味的转化现象制成的复合味。正所谓"五味调和百味香"就是这个道理。

5. 味的变调

味的变调又称味的转换，是味觉器官先后受到两种味道的刺激后，而产生另一种味觉的现象。例如，喝了浓盐水后，再喝淡水反而有甜的感觉；食用甜食后，再吃酸的，觉得酸味特强；吃了甜的食物后再喝酒就觉得酒很苦；刚吃过螃蟹再吃蒸鱼，就觉得鱼不鲜。

 **拓展知识**

调味的基本原则

1. 突出本味

烹饪调味的目的在于"有味使之出，无味使之入，异味使之除"。"本味"一词，首见于《吕氏春秋》中的《本味篇》。其意为食物原味的自然滋味，具体包括两种含义，一是指烹调原料的自然之味；二是指进行烹调而出现的美味。主要表现为两个方面：一是在处理调料与主、配料的关系时，应以原料鲜美本味为中心；二是在处理菜肴中各种主、配料之间的关系时，注意突出、衬托或补充各自鲜美的滋味。袁枚《随园食单》中指出"一物有一物之味，不可混而同之"，要"一物各献一性，一碗各成一味"，"凡一物烹成，必须辅佐。要使清者配清，浓者配浓，柔者配柔，刚者配刚，方有和合之妙"。这揭示了烹饪菜肴时要注意本味，注意对于本味的彰显。

2. 天人相应

指人的饮食应与自己所处的自然环境相适应。例如，生活在潮湿环境中的人群适量地多吃一些辛辣食物，对驱除寒湿有益；而辛辣食物并不适于生活在干燥环境中的人群，所以说各地区的饮食习惯常与其所处的地理环境有关。一年四季不同时期的饮食也要同当时的气候条件相适应。例如，人们在冬季常喜欢吃红烧羊肉、肥牛火锅、涮羊肉等，有增强机体御寒能力的作用；而在夏季常饮用乌梅汤、绿豆汤等，有消暑解热的作用。这些都是天人相应在饮食养生中的体现。这个思想应用于烹饪，便是注意饮食和地域、气候、节令的关系，注意时序。

3. 强调适口

人的口味喜好，个体特异性极强，即便是一个人，也会因时因地而变化，所以宋代时就有"适口者珍"的说法。这种"适口"主张不宜绝对化，对于某一类人来说，在很多方面是相同的。所以，在调味时采取求大同、存小异的办法，尽可能满足众口所需。

4. 安全卫生

食品的调味应严格遵照执行《食品安全法》的相关规定，杜绝滥用或超标使用食品添加剂，严格按照菜肴质量要求，控制好制作工艺每个环节，杜绝使用地沟油、回收油等不符要求的调味品调味。

活动三　复合调味料的加工

调味的方法是千变万化的，非常复杂，调味品的种类繁多，使用单一调味品和复合调味品还不能满足需要。因此，要求厨师们能够熟悉和掌握各种调味品的性能并不断地引进国外各种调味品，调制出完美可口的滋味，来满足国内外食者的需要。

复合调味品就是含有两种或两种以上味道的调味品。这种复合味的调味品大都经过复制加工而成，但由于调味方法多样，再加上实践经验的总结，也有很多复合调味品往往需要厨师自己进行复制加工，才能使质量符合使用的要求，适合各种地方菜的口味特点。现将几种常见的主要复合调味品的加工制作方法及性能介绍如下：

一、芡汤

根据季节的不同，芡汤可分为夏秋季芡汤和冬春季芡汤。

（1）原料：夏秋季芡汤：上汤 500 克、味精 35 克、精盐 25 克、白糖 5 克；冬春季芡汤：上汤 500 克、味精 35 克、精盐 30 克、白糖 15 克。

（2）制法：将上述其中一种配方原料和匀，待味精、精盐、白糖溶解，即可使用。

（3）运用：口味咸鲜，芡汤多适用于炒菜或油泡类的菜肴使用。

二、糖醋汁

糖醋汁口味酸甜，其制法往往随各地方菜系的特点而异，甚至在同一地方菜系中，各个厨师所用的配料及制法也有差异。这里介绍广东菜系和江苏菜系配制糖醋汁的方法：

1. 粤菜糖醋汁

（1）原料：广东白醋 500 克、白糖 300 克、精盐 19 克、喼汁 35 克、茄汁 350 克。

（2）制法：将白醋下锅，加入白糖加热溶解后，随即加入其余味料和匀便成。

（3）运用：口味酸甜，色泽红亮，多适合于炸熘菜肴，如糖醋咕噜肉等。

2. 苏菜糖醋汁

配制方法与其他地方菜系的方法大致相似，只是在醋的选择及糖和醋的用量比例上有些差异。如京、徽、扬、浙等地方用醋略重，上海、苏州、无锡等地方则用糖较重，糖与醋的比例一般为 2∶1 或 3∶1。通常都现做现用。

（1）原料：米醋 100 克、白糖 300 克、精盐 19 克、酱油 35 克、水 100 克。

（2）制法：将水下锅，加入白糖加热溶解后，随即加入其余味料和匀便成。

（3）运用：口味酸甜，色泽红润，多适合于烧、熘菜肴，如糖醋排骨等。

三、果汁

（1）原料：茄汁 1500 克、喼汁 500 克、白糖 100 克、味精 100 克、精盐 10 克、淡汤 500 克。

（2）制法：将上述原料和匀，下锅中加热至糖溶解后便可使用。

（3）运用：口味酸中带甜，色泽红亮，多适合于煎、扒的菜肴，如糖醋排骨、煎猪扒、煎鸡脯、炸鱼块等。

四、柠汁

（1）原料：瓶装柠檬汁 500 克、白醋 250 克、白糖 200 克、味精 10 克、精盐 15 克。

（2）制法：将上述原料和匀，下锅中加热至糖溶解后便可使用（如无瓶装柠汁，可用鲜柠檬榨汁代替）。

（3）运用：口味酸中带甜，色泽黄亮，多适合于煎、扒的菜肴，如柠汁煎软鸭、柠汁煎鸡脯等。

五、花椒盐

（1）原料：精盐 300 克、花椒 100 克。

（2）制法：选用上等的花椒，用微火炒香，晾凉后碾碎成细末，再将精盐用小火炒干，使精盐色泽微黄，然后将花椒末投入拌匀即可。

（3）运用：椒盐味具有鲜咸香麻味，常用于炸、烹类菜肴的调味。盛放时防潮备用。如椒盐大虾，椒盐排骨等。

六、鱼香味

（1）原料：植物油 100 克、香醋 10 克、泡红辣椒 25 克、精盐 1 克、料酒 6 克、葱花 25 克、酱油 15 克、蒜末 15 克、姜末 10 克、白糖 15 克、清汤 50 克、味精 0.5 克。

（2）制法：先将泡红椒剁碎，炒锅上火烧热下植物油，放入姜、蒜、泡红椒炒出香味后再放精盐、酱油、白糖、料酒、味精、香醋、葱花，将汤烧沸，即成鱼香卤汁（烹制畜禽类原料的鱼香味，须加入郫县豆瓣酱 10 克，白胡椒粉 0.5 克；如制作水鲜海味类原料的鱼香味无须使用郫县豆瓣酱）。

（3）运用：咸、甜、酸、辣、鲜、香兼备，姜葱蒜香味浓郁，是川菜中的一种特别风味，多用于炒、熘等菜肴。如鱼香肉丝等。

七、豉油汁

（1）原料：干葱头 150 克、芫荽梗 100 克、冬菇蒂 250 克、姜片 50 克、生抽 600 克、老抽 600 克、味精 250 克、美极鲜酱油 200 克、白糖 100 克、胡椒粉少许、香油 2.5 克、水 2500 克。

（2）制法：先放清水大火烧开，放入上述原料用小火熬制出香味，去渣，最后放入味精、白糖溶解后即可。

（3）运用：口味鲜咸，色泽酱红，通常用于清蒸、白灼类菜肴的调味。如豉油蒸石斑鱼，白灼基围虾等。

八、其他复合味

（1）咸鲜味型。主要用精盐或酱油等呈现咸味的调味品和味精或鲜汤等呈现鲜味的调味料调制而成。在调制时要注意咸味适度、突出鲜味、咸鲜清香。

（2）酱香味型。以甜面酱、酱油、味精、糖、香油调制而成。特点是酱香浓郁、咸鲜微带甜。

（3）香糟味型。主要用香糟汁、精盐、味精、香油、糖等调味料调制。特点是糟香醇厚、咸鲜而回甜。

（4）酸辣味型。一般都是以精盐、醋、胡椒面、味精、辣椒面、香油等调制。特点是酸醇辣香、咸鲜味浓。

（5）麻辣味型。主要用辣椒、花椒、精盐、料酒、红酒、味精等调制。特点是麻辣味厚、鲜咸而香。

（6）家常味型。以豆瓣酱、精盐、酱油、料酒、味精、辣椒等调制。特点是咸鲜微辣。

（7）怪味味型。主要以精盐、酱油、红油、白糖、花椒面、醋、芝麻酱、热芝麻、香油、味精、料酒及葱、姜、蒜米等调制，调制时要求比例恰当、互不压抑。特点是咸、甜、麻、辣、酸、鲜、香并重。

（8）荔枝味型。主要以精盐、糖、醋、料酒、酱油、味精等调料调制，并佐以葱、姜、蒜的辛香气味而制成。调制时，需要有足够的咸味，并在此基础上显出甜味和酸味。注意糖应略少于醋，葱、姜、蒜仅取其辛香味，用量不宜过多。特点是酸甜似荔枝，咸鲜在其中。

另外，还有香咸味型、五香味型、麻酱味型、烟香味型、陈皮味型、咸甜味型、甜香味型、咸辣味型、蒜泥味型、姜汁味型、芥末味型、红油味型等。

拓展知识

调味工艺的基本要求

调味的掌握是做好菜肴的关键。但各个菜肴的风格不同，无法定出统一的规定，怎样才能把菜肴的口味掌握好呢？除了在实际操作中不断地揣摩练习之外，还要总结出一套规律。一般来讲，在调味时应掌握以下几条基本原则：

1. 调味品的分量要恰当，投料适时

在调味时，必须要了解菜肴的口味特点，所用的调味品和每一种调味品的分量要恰当。如复合味的菜肴，有的以酸甜为主，其他为辅；有些菜肴以麻辣为主，其他为辅。哪些调味品先下锅，哪些后下锅，都要心中有数。调味要求做到"四个准"：时间定得准，次序放得准，口味拿得准，用量比例准。力求下料标准化、规格化，制作同一菜肴，不论重复多少次，口味都要求一样。

2. 根据人们的饮食习惯来调味

孟子曰："口之于味，有同嗜焉。"（《孟子·告子章句上》）意思是说，人们的口味对于味道有着相同的嗜好。一个地区、一个国家由于气候、物产、生活习惯的不同，口味各有其特点。一般来说，江苏人口味偏甜，山西人喜食酸，川、湘人嗜辣，西北人口味偏咸等。再如日本人喜欢清爽、少油，略带酸甜；西欧人、美洲人喜欢微辣略带酸甜，喜用辣酱油、番茄酱、葡萄酒作为调料；阿拉伯人和非洲的某些国家人以咸味、辣味为主，不爱糖醋味，调料以盐、胡椒、辣椒、辣酱油、咖喱油、辣油为主；俄罗斯人喜食味浓的食物，不喜欢清淡。所以人们口味上的差别很大，在调味时必须根据人们口味的要求，科学地调味。

3. 根据季节的变化来调味

人们的口味往往随着季节、气候的变化而有所改变。例如，夏天天气炎热，人们喜欢比较清淡、颜色较浅的菜肴；冬天寒冷，则喜欢口味浓厚、颜色较深的菜肴。我国古代制作菜肴就注意到这一点，《周礼》中记载："凡和春多酸、夏多苦、秋多辛、冬多咸，调以滑甘。"这种调味规律虽然不十分确切，但也有一定的参考价值。为此，我们必须在保持菜肴风味特色的前提下，根据季节的变化灵活调味。

4. 根据菜肴的风味特色来调味

我国的烹调艺术经过长期的发展，形成了具有各种风味特色的地方菜系，在调味时必须按照地方菜系的不同规格要求进行调味，尤其对一些传统的名菜，不能随心所欲地改变口味，以保持菜肴的风味特色。当然，并不反对在保持风味特色的前提下发展创新。

5. 根据原料的不同性质来调味

《随园食单》中有"调剂之法，相物而施"的说法。为了保持和突出原料的鲜味，去其异味，对不同性质的原料调味时应区别对待。

（1）新鲜的原料应突出本身的滋味，不能被浓厚调味所覆盖，过分的咸、甜、酸、辣等都会影响本身的鲜美滋味，如鸡、鸭、鱼、虾及新鲜蔬菜等。

（2）凡带有腥膻气味的原料，要适量加入一些调味品，例如水产品、羊肉、动物性食物的内脏可加入一些料酒、葱、姜、蒜、糖等调味品，以解膻去腥。

（3）对原料本身无鲜美滋味的菜肴，要适当增加滋味。如烹制鱼翅、海参、燕窝等菜时，加入高级清汤及其他调味品，以补其鲜味的不足。

活动四　制汤与制卤工艺

在传统的烹调技术中，汤和卤水都是制作菜肴的重要辅助原料，是形成菜肴风味特色的重要组成部分。汤和卤水的制作在烹调实践中历来很受重视，许多菜只有用汤或卤水来加以调配，味道才能更加鲜美。

一、制汤工艺

制汤又称作吊汤或汤锅，就是将富含脂肪、蛋白质等可溶性物质的新鲜原料置于大量水中，经长时间加热，使原料内浸出物充分溶解到水中而成为鲜汤的制作工艺。在制汤过程中，除了利用营养物质及鲜味物质的水解作用，更重要的是利用蛋白质胶体凝固作用和蛋白质胶体微粒的吸附作用，清理吸附汤中渣滓，经过滤使汤汁更加澄清，汤味更加鲜醇浓厚。

鲜汤的用途很广泛，大多数高级菜肴和点心都需要汤来增强风味。俗话说："唱戏的腔，厨师的汤。"虽然已有味精、鸡精等许多增鲜剂的出现和使用，但其与高汤的鲜美还是有差异，不能完全取代高汤的作用，只能与高汤配合使用才能收到更好的效果。为此，了解制汤的原理，掌握制汤的基本技法，对学习菜肴制作，特别是高档菜肴制作，有非常重要的意义。

（一）制汤工艺原料选择要求

制汤原料的选择是影响汤汁质量的重要因素。不同的汤汁对原料的品种、部位、新鲜度都有严格的要求。

（1）必须选择新鲜的制汤原料。制汤对原料的新鲜度要求比较高，新鲜的原料味道醇正、鲜味足、异味轻，制出的汤味道也就醇正、鲜美。熘菜、炸菜、红烧菜的原料稍有异味可用调味品加以调节，而汤一般很注重原汁原味，添加调味品也就比较少，所以要求更高。

（2）必须选择风味鲜美的原料。制汤的原料本身应含有丰富的浸出物，原料中可呈味物质含量高，浸出的推动力就大，浸出率就高，在一定的时间内，所制作的汤汁就比较浓。除素菜中使用的纯素汤汁外一般多选料鲜味足的动物性的原料。同时对一些腥膻味较重的原料则不应采用，因为所含的不良气味也会溶入汤汁中，影响甚至败坏汤汁的风味。

（3）必须选择符合汤汁要求的原料。不同的汤汁都有一定的选料范围，对于白汤来说，一般应选择蛋白质含量丰富的原料，并且选择含胶原蛋白质多的原料。胶原蛋白质经加热后发生水解变成明胶，是使汤液乳化增稠的物质。原料中还需要一定的脂肪含量，特别是卵磷脂等，对汤汁发生乳化有促进作用，使汤汁浓白味厚。而制作清汤时，一般应选择陈年的老母鸡，但脂肪量不能大，胶质要少，否则汤汁容易发生乳化，无法达到清澈的效果。

（二）制汤工艺的种类

（1）按原料性质来分，有荤汤和素汤。荤汤中按原料品种不同有鸡汤、鸭汤、鱼汤、海鲜汤等；素汤中有豆芽汤、香菇汤等。

（2）按汤的味型来分，有单一味和复合味两种。单一味汤是一种原料制作而成的汤，如鲫鱼汤、排骨汤等；复合味汤是指两种或两种以上原料制作而成的汤，如双蹄汤、蘑菇鸡汤等。

（3）按汤的色泽来分，有清汤和白汤。清汤的口味清醇，汤清见底；白汤口味浓厚，汤色乳白。白汤又分为一般白汤和浓白汤。一般白汤是用鸡骨架、猪骨架等原料制成，主要用于一般的烩菜和烧菜；浓白汤是用蹄髈、鱼等原料制成的，既可单独成菜，也可用于高档菜肴的辅助。

（4）按制汤的工艺方法分，有单吊汤、双吊汤、三吊汤等。单吊汤就是一次性制作完成的汤；双吊汤就是在单吊汤的基础上进一步提纯，使汤汁变清，汤汁变浓的汤；三吊汤则是在双吊汤的基础上再次提纯，形成的清汤见底、汤味醇美的高汤。

汤的品种虽然很多，但它们之间并不是绝对独立的，而是有一定的联系或互相重叠的。汤的种类如图 6-1 所示。

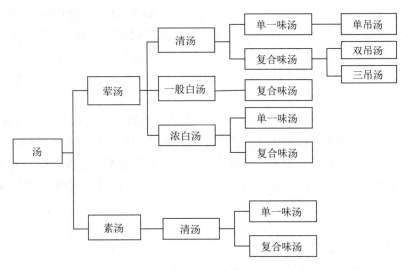

图 6-1　汤的种类

（三）制汤工艺的方法

1. 白汤

白汤又称为奶汤。根据用料、制作工艺和成品质量，白汤有普通白汤和浓白汤之分。

（1）普通白汤，也称为一般白汤，俗称"毛汤"或"次汤"。普通白汤属于复合味汤，一般是用鸡、鸭骨架，猪骨、火腿骨等几种原料，经焯水洗涤干净后，放入锅中，加适量的清水、葱、姜、料酒等，采用急火或中火煮炖至汤体呈乳白色除净浮沫过滤而成。

普通白汤的主要特点是：用料普通、操作简单、易于掌握、鲜味一般，多用于烹制一般菜品。

（2）浓白汤，也称为奶汤。鸡、鸭、猪蹄膀、猪脚、猪骨（最好是棒骨砸断）、腊肉、白肉等原料经焯水洗涤干净后，放入锅中，加足清水急火烧沸除净浮沫，再加上葱、姜、料酒等，继续急火或中火加热至汤汁浓稠且呈乳白色取出原料，清除渣滓即成。5000 克料制 7500 克左右汤为宜。浓白汤的主要特点是：用料讲究、汤体浓稠洁白（乳白）、鲜味醇厚，多用于奶汤一类菜品的制作。

2. 清汤

根据用料、制作工艺及成品质量不同，清汤有普通清汤和高级清汤之分。

（1）普通清汤，也称为一般清汤、次汤、毛汤。采用鸡、鸭骨架、翅膀，猪蹄膀为原料，经焯水洗涤干净后，随冷水一同下锅，急火加热至沸腾，除净浮沫，放入葱、姜、料酒，改用慢火长时间（3 小时左右）加热，不能使汤面沸腾，使原料中的蛋白质等营养成分及鲜汁充分溶于汤中，再除净表面浮沫及油分即成。

普通清汤的特点是：汤汁稀薄、清澈度差、鲜味一般，多用于普通菜肴的制作和制作高级清汤的基础汁液。

（2）高级清汤，也称为高汤、上汤、顶汤。高级清汤是在一般清汤的基础上，进一步提炼而成的，行业中称为"吊汤"。具体制作方法如下：将鸡肉掺加适量的葱、姜，加工成蓉泥状，放入盛器内，加入适量的料酒和一般凉清汤搅匀成馅备用。将一般清汤沉淀过滤除净渣状物放入汤锅内，随即加入调好的鸡馅，边加热边用手勺顺同一方向不停地慢慢搅动，待汤将沸时，鸡蓉泥浮在汤面，改用小火或使汤锅半离火源，总之，不能使汤面翻滚。此时停止搅动，撇净浮沫及油分，用漏勺慢慢捞起鸡蓉泥，用手勺挤压出汤汁成饼状，再慢慢托放入汤中，以使其中的蛋白质等成分及鲜汁充分溶于汤中，然后去掉鸡蓉泥，除渣保持一定温度即成。

如果要制作质量更高的清汤，可采用上述方法吊制第二次、第三次。吊制的次数多，汤味更加鲜醇，汁更加浓稠，汤体更加清澈。吊汤的主要目的是：在吊汤的过程中，采用鸡等原料的茸泥物进行吊制，最大限度地提高汤汁的鲜味和浓度，使口味更加鲜醇，同时利用茸泥料的助凝作用，吸附汤液中的悬浮物，形成更大的凝聚，有利于悬浮颗粒的沉淀或上浮，便于去除，使汤汁更加清澈。

吊汤的关键在于：

①选料必须新鲜并无腥膻等异味；

②原料要冷水下锅，中途不宜加冷水；

③驾驭火力，先急后徐；

④合理调味，把握时机；

⑤掌握加热时间、清汤技巧。

3.素汤

素汤是制作菜肴常用的汤。一般是选用黄豆芽、鲜笋、冬菇、口蘑等植物性原料制成，操作方法简单。具体方法是将原料洗涤干净加清水、葱、姜，加热至鲜味溶于水中去掉原料即可。根据用料不同有豆芽汤、鲜笋汤、菌汤等。制汤的原料与加水量的比例一般以 1∶1.5 为宜。

（四）制汤工艺的关键

1.严格选料，确保汤料质量

汤的质量优劣，首先受汤料质量好坏的影响。制汤原料要求富含鲜味成分、胶原蛋白，脂肪含量适中，无腥膻异味等。因此选料时应做到：选用鲜味浓厚的原料，如猪肉、牛肉、鸡、口蘑、黄豆芽等；不用有异味的，不用不新鲜的，尤其是鱼类，应选鲜活的；不用易使汤汁变色的，如八角、桂皮、香菇等。

2.冷水下料，水量一次加足

冷水下料，逐步升温，可使汤料中的浸出物在表面受热凝固缩紧之前较大量地进入原料周围的水中，并逐步形成较多的毛细通道，从而提高汤汁的鲜味程度。沸水下料，原料表面骤然受热，表层蛋白质变性凝固，组织紧缩，不利于内部浸出物的溶出，汤料的鲜美滋味就难以得到充分体现。水量一次加足，可使原料在煮制过程中受热均衡，以保证原料与汤汁进行物质交换的毛细通道畅通，便于浸出物从原料中持续不断地溶出。中途添水，尤其是凉水，会打破原来的物质交换的均衡状态，减缓物质交换速度，使变性蛋白质将一些毛细通道堵塞，从而降低汤汁的鲜味程度。

3.旺火烧开，小火保持微沸

旺火烧开，一是为了节省时间，二是通过水温的快速上升，加速原料中浸出物的溶出，并使溶出通道稳固下来，便于小火煮制时毛细通道畅通，溶出大量的浸出物。小火保持微沸，是提高汤汁质量的火候保证。因为在此状态下，汤水流动规律，原料受热均匀，既利于传热，又便于物质交换。如果水是剧烈沸腾，则原料必然会受热不均匀（气泡接触处热流量较小，液态水接触处热流量较大），这既不利于原料煮烂，又不便于物质交换，剧烈沸腾还会使汤水快速大量汽化、香气大量挥发等，严重影响汤汁的质量。制清汤时更是一大忌讳。

4.除腥增鲜，注意调料投放

汤料中鸡、肉、鱼等，虽富含鲜香成分，但仍有不同程度的异味。制汤时必须除其异味，增其鲜香。为了做到这一点，汤料在正式制汤之前，应焯水洗净，在制汤中应放葱、姜、绍酒等去异味，增鲜香。食盐的投放需要特别注意，制汤过程中最好不要投放。食盐是强电解质，一进入汤中便会全部电离成离子。氯离子和钠离子都能促进蛋白质的凝固。在制汤时过早投放，必然会引起原料表层蛋白质的凝固，从而妨碍热的传输、浸出物的溶出等，对制汤不利。

5.不撇浮油，注意汤锅加盖

煮制过程中，汤的表面会逐渐出现一层浮油。在微沸状态下，油层比较完整，起着防止汤肉香气外溢的作用。很多香气成分为浮油所载有。当它被乳化时，这些香气成分便随之分散于汤中。油脂乳化还是奶汤乳白色泽形成的关键。所以，在制汤过程中不要撇去浮油。要做到这一点，需要注意掌握撇浮沫的时机。浮沫是二次水溶性蛋白质热凝固的产物，浮于汤面，色泽褐灰，影响汤汁美观，必须除去。在旺火烧沸后立即撇去，可减少浮油损失。汤面油脂也不能过多，否则会影响汤的质量，尤其是制取清汤。正常汤料产生的浮油对制汤是必要的。汤锅加盖也是防止汤汁香气外溢的有效措施，同时可减少水分的蒸发。

二、制卤工艺

所谓制卤工艺就是利用盐或生抽与香料药材调好的"卤水"使食物致熟或令其入味的烹调技法。卤水是中国粤菜常用的调味料，20 世纪 80 年代初，厨师们大都是以"一般卤水"以及"精卤水（油鸡水）"的传统固定配方去制作所有的粤式卤水品种，而制作卤水使用的材料大多以香料、药材、清水或生抽为主，缺乏肉味和鲜味，口感则以大咸大甜为重点。到了 90 年代，粤菜对外饮食交流频繁，随着中国人消费能力的提高，以及人们口味的变化，制作卤水的材料有了质的改变：在新兴的"潮州卤水"中下功夫，引入"熬顶汤"的概念，在"潮州卤水"中加入金华火腿、大骨、大地鱼、瑶柱等鲜味原料，使得"新派"的卤水品种不仅带有浓香的药材香味，还增加了鲜味和肉味，在口感方面改变传统大咸大甜的口味，以浓而不咸为指导方针，令食客吃后齿唇留香。

（一）卤水的种类

粤菜菜系制作的卤水主要有："白卤水""一般卤水""精卤水（油鸡水）""潮州卤水""脆皮乳鸽卤水"和"火膧汁"等多种卤水。按制作工艺分，卤汁一般分为红卤和白卤。

1. 红卤

红卤中由于加入了酱油、糖色、红曲米等有色调料，因此卤制出的成品色泽棕红发亮，适宜畜肉、畜禽内脏、鸭以及豆制品的卤制。

2. 白卤

白卤中只加入无色调料，因而成品色泽淡雅光亮，适宜水产品、鸡、蔬菜的卤制。

（二）卤水的制作工艺

卤水用途广泛，各地调制卤水所用原料也不尽相同。常用的材料主要包括花椒、八角、陈皮、桂皮、甘草、草果、砂姜、姜、葱、生抽、老抽及冰糖等，熬制数小时即可制成。调制方法为：将所有香料用纱布或者一次性药包包好放入锅中，加水大火烧开，转小火煮 1 小时左右（放一晚更好，味道更浓郁），捞出香料渣即可使用。卤水可反复使用，越陈越香，可根据情况不断添加味料，长时间不使用时，过滤以后放入冰箱冷藏或者冷冻室保存即可。卤水种类很多，常以"白卤水""精卤水"和"潮州卤水"呈三足鼎立。

1. 白卤水

原料：八角 60 克，山柰 50 克，花椒 25 克，白豆蔻 25 克、陈皮 50 克，香叶 50 克，白芷 25 克，香葱 150 克，生姜 150 克，水酒 1000 克，白酱油 1000 克，精盐 120 克，味精 100 克，骨汤 12 千克。

制法：

（1）将八角、山奈、花椒、白豆蔻、陈皮、香叶、白芷装入香料袋内，香葱绾结，生姜用刀拍松。

（2）将香料袋、葱结、姜块、水酒、白酱油、精盐、味精、骨汤一起放入卤锅内，调匀即可。

特点：色泽浅黄，口感咸鲜微甜。

适用范围：可以卤制乳鸽、肠头、凤爪、鸡肘骨。

2. 红卤水（精卤水）

原料：八角20克，桂皮20克，陈皮50克，丁香8克，山奈20克，花椒20克，茴香15克，香叶20克，良姜20克，草果5个，甘草15克，干红辣椒100克，香葱150克，生姜150克，片糖250克，黄酒1000克，优质酱油500克，糖色50克，精盐200克，热花生油250克，味精100克，骨汤12千克。

制法：

（1）草果用刀拍裂，桂皮用刀背敲成小块，甘草切成厚片，香葱绾结，生姜用刀拍松，干红辣椒切成段。

（2）将八角、桂皮、陈皮、丁香、山奈、花椒、茴香、香叶、草果，良姜、甘草、干红辣椒一起装入香料袋内，袋口扎牢。

（3）将香料袋、葱结、姜块、片糖、黄酒、酱油、糖色、精盐、熟花生油、味精、骨汤一起放入卤锅内，调匀即可。

特点：口味咸鲜微甜，色泽红亮。

适用范围：可以用来卤制牛下货、猪下货、牛肉、野兔等。

3. 新派潮州卤水

原料：

A. 八角50克，白豆蔻50克，甘草50克，砂姜50克，花椒15克，小茴香10克，香茅25克，白胡椒10克，草果8个，肉豆蔻6个，草豆蔻6个，香叶20片，丁香10克，罗汉果3个，蛤蚧2只，香菜子50克，白芷10克，杜仲10克，南姜10克，良姜10克，砂仁10克，桂皮10克。

B. 老母鸡3000克，金华火腿3000克，干贝250克，里脊肉10斤，猪棒骨10斤。

C. 清水30千克。

D. 小洋葱750克，南姜400克，大蒜150克。

E. 色拉油1500克。

F. 广州米酒800克，花雕酒1000克，冰糖1000克，海天金标生抽王1500克，美极鲜酱油170克，鱼露300克，老抽500克，蚝油250克，味精150克，盐250克，鸡粉150克。

制作：

（1）A料用纱布包裹，放入沸水中大火煮10分钟捞出备用；B料中除干贝外，其余原料均放入沸水中大火煮20分钟，捞出洗净备用。

（2）将C料放入不锈钢桶中，放入氽水后的B料、干贝小火煲12小时，将B料取出，把原汤过滤后重新放入不锈钢桶中,加入 A 料小火煲 2 小时,放入 F 料后小火煮 30 分钟。

(3)D 料洗净后切成厚片,放入烧至六成热的色拉油中小火浸炸 5 分钟至出香,捞出 D 料后把色拉油倒入汤料中调匀即可。

特点:口味咸鲜微甜,色泽红亮。

适用范围:可以用来卤制牛下货、猪下货、牛肉、野兔等。

(三)卤水的保存

卤过菜肴的卤汁,应注意保存,留作下次用。卤水用的次数越多,保存时间越长,质量越佳,味道越美。这是因为卤水内所含的可溶性蛋白质等成分越来越多的缘故。卤水在保存时,应注意以下几点:

(1)撇除浮油、浮沫。卤水的浮油、浮沫要经常撇除,并经常过滤去渣。

(2)要定时加热消毒。夏秋季每天烧沸消毒 1 次,春冬季每 3~4 日烧沸消毒 1 次,烧沸后的卤水应放在消过毒的盛器内。

(3)盛器必须用陶器或白搪瓷器皿。绝不能用铁、锡、铝、铜等金属器皿,否则卤水中的盐等物质会与金属发生化学反应,使卤水变色变味,乃至变质不能使用。

(4)注意存放位置。卤水应放在阴凉、通风、防尘处,加上纱罩,防止蝇虫等落入卤汁中。

(5)原料的添加。香料袋一般只用 2 次就应更换。其他调味料则应每卤一次原料,即添加一次。

(四)制卤工艺的技术关键

(1)卤锅的选用。最好选用生铁锅,若卤制的原料不太多时,选用砂锅为好。不宜用铜锅或铝锅,因这两种锅导热性很强,汤汁汽化快。铜锅还易与卤汁中的盐等发生化学反应,从而影响成品的色泽、口味、卫生质量。

(2)要掌握好火力。一般是用中小火或微火,使汤汁保持小开或微开状态。不能使用旺火,否则,汤汁沸腾,不断溅在锅壁上,形成薄膜,最后焦化落入卤汁中,成炭末状黑色物,有的黏附于原料上,影响到成品和卤水的色泽、口味。大火煮卤水,原料不易软烂,卤水会因快速汽化而严重减少。

(3)要掌握好原料的成熟度。原料的卤制,不管质地老嫩、成熟时间长短,其成熟度都应掌握在软化时或软化前出锅或离火。

(4)卤汤内切勿卤制异味较重的原料,不要生卤,否则易串味坏卤。如牛肉、羊肉、动物内脏等易发酸和带膻味的东西,如需卤制时,可取出一些汤,单独来卤。或者原料入锅前应先进行过油、焯水等初步熟处理,以尽量除去原料本身的血污及异味。

(5)卤水所用香料、食盐、酱油及水的比例要恰当。香料过多,成菜药味大,色泽偏黑;香料太少,成菜香味不足。

任务二　菜肴调香调色工艺

☞**任务目标**

- 熟悉菜肴香气、色泽的来源及种类;
- 掌握调香、调色工艺的基本方法;
- 会合理利用香气调制菜肴;
- 会对菜肴合理地调色。

活动一　香气和嗅觉的感知

调香是菜肴调制工艺中一项独立于调味和调色的十分重要的基本技术。所谓调香工艺,即调和菜肴的香气,是指运用各种呈香调料和调制手段,在调制过程中,使菜肴获得令人愉快的香气的操作工艺。通过调香工艺,可以消除和掩盖某些原料的腥膻异味,可配合和突出原料固有的自然气味。此外,调香工艺还是确定和构成菜肴不同风味特色的重要因素。

调香工艺是菜肴风味调配中一项十分重要的技术。调香与调味、调色、调质相互交融,相互作用,融为一体,但调香工艺的特性及在调和工艺中的作用,其他工艺是无法包容和替代的。

一、香气的含义

香,习惯上称为香气、香味,并把它归入味的序列。因为香和味总是同时存在于食品之中,有时很难区分。但是,香和味有着本质区别,是物质具有的两个完全不同的感官属性。香属于嗅感,是挥发性物质刺激鼻腔嗅觉神经而在中枢神经中引起的感觉。人们常常根据自己的喜好和厌恶,把气味人为地划分为香和臭。香是令人喜爱的气味,臭则是令人厌恶的气味。由于人对气味的好恶各有不同,因而认识也有区别。如臭豆腐,有人说臭,有人却说香。可见,香与臭并不是绝对的。但无论是香还是臭,它们都是气味,是单纯的嗅觉感受,我们可以沿用"香味"这种习惯叫法,但要同味严格区别开来。

二、嗅觉

气和味总是联系在一起。气是一个载体,味是气的一种附着物,气飘到哪里,味就传到哪里。气味是嗅觉所感到的由空气传播的各种各样的味道。

嗅觉是指挥发性物质刺激鼻腔嗅觉神经而在中枢神经中引起的感觉,也称嗅感。嗅觉具有以下基本特征:

(1)嗅觉的敏锐性。人的嗅觉是相当敏锐的,一些嗅感物质即使是在很低的浓度下也会感觉到。人们从嗅到气味物质到产生感觉，仅需 0.2~0.3 秒的时间。

（2）易疲劳、适应和习惯。人们久闻某种气味，易使嗅觉细胞产生疲劳而对该气味处于不灵敏状态，但对其他气味并未疲劳，当嗅觉中枢神经由于一种气味的长期刺激而陷入反馈状态时，感觉便会受到抑制而产生适应性。另外，当人的注意力分散时会感觉不到气味，时间长些便会对该气味形成习惯。疲劳、适应和习惯这三种现象会共同发挥作用，很难区别。

（3）个体差异大。不同的人嗅觉差别很大，即使是嗅觉敏锐的人也会因气味而异。对气味不敏感的极端情况叫嗅盲，习惯称"臭鼻"。

（4）会随人体状况变动。当人的身体疲劳或营养不良时，会引起嗅觉功能降低，人在生病时会感到食物平淡不香，女性月经周期、妊娠期或更年期可能会产生嗅觉减退或过敏现象等。这都说明人的生理状况对嗅觉有明显影响。

三、香气的种类及呈香调味料

食物中香气的种类比较复杂，嗅觉感觉的气味主要有香味（美味）和恶味（异味、邪味、臭味等）两类。令人喜爱的挥发性物质统称为香味；令人厌恶的挥发性物质，通常被称为恶味。

从生成途径看，主要有生物合成、微生物作用以及加热等。如水果的香气就是生物合成的；泡菜、酱制品的香气就是微生物作用生成的；烹调菜肴出现的香气，又主要是加热生成的。为了便于烹调实践，将香气种类划分为原料的天然香气和烹调加工产生的香气。

1. 原料的天然香气

原料的天然香气，是指在烹调加热前原料本身固有的香气，主要包括以下四种：

（1）辛香。这是一类有刺激性的植物天然香气，如葱香、蒜香、花椒香、胡椒香、八角香、桂皮香、香菜香等。

（2）清香。这是一类清新宜人的植物天然香气，如芝麻香、果香、花香、叶香、青菜香、菌香等。

（3）乳香。这是一类动物性天然香气，包括牛奶及其制品的天然香气，以及其他类似的香气，如奶粉、奶油、香兰素等香气。

（4）脂香。这是一类动植物兼有的油香气，如猪脂香、牛脂香、羊脂香、鸡油香，各种植物油的香气等。

2. 烹调加工产生的香气

（1）酱香。酱品类的香气，如酱油香、豆瓣香、豆豉香、面酱香、腐乳香等。

（2）酸香。这是包括以醋为代表的香气和以乳酸为代表的香气，如各种泡菜香、腌菜香等。

（3）酒香。以酒为代表的香气，如料酒香、米酒香、醪糟香、啤酒香等。

（4）腌腊香。经腌制的鸡鸭鱼肉等所带有的香气，如火腿香、腊肉香、腊鱼香、风鸡香、板鸭香等。

（5）烟熏香。某些原料受烟气熏制产生的香气，如熏肉香、熏鱼香、熏鸡香、熏鸭香等。

（6）加热香。某些原料本身没有什么香气，但经加热后可产生特有的香气，如煮肉香、蒸肉香、烧鱼香、煎炸香、叉烤香等。

四、调香工艺的基本原理

食物在烹调过程中发生物理的和化学的变化反应，香气的生成主要是通过调料调香和热变生香两大方面。调香工艺的基本原理主要有以下六种：

1. 挥发增香

呈香物质都具有一定的挥发性，挥发性物质达到一定的浓度（阈值）时，便引起嗅觉反应，浓度越大，香气越浓。加热可有效促进呈香物质的挥发。如姜、葱等所含呈香物质挥发性较弱，常温下香气较淡，加热可促进其挥发。而有些调料常温下即可显现浓郁的香气，不需加热，如小麻油，就可直接入菜调香。

2. 吸附带香

吸附带香，是指呈香调料通过加热挥发出的大量呈香物质，可被油脂及原料表面吸附，达到使菜肴带香的目的。例如炝锅，这是中菜烹调的一大特点，炝锅原料主要有葱、姜、蒜、干辣椒等，通过一定火力及油的作用，达到生香效果。炝锅时，调料中挥发出的呈香物质，一部分挥发了，而另一部分则被油脂所吸附。当下入原料烹调时，吸附了呈香物质的油脂便裹覆于原料表面，使菜肴带香。炝锅一定要控制好火力，火力过大，原料焦煳，香气物质挥发过多，影响油脂的吸附和菜肴带香，一般采用小火慢煸的方法进行。

3. 扩散入香

多数呈香物质都具有亲脂性，因此能够被油脂所吸附。炝锅后，吸附有呈香物质的油脂，在较长时间的烹制过程中，可渗透到原料的内部，使原料具有香味。水烹时，直接将呈香调料加入，呈香物质便会以油作为载体，从调料中溶出，逐渐扩散到汤汁的各个部分，同时也渗透到原料之中，使其入香。茸胶制品的调香，也是扩散入香的过程。制缔（茸）前，先将葱姜拍破，用水浸泡让呈香物质溶出，再用含有呈香物质的葱姜水制缔，依此法制出的缔子，闻有葱姜之香，却不见葱姜之物。扩散，是分子或微粒在不规则热力运动下浓度均匀化的过程。多种原料相互混合烹制，各种原料的香气也依此原理相互交融，形成复合香型。

4. 酯化生香

酯化，是在一定条件下，酸与醇类物质作用，生成具有芳香气味的酯类物质的化学反应过程。原料加热时产生的酸类物质不同，因而酯化后的产物也不一样，菜肴的香气也因此而不同。调香中发生的主要是食醋中的醋酸与料酒中的乙醇之间的酯化，产物为乙酸乙酯，具有香气。当然，独立使用食醋或料酒，它们本身带有的呈香物质，对菜肴生香也有不小的贡献。

5. 掩盖异味

菜肴或原料有异味，不仅影响菜肴的味道，也影响菜肴的香气。异味，是指滞留在菜肴或原料中令人不愉快的气味，如腥、膻、臊等。尽管采用一些初加工和预熟处理，但仍难奏效，而必须使用浓香调料加以掩盖，压抑异味。辛香料等对于抑制异味有特效，常用的有葱、姜、蒜、胡椒、花椒、辣椒、八角、桂皮、丁香、食醋、料酒、酱油等。

6. 中和除腥

前面曾提到过调味方式的"味的消杀"现象，"消杀"的结果，除了使菜肴或原料的味道纯正之外，还有调香的重要作用。

活动二　调香工艺的方法运用

一、调香工艺的时机

调香与调味虽然有很大的区别，但它们的联系密不可分。一般情况下，调香通常伴随调味等一起完成。与调味时机一样，调香也分一次性调香和多次性调香。

1. 一次性调香

一次性调香包括加热前一次性调香、加热中一次性调香和加热后一次性调香。由于调料兼具调色、调味、调香等多重功效，因此，调味的过程实际上也是调香过程。也就是说，菜肴原料在做一次性调制时，也要充分考虑菜肴原料的调香，使其相得益彰。最重要的是要根据菜肴特点选择香料，同时还要根据香料的耐热性，选择调香时机。一般来说，冷制冷吃菜的调香，在原料无特殊异味的情况下，多选择一次性调香；热菜使用一次性调香不是很普遍，通常都需要借助多个时机来完成。

2. 多次性调香

多次性调香包括原料加热前的调香、加热中的调香和加热后的调香三个时机。

（1）原料加热前的调香，又称提前调香，多采用腌渍的方法，有两个作用：一是清除原料异味；二是给予原料一定的香气。其中前者是主要的。

（2）原料加热中的调香，又称中途调香，是确定菜肴香型的主要时机，可根据需要采用加热调香的各种方法。有三个作用：一是原料受热变化生成香气；二是用调料补充并调和香气；三是确定菜肴香型。其中最后一条是主要的，前两条都是为最后一条服务的。加热过程中调香的效果与香料的投放时机有密切关系。一般来说，香气挥发性较强的，如香葱、胡椒粉、花椒面、小磨麻油等，需在菜肴起锅前放入，才能保证浓香。香气挥发性较弱的，如生姜、干辣椒、花椒粒、八角、桂皮等，需要借助炝锅，在加热开始就投入，以使呈香物质有足够的时间挥发出来，并热渗到原料中去。

（3）原料加热后的调香，又称辅助调香，常采用的调香方法是在菜肴装盘时或装盘后淋入香油，撒一些葱花、香菜段、胡椒粉、花椒面等，或者将香料置于菜上，接着淋上热油，或者跟味碟随菜上桌。作用是补充菜肴香气，完善菜肴风味。

总之，调香的时机要因菜选择，并不是每道菜肴都有上述三个调香时机。

二、调香的层次

调香的层次一般从两个角度划分，一是按菜肴食用的温度划分；二是根据人的嗅觉对菜肴感受的顺序划分。

（一）按菜肴食用的温度分

大致有冷香与热香两个层次。

1. 冷香

冷香主要是指凉菜产生的香气。由于凉菜有冷制冷吃和热制凉吃两大类，因此冷香的层次也可依此来划分。按照菜肴生香的原理，冷香的层次不如热香显著，通常是入口之香和咀嚼之香的混合感觉。除香型特别明显的凉菜外，一般很少有如热菜一样的先入之香。其香气成分往往蕴藏在菜肴之中，如果将鼻子接近凉菜，也有少量香气可以嗅到。冷制冷吃菜综合了原料天然香气与调味料香气，由于未经加热，因此原料的天然香气相对加热而言要突出一些。热制凉菜的生香过程主要是在加热中完成，一方面促进了原料中香气成分的逸出，另一方面也或多或少改变了原料特有的天然香气，加之在加热过程中调味料及香料的混入，使热制凉菜的香气复杂交融而呈现复合状态。一般来说，凉菜的食用温度在10℃左右，这个温度不仅是味感的需要，也是嗅感的需要。若食用温度过低，动物脂肪的凝固和冷却加深，而溶解或吸附在脂肪中的香气分子，尽管通过咀嚼，也不能正常发挥到达鼻腔被感知。从总体上看，凉菜的香气不如热菜浓厚，这也是中国人喜爱热食的主要原因之一。

2. 热香

热香，即加热产生的香气。就菜肴而言，主要是指热菜的香气。由于原料在加热过程中会发生复杂的理化变化，使得多种呈香物质充分挥发出来，而且温度越高，香气挥发越活跃。一般来说，大多数热菜都要经过加热前和加热中风味的调制，所以，热菜的生香过程，实际上也是原料由生变熟、调料渗入原料、原料又吸附调料，并由此产生出色香味质的过程。热菜从烹调到成品装盘上桌，整个过程都有丰富的呈香物质大量散发出来，使菜肴产生诱人的芳香。如果能趁热食用，香气更浓。具有独特风味的中国火锅，之所以历久不衰，不能不说是由菜肴的热度所带来的香喷喷的惬意快感所致。这一事实说明，热香相对冷香而言更具有十分显著的香气，热香是先入之香、入口之香、咀嚼之香三个层次的完美结合和高度统一。温度是影响热菜香气效果最主要的因素。

（二）按嗅感顺序分

从闻到菜肴香气开始，到菜肴入口咀嚼，最后经咽喉吞入，都可以感觉到菜香的存在。依此顺序，将一份菜肴的香划分为先入之香、入口之香、咀嚼之香三个层次。

1. 先入之香

这是第一层次的香，即菜肴上桌，还未入口就闻到的香，它由菜肴中挥发性最大的一些呈香物质构成，主要为加热后的调香所确定。先入之香的浓淡，在香料种类确定之后，主要决定于香料用量的多少和菜肴温度的高低。用量越多，温度越高，香气越浓，反之则较淡。

2. 入口之香

这是第二层次的香，即菜肴入口后，还未咀嚼之前，所感受到的香气。它较之先入之香更浓，还有呈香物质从口腔进入鼻腔，更增浓了香气。对于有汤汁的菜肴，入口之香主要由加入香料时溶解于汤汁的呈香物质和主配料中溶出的呈香物质构成。对于无汤汁的菜肴，则主要由原料和原料表面带有的各种呈香物质构成。此层次的香，不论热菜和冷菜都较浓郁，是菜肴调香的关键之一。

3. 咀嚼之香

这是第三层的香，即在咀嚼过程中感觉到的香气。它一般由菜肴原料的本香和热香物质，以及渗入到原料内部的其他呈香物质（包括调料和主料以及配料和辅料的呈香物质）所构成。其中以原料的本香和热香为主。咀嚼之香，对菜肴味感的影响较大，而且又受菜肴质感的作用，是香、味、质融为一体的感觉。一般来讲，采用煎、炸、烤、烹、焦熘、干煸等烹调方法制作的菜肴，质地酥脆，需通过挂糊、拍粉或蘸面包糠、蘸芝麻仁、蘸花生仁、裹松仁等手段，用走油方式制成，其咀嚼之香较其他烹调手段制成的菜肴要浓郁得多，而且越嚼越香。咀嚼之香的浓淡，也与原料的新鲜度和异味消除的程度有十分密切的关系，也是菜肴调香的关键之一。

三、调香方法

调香方法，主要是指利用调料来消除和掩盖异味，配合和突出原料香气，调和并形成菜肴风味的操作方法。调香的方法较多，根据调香原理及作用的不同，可分为以下几种：

1. 腌渍抑臭调香法

指运用一定的调料，借助适当的手段，消除、减弱或掩盖原料不良气味，同时突出并赋予原料香气的调香法。具体操作方法是原料加热前，将有异味的原料经过一定处理后，加入食盐、食醋、料酒、生姜、香葱等，拌匀或抹匀后腌渍一段时间（动物内脏采用揉洗的方法），使调料中的有关成分吸附于原料表面，渗透到原料之中，与异味成分充分作用，再通过洗涤、焯水、过油或正式烹制，使异味成分得以挥发除去。此法使用范围很广，兼有入味、增香、增色的作用。

2. 加热调香法

指借助热力的作用，使调料的香气大量挥发，并与原料的本香、热香相交融，形成浓郁香气的调香法。通过加热，调料中的呈香物质迅速挥发出来，或者溶解于汤汁中，或者渗透到原料内，或者吸附在原料表面，或者直接从菜肴中散发出来，从而使菜肴带有香气。此法运用甚广，各种热菜都离不开它。具体操作形式有加热入香、炝锅助香、热力促香以及酯化增香等。

3. 封闭调香法

指将原料保持在封闭条件下加热，临吃时开启，以获得浓郁香气的调香法。此法属于加热调香法的一种辅助方法。一般调香法，容易使呈香物质在烹制过程中散失掉，存留在菜肴中的只是一小部分，加热时间越长，散失越严重。封闭调香能很好地解决这一难题。封闭调香的具体操作形式有容器密封、泥土密封、纸包密封、面层密封、糯糊密封、原料密封等。

4. 烟熏调香法

指以特殊物料作熏料，把熏料加热至冒浓烟，产生浓烈烟香气味，使烟香物质与被熏原料接触，并被原料吸附的调香法。常用熏料有樟木屑、茶叶、香叶、花生壳、谷草、柏树叶、锅巴、大米、食糖等。具体方法按温度分有冷熏和热熏两种。

四、调香工艺的使用

由于菜肴香气层次的不同划分，调香各有其自身独到的特点和属性，加上调香方法的多种多样，菜肴调香时应互相借鉴、移植，取长补短，以进一步掌握好菜肴的调香工艺。

1. 充分利用原料本身固有的天然呈香物质

呈香物质都具有一定的挥发性，对那些极易挥发的呈香物质，要控制好火候和调香时间，防止它们过早挥发；对那些在常温下不易挥发的呈香物质，可在加热条件下使用，或者碾成粉末助其挥发；对于那些在水中溶解度极低的呈香物质，可通过炝锅、熏制等方法，使它们溶于油中或吸附在原料表面，或者制成乳状液，加入肉糜等半成品中，增强其呈香效果。

2. 利用加热过程，合成新的呈香物质

在加热过程中，许多原料本身分解为呈香物质。例如焙烤烘炒多种食物原料所产生的吡嗪类呈香物质，都是从氨基酸转化来的；油炸食品香气一部分来自煎炸油自身的分解；熟肉制品的香气，大都是由于蛋白质和核酸的受热分解；多种烧炒蔬菜的香气，源于含硫氨基酸的分解和转化以及美拉德反应等。

3. 除腥抑臭，增加美好香味

对于烹饪原料中的腥膻异味等不良气味的去除，通常采用以下办法达到除腥抑臭，增加美好香味的效果。一是加入易挥发物质，降低具有不良气味物质的蒸汽分压，使它们在受热时迅速逃逸；二是利用酸碱中和原理，使不良气味物质分解或转化；三是加入气味浓烈的呈香物质，对不良气味物质的影响进行掩盖；四是利用焯水、过油等熟处理手段，溶解或破坏某些不良气味物质。

活动三 菜肴色泽的来源与调色

色，又指色泽，包括颜色和光泽两个方面。调色，广义指菜肴色泽的调配和菜肴中各原料间的色泽搭配。原料色泽搭配属配菜的内容，因此，这里所指调色工艺就是运用各种有色调料和调配手段，调配菜肴色彩，增加菜肴光泽，使菜肴色泽美观的操作工艺过程。调色是调和工艺之一，与调味和调香并存，有其特有的技术要求和操作方法。调色往往与调味和调香同时进行，它是反映菜肴感官质量的一个重要方面，同时它也是菜肴风味调配工艺的关键技术。

一、菜肴色泽的来源

菜肴的色泽主要来源于三个方面：原料固有的色泽、加热形成的色泽和调料调配的色泽。

（一）原料固有的色泽

原料固有的色泽，即原料的本色。菜肴原料中有很多带有比较鲜艳、纯正的色泽，在加工时需要予以保持或者通过调配使其更加鲜亮。如香肠、火腿、腊肉（瘦）、午餐肉、红萝卜、红辣椒、西红柿的红色；红菜薹、红苋菜、紫茄子、紫豆角、紫菜、肝、肾、鸡（鸭）胗等的紫红色；绿叶蔬菜、青椒、蒜薹、蒜苗、四季豆、莴笋等的绿色；白萝卜、黄豆芽、莲藕、竹笋、银耳、鸡（鸭）脯肉、鱼白肉等的白色；蛋黄、口蘑、韭黄、黄花菜等的黄色；香菇、海参、黑木耳、发菜、海带等的黑色或深褐色。

（二）加热形成的色泽

加热形成的色泽，即在烹制过程中，原料表面发生色变所呈现的一种新的色泽。加热引起原料色变的主要原因是原料本身所含色素的变化及糖类、蛋白质等发生的焦糖化作用、羰氨反应等。很多原料在加热时都会变色，其中有些是菜肴色泽所要求的，如鸡蛋清由透明变为不透明的白色，虾、蟹等由青色变为红色，油炸、烤制时原料表面呈现的金黄、褐红色等。另有一些则是烹制时需要防止的，如绿色蔬菜变成黄褐色，原料受高温作用过度形成黑色等。对于具体的菜肴，应根据其色泽要求，通过一定的火候或者火候与调色手段的配合，来控制原料的色变，该白的白、该黑的黑，该绿的绿、该红的红，该黄的黄、该褐的褐，不可随意更改。

（三）调料调配的色泽

调料调配的色泽包括两个方面：一是用有色调料调配而成；二是利用调料在受热时的变化来产生。用有色调料直接调配菜肴色泽，在烹调中应用较为广泛。常见的有色调料有：酱油（可调配褐黄、褐红等色）、红醋（用于调配褐色）、酱品（用于调配褐红色）、糖色（用于调配较酱油鲜亮的红色）、番茄酱及红乳汁（用于调配鲜红色）、蛋黄（用于调配黄色）、蛋清（用于调配白色）、绿叶菜汁（用于调配绿色）、油脂（可增加菜肴光泽）等。调料与火候的配合也是菜肴调色的重要手段。如烤鸭时在鸭表皮上涂以饴糖，可形成鲜亮的枣红色；炸制的畜禽及鱼肉，码味时放入红醋，所形成的色泽会格外红润。这些都是利用了调料在加热时的变化或与原料成分的相互作用。

色彩三要素

色彩三要素指色调（色相）、饱和度（纯度）和明度。人眼看到的任一彩色光都是这三个特性的综合效果。

色相：色彩是由于物体上的物理性的光反射到人眼视神经上所产生的感觉。色彩的色相是色彩的最大特征，是指能够比较确切地表示某种颜色色别的名称。色的不同是由光的波长的长短差别所决定的。色相，指的是这些不同波长的色的情况。波长最长的是红色，最短的是紫色。

纯度：又称饱和度，是指色彩本身的纯净程度。影响色彩纯度有两个因素，一是颜色中所含灰色分量的多少，含灰色量越多则色纯度越低，含灰色量越少则色纯度越高。影响色纯度的又一因素是色调的深浅，色调深浅，色纯度越低，越接近正色的越纯。

明度：色彩的明度是指色彩的明亮程度。各种有色物体由于它们反射光量的区别就产生颜色的明暗强弱。色彩的明度有两种情况：一是同一色相不同明度；二是各种颜色的不同明度。

二、菜肴调色方法运用

根据菜肴调色的原理和作用的不同，调色方法可分为保色法、变色法、兑色法和润色法四大类。

1. 保色法

保色，即保持原料本色。保色法就是用有关调料来保持原料本色和突出原料本色的调色方法。此法多用于颜色纯正鲜亮的原料的调色，主要用于绿色蔬菜和红色鲜肉类。

（1）绿色蔬菜的保色。蔬菜的绿色由所含的叶绿素引起。叶绿素与类胡萝卜素等色素共存。在热和酸的共同作用下或者在热、光和氧气的作用下，叶绿素的绿色极易消退，从而使类胡萝卜素的颜色显现出来，蔬菜由绿变黄，呈现出枯败之色。为了保护鲜艳的绿色，一般可采用加油或加少量碱的方法。加油保绿是借助附着在蔬菜表面的油膜，隔绝空气中氧气与叶绿素的接触，达到防止其氧化变色的目的。加碱保绿是利用叶绿素在碱性条件下水解，生成性质稳定、颜色亮绿的叶绿酸盐，来达到保持蔬菜绿色的目的。此法虽然可保持蔬菜的绿色，但是碱性条件下蔬菜所含的某些维生素损失较为严重，因此一般不提倡使用。

（2）红色鲜肉的保色。畜肉的瘦肉多呈红色，肉类的红色主要来自所含的肌红蛋白，也有少量血红蛋白的作用，受热则呈现令人不愉快的灰褐色，有时在烹调时需要保持其本色。传统上一般采用烹制前加一定比例的硝酸盐或亚硝酸盐腌渍的方法来达到保色的目的。但此类发色剂有一定毒性，使用时应严格控制用量。硝酸钠的最大使用量为 0.5g/kg，亚硝酸钠的最大使用量为 0.15g/kg。目前国家已禁止餐饮服务单位及个人购买、储存和使用亚硝酸盐。

2. 变色法

变色，即改变原料本色。变色法就是用有关调料改变原料本色，使之形成鲜亮色泽的调色方法。此法中所用的调料本来不具有所调配的色彩，而需要在烹制过程中经过一定的化学变化才能产生相应的颜色。此法多用于烤、炸等干热烹制的一些菜肴。按主要化学反应类型的不同，变色法有焦糖化法和碳氨反应法两种。

（1）焦糖化法。此法是将糖类调料（如饴糖、蜂蜜、糖色、葡萄糖浆等）涂抹于菜肴原料表面，经高温处理产生鲜艳颜色的方法。如北京烤鸭、脆皮鸡、烤乳猪等均是采用此法调色。

（2）碳氨反应法。此法是将食醋作为菜肴原料的腌渍料之一或者将蛋液刷于菜肴原料表面，使其经高温处理产生鲜艳颜色的方法。食醋不仅可以除去动物性原料的腥膻异味，还能改变原料的酸碱性，使碳基化合物和氨基化合物易于发生碳氨反应，形成被称为黑色素的色素物质，使制品产生与焦糖化作用相似的红亮色泽。

3. 兑色法

兑色，即勾兑菜肴的色泽。兑色法就是用有关调料，以一定浓度或一定比例调配出菜肴色泽的调色方法。多用于水烹制作菜肴的调色。常用的调料是一些有色调料，如酱油、红醋、糖色，番茄酱、红糟、酱、食用色素等。此法在菜肴调色中用途最广。操作时可以用一种调料，以浓度大小控制颜色深浅，也可以用数种调料以一定比例配合，调配出菜肴色泽。为了使菜肴原料很好地上色，可以在调色之前，先将菜肴原料过油或煸炒，以减少原料表层的含水量，增强对色素的吸附能力。

4. 润色法

润色，即滋润菜肴光泽。润色法就是将油脂在菜肴原料表面薄薄裹上一层，使菜肴色泽油润光亮的调色方法。此法并不是用于调配菜肴的色调，而是用于改善菜肴色彩亮度，以增加美观度。几乎所有的菜肴调色都要用到它。其操作较为简单，有淋、拌、翻等手法。

上述四种调色方法是根据它们的原理和作用的不同来划分的，在实际操作中一般不是单独使用，而是两种或两种以上的方法配合使用，这样才能使菜肴达到应有的色泽要求。

三、菜肴调色的合理运用

人们长期以来形成的饮食习惯决定了菜肴色泽的两大特点：一是特别讲究菜肴原料的本来之色；二是特别讲究菜肴原料的热变之色。原料的本来之色，尤其对于蔬菜原料，常代表着新鲜。原料的热变之色，如淡黄、金黄、褐红等，能很好地激起人的食欲。因此，对调色的运用有如下要求：

1. 根据菜肴成品色泽标准正确选料调色

调色前，首先要熟悉和了解菜肴成品的色泽标准。很多菜肴的调色不是单纯地考虑原料的本色，而是根据菜肴的色泽要求和色泽与食欲的关系，在调色工艺中根据原料的性质、烹调方法以及基本味型正确选用调色料。

2. 控制火候，讲究时机，先调色后调味

火候的控制直接影响菜品的色泽，对于深色菜肴的制作，应注意调色的时机。当烹调需要长时间加热时，影响深色的各种成分浓度发生变化，另外，添加调色料时，绝大多数调色料也是调味料，若先调味再调色，势必使菜肴口味变化不定，难以掌握。例如，油炸、油煎不要过火，否则色泽过深；酱油等调料在长时间加热时会因糖分减少、酸度增加而使颜色加深，过早加入酱油，到菜肴成熟时色泽就会过深，应在开始时调至六七成，在出锅前调色，才能获得满意的色泽。

3. 尽量保护原料的鲜艳本色

蔬菜的鲜艳本色表明原料新鲜，并且能很好地刺激人的食欲，调色时应尽可能予以保护。如：绿色蔬菜，烹调时要特别注意火候，不要加盖焖煮，还要注意尽量不用能掩盖其绿色的深色调料和能改变其绿色的酸性调料。

4. 借助调味工艺，辅助、掩盖、促进原料颜色

（1）辅助原料的不足之色。有些原料的本色作菜肴之色显得不够鲜艳，应加以辅助调色。例如香菇，烹调时加适量酱油来辅助，其深褐本色就会变得格外鲜艳夺目，否则，菜肴色泽便不太理想。

（2）掩盖原料的不良之色。有些原料制成菜肴后色泽不太美观，如畜肉受热形成的浅灰褐色，需要用一定的调制手段予以掩盖，以改变原料不良之色。

（3）促进原料的热变之色。菜肴原料受高温作用，如炸、煎、烤等，表面发生褐变，可呈现出漂亮的色泽。要使原料的褐变达到菜肴的色泽要求，除了严格控制火候之外，有时还要加一些适当的调料，以促进其热褐变的发生。例如：烤制菜肴，常要在原料表面刷上一层饴糖、蜂蜜、蛋液等；炸制菜肴，有时需在原料腌制时加入一些酱油等。

5. 注意色泽与滋味、香味间的配合

菜肴的调色必须注意色泽与香气和味道的配合，因为色泽能使人们产生丰富的联想，从而与香气和味道发生一定的联系。一般来说，红色，使人感到鲜甜甘美，浓香宜人，还有酸甜之感；黄色，使人感到甜美，香酥；绿色，使人感到滋味清淡，香气清新；褐色、使人感到味感强烈，香气浓郁；白色，使人感到滋味清淡而平和，香气清新而纯洁；黑色，有焦苦之感（原料的天然色泽除外）；紫色，能损害味感（原料的天然色泽除外）；蓝色，一般给人以不香之感。黑、紫、蓝三色通常很难激起人的食欲。

6. 符合人的生理和安全卫生需要

调色要符合人们的生理需要，要因人而异、因时而异。菜肴原料的鲜艳本色会让人感觉到原料特别新鲜，能很好地激起食欲。如果将绿色蔬菜调配成黄色，红色肉类调配成绿色，则会让人感觉到原料腐败变质，看在眼里没有食欲，吃在嘴里难以下咽。因此，调色时应避免形成原料的腐败变质之色。同一菜肴因季节不同，色泽深浅要适度调整。一般夏天宜浅，冬季宜深。同时还要注意尽量少用或不用对人体有害的人工合成色素，保证食品的安全性。

 **特别提示**

菜肴色彩的巧用

菜品的色彩，不仅令看客赏心悦目，更能令吃客食欲大增。一般来说，大红的色彩可以勾起人的食欲。江苏菜里的酱汁肉、樱桃肉、腐乳肉、苏式酱鸭，川菜中善用的通红辣椒，要的就是赤红的效果。

菜品色泽的搭配是门学问，好的厨师应该称菜品艺术师，要懂得色彩学、美学、心理学，还应形成独特的个性。讲究色彩搭配，是中国菜肴的一大特点，最主要是在选料上。比如"炒雪冬"选用的是碧绿生青的雪里蕻的梗和雪白如玉的冬笋片，两种蔬菜炒在一起，清清爽爽，秀色可餐。又如"龙井虾仁"，虾仁是单一的白色，一盘清炒虾仁，颜色就显得单调、乏味，中间放一撮嫩绿的龙井春茶新芽，使得这盘菜的颜色十分的"跳"，一下子就使菜肴活了起来。

厨师如果在原料的色彩搭配上遇阻，还有最后一招可使，那便是做"围边"。在一盘菜的中间或旁边，选用一些色泽鲜亮的原材料点缀，如番茄、黄瓜、樱桃、紫包菜、香菜、玫瑰花、西蓝花、洋兰等，也会产生极好的效果。

任务三　菜肴调质工艺

☞**任务目标**
- 合理掌握调质工艺的基本方法；
- 会调制鱼茸胶和虾茸胶；
- 能在菜肴制作中熟练调制多种粉、糊、浆；
- 会根据不同菜肴合理运用芡汁。

菜肴的质地是决定菜肴风味的主要因素。调质工艺，是指在菜肴制作过程中，用一些调质原料来改善菜肴原料质地和形态的工艺过程。菜肴的质地是构成菜肴风味的重要内容之一，调质实际上是指对菜肴质地的构建和调整。

活动一　菜肴质地与质感认知

一、菜肴质地的含义及组成

食品质地一词被广泛用来表示食品的组织状态、口感及美味感觉等。菜肴质感是菜肴质地感觉的简称。这种感觉，是以口中的触感判断为主，但是在广义上也应包括手指以及菜肴在消化道中的触感判断。菜肴的质地是由菜肴的机械特性、几何学特性、触感特性组成的。换言之，食品质地是与食品的组织结构和状态有关的物理量，是与以下三方面感觉有关的物理性质：①用手或手指对食品的触摸感；②目视的外观感觉；③口腔摄入时的综合感觉，包括咀嚼时感到的软硬、黏稠、酥脆、滑爽感等。由此可见，食品的质地是其物理特性并可以通过人体感觉而得到感知。

（一）菜肴质地的组成

1.菜肴质地的机械特性

硬度（hardness/firmness）：表示使物体变形所需要的力。

凝聚性（cohesiveness）：表示形成食品形态所需内部结合力的大小。

酥脆性（brittleness）：表示破碎产品所需要的力。

咀嚼性（chewiness）：表示把固态食品咀嚼成能够吞咽状态所需要的能量，和硬度、凝聚性、弹性有关。

胶黏性（gumminess）：表示把半固态食品咀嚼成能够吞咽状态所需要的能量，和硬度、凝聚性有关。

黏性（viscosity）：表示液态食品受外力作用流动时分子之间的阻力。

弹性（springiness）：表示物体受外力作用发生形变，当撤出外力后恢复原来状态的能力。

黏附性（adhesiveness）：表示食品表面和其他物体（舌、牙、口腔）附着时，剥离它们所需要的力。

2.菜肴质地的几何学特性

指与构成食品颗粒大小、形态和微粒排列方向有关的性质。颗粒大小与形态是食品的重要标志。主要表现为以下两点：

粒状性（granularity）：表示食品中粒子大小和形状。

组织性（conformation）：表示食品中粒子的形状及方向。

3.菜肴质地的触感特性

它是与食品水分、含油率、含脂量以及蛋白质和多糖类的含量及相互之间的比例有关的性质。主要表现为以下两点：

湿润性（moisture）：表示食品中水分的量及质。

油脂性（fatness）：表示食品中脂肪的量及质。

（二）菜肴质感的种类

菜肴质感的种类很多，可以划分为单一质感和复合质感两大类。

1.单一质感

单一质感，是烹饪专家和学者为了研究上的方便而借用的一个词，以作为抽象研究的一种手段，它实质上不是菜肴质地的存在形式。通常所说的单一质感主要包括以下几类：

（1）老嫩感：嫩、筋、挺、韧、老、柴、皮等；

（2）软硬感：柔、绵、软、烂、脆、坚、硬等；

（3）粗细感：细、沙、粉、粗、糙、毛、渣等；

（4）滞滑感：润、滑、光、涩、滞、黏等；

（5）爽腻感：爽、利、油、糯、肥、腻等；

（6）松实感：疏、酥、散、松、泡、暄、弹、实等；

（7）稀稠感：清、薄、稀、稠、浓、厚、湿、糊、干、燥等。

2.复合质感

复合质感指菜肴质地的双重性和多重性，它是菜肴质地的表现特征。

（1）双重质感指由两种单一质感构成的质地感觉。常见的双重质感有 60 多种，如细嫩、嫩滑、柔滑、焦脆、粉糯、黏稠等。

（2）多重质感是由三种以上的单一质感构成的质地感觉。常见的多重质感多由四种单一质感构成，有 50 多种。

二、菜肴质感的形成特征

菜肴质地的形成不是某一方面的因素决定的，它表现为一种综合效应，任何一方面做得不到位，都有可能导致菜肴质感达不到审美需求。要制作出合乎质量标准的质地，使菜肴质地真正对大众来说适口，必须了解菜肴质感的形成特征。概括起来，主要包括以下几点：

1.菜肴质感的规定性

菜肴质感的规定性，是对菜肴质感形成的方式、方法、工艺流程、质量标准等方面的具体要求。作为菜肴属性之一的质感同样也应当具有规定性。中国菜肴依时代划分，有传统菜和现代菜。传统菜是前辈烹饪大师实践与智慧的结晶，具有很高的权威效应，特别是已被现代厨师继承下来的传统菜，其名称、烹调方法、味型、质感及其表现菜肴特征的一系列工艺流程等都必须是固定的，不能随意创造或改变。否则，便不能称为传统菜，至少不是正宗的传统菜。现代菜肴是顺应社会潮流发展和变化的，行业常称之为新潮菜。新潮菜具有很大的灵活性和随意性，但总的要求是必须得到社会的认可。社会认可了，其工艺流程和菜肴形成特征也就应当在一定范围和条件下予以固定，具有菜肴的规定性。

2.菜肴质感的变异性

菜肴质感的变异性，是指菜肴受生理条件、温度、浓度、重复刺激等因素的影响引起的质地感觉上的差异与变化。

3. 菜肴质地的多样性和复杂性

中国菜肴千姿百态，五彩缤纷，这是构成菜肴质地多样性和复杂性的主要因素。由于原料的结构不同，烹调加工的方法不同，以及人对菜肴质感的要求不同，各种菜肴都有非常明显的质感个性，如有的菜肴以"脆"为主、"嫩"为辅，有的则刚好相反；另外，同种质感由于刺激强度上的不同，虽然在名称上相同，但在感觉上也存在差别。即使同一类菜肴，其质感的层次也是丰富的，存在着里外差别、上下差别和原料组合的差别等。

4. 菜肴质感的灵敏性

菜肴质感具有灵敏性，这是客观存在的。它来自菜肴刺激的直接反馈，主要由质感阈值和质感分辨力两个方面来反映。通过科学研究证实，菜肴质感中触觉先于味觉，触觉要比味觉敏锐得多。

5. 菜肴质感的关联性

菜肴的质感与味觉、嗅觉、视觉等都有不可分割的联系。其中质感与味觉的联系最为密切，所谓"质味相一"，强调的正是质感与味觉之间的有机联系。质感既可直接与味觉发生联系，也可通过嗅觉的关联与味觉发生关系。如本味突出或清淡的菜肴，质感或滑嫩，或软嫩，或脆嫩，浓厚味的菜肴多酥烂、软烂等。质感与嗅觉关联性也很大，不同物态的菜肴具有不同的质感，同时也导致不同的嗅感。一般来说，刀工细腻、成形薄小的菜肴多滑嫩柔软，与之对应的嗅感清香淡雅；刀工粗犷、成形较厚较大的耐嚼菜肴会越嚼越香。另外质感与视觉的联系突出反映在菜肴色泽及刀口状态和菜肴形状等方面。如，金黄色的炸菜，质感多外酥脆里软嫩、外焦酥里软嫩，或里外酥脆、里外焦脆；翠绿色的蔬菜，质地水嫩爽脆；洁白的动物性菜肴，质感多软滑嫩化。再如粗细不一的炒肉丝，厚薄不均的爆肉片，能够直接通过视觉反映出老嫩不一的质感。

三、调质工艺的方法及原理

根据具体原理和作用不同，调质工艺一般可分为致嫩工艺、膨松工艺、增稠工艺等几种。

（一）致嫩工艺

致嫩工艺就是在烹饪原料中添加某些化学品或施以适当的机械力作用，使原料原先的生物结构组织疏松，提高原料的持水性，从而导致其质构发生变化，表现出柔嫩特征的工艺过程。致嫩工艺主要针对动物肌肉原料。

1. 物理致嫩

即对烹饪原料施以适当机械力作用而致嫩的方法，如敲击、切割、超声振动分离和断裂肉类纤维，对牛肉采用挂的方法等。

2. 无机化学物质致嫩

即在食物原料中添加某些无机化学物质而致嫩的方法，如食碱致嫩、食盐致嫩、水致嫩等。

（1）食碱致嫩。常用于对牛、羊、猪瘦肉的致嫩。每100g肉可用1~1.5g食碱，上浆后需静置2小时以上再使用。也可先将原料置于食碱水中浸泡20分钟左右再上浆。食碱（碳酸氢钠）溶解于水呈碱性，可改变上浆原料的pH值，使其偏离原料中蛋白质的等电点，提高蛋白质的吸水性和持水性。

（2）食盐致嫩。主要表现在上浆和制缔上，通过加入一定比例的食盐进行拌和，促使肌肉中的肌红球蛋白析出，成为黏稠胶状，从而利于肌肉充分吸水并保持大量水分，增加其嫩度。

（3）水致嫩。嫩与含水量关系密切。原料上浆和制缔时加入一定量的水，通过盐的渗透压作用和搅拌作用，以及水起到的溶解剂、分散剂、浸润剂作用，使水与蛋白质分子结合，原料吸水"上劲"，达到嫩化的效果。

3. 酶致嫩

酶致嫩即在食物原料中添加某些酶类制剂而致嫩的方法。餐饮业常把一些蛋白酶类制剂称为嫩肉粉，常见的如胰蛋白酶以及菠萝蛋白酶、无花果蛋白酶、木瓜蛋白酶、猕猴桃蛋白酶、生姜蛋白酶等植物蛋白酶类。

4. 其他原料致嫩

（1）淀粉致嫩。原料上浆和制缔时需要加入适量的淀粉，淀粉受热发生糊化，起到连接水分和原料的作用，达到致嫩的目的。淀粉致嫩要注意两点：一是要选择优质淀粉；二是要控制好淀粉用量，使其恰到好处。

（2）蛋清致嫩。原料上浆常用鸡蛋清。鸡蛋清富含可溶性蛋白质，是一种蛋白质溶胶，受热时蛋白质成为凝胶，阻止了原料中水分等物质的流失，使原料能保持良好的嫩度。

（3）油脂致嫩。油脂具有很好的润滑、保水、保色作用，上浆时放入适量的油脂，能保持或增加原料的嫩度。上浆时原料与油脂的比为20:1，一般500g原料，放油25g。放油应在上浆完毕后进行，切忌中途加油，否则，不能达到上浆目的。另外，油浸也是很好的致嫩方法。

（二）膨松工艺

膨松工艺就是采用各种手段和方法，在烹饪原料中引入气体，使其组织膨胀松化成孔洞结构的过程。主要方法有以下几种：

1. 生物膨松

（1）酵母膨松。指利用酵母的作用致糊，使其膨松。导致膨松的主要成分是酵母。发酵过程中，产生大量的二氧化碳和一系列其他的产物，经加热，二氧化碳在糊里发生膨松。酵母制糊，发酵时间不要超过24小时，一般500g干面粉（含淀粉）用面肥75g。若糊带酸味，需用食碱中和。

（2）生啤膨松。生啤是一种生物膨松剂，由于未经高温杀菌，仍含有大量活酵母，这是能使糊膨松的原因。使用生啤膨松，要适当延长发酵时间，温度以30℃为宜，一般500g面粉（含淀粉）使用生啤75g，发酵方法为保温发酵。

2. 化学膨松

常用膨松剂主要是发酵粉（即发粉、泡打粉），是用碳酸氢钠、明矾及淀粉等混合配制而成的一种复合膨松剂。发酵粉不能放在水中溶化，应与面粉拌和均匀后调糊，否则，膨松效果会降低。一般500g面粉用发粉10g。

3.机械膨松

机械膨松是由搅打等机械方法引入空气的工艺过程。机械膨松主要用于蛋清起泡，调制蛋泡糊。打泡后，需加干淀粉，其比例为蛋清∶干淀粉＝2∶1。

（三）增稠工艺

增稠工艺是在烹调过程中添加某些物质，以形成菜肴需要的各种形状和硬、软、脆、黏、稠等质构特征的工艺过程。增稠方法主要有以下几种：

1.勾芡增稠

勾芡能明显起到稠汁的作用。勾芡的其他作用将在后面专门介绍。

2.琼脂增稠

主要用于各种冷冻凉菜。琼脂无臭、无味、透明度好，吸水性和持水性强，被广为使用。琼脂经过普通加热便可成为溶胶，最好的方法是加水蒸，冷却到45℃以下即可变为凝胶。

3.动物胶质增稠

动物胶质增稠，是指利用明胶或烹调加热中产生的自来胶质增稠的一种方法。明胶市场有售，它是从动物的皮、骨、软骨、韧带、肌腱中提取的高分子多肽化合物，主要用于工艺菜制作，忌与酸或碱共热，否则凝胶性丧失。

自来胶质增稠，是通常所说的自来芡增稠之一，主要是指一些富含胶质的动物性菜肴，如红烧猪手、干烧鲫鱼等，在小火较长时间加热条件下，原料中胶原蛋白质的螺旋状结构被破坏，发生不完全水解形成明胶，从而增加汤汁的浓稠度。

4.酱汁增稠

酱，尤其是甜酱，含有比较丰富的淀粉质，用甜面酱制作酱菜，做酱鸭、酱乳鸽等，通过小火加热，能明显起到增稠效果。

5.糖汁增稠

使用白糖、冰糖、蜂蜜、麦芽糖等，达到增稠的作用，最典型的是蜜汁菜和一些甜品，如冰糖湘莲等。

活动二　蓉胶调制工艺

一、蓉胶及其调制

1.蓉胶的概念

蓉胶或称蓉泥，属胶体的一种，又称鱼胶、虾糊、肉馅等。运用于烹饪中，蓉胶制品是将动物肌肉经粉碎性的排剁、刀背砸、木槌敲、机械搅动等加工成蓉泥后，加入水、鸡蛋或蛋清、淀粉、肥膘泥、调味品等，经搅打而成的有黏性的胶体糊状物料。各地对蓉胶的叫法不尽相同，北京称"腻子"，四川称"糁"，江苏称"缔子"，山东称"泥"，广东称"胶"，陕西称"瓢子"，湖南称"糊子"，还有的地方叫"肉糜"等。采用蓉胶这类原料烹制出的菜肴大部分是用氽、蒸、烧、酿等加热时间较短的技法，能保持菜肴鲜嫩、滑爽、入口即化、质感细腻的特点。

2. 蓉胶调制的原理

蓉胶的制作是动物肌肉纤维在外力的作用下产生剧烈的震荡，在制作中添加能增加黏性、增强吸水能力的辅助料（如鸡蛋、淀粉、盐等），在快速搅打作用力下大量吸水形成蓉泥状的物料，又称糊料。

蓉胶形成的主要过程是加水、搅拌、加盐上劲。在蓉状的肌肉中，其吸附水分的表面积比原来大大地增加，边搅拌边加水，增加了肉馅对外加水的吸附面积。肉馅对水分的吸附既可以是蛋白质极性基团的化学吸附，也可以是非极性基团的物理吸附以及水分子与水分子之间发生的多分子层吸附，由于剁碎及搅拌的结果，在肉馅内部形成大量的毛细管微孔道结构，在毛细管内水所形成的蒸汽压低于同温度下水的蒸汽压，所以毛细管能固定住大量的水分，这些都是肉馅能再吸附大量水分的重要原因。如果在搅拌肉馅时加入适量的盐分，吸水量还能进一步的增加，原因是：首先，食盐是一种易溶于水的强电解质，很快就溶解在水里，电离为钠离子和氯离子进入肉馅的内部，使肉馅的水溶液的渗透压增大，因此外部添加的水就更容易进入肉馅；其次，由于球蛋白易溶于盐液，加盐后增大了肌肉球蛋白分子在水中的溶解度，这样也就加大了球蛋白的极性基团对水分子的吸附量；最后，肌肉中蛋白质是以溶胶和凝胶的混合状态存在的，胶体的核心结构胶核具有很大的表面积，在界面上有选择地吸附一定数量的离子，加入食盐后，食盐离解为带正电荷的钠离子和带负电荷的氯离子，其中某一部分离子有可能被未饱和的胶粒所吸附，被吸附的离子又能吸附带相反电荷的离子。不管是钠离子还是氯离子都是水化离子，即表面都吸附许多的极性水分子，所以肉馅经过加水、加盐搅拌成为蓉胶以后，吸收了水分，使其口感更加嫩滑爽口。

二、蓉胶调制的工艺流程

蓉泥制品的品种很多，其制作工艺主要有以下操作流程。

1. 原料选择

制作蓉泥制品的原料要求很高，选择的原料应是无皮、无骨、无筋络、无淤血伤斑的净料，原料质地细嫩，持水能力强。如鱼蓉制品制作，一般多选草鱼、白鱼等肉质细嫩的鱼类；虾蓉制品一般选用河虾仁；鸡蓉制品的最佳选料是鸡里脊肉，其次是鸡脯肉，鸡腿肉不能作为蓉泥制品的原料。

2. 漂洗处理

漂洗处理的目的是洗除其色素、臭气、脂肪、血液、残余的皮屑及污物等。鱼蓉要求色白和质嫩，需要充分漂洗。漂洗时，水温不应高于鱼肉的温度，应力求控制在10℃以下。鸡脯肉一般也需放入清水中泡去血污，猪肉、牛肉、虾肉则不需此操作。

3. 破碎处理

（1）机械破碎。绞肉机、搅拌机的使用范围最为广泛，特点是速度快，效率高，适于加工较多数量的原料。但肉中会残留筋络和碎刺，而且机械运转速度较快，破碎时使肉的温度上升，使部分肌肉中肌球蛋白变性而影响可溶性蛋白的溶出，对肉的黏性形成和保水力产生影响，因此应特别注意在绞肉之前将肉适当地切碎，剔除筋和过多的脂油，同时控制好肉的温度。

（2）手工排剁。速度慢，效率低，但肉温基本不变，且肉中不会残留筋络和碎刺，因为排剁时将肉中筋络和碎刺全部排到了蓉泥制品的底层，采用分层取肉法就可将杂物去尽。用手工排剁的方法时，也应根据具体菜品的要求采用不同的方法。

4. 调味搅拌

调味一般可加入盐、细葱、姜末、料酒（或葱姜酒汁）和胡椒粉等调料，辅料有淀粉、蛋清、肥膘、马蹄等。盐是蓉泥制品最主要的调味品，也是使蓉泥制品上劲的主要物质。对猪蓉泥制品来说，盐可以与其他调味品一起加入；对鱼蓉泥制品来说，应在掺入水分后加入。加盐量除跟主料有关外，还与加水量成正比。加盐后的蓉泥通过搅拌使蓉泥黏性增加，使成品外形完整，有弹性。搅拌上劲后的蓉泥应放置于 2~8℃ 的冷藏柜中静置 1~2 小时，使可溶性蛋白充分溶出，进一步增加蓉泥的持水性能。但不能使蓉泥冻结，否则会破坏蓉泥的胶体体系，影响菜品质量。

三、蓉胶的种类

蓉胶可以分为肉蓉胶、鱼蓉胶和虾蓉胶，较有特色的是鱼蓉胶和虾蓉胶的制作。

1. 鱼蓉胶

（1）硬鱼蓉胶。在鱼蓉中添加适量熟肥膘，鱼肉与肥膘的比例一般为 5:1，肥膘需切成小粒为宜。因蓉胶体质地较"硬"，即较为浓稠，故名。适合于制作鱼饼、鱼球、鱼糕等，常用于煎、炸、贴、蒸等，成菜后弹性大，韧性足，口感较好。

（2）软鱼蓉胶。在鱼蓉中添加适量生肥膘蓉，它适合于制作蒸、酿而成的各种花色工艺菜。成菜后口感柔嫩而有弹性。

（3）嫩鱼蓉胶。在鱼蓉中添加猪油，鱼肉与猪油的比例随烹调要求而定（有些不加猪油）。它适合于制作鱼圆、鱼线等，也可做酿菜，常用于氽、烩等，成菜后质地软滑、细嫩，而且有一定弹性。

2. 虾蓉胶

（1）硬虾蓉胶。吃水量很小，除了葱姜汁外，一般不需另外加水，质感浓稠，拌上劲后需加入适量熟肥膘小粒，以免制品受热后收缩变形，并增进鲜嫩油润的口感。它适合于炸、煎、贴等，以单独使用居多。如炸虾球、煎虾饼等，也可酿制花色工艺菜。

（2）软虾蓉胶。吃水量较硬虾蓉胶大，质地比较柔软，黏性大，可塑性较强，制作中需加入适量生肥膘蓉。它适合于蒸、氽等，也可用于煎，常配以其他原料酿制成各种花色工艺菜。如桂花虾饼、苹果虾等。

（3）嫩虾蓉胶。吃水量较软虾蓉胶大，质地是蓉胶中最软嫩的。它的制作需要加入较大量的蛋清泡（也称发蛋），通常虾肉与蛋清的比例为 1:3。由于嫩虾蓉胶非常柔嫩，一般只适合于蒸，而且蒸的时间不宜过长，火力不宜过大，中火沸水蒸 1~2 分钟即成。它常用于酿制玲珑精细的花色工艺菜。如南京菜中的瓢儿鸽蛋等。

活动三　糊浆工艺

一、糊浆工艺的特色

糊浆工艺即挂糊、上浆工艺。是指在经过刀工处理的原料的表面上，挂上一层黏性的糊浆，然后采取不同的加热方法，使制成的菜肴达到酥脆、松软、滑嫩的一项技术措施。挂糊、上浆就像替原料穿一件衣服一样，所以又统称"着衣"。挂糊、上浆的适用范围较为广泛。在炸、熘、爆、炒等烹调方法中，大部分韧性的原料差不多都要进行这一过程，此外煎、贴等烹调方法中的部分原料，有时也要进行挂糊、上浆，它是调质工艺的具体应用。

挂糊和上浆所用的原料基本相同，不外乎是淀粉、鸡蛋、面粉、苏打粉及水等。而且同一种菜肴的原料，既可挂糊，又可上浆，因而往往糊浆混称。实际上糊、浆无论是从投料的比例上看还是从调制方法、效果、用途等方面看，都有明显的区别。从投料的比例上看，挂糊较厚，即淀粉的比例较多，上浆较薄，即淀粉所占的比例少。从调制方法上看，挂糊是先用淀粉、水和蛋等原料调制成黏糊，再把原料放在糊中拖过。上浆则是把一些调味品（如盐、料酒等）、蛋液、淀粉依次直接加到原料上一起拌匀。从用途效果上看，挂糊多用于炸、熘、煎、贴等方法，使菜肴达到香、酥、脆的效果；上浆多用于炒、爆等方法，使菜肴达到柔、滑、嫩的效果。挂糊、上浆是烹调前一项比较重要的操作程序，如果制糊、浆所用的原料比例掌握不当或操作方法不对等，对菜肴的色、香、味、形等各方面均有很大的影响。

1. 保持原料的原汁原味

经加工成为片、丝、丁、条、块状等原料，如果直接放入热油锅内，原料会因骤然受高温而迅速失去很多水分使质地变老，鲜味减少。经挂糊、上浆处理后的原料，即使在旺火热油中，原料不再直接接触高温，热油也不易浸入它的内部，原料内部的水分和鲜味不易外溢，这样能保持原料鲜嫩。同时，使过油后的菜肴产生外部香脆或酥松，内部鲜嫩、滑润的口感。

2. 美化原料的形态

各种加工成型的原料，在加热中，很容易出现散碎、断裂、卷缩、干瘪等现象。通过挂糊、上浆处理后，可避免这些现象的产生，保持了原料原来的形态，而且使之更加美观。如挂过糊的原料形态完整饱满，色泽绚丽多彩；上过浆的原料变得光润、亮洁、清爽等。

3. 保持和增加菜肴的营养成分

原料在加热过程中，无论是动物性原料还是植物性原料，如直接与高温接触，原料所含的蛋白质、脂肪、维生素等营养成分，都要遭受不同程度的破坏。但挂糊、上浆处理后，就由直接受热变为间接受热，原料中营养成分不致受到过多的损失，不仅如此，糊浆本身就是由营养丰富的淀粉、蛋白质等组成，从而增加了菜肴的营养价值。

二、上浆工艺

上浆又称抓浆、吃浆，广东称"上粉"，是指在经过刀工处理的原料表面黏附上（或融入）一层薄薄的浆液的工艺过程。上浆的原料经加热后，能使制品达到滑嫩的效果。

1. 上浆的佐助原料及调料

上浆的佐助原料及调料主要有精盐、淀粉（干淀粉、湿淀粉）、鸡蛋（全蛋液、鸡蛋清、鸡蛋黄）、油脂、食碱、嫩肉粉、水等。

2. 上浆所用主料的选择

上浆所用的主料宜选用鲜嫩的动物性原料，如猪精肉、鸡脯肉、牛肉、鱼肉、虾仁、鲜贝和内脏，刀工处理以加工成片、丝、丁、粒（米）、花刀型为主。

3. 浆的种类

根据浆料组配形式的不同，浆大体可分为水粉浆、蛋粉浆两种基本类型，还有在基本浆的基础上加入酱料或苏打等调味品的特殊粉浆。具体浆的种类及烹饪特性如表6-1所示。

表6-1 浆的种类及烹饪特性

种类		原料	原料配比	适用范围	成品特点
水粉浆		淀粉、水、精盐、料酒、味精等	主料500克，干淀粉25克，清水50克	多用于炒、爆、熘、氽等菜肴	乳白、质感滑嫩
蛋粉浆	蛋清浆	蛋清、淀粉、精盐、料酒、味精等	主料500克，蛋清25克、淀粉10克	多用于炒、爆、熘等菜肴	色泽洁白，柔滑软嫩
	全蛋浆	全蛋液、淀粉、精盐、料酒、味精等	主料500克，全蛋液25克、淀粉10克	多用于炒、爆、熘等菜肴及烹调后带色的菜肴	菜肴滑嫩，微带黄色
特殊粉浆	苏打浆	蛋清、淀粉、水、小苏打、精盐、料酒等	以浆牛柳为例：切好牛肉500克、小苏打6克、生抽10克、蛋清20克、淀粉20克、清水60克（视牛肉老嫩而定）、生油25克	多用于炒、爆、熘等质地较老、肌纤维含量较多、韧性较强的原料菜肴。如牛、羊肉等	菜肴鲜嫩滑润
	酱料浆	酱料（黄酱、面酱、辣酱等）或酱油、淀粉、料酒等	主料500克、料酒10克、酱料30克、淀粉10克	多用于炒、爆、熘等菜肴及烹调后带酱色的菜肴	菜肴滑嫩，呈酱色

4. 上浆工艺流程

（1）加盐搅拌。将切割好的原料加盐、料酒、味精等调味料搅拌至原料黏稠有劲（对组织较老的原料如牛肉可适当添加小苏打或嫩肉粉使组织疏松）。

（2）挂粉浆。加盐搅拌后的原料用水粉或蛋粉调成的浆拌匀（含水率较多的原料如动物内脏在上浆前可不加盐搅拌而在烹饪前用水粉浆直接拌匀即可）上劲。

（3）封油静置。上浆后的原料用适量的冷油封面，放入冷藏冰箱内（温度控制在5℃

左右）静置半小时左右或更长时间。

5. 上浆的技术关键

（1）灵活掌握各种浆的浓度。在上浆时，要根据原料的性质及菜肴质地要求来决定浆的浓度。质地要求滑嫩的菜肴，若原料质地老，吸水力强，上浆时水分就应适当多加，浓度可稀一些；原料质地较嫩，吸水力较弱，浆中的水分就应适当减少，浓度可以稠一些（如上浆猪肉丝、牛肉丝等）。质地要求滑爽的菜肴，上浆时尽量减少原料水分（如上浆虾仁）。因此，浆的稀稠度应根据烹饪原料性质来定，上浆以原料含水饱和并起劲为准，不可过稀或过稠。

（2）严格按照浆制步骤上浆。上浆一般包括三个步骤。第一步是腌制入味，先用精盐、料酒等将原料腌渍片刻，浸透入味。第二步是用蛋液拌匀。一般都是用手指捏匀，不能抽打成泡，但对嫩的菜肴原料如鸡丝、鱼片等，不能捏，只能用手指揿按，使蛋清缓慢地浸入鸡丝、鱼片中，这样才能保持其完整。第三步是水淀粉抓匀。除了调制的水淀粉必须均匀、无粉粒外，最重要的是要抓匀抓透，使菜肴原料全部包裹起来。

（3）必须达到上浆起劲。上浆的目的是使原料均匀裹上一层薄薄的浆液，以便受热时形成完整的保护层，从而使菜肴达到柔软滑嫩的效果。在上浆操作中，常采用搅、抓、拌等方式，一方面使浆液充分渗透到原料中去，达到吃浆的目的，另一方面充分提高浆液黏度，使之牢牢黏附于原料表层，最终使浆液与原料内外融合，达到上浆的目的。但在上浆时，对细嫩主、配料如鸡丝、鱼片等，抓拌要轻、用力要小，既要使之充分吃浆上劲，又要防止断丝、破碎情况的发生。

（4）根据原料的质地和菜肴的质量要求选用适当的浆液。原料的质地老嫩不一，如牛肉、羊肉中，含结缔组织较多，上浆时，宜用苏打浆或加入嫩肉粉，这样可取得良好的嫩化效果。另外，菜肴的质量要求不同，也要选用与之相适应的浆液。如菜肴的成品颜色要求白色时，必须选用鸡蛋清为浆液的用料，如蛋清粉浆等；成品颜色要求为金黄、浅黄、棕红色时，可选用全蛋液、鸡蛋黄为浆液的用料，如全蛋粉浆等。

三、挂糊工艺

挂糊是在经过刀工处理的原料表面上，适当地挂上一层黏性糊的工艺过程。挂糊的原料都是以油脂作为传热介质进行热处理，加热后在原料表面形成或脆或软或酥的质地。

1. 调制粉糊的原料

调制粉糊的原料主要有淀粉（干淀粉，湿淀粉）、面粉、鸡蛋、膨松剂、油脂等，也可加入一些辅助原料，如滚黏的原料（如面包屑、芝麻、核桃粉、瓜子仁等）、吉士粉、花椒粉、葱椒盐等。不同的用料具有不同的作用，制成糊加热后的成菜效果也有明显的不同。

2. 适宜挂糊的原料选择

挂糊的原料以动物原料为主，也可选择蔬菜、水果等；原料形状可以是整形的、大块的，也可以是丁、条、球形等其他形状的。

3. 糊的种类

糊的种类很多，按配方原料分，常用的有水粉糊（也称硬糊，淀粉糊）、蛋清糊、蛋黄糊、全蛋糊、蛋泡糊、发粉糊、脆皮糊、拍粉拖蛋糊、拖蛋糊拍面包屑等；按菜品质感和烹调方法分，有软炸糊、酥炸糊、干炸糊、脆糨糊、香酥糊等。具体糊的种类及烹饪特性如表6-2所示。

表6-2　糊的种类及烹饪特性

种类		原料	原料配比	适用范围	成品特点
水粉糊		淀粉、冷水	淀粉：冷水 =2:1	适用炸、熘等厚片、块或整形原料的菜肴。如糖醋里脊、醋熘黄鱼等	干酥香脆，色泽金黄
干粉糊	单一粉料	单一淀粉或面粉		多用于干炸、脆熘等菜肴。如松鼠鳜鱼、菊花青鱼、葡萄鱼等	干硬挺实，菜肴香脆松酥，色泽金黄
	复合粉料	生粉＋面粉	生粉：面粉 =7:3		
蛋粉糊	蛋清糊	蛋清、淀粉（或面粉）、冷水	蛋清：淀粉（或面粉）=1:1	用于软炸类菜肴。如软炸鱼条、软炸虾	色泽淡黄，外松软、里鲜嫩
	蛋黄糊	蛋黄、淀粉（或面粉）、冷水	蛋黄：淀粉（或面粉）=1:1	多用于炸、熘、煎等菜肴。如柠汁煎软鸡等	外酥脆、里软嫩
	全蛋糊	全蛋、淀粉（或面粉）	全蛋：淀粉（或面粉）=1:1	多用于炸、熘、煎等菜肴。如瓦块鱼、炸里脊等	外酥脆、内松嫩，色金黄
	蛋泡糊（高丽糊）	蛋清、干淀粉	蛋清：干淀粉 =3:1	多用于原料鲜嫩、软嫩，形状丁、丝、片、条、球，烹调方法为松炸的一类菜肴。如雪衣大虾、清炖鸡孚等	洁白、饱满、松软滑嫩
脆皮糊	发粉糊	面粉、生粉、发酵粉、生油	面粉 500 克，生粉 100 克，发酵粉 15~20 克，生油 150 克，精盐 6 克，水约 600 克	多用于炸类菜肴。如脆皮鱼条等	涨发饱满、色泽淡黄、松酥香脆
	老肥糊	面种、面粉、生粉、碱水、生油	面种 75 克，面粉 375 克，生粉 150 克，碱水 10 克，精盐 8 克，生油 160 克，清水约 600 克	多用于炸类菜肴。如脆皮银鱼、脆皮鲜奶等	外松脆、内软嫩，色金黄
	酵母糊	面粉、生粉、干酵母、生油	面粉 500 克，生粉 150 克，干酵母，精盐 10 克，生油 160 克，清水约 600 克		

种类		原料	原料配比	适用范围	成品特点
其他糊	拍粉拖蛋糊	生粉、面粉、蛋液	淀粉∶全蛋液=1∶3	多用于煎、塌类菜肴。如锅贴鱼、锅塌豆腐、生煎鳜鱼片等	口味鲜嫩，色泽金黄
	拖蛋糊拍面包屑糊（吉利糊）	全蛋液、生粉、面包糠（或芝麻、桃仁、松仁、瓜子仁等）	全蛋∶淀粉（或面粉）=1∶1	多用于炸类菜肴。如面包猪排、香炸鱼排等	香脆可口，色泽深黄

4. 挂糊的方法

根据糊的种类的不同，挂糊的操作方法也有所不同。

（1）半流质糊（如水粉糊、蛋清糊等）的挂糊方法。

①调糊。先将粉状原料（如淀粉、面粉）和其他着衣糊料（如鸡蛋）、调味品调和均匀制成糊。

②蘸（或拖、拌、裹）糊。把加工腌渍好的原料（多为主料）放在糊中挂粘、裹匀或拖过。

（2）干粉糊的挂糊方法。干粉糊，又称拍粉，是在原料表面粘拍上一层干淀粉，以起到与挂糊作用相同的一种方法。干粉糊的挂糊方法分为三种。

①滚料粘法。将原料在拍粉料中滚动而粘上粉料。如莲子就是用滚粘法拍粉。

②粘料抖动法。将原料粘上粉后，用手抖动原料，使粉料里外粘裹均匀。如"松鼠鳜鱼"的拍粉加工。

③粘料拍制法。将原料粘上粉料后，用刀背拍一拍。如中式牛排的拍粉工序等。

（3）吉利糊的挂糊方法。吉利糊是在拍粉拖蛋糊的基础上粘挂原料的一种最为常见的方法，通常又称面包屑糊或拖蛋糊拍面包屑糊。其工艺流程为：

①原料腌渍。将挂糊的主料加调味料腌渍入味。

②拖蛋糊。先将粉状原料（如淀粉、面粉）和其他着衣糊料（如鸡蛋）、调味品调和均匀制成糊，再将主料拖上蛋糊。

③粘挂原料。将拖上蛋糊的主料逐一粘挂面包屑。除粘挂面包屑以外，还可以粘挂其他原料，比如芝麻、松子、栗子、花生、腰果、夏果、椰茸、馒头渣、窝头渣等，其形状多为粒、米、茸状。挂粘时要轻轻按实，以防止粘料在煎或炸中脱落。

5. 挂糊的技术关键

（1）要灵活掌握各种糊的浓度。在制糊时，要根据烹饪原料的质地、烹调的要求及原料是否经过冷冻处理等因素决定糊的浓度。较嫩的原料所含水分较多、吸水力强，则糊的浓度以稀一些为宜。如果原料在挂糊后立即进行烹调，糊的浓度应稠一些，因为糊液过稀，原料不易吸收糊液中的水分，容易造成脱糊；如果原料挂糊后不立即烹调，糊的浓度应当稀一些，待用期间，原料吸去糊中一部分水分，蒸发掉一部分水分，浓度就恰到好处。冷冻的原料含水分较多，糊的浓度可稠一些；未经过冷冻的原料含水量少，糊的浓度可稀一些。

（2）恰当掌握各种糊的调制方法。在制糊时，必须掌握先慢后快、先轻后重的原则。因为开始搅拌时，淀粉及调料还没有完全融合，水和淀粉（或面粉）尚未调和，浓度不够、黏性不足，所以应该搅拌得慢一些、轻一些，以防止糊液溢出容器，另外也避免糊液中夹有粉粒。如果糊液中有小粉粒，原料过油时粉粒就会爆裂脱落，造成脱糊现象。经过一段时间的搅拌后，糊液的浓度渐渐增大，黏性逐渐增强。搅拌时可适当增大搅拌力量和搅拌速度，使其越搅越浓、越搅越黏，尤其是蛋泡糊更要多搅，重搅，直到可以把筷子戳在糊内直立不倒为止。

（3）必须使糊把原料表面全部包裹起来。原料在挂糊时，要用糊把原料的表面全部包裹起来，不能留有空白点。否则在烹调时，油就会从没有糊的地方浸入原料，使这一部分质地变老、形状萎缩、色泽焦黄，影响菜肴的色、香、味、形。

（4）根据原料的质地和菜肴的要求选用糊液。由于原料的性质不同、形态不同，烹调方法和菜肴要求也不一样，因此糊液的选用十分重要。有些原料含水量大，油脂成分多，就必须先拍粉后再拖蛋糊，这样烹调时就不易脱糊。对于讲究造型和刀工的菜肴，必须选用拍粉糊，否则，就会使造型和刀纹达不到工艺要求。此外还要根据菜肴的要求选用糊液：成品颜色为白色时，必须选用鸡蛋清作为糊液的辅助原料，如蛋泡糊等；需要外脆里嫩或成品颜色为金黄、棕红、浅黄时，可使用全蛋液、蛋黄液作为糊液的辅助原料，如全蛋糊、拖蛋糊、拍粉拖蛋滚面包粉糊等。

活动四　勾芡工艺

一、勾芡工艺及其分类

大部分中餐菜肴在烹调时都需要勾芡。勾芡又称着芡、打芡、拢芡、走芡，广州一带俗称"打献"，潮州一带则俗称"勾糊"。勾芡所用的原料叫作"芡"，它是一种水生草本植物的果实，又叫芡实，俗称"鸡头米"，属睡莲科。最早勾芡就用芡实磨制成粉，加适量水和调味品，调成芡汁，但这种原料产量有限，不能满足需要，以后人们逐渐地用绿豆粉、马铃薯粉等代替，目前虽然很少用芡粉了，却仍然保留了这个名称。勾芡从概念上讲就是在菜肴接近成熟时，将调好的粉汁淋入锅内，使汤汁稠浓，增加汤汁对原料的附着力的一种调质工艺。勾芡实质上是一种增稠工艺。勾芡是烹制菜肴的基本功之一，勾芡是否得当，不仅能直接影响菜肴的滋味，而且还关系到菜肴的色泽、质地、形状等方面。

勾芡工艺按其调制、浓度、色泽的不同，有多种分类方法。

（一）按勾芡粉汁的调制方法来分

勾芡的粉汁，是指在烹调过程中或烹调前临时调剂用于勾芡的汁液。根据其组成和勾芡方式的不同，大体可分两种：一种是用淀粉加水调成的单纯粉汁芡，一种是用粉汁加调味品制成的混合粉汁芡水。

1.单纯粉汁芡

单纯粉汁芡也叫湿淀粉芡、水粉芡、锅上芡，俗称跑马芡，由淀粉和水调和而成。这种粉汁调制时要搅拌均匀，不能使粉汁带有小的颗粒和杂质，多用于烧、扒、焖、烩等烹调方法。因为这些烹调方法以水为传热导体，加热时间较长，在加热过程中可以有足够的时间将调味品逐一投入，使原料入味，待菜肴口味确定并即将成熟时，再将水粉芡淋入锅内使汤汁浓稠。

2. 混合粉汁芡

混合粉汁芡又称调味粉汁芡、兑汁芡、碗芡。它是事先在小碗内将有关调味料、鲜汤（或清水）、湿淀粉勾兑在一起的淀粉汁。兑汁芡能使菜肴在烹制过程中调味勾芡同时进行，多用于爆、炒、熘等快速烹制成熟的烹调方法。它不仅快速，而且定味准。采用这种方法，一定要在原料少、火力旺的情况下进行，否则，淀粉汁得不到完全糊化，不能均匀地包裹在原料上，芡汁发暗发澥，有生淀粉味。采用这种方法要求投入在碗中的调味料、湿淀粉、汤水的比例要准确，操作动作要快，即翻拌快、出锅快。

（二）按芡汁的浓度来分

按照芡汁的稀稠、多寡可分为厚芡和薄芡两大类。芡汁的厚薄没有明确的界限，一般根据不同的烹调方法、不同菜肴的特点来适当掌握。

1. 厚芡

厚芡是芡汁中较稠的芡，按浓度的不同，又可分为包芡和糊芡两种。

（1）包芡：是芡汁中浓度最稠的一种，使用这种芡汁，要求做到盘中不见汁，即所谓"有芡而不见汁"，所有的芡汁应黏裹在原料上，菜肴吃完后盛具内基本无汤汁。此芡汁多适用于爆、炒等烹调方法。例如"油爆双脆""蚝油牛柳"等菜肴。

（2）糊芡：糊芡的浓度比包芡略稀，芡汁一部分裹挂在原料上，另一部分则流在盘中，汤汁成糊状。这种芡汁要求汤菜融合，口味浓厚，如不勾芡，汤菜分离，口味淡薄。此芡汁多用于烩的烹调方法。例如"响油鳝糊""三鲜鱼肚"等菜肴。

2. 薄芡

薄芡是芡汁中较稀的一种，按其浓度不同又可分为玻璃芡和米汤芡两种。

（1）玻璃芡：芡汁量较多，浓度较稀，能够流动，适用于扒、烧、熘类菜肴，如"白扒鱼肚"等。成品菜肴盛入盘中，要求一部分芡汁黏在菜肴上，一部分流到菜肴的边缘。

（2）米汤芡：它是芡汁中最稀的一种，浓度最低，似米汤的稀稠度，主要作用是使多汤的菜肴及汤水变得稍稠一些，以便突出主、配料，口味较浓厚，如"酸辣汤"等菜肴。

（三）按芡汁的色泽来分

菜肴中芡色的调配和运用，跟菜肴的调味是紧密联系在一起的，不能截然分开。芡汁有"六大芡色"之分。即所谓红芡、黄芡、白芡、青（绿）芡、清芡、黑芡。它们的具体调配方法如下：

1. 红芡

红芡有大红芡、红芡、浅红芡、嫣红芡、紫红芡之分。

大红芡：多用茄汁、果汁等调味料。适用于"茄汁鱼块""果汁猪排"等种类菜肴。

红芡：多用红汤或原汁成芡。适用于"扒鸭""圆蹄"等种类菜肴。

浅红芡：火腿汁70%，高汤30%，加入蚝油、胡椒粉、白糖、麻油、味精、芡粉调制而成。适用于"腿汁扒芥菜胆"等种类菜肴。

嫣红芡：用三成糖醋、七成清汤和匀，加入芡粉调制而成。适用于"姜芽肾片"等种类菜肴。

紫红芡：用五成糖醋、五成清汤和匀，加入芡粉调制而成。适用于"姜芽鸭片"等种类菜肴。

2. 黄芡

黄芡有金黄芡、浅黄芡之分。

金黄芡：用50克清汤加15克老抽和匀，加入芡粉调制而成。适用于鲍翅等种类菜肴。

浅黄芡：用三成淡汤、七成清汤，加入咖喱和匀便成。适用于"咖喱牛肉"等种类菜肴。

3. 黑芡

用五成淡汤、五成清汤，加入豆豉汁、白糖、老抽和匀，加入芡粉调制而成。适用于"豉汁鸡球"等种类菜肴。

4. 清芡

把上汤、味精、精盐、芡粉和匀便成。适用于"绣球干贝"等种类菜肴。

5. 青芡

将菠菜捣烂挤汁，加入味料、芡粉调制而成。适用于"菠汁鱼块"等种类菜肴。

6. 白芡

白芡有白汁芡、蟹汁芡、奶汁芡之分。

白汁芡：把蟹肉捏碎，加上汤、味精、精盐、芡粉调制后，加蛋白拌匀便成。适用于"白汁虾脯"等种类菜肴。

蟹汁芡：制法同上，但蟹肉不捏碎。适用于"蟹汁鲈鱼"等种类菜肴。

奶汁芡：将上汤、味精、精盐、鲜奶、芡粉调制而成。适用于"奶油鸡""奶油菜心"等种类菜肴。

芡色是千变万化的，必须视具体品种合理使用，才能使菜肴色彩和谐悦目、引人食欲。

勾芡工艺特色

勾芡的粉汁，主要是用淀粉和水调成。淀粉在高温的汤汁中能吸收水分而膨胀，产生黏性，并且色泽光洁，透明滑润。因此，对菜肴进行勾芡，可以起到以下作用。

1. 能使菜肴鲜美入味

爆、炒等烹调方法的特点是旺火速成，菜肴应该是汤少汁紧，味美适口。但是原料在烹调过程中必然要渗出部分水分，为了调味又必须加入液体调味品及水，这些汤汁在较短的烹调时间内，不可能被全部吸收或蒸发，无法达到汤少汁紧的目的。只有经过勾芡，才可以解决这一矛盾。因为淀粉在加热中能吸水膨胀，产生黏性，把原料溢出的水分和放入的液体调味品及水变得又稠又浓，稍加颠翻就均匀裹在菜肴上，既达到汤少汁紧，又能使菜肴滋味鲜美。

2.能使菜肴外脆里嫩

一些要求表面香脆、内部鲜嫩的菜肴，如"松鼠鳜鱼""咕噜肉"等，在调味时，如果加入汤汁和液体调味品，则这些汤汁会渗透到原料的内部，使原料的外层失去香脆的特点。所以通常先将汤汁在锅中勾芡，增加卤汁的浓度，再放入过油原料，或将卤汁浇在已炸脆的原料上。由于卤汁浓度增加，黏性加强，在较短的时间内，裹在原料上的卤汁不易渗透到原料内部，这样就保证了外香脆、内软嫩的风味特点。

3.使汤菜融合，滑润柔嫩

对一些烧、烩、扒等烹调方法制作的菜肴，汤汁较多，原料本身的鲜味和各种调料的滋味都要溶解在汤汁中，汤汁特别鲜美。但原料与汤汁不能融合在一起，只有勾芡后，通过淀粉糊化的作用，增加汤汁的浓度，汤汁裹在原料上，从而增加菜肴的滋味，产生柔润滑嫩等特殊效果。如"烩三鲜""烧海参"等菜肴。

4.能使菜肴突出主料

有些汤菜，汤汁很多，主料往往沉于汤底，见汤不见菜，这会影响菜肴风味质量和客人的饮食心理。只有用勾芡的手段，适当提高汤汁的浓度，主料才会浮在汤面，而且汤汁也滑润可口，如"酸辣汤""烧鸭羹"等。

5.能增加菜肴色泽的美观度

由于淀粉受热变黏后，产生一种特有的透明光泽，能把菜肴的颜色和调味品的颜色更加鲜明地反映出来，因此勾过芡的菜肴要比未勾芡的色泽更鲜艳，光泽更明亮，显得丰满而不干瘪，有利于菜肴的形态美观。

6.能对菜肴起到保温的作用

由于芡汁加热后有黏性，裹住了原料的外表，减少了菜肴内部热量的散发，能较长时间保持菜肴的热量，特别是对一些需要热吃的菜肴（冷了就会改变口味）用勾芡的方法保温性好。

二、勾芡工艺的操作流程及方法

勾芡是菜肴烹制成熟出锅之前的重要操作步骤。勾芡在操作时一般按照落芡→成芡→包尾油三个步骤操作。

（一）落芡

就是将调好的粉汁（单纯粉汁或混合粉汁）倒入锅内的过程。主要有以下两种手法：

1.倒入法

常适用于混合粉汁。即根据烹调的要求，将调和的混合粉汁一次性倒入（或泼入）锅中或正在加热的菜肴原料上。

2.淋入法

常适用于单纯粉汁。即将调好的单纯粉汁缓缓淋入锅内正在加热的菜肴原料或汤汁中。采用淋入的方法要注意下芡的位置要准确。一般情况下，原料应在锅的中央位置，下芡汁的位置应在菜肴的边缘，距离锅心1/3的地方。如靠近锅边勾芡，会因锅边温度过高，造成糊化后的淀粉发生焦糊；如在锅心勾芡，会因锅中央原料厚，温度太低，造成淀粉糊化缓慢，导致菜肴加热时间延长，菜肴出现老化现象。

（二）成芡

1. 翻拌法

翻拌法多用于爆、炒、熘等菜肴。这类菜肴要求旺火速成，着厚芡，要求芡汁全部包裹在原料上。具体又分为两种做法：一种是在菜肴接近成熟时，放入粉汁，然后连续翻锅或拌炒，使粉汁均匀地黏裹在菜肴上；另一种是将调味品、汤汁、粉汁加热至粉汁成熟变黏时，将已过油的原料投入，再连续翻锅或拌炒，使芡汁均匀地裹在菜肴上。

2. 晃匀法

晃匀法多用于扒、烧等烹调方法。具体的做法是：当菜肴接近成熟时，一手持锅缓慢晃动，一手持芡汁均匀淋入，边淋边晃，直至芡汁均匀糊化裹在原料表面上为止。

3. 推搅法

推搅法多用于煮、烧、烩等烹调方法，要求汤汁稠浓，促进汤菜融合。具体的做法是：当菜肴接近成熟时，一边将芡汁均匀淋入锅中，一边用手勺轻轻推动，使之均匀。

4. 浇（泼）芡法

浇芡法多用于熘或扒的菜肴，特别是整形大块的原料。这类菜肴一般要求菜形整齐美观，不宜在锅中翻拌，或体积较大不易在锅中颠翻，因而采用浇芡法较为合适。具体做法是：将成熟的原料装入盛器中，再把芡汁倾入锅中加热，待芡汁受热变黏稠时，把芡汁迅速浇在菜肴上。

（三）包尾油

在烹调工艺中，通常在勾芡之后还要紧接着往芡汁里加些油，使成菜达到色泽艳丽、润滑光亮的效果，这种技法一般叫作包尾油。包尾油与勾芡的程序紧密相连，也可以说它是勾芡的补充，对菜肴的质量也有重要影响。

包尾油所用的油脂叫明油，明油既有动物油也有植物油。动物油如猪油、鸡油等；植物油如花生油、芝麻油等。此外，还有一些风味油，如辣椒油、花椒油、葱油、蒜油等。根据烹调方法和菜肴的不同要求，尾油按温度还有热油、温油和凉油之分。但这些油都必须是经过熟炼且没有特殊异味的油。

包尾油的方法一般有两种，一是底油包尾，二是浇（或淋）油包尾。底油包尾也叫底油发芡，就是在净锅内加适量底油烧热，再将在另外一个锅中爆好的芡汁倒入，使芡汁发起且更加明亮的方法。浇（淋）油包尾是指在菜肴汤汁勾芡后，再根据需要浇（淋）入适量的一定油温的油脂，使芡汁达到标准要求的方法。在实际中，底油包尾和浇（或淋）油包尾往往结合在一起使用。

三、勾芡工艺的技术关键

1. 必须在菜肴接近成熟时勾芡

勾芡的时机掌握得恰当与否，直接关系到菜肴的质量。一般勾芡必须在菜肴即将成熟和汤汁沸腾时进行，如果菜肴未熟就勾芡，芡汁在锅中停留时间过长，容易出现焦煳现象；如果菜肴过于成熟时勾芡，因芡汁要有个受热变黏的过程，延长了菜肴的加热时间，使菜肴失去脆嫩口味，而达不到烹调的要求。

2. 必须在汤汁恰当时勾芡

不同的菜肴有不同的芡汁，汤汁的多少决定勾芡成败。例如爆、炒类菜汤汁很少，勾芡后菜肴盛在盘中，应无芡汁流出；烧、扒、烩等菜肴，汤汁必须适当，过多或过少都会影响勾芡的效果。所以发现锅中汤汁太多时，应用旺火收干或舀出一些；汤汁过少，则需添加一些，务必使之与勾芡相适应。

3. 必须在菜肴口味、颜色确定以后勾芡

勾芡的粉汁分为单纯的粉汁与加调味品的粉汁两种。单纯的粉汁，必须待锅中菜肴口味、颜色确定后，再进行勾芡；加调味品的粉汁，应在盛具中调准口味，才能倒入锅中。如果勾芡后，发现口味不准，那么就很难改变了。

4. 必须在菜肴油量不多的情况下勾芡

菜肴中如果油量过多，淀粉不易吸水膨胀，产生黏性，汤菜不易融合，芡汁无法包裹在菜肴的外面，所以在勾芡前发现油量不足需要油汁的，可以勾芡后，再浇上少许油，这样可增加芡汁的明亮，以弥补菜肴中油汁的不足。

5. 必须在粉汁浓度适当时勾芡

粉汁中淀粉与水的比例要适当，如果粉汁太稠，容易出现粉疙瘩；粉汁太稀，则会使菜肴的汁液变多，影响菜肴的成熟速度和质量。

勾芡虽然是改善菜肴的口味、色泽、形态的重要手段，但绝不是说，每一个菜肴非勾芡不可，应根据菜肴的特点、要求来决定勾芡的时机和是否需要勾芡，有些特殊菜肴待勾芡后再下主料。例如"酸辣汤""翡翠虾仁羹"，蛋液、虾仁待勾芡后下锅，以缩短加热时间，突出主料，增加菜肴的滑嫩。有些菜肴根本不需要勾芡，如果勾了芡，反而降低菜肴的质量。一般来说，以下几种类型的菜不需勾芡。

（1）要求口味清爽的菜肴不需勾芡，特别是炒蔬菜类。

（2）原料质地脆嫩、调味品容易渗透入内的菜肴不需勾芡。例如川菜的干烧、干煸一类的菜肴。

（3）汤汁已自然稠浓或已加入具有黏性的调味品的菜肴不需勾芡。如"红烧蹄髈""红烧鱼"，这类菜肴胶质多，汤汁自然会稠浓。又如川菜中的"回锅肉"、京菜中的"酱爆鸡丁"等菜肴，它们在调味时已加入了豆瓣酱、甜面酱等有黏性的调味品，所以就不必勾芡了。

（4）各种冷菜不需勾芡。因为冷菜的特点就是清爽脆嫩，干香不腻，如果勾芡反而会影响菜肴的质量。

思考与练习

一、课后练习

（一）填空题

1. 味是一种感觉，是由食物的味刺激人的神经所引起的。人在品尝食物的味时，实际上是 _____、_____、_____ 三者的综合感受。

2. 味觉一般都具有灵敏性、_____、_____、_____、关联性等基本性质。这些特性是控制调味标准的依据，是形成调味规律的基础。

3. 味觉感受的最适宜温度为 _____，其中，_____时味觉感受最敏感。一般热菜的温度最好在 _____；炸制菜肴可稍高一些；凉菜的温度最好在 _____ 左右。

4. 味的浓度对味觉的影响很大。一般情况下，食盐在汤菜中的浓度以 _____ 为宜，烧、焖、爆、炒等菜肴中以 _____ 为宜。

5. 单一味又称基本味或母味，是最基本的滋味，是未经复合的单纯味。从烹调的角度，一般将基本味分为 _____ 七种。

6. 辣味是烹调中常用的刺激性最强的一种单一味。辣味物质分在常温下就具有挥发性和在常温下难挥发需加热才挥发两种。前者习惯称之为 _____，后者称之为 _____ 或 _____。

7. 调味的掌握是做好菜肴的关键，正确调好味一般要求做到"四个准"，即时间定得准，_____、_____、_____。

8. 制汤原料的选择直接影响汤的质量优劣，选料时要求所选原料 _____、_____、_____、_____ 等。

9. 调和工艺，是指在烹调过程中运用 _____ 和 _____ 手法，使菜肴的滋味、_____、_____、_____ 等风味要素达到最佳的工艺过程。

10. 调香，主要是指利用调料来消除和掩盖异味，配合和突出原料香气，调和并形成菜肴风味的操作手段。根据调香原理及作用的不同，调香方法可分为 _____、_____、_____、_____、_____。

11. 菜肴的色泽主要来源于三个方面：即 _____、_____、_____。根据菜肴调色的原理和作用的不同，调色方法可分为 _____、_____、_____ 和润色法。

12. 根据原理和作用不同，调质工艺一般可分为 _____、_____、_____、增稠工艺等几种，其中增稠的方法主要有 _____ 增稠、_____ 增稠、_____ 增稠、_____ 增稠、_____ 增稠。

13. 糊的种类很多，按菜品质感和烹调方法分，有 _____、_____、_____、_____、香酥糊等。

14. 按照芡汁的稀稠、多寡可分为厚芡和薄芡两大类。其中按浓度的不同，厚芡又可分为 _____ 和 _____ 两种；薄芡又可分为 _____ 和 _____ 两种。

15. 勾芡是菜肴烹制成熟出锅之前的重要操作步骤。勾芡在操作时一般按照 _____ → _____ → _____ 三个步骤操作。

（二）选择题

1. 味觉最为敏感的刺激温度是（　　　）。

　　A. 10℃左右　　　　B. 30℃左右　　　　C. 50℃左右　　　　D. 70℃左右

2. 一般来说，与味觉关系最为密切的是（　　　）。

　　A. 触觉　　　　　　B. 听觉　　　　　　C. 视觉　　　　　　D. 嗅觉

3. 下列基本味中，被称为"百味之主"的是（　　　）。

　　A. 辣味　　　　　　B. 鲜味　　　　　　C. 咸味　　　　　　D. 甜味

4. 在人体味觉器官能够感受酸味的部位是（　　　）。

    A. 舌尖部   B. 舌中部   C. 舌两边   D. 咽喉部

5. 关于食品添加剂的说法，正确的是（　　　）。

    A. 在现代社会，为了饮食安全，不要食用或少食用含食品添加剂的食物

    B. 食品中使用食品添加剂对食品有一定的好处

    C. 食品添加剂在食品中使用都是安全的

    D. 用于防腐的食品添加剂是安全的，用于调节质感和色泽的食品添加剂多数不安全

6. 下列叙述内容符合味的对比现象的选项是（　　　）。

    A. 甜味突出的食物加入少量的酸味

    B. 甜味突出的食物加入少量的咸味

    C. 甜味突出的食物加入少量的香味

    D. 甜味突出的食物加入少量的辣味

7. 色彩的三要素指的是色彩的（　　　）。

    A. 红色、绿色和黄色   B. 白色、黑色和灰色

    C. 光源色、间色和环境色   D. 色相、明度和纯度

8. 下列调味料中主要呈麻味的是（　　　）。

    A. 八角   B. 花椒   C. 胡椒   D. 陈皮

9. 食物经加热和调味以后表现出来的嗅觉风味一般是指菜肴的（　　　）。

    A. 气味   B. 香味   C. 滋味   D. 口味

10. 上浆致嫩时可以利用糖缓解原料中碱味，是因为上浆时使用了（　　　）。

    A. 碳酸钠   B. 碳酸氢钠   C. 氢氧化钙   D. 氢氧化钠

11. 脆皮糊制品呈均匀多孔的海绵状组织，是因为糊中加入了泡打粉或（　　　）。

    A. 醇粉   B. 面粉   C. 米粉   D. 淀粉

12. 使原料在加热前就具有基本味的过程通常称（　　　）。

    A. 烹调前调味   B. 烹调中调味   C. 烹调后调味   D. 正式调味

13. 调味品投放顺序不同，会影响各种调味品在原料中的吸附量和（　　　）。

    A. 渗透压   B. 扩散量   C. 挥发性   D. 标准化

14. 下列香料中，加热时间越长发出的香味越多、香味越浓郁的一组是（　　　）。

    A. 茴香、丁香、草果   B. 茴香、丁香、花椒粉

    C. 茴香、丁香、胡椒面   D. 茴香、丁香、五香粉

15. 菜肴的类别不同，调味时盐的用量也不同，炒蔬菜的用盐量一般为（　　　）。

    A. 0.6%   B. 1.0%   C. 1.2%   D. 1.6%

16. 下列说法正确的是（　　　）。

    A. 用糖量最高的是荔枝味型菜，其次是糖醋味型菜，再次是蜜汁菜

    B. 用糖量最高的是糖醋味型菜，其次是蜜汁菜，再次是荔枝味型菜

    C. 用糖量最高的是蜜汁菜，其次是荔枝味型菜，再次是糖醋味型菜

    D. 用糖量最高的是蜜汁菜，其次是糖醋味型菜，再次是荔枝味型菜

17. 在调制咖喱味时，确定基本味应加入（　　　）。

  A. 香醋   B. 精盐   C. 葱姜蒜   D. 咖喱粉

18. 制汤应选用新鲜的含可溶性营养物质和呈味风味物质较多的原料，营养物质通常指脂肪和（　　　）。

  A. 矿物质   B. 维生素   C. 蛋白质   D. 碳水化合物

19. 汤汁按色泽可以划分为白汤和（　　　）。

  A. 毛汤   B. 荤汤   C. 素汤   D. 清汤

20. 下列汤中按工艺方法划分的是（　　　）。

  A. 荤汤、白汤、素汤   B. 鸭汤、海鲜汤、鸡汤

  C. 鲜笋汤、香菇汤、豆芽汤   D. 单吊汤、双吊汤、三吊汤

21. 制汤原料经一定的时间煮制后，所得到的汤汁醇浓而鲜美，是因为原料中含有可溶性呈味（　　　）。

  A. 风味物质   B. 矿物质   C. 蛋白质   D. 调味品

22. 制汤时汤汁会乳化增稠是因为原料中含丰富的（　　　）。

  A. 完全蛋白质 B. 胶原蛋白质 C. 同源蛋白质 D. 活性蛋白

23. 果品自身含果胶较多，加入少量水制成各种果酱、果冻和蜜汁类菜肴是利用了果胶的（　　　）。

  A. 凝固作用   B. 水解作用   C. 酯化作用   D. 分散作用

24. 旺火火焰高而稳定，光度明亮，热气逼人，火焰呈（　　　）。

  A. 红色   B. 白色   C. 红黄色   D. 白黄色

25. 肉类蛋白质与糖在高温下会发生（　　　）。

  A. 焦糖化反应 B. 美拉德反应 C. 糊精反应   D. 氧化反应

26. 大多数油爆菜的勾芡方法采用的是（　　　）。

  A. 米汤芡   B. 水粉芡   C. 玻璃芡   D. 兑汁芡

27. 以下说法正确的是（　　　）。

  A. 制汤时一般宜选用蛋白质较多的烹饪原料，是利用蛋白质的变性作用

  B. 烹调时蔬菜可以放入碱性物质及选用铜制炊具

  C. 在制汤或用烧、炖烹调方法制作菜肴时，不宜过早放盐

  D. 油脂与空气中的氧在高温下发生的高温氧化与常温下的自动氧化是一样的

28. 人们在食用味道较浓的菜品后，再食用味道清淡的菜品，则感觉菜品本身无味，是因为存在（　　　）。

  A. 味的消杀现象   B. 味的变调现象

  C. 味的对比现象   D. 味的相乘现象

29. 食品调味有季节性规律，根据春夏秋冬的不同特点，人们比较多选择的对应味道是（　　　）。

  A. 酸、甜、苦、辛   B. 酸、苦、辛、咸

  C. 酸、咸、苦、辛   D. 咸、苦、酸、辛

30. 制作荤白汤一般需要始终保持汤的沸腾状态，因此加热时旺火煮沸后的火力一般选用（　　）。

    A. 小火　　　　　　B. 微火　　　　　　C. 大火　　　　　　D. 中火

31. 肉类原料的致嫩方法有盐致嫩、嫩肉粉致嫩和（　　）。

    A. 碳酸钠致嫩　　　B. 碱致嫩　　　　　C. 明矾致嫩　　　　D. 氢氧化钠致嫩

32. 芡汁中最稀的芡汁是（　　）。

    A. 利芡　　　　　　B. 熘芡　　　　　　C. 玻璃芡　　　　　D. 米汤芡

33. 烩是一种烹调方法，即将小型的主料经上浆及滑油后放入调好味的汤汁中用旺火烧沸并迅速勾（　　）。

    A. 熘芡　　　　　　B. 利芡　　　　　　C. 玻璃芡　　　　　D. 米汤芡

34. 蛋泡糊适用的菜肴范围是（　　）。

    A. 焦熘类　　　　　B. 拔丝类　　　　　C. 松炸类　　　　　D. 脆熘类

35. 荔枝味型的特点是（　　）。

    A. 咸、甜、酸、微辣　　　　　　　　B. 咸鲜、酸甜

    C. 咸鲜、微甜　　　D. 咸鲜、酱香味浓

（三）问答题

1. 什么是味觉？味觉的基本特性是什么？

2. 调味工艺的方法及要求有哪些？

3. 基本味有哪些？各自的作用是什么？

4. 复合味有哪些？试举例说明。

5. 什么是制汤？制汤的种类有哪些？

6. 以制作清汤为例，叙述其用料、制法。

7. 制汤工艺的关键有哪些？为什么？

8. 试举例说明卤水的种类及制作工艺。

9. 调香工艺的基本原理和方法是什么？

10. 菜肴调色工艺的方法及要求有哪些？

11. 菜肴质感的形成特征是什么？

12. 调质工艺的方法有哪些？

13. 以实例说明蓉胶调制的工艺流程。

14. 试说明勾芡的分类和适用范围。

15. 勾芡工艺的操作流程是什么？

16. 勾芡的关键是什么？哪些类型菜肴不需要勾芡？

二、拓展训练

1. 结合调味工艺的相关知识，调制 3 种常用的复合调味料。

2. 分小组练习调制清汤，并叙述工艺流程和制作关键。

3. 以制作卤水鹅掌、卤水牛肚为例，比较传统卤水与新派卤水的区别。

4. 选用不同烹调方法制作 4 款菜肴，试比较菜肴勾芡的种类和勾芡方法。

5. 以牛肉为例，训练牛肉致嫩的操作工艺。

6. 每组调制不同的糊、浆，并在操作训练中进行比较，最后说一说加工每一品种的感受。

模块七　冷菜烹调方法

■ 学习目标

知识目标　了解冷菜烹调方法的特点和分类方法；掌握每种烹调方法的操作步骤、工艺流程、操作关键、成品特点及相关的代表菜品；弄清相近或相似烹调方法之间的异同点。

技能目标　掌握各种冷菜烹调技法的操作方法及操作关键；熟练运用冷菜的烹调方法制作出色、香、味、形俱佳的美味冷菜；能根据原料的不同特性及菜肴的风味要求，灵活选用烹调方法制作冷菜；比较冷菜不同烹调方法之间的异同；掌握各烹调方法的成品特点，并找出操作过程中的基本规律。

■ 模块描述

本模块主要学习制作冷菜所涉及的冷制冷吃和热制冷吃两大类烹调方法。针对每种不同的烹调方法，重点介绍冷菜烹调方法的操作流程、制作关键、成品特点。通过菜品的实践操作，要求学生掌握主要烹调方法的代表菜肴、操作过程及相关的配方比例。

导入案例

全国职业院校技能大赛高职组的比赛项目通常是以"宴席设计"为主题，有一年烹饪大赛采用了"菜篮子"形式。各参赛队以"菜篮子"所供部分原料为主，提交宴席设计书，现场制作菜点用展台集中展示，并进行相关解说和答辩。宴席中的冷菜要求为六道（或一组）冷拼。根据比赛方案，某院校一参赛队冷菜选择了以"醉蟹"为原料的主盘以及六味美碟。作品制作完成后，评委对宴席的冷菜设计提了两个问题：

第一，冷菜与热菜在制作工艺上的明显差异是什么？选手回答：最明显的差异是热菜制作有烹有调（热制热吃），而冷菜可以有烹有调（热制冷吃），也可以有调无烹（冷制冷吃）；热菜烹调讲究一个"热"字，越热越好，甚至到了台面还要求滚沸，而冷菜，却讲究一个"冷"字，滚热的菜，须放凉之后再装盘上桌。除此之外，冷菜的风味、质感也与热菜有明显的区别。冷菜以香气浓郁、清凉爽口、少汤少汁（或无汁）、鲜醇不腻为主要特色；冷菜具体烹调技法一是以鲜香、脆嫩、爽滑为特点的拌、泡、腌等，二是以醇

香、酥烂、味厚为特点的卤、酱、烧等。

　　第二，醉蟹在制作工艺上有何要求？选手回答：冷菜在色、香、味、形及卫生等方面，都有很高的质量要求。醉蟹是一道颇具风味特色的代表冷菜。人们常将个头不大但壳嫩肉鲜的河蟹烹制成醉蟹。腌制醉蟹时，洗蟹最关键。河蟹必须在清水中喂养一段时间，让其将腹中的污物排尽。在将河蟹放入酱料中时，一定要将河蟹身上的水擦干，特别是蟹钳处蟹毛上的水必须沥干。此外，调味酱料中酒是不可或缺的，其他调料可根据口味调配，但腌制过程中一定不能加水。否则人在食用后易出现腹泻现象。

　　选手回答完毕后，评委们为参赛队进行了综合打分。

　　问题：

　　1. 以实例说明冷菜的烹调方法与热菜烹调方法有何不同。

　　2. 六道（或一组）冷拼如何合理地设计和配置，才能取得好的效果？

任务一　冷制冷吃烹调法

任务目标

- 能熟练掌握拌、炝、腌烹调法的工艺特点和操作步骤；
- 能熟练掌握醉、糟、泡烹调法的工艺特点和操作步骤；
- 能运用冷制冷吃调制法制作多种冷菜。

活动一　拌炝腌烹调法

一、拌制法

　　拌是把生的原料或晾凉的熟料，切成小型的丝、丁、片、条等形状后加入各种调味品，直接调拌成菜的一种烹调方法。拌制法用料广泛，荤、素均可，生、熟皆宜。如生料，多用鲜牛肉，鲜鱼肉，各种蔬菜、瓜果等；熟料多用烧鸡、烧鸭、熟白鸡、五香肉等。拌菜常用的调味料有精盐、酱油、味精、白糖、芝麻酱、辣酱、芥末、醋、五香粉、葱、姜、蒜、香菜等。

　　拌制菜肴一般具有新鲜脆嫩，清香鲜醇，香气浓郁，清凉爽口，少汤少汁或无汁的特点。代表菜肴有蓑衣黄瓜、拌生鱼、红油鱼丝、小葱拌豆腐、葱油海蜇、麻辣白菜、鸡丝拌黄瓜、温拌腰片、香菜花生仁、生菜拌虾片、芥末鸭舌、麻酱海螺、棒棒鸡、白斩鸡、麻辣肚丝、凉拌茄子等。

（一）拌的种类

　　拌制菜肴的制作方法很多，一般可分为生拌、熟拌、生熟混拌等。

1. 生拌

生拌指菜肴的主辅原料都没有经过加热处理，只是经过腌制或生料直接拌制的方法，如"蒜泥黄瓜"等。

2. 熟拌

熟拌指菜肴的主辅原料加热成熟，待原料晾凉后再进行调味拌制成菜的方法，如"蒜泥白肉"等。

3. 生熟混拌

生熟混拌指原料有生有熟或生熟参半，经切配后，再以味汁拌匀成菜的方法，具有原料多样，口感混合的特点，如"黄瓜拌鸡丝"等。

（二）拌的工艺流程

拌制菜肴应选择新鲜无异味、受热易熟、质地细嫩、滋味鲜美的原料。生料直接拌制的菜肴，现拌现制，及时食用。熟拌类菜肴可采用炸、煮、焯、汆等烹调方法加工后刀切成形再拌制。其装盘调味的方式有拌味装盘、装盘淋味和装盘蘸味等。

拌制工艺的一般流程如图 7-1 所示。

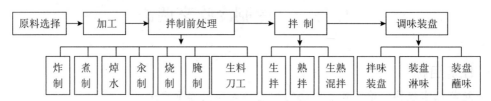

图 7-1 拌制工艺流程

拌制工艺前的熟处理法

原料拌制前的熟处理，对凉菜的风味特色有直接的影响，不同的原料其处理的方法也不相同。具体有以下几种处理方法。

（1）炸制后凉拌，菜肴具有滋润酥脆、醇香浓厚的特点。适用于猪肉、牛肉、鱼、虾、豆制品和根茎类蔬菜等原料。一般是在熟处理前加工，主要以条、片、块段和自然形态等规格为主。

（2）煮制后凉拌，菜肴有滋润细腻、鲜香醇厚的特点。适用于禽畜肉品及其内脏、笋类、鲜豆类等原料。一般经熟处理晾凉后刀工，主要是条、片、丝、块、段和自然形态等规格。

（3）焯水后凉拌，菜肴具有色泽鲜艳、细嫩爽口、清香味鲜或滋味浓厚的特点。适用于蔬菜类原料。有的是处理前刀工，也有的是处理后刀工，主要以段和自然形态为主。

（4）汆制后凉拌，菜肴具有色泽鲜明、嫩脆或柔嫩、香鲜醇厚的特点。适用于猪肚仁、猪腰、鱼虾、海参、鱿鱼等原料。不论任何汆制，都要根据原料的质地，达到嫩脆或柔嫩的质感。汆制后凉透，及时拌制。

（5）腌制后凉拌，菜肴具有清脆入味、鲜香细嫩的特点。适用于大白菜、莴笋、萝卜、菜头、薤头、蒜薹、嫩姜等蔬菜类原料。腌制时，要掌握精盐与原料的比例，咸淡恰当，以清脆鲜香效果最佳，要沥干水分后调味拌制。

（三）拌的操作关键

（1）选料要精细，刀工要美观。尽量选用质地优良、新鲜细嫩的原料。拌菜的原料刀工要求都是细、小、薄的，这样可以扩大原料与调味品接触的面积。因此，刀工的长短、薄厚、粗细、大小要一致，有的原料需剞上花刀，这样更能入味。

（2）要注意调色，以料助香。拌凉菜要避免原料和菜色单一，缺乏香气。例如，在黄瓜丝拌海蜇中，加点海米，使绿、黄、红三色相间，提色增香。还应慎用深色调味品，因成品颜色强调清爽淡雅。拌菜香味要足，一般总离不开香油、麻酱、香菜、葱油之类的调料。

（3）调味要合理。各种冷拌菜使用的调料和口味应有其特色，不论佐以何种味型，都应先根据复合味的标准，在器皿内调制定型成味汁后，再进行拌味（或淋味、蘸味）。调制的味汁，要掌握浓厚的程度，使得与原料拌和稀释后能正确体现复合味的风味。凉拌菜肴的装盘、调味、食用要相互紧密配合，装盘或调味后及时食用。

（4）掌握好火候。有些凉拌蔬菜须用开水焯水，应注意掌握好火候，原料的成熟度要恰到好处，要保持脆嫩的质地和碧绿青翠的色泽。老韧的原料，则应煮熟烂之后再拌。

（5）生拌凉菜必须十分注意卫生。洗涤要净，切制时生熟分开，还可以用醋、酒、蒜等调料杀菌，以保证食用安全。

菜例 1：蓑衣黄瓜（生拌）

用料：

黄瓜 400 克、精盐 10 克、麻油 16 克、蒜泥 20 克、味精 0.7 克。

制法：

（1）将黄瓜洗净，再用消毒液洗刷，然后沥干水分，用刀一剖两半，切成蓑衣块，用精盐略腌，挤去水分。

（2）炒锅上火，放入麻油烧热，再下蒜泥煸香，倒入碗中晾凉，然后把麻油、味精与黄瓜一起拌匀，装盘即可。

特点：色泽翠绿，脆嫩爽口。

菜例 2：黄瓜拌鸡丝（生熟拌）

用料：

熟三黄鸡 200 克、黄瓜 150 克、酱油 20 克、香醋 15 克、花椒粉 3 克、味精 3 克、辣椒油 15 克、香油 10 克、白糖 10 克、蒜泥 5 克。

制法：

（1）将黄瓜去皮、瓤切成粗丝，熟三黄鸡肉切成粗丝或手撕成丝，放入盘中摆放整齐。

（2）用蒜泥、酱油、白糖、芝麻酱、味精、花椒粉、辣椒油、香醋、麻油调制成卤汁，食时淋于鸡丝和黄瓜丝上，拌匀即成。

特点：色泽红亮、麻辣香甜、略带酸味。

二、炝制法

炝是指将加工成形的小型原料，用沸水焯水或用油滑透，趁热加入花椒油或香油、胡椒粉等为主的调味品调拌均匀成菜的烹调方法。炝是冷菜制作中常用的基本方法之一。炝菜清爽脆嫩、鲜醇入味。适用于冬笋、芹菜、蚕豆、豌豆等蔬菜和虾仁、鱼肉等海河鲜，以及鲜嫩的猪肉、鸡肉等原料。

炝制菜肴一般具有鲜嫩味醇、清爽利口、色泽鲜艳、风味清新的特点。代表菜肴有红油鱼丝、炝凤尾虾、虾子炝芹菜、腐乳炝虾、炝腰片、炝猪肝、炝虎尾等。

（一）炝的分类

根据炝前熟处理方法的不同，炝制工艺可分为滑炝（也称油炝）、焯炝（也称水炝或普通炝）、生炝（也称特殊炝）三种。

1. 滑炝

滑炝是指原料经刀工处理后，需上浆过油滑透，然后倒入漏勺控净油分，再加入调味品成菜的方法。滑油时要注意掌握好火候和油温（一般在 3~4 成油温），以断生为好，这样才能体现其鲜嫩醇香的特色，如"滑炝虾仁"。

2. 焯炝

焯炝是指原料经刀工处理后，用沸水焯烫至断生，然后捞出控净水分，趁热加入花椒油、精盐、味精等调味品，调制成菜，晾凉后上桌食用的方法。对于蔬菜中纤维较多和易变色的原料，用沸水焯烫后，须过凉，以免原料质老发柴。同时，也可保持较好的色泽，以免变黄，如"海米炝芹菜"。

3. 生炝

生炝是选用质嫩味鲜的河鲜、海鲜原料，如虾、蟹、螺等，炝制前可用竹篓将鲜活水产品放入流动的清水内，让其吐尽腹水，排空腹中的杂质，再沥干水分，放入容器中，不经过加热，用白酒、精盐、绍酒、花椒、冰糖、葱、姜、蒜、丁香、陈皮等调味品调制成卤汁，倒入容器内浸泡，令其吸足酒汁，待这些原料醉晕、醉透并散发出特有的香气后，直接食用。

（二）炝的工艺流程

炝制的原料应选用新鲜、细嫩、清香、富有质感特色的原料。经过去壳、削皮、抽筋，洗净异味，刀工处理以丝、段、片和自然形态等为主。根据不同的原料和菜肴采用特定的炝制方法，然后用调味品调拌均匀或兑好卤汁调拌成菜，直接装盘供食。

炝制工艺的一般流程如图 7-2 所示。

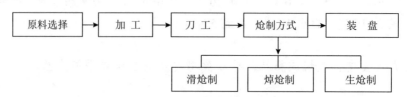

图 7-2　炝制工艺流程

（三）炝的操作关键

（1）炝应选择新鲜、脆嫩、符合卫生标准的原料。

（2）原料在加工时，丁、丝、片、条、块要厚薄均匀，大小一致，便于成熟。

（3）烹调时要掌握好火候，断生即可，保持原料制品的脆嫩鲜美。

（4）特殊炝所用的调味品，以白酒、醋、蒜泥、姜末等具有杀菌消毒功能的调味品为主。

（5）菜肴经炝制拌味后，应待渗透入味后，才能装盘。

菜例1：虾子炝芹菜（焯炝）

用料：

芹菜500克、虾子25克、玉兰片50克、精盐1克、味精0.7克、花椒油25克。

制法：

（1）将芹菜去根叶，洗净切段。将玉兰片切成小片，虾子用热水涨发并洗净，沥去水分后放在热花椒油内炸片刻。

（2）将芹菜及玉兰片放入沸水锅中烫至六成熟捞出，用凉开水浸凉沥干水分，再将虾子、花椒油倒入，加盐和味精拌匀，装盘即可。

特点：色泽碧绿，清鲜爽口。

菜例2：腐乳炝虾（特殊炝）

用料：

河虾100克、红腐乳1块、黄酒25克、生姜5克、优质白酒15克、白糖0.5克、麻油25克、香菜少许、川椒粉1克。

制法：

（1）将河虾剪去须爪，洗净后放入盘内。另将生姜切成末，再将豆腐乳压成茸泥放在锅里，加黄酒、白糖、麻油拌匀，再放入小碟内。

（2）将河虾放入盘内，加入白酒拌匀，撒上川椒粉、生姜末、香菜，然后用碗盖严。

（3）食用时，将盖虾的碗揭开，以虾蘸腐乳食用。

特点：虾活肉嫩，乳汁味美，清爽适口。

三、腌制法

腌是指以盐为主要调味品，拌和、擦抹或浸渍原料，经静置以排出原料内部水分，使调味汁渗透入味成菜的制作方法。作为冷菜独立的烹调方法，腌制冷菜不同于腌咸菜，它是以盐为基本调味，辅以其他调料（如绍酒、糖、辣椒、香料、葱姜等），将主料一次性加工成菜的方法。腌制的菜肴具有储存、保味时间长，鲜嫩爽脆，干香、香味浓郁且味透肌理的特点。适用于黄瓜、莴笋、萝卜、藕、虾、蟹、猪肉、鸡肉等原料。

采用腌制法的植物性原料一般具有口感爽脆的特点，动物性原料则具有质地坚韧、香味浓郁的特点。代表菜肴有酸辣白菜、盐腌黄瓜、辣莴笋、酱菜头、红糟仔鸡、卤浸油鸡等。

（一）腌的分类

冷菜中采用的腌制方法较多，根据所用调味品的不同，大致可分为盐腌、酱腌、糟腌、醉腌、糖醋腌、醋腌等。

1. 盐腌

盐腌是将原料用食盐擦抹或放盐水中浸渍的腌制方法。这是最常用的腌制方法，也是各种腌制方法的基础工序。盐腌的原料水分溢出，盐分渗入，能保持清鲜脆嫩的特点。经盐腌后直接供食的有"腌白菜""腌芹菜"等。用于盐腌的生料须特别新鲜，用盐量要准确。熟料腌制一般煮、蒸之后加盐，如"咸鸡"，这类原料在蒸、煮时一般以断生为好。盐腌原料的盛器一般要选用陶器，腌时要盖严盖子，防止污染。如大批制作，还应该在腌制过程中上下翻动1~2次，以使咸味均匀渗入。

2. 酱腌

酱腌是将原料用酱油、黄酱等浸渍的腌制方法。酱腌多采用新鲜的蔬菜，如"酱菜头"等。酱腌的原理和方法与盐腌大同小异，区别只是腌制的主要调料不同。

3. 醉腌

醉腌是以绍酒（或优质白酒）和精盐作为主要调味品的腌制方法。醉腌多用蟹、虾等活的动物性原料（也有用鸡、鸭的）。腌制时，通过酒浸将蟹、虾醉死，腌后不再加热，即可食用。

4. 糟腌

糟腌是以香糟卤和精盐作为主要调味品的腌制方法。糟料分红糟、香糟、糟油3种。糟腌多用鸡、鸭等禽类原料，一般是原料在加热成熟后，放在糟卤中浸渍入味而成菜，如"红糟鸡"。糟制品在低于10℃的温度下，口感最好，所以夏天制作糟菜，腌制后最好放进冰箱，这样才能使糟菜具有凉爽淡雅、满口生香之感。

5. 糖醋腌

糖醋腌是以白糖、白醋作为主要调味品的腌制方法。在经糖醋腌之前，原料必须经过盐腌这道工序，使其水分溢出，渗进盐分，以免澥口。然后再用糖醋汁腌制，如"辣白菜"等。糖醋汁的熬制要注意比例，一般是2:1至3:1，糖多醋少，甜中带酸。

6. 醋腌

醋腌是以白醋、精盐作为主要调味品的腌制方法。菜品以酸味为主稍有咸甜，如"酸黄瓜"。醋腌也是先经盐腌工序后，再用醋汁浸泡，醋汁里也要加入适量的盐和糖，以调和口味。醋腌菜脆嫩爽口，口感较有特色。

（二）腌的工艺流程

腌制菜肴应选用新鲜度高、质地细嫩、滋味鲜美、富有质感特色的原料。经洗涤除去血腥异味，要根据腌制菜肴的需要，进行刀工处理，一般以丝、片、块、条和自然形态为主。

腌制工艺的一般流程如图7-3所示。

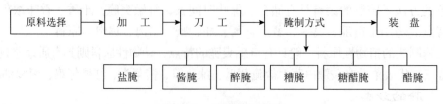

图7-3 腌制工艺流程

（三）腌的操作关键

（1）含水量少的原料腌制时要加水腌（又称盐水腌渍法），这样便于入味，且色泽均匀；含水量多的原料可以直接用干盐擦抹。

（2）蔬菜类原料一般是生料直接与调味品的味汁腌制成菜，动物性原料一般要经过熟处理（如蒸、水煮、焯水、炸等）至刚熟（切不可过于熟烂），再与调制的味汁腌制成菜。腌制的时间长短，应根据季节、气候、原料的质地大小而定。

（3）腌制的肉类原料熟处理之前要用清水泡洗，以除去部分咸味和腥味，对一些蔬菜腌品要挤去水分以后再制作。

菜例 1：辣莴笋（盐腌）

用料：

莴笋 500 克、辣椒 8 克、花生油 50 克、精盐 5 克、味精 5 克、麻油 4 克、姜末 5 克。

制法：

（1）把莴笋削去叶，去外皮及根蒂，洗净，切成梳子片。

（2）把莴笋用盐略腌，挤去水分装入盆内，放入味精、麻油、姜末，把辣椒用油炸成辣椒油倒入莴笋内，浸渍入味即成。

特点：清脆香辣，鲜爽利口，酸辣适中。

菜例 2：红糟仔鸡（糟腌）

用料：

仔光鸡 1 只（约重 1250 克）、红糟 10 克、精盐 25 克、白糖 25 克、味精 3 克、高粱酒 50 克、五香粉 2 克。

制法：

（1）将仔鸡清洗干净，入汤锅内小火煮至刚熟，捞出，待晾凉后，斩下鸡头、翅膀、鸡脚，鸡身改刀斩成四块，放入盆内，用高粱酒、精盐 15 克、味精 2 克调匀，倒入盆中拌匀，密封腌渍两小时（中间翻身一次）。

（2）将红糟、味精 1 克、五香粉、白糖、精盐 10 克及凉开水 150 克调匀，倒入原先的盆中拌匀，再腌渍一小时。

（3）取出鸡块，轻轻抹去红糟，将鸡斩成约 5 厘米长、1.5 厘米粗的条，依刀口摆入盘内，用少许卤汁淋上即可。

特点：色泽红润，鸡肉鲜嫩、口味醇厚，有浓郁的糟香气味，糟香爽口。

活动二　醉糟泡烹调法

一、醉制法

醉就是将烹饪原料经过初步加工和初步熟处理后，放入以高粱酒（或优质白酒或绍酒）和盐为主要调味品的卤汁中浸泡腌渍至可食的一种冷菜烹调方法。醉是一种极有特色的烹调技艺，通常也叫醉腌。醉菜酒香浓郁，肉质鲜美。醉制冷菜一般不宜选用多脂肪食品原料，适宜使用蛋白质较多的原料或明胶成分较多的原料，多用于新鲜的鸡、鸭、鸡鸭肝、猪腰子、鱼、虾、蟹、贝类及蔬菜等原料。原料可整形醉制，也可加工成条、片、丝或花刀块醉制。酒多用米酒、果酒、黄酒或白酒，其中以绍酒、白酒较为常用。

醉的菜肴一般具有酒香浓郁、肉质鲜美、鲜爽适口、本色本味的特点。代表菜肴有醉蟹、醉蛋、醉虾、醉泥螺、醉冬笋等。

（一）醉的分类

醉制工艺有不同的种类，按所用调料不同，可分为红醉（用酱油）、白醉（用盐），按原料的加工过程不同，又可分为生醉和熟醉。

1. 生醉

生醉是将生料洗净后装入盛器，加酒料等醉制的方法。主料多用鲜活的虾、蟹和贝类等。山东、四川、上海、江苏、福建等地多用此法，如醉螺、醉河虾、醉蟹等。

2. 熟醉

熟醉是将原料加工成丝、片、条、块或整料，经熟处理后醉制的方法。具体制法可分为三种：

（1）先焯水后醉。将原料放入沸水锅中快速焯透，捞出过凉开水后沥干水分，放入碗内醉制，如山东醉腰花。

（2）先蒸后醉。原料洗净装碗，加部分调味料上笼蒸透，取出冷却后醉制。此方法北京、福建等地使用较多，如醉冬笋、红酒醉鸡等。

（3）先煮后醉。原料放入锅中煮透，取出冷却后醉制。此方法天津、上海、北京、福建等地使用较多，如醉蛋、醉蟹、醉虾、醉泥螺等。

（二）醉的工艺流程

醉制菜肴应选新鲜度高、多蛋白质或多明胶成分的动植物原料，不宜选用多脂肪食品。植物性原料，择除整理，清洗干净；动物性的活的原料最好能在清水中静养几天，使其吐尽污物，洗净血腥异味。原料可整形醉制，也可加工成条、片、丝或花刀块醉制。

醉制工艺的一般流程如图 7-4 所示。

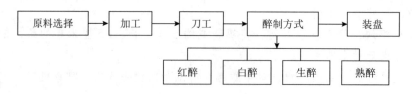

图 7-4　醉制工艺流程

（三）醉的操作关键

（1）用来生醉的原料必须新鲜、无病，符合卫生要求。

（2）醉制过程中，盛器口要封严盖紧，不可漏气，到时方可取出。醉制时间长短应根据原料而定，一般生料时间久些，熟料时间短些，长时间腌制的卤汁中咸味调料不能太浓，短时间腌制的则不能太淡。另外，若以黄酒醉制，时间不能太长，防止口味发苦。醉制菜肴若在夏天制作，应尽可能地放入冰箱或保鲜室内。

（3）不管是生醉还是熟醉，所用的盛器必须严格消毒，注意清洁卫生。

菜例 1：醉蟹（红醉）

用料：

活螃蟹 2000 克、酱油 120 克、黄酒 200 克、曲酒 120 克、冰糖 100 克、花椒 5 克、葱 60 克、老姜 80 克、丁香（每蟹一颗）。

制法：

（1）将活螃蟹洗净后放在篓子里压紧，使之不得移动，放在通风阴凉处 3~4 小时，让它吐尽水分。

（2）将锅洗净放入酱油、花椒、葱、姜、冰糖，煮到冰糖融化后倒入盆内冷却，即制成卤汁。

（3）取一个大口坛洗净擦干，将蟹脐盖掀起，放入丁香一颗，再放入坛中，上用小竹片压紧，使蟹不能爬行。将黄酒、曲酒倒入冷透的卤汁中搅匀再倒入坛中，卤汁要淹没螃蟹。为防止变质，须把坛口密封，醉三天后即可食用。

特点：蟹肉鲜嫩，酒香浓厚。

菜例 2：酒醉鸽蛋（熟醉）

用料：

鸽蛋 24 个、生姜 5 克、葱 5 克、精盐 15 克、味精 1 克、黄酒 5 克、曲酒 20 克。

制法：

（1）将鸽蛋放入锅中加适量的清水烧沸后，再用中火煮 5 分钟后取出冷却，然后剥去外壳。

（2）炒锅上火，加入清水约 350 克和葱姜、精盐、黄酒、味精烧沸，倒入盛器中冷却待用。

（3）将鸽蛋放入盛器中，倒入曲酒，再用塑料纸封口，醉制 4 小时左右即可食用。

特点：鲜嫩爽口，酒香扑鼻。

二、糟制法

糟就是将烹饪原料放入由糟卤和盐等调味料调制的卤汁中浸渍成菜的一种烹调方法。糟通常也叫糟腌。冷菜的糟制方法和热菜的糟制方法有所不同。热菜的糟制一般选用生的原料，经过糟制调味、蒸、煮等方法烹制，趁热食用。而冷菜的糟制是将原料烹制成熟后再糟制，食前不必再加热处理。糟制一般取用整只的鸡、鸭、鸽等禽类以及鸡爪、猪爪、猪肚、猪舌等原料，有时也选用一些植物性原料如冬笋、茭白等，经过焯水、煮或蒸制成熟后，浸渍在糟卤中，使之入味。

糟制的菜肴一般具有肉质细嫩、糟香浓郁、色泽淡雅、咸鲜爽口的特点。代表菜肴有红糟鸡、糟冬笋、糟油口条、糟鸭、糟花生、香糟蛋。

（一）糟的分类

糟制工艺有不同的分类方法，根据原料在糟腌前是否经过熟处理，可分为生糟和熟糟两种，冷菜糟制以熟糟为多。根据所用糟调料的不同，糟可分为红糟、香糟和糟油三种制法。

1. 红糟

红糟产于福建省，广东清远地区客家人称为"红曲"。在红曲酒制造的最后阶段，将发酵完成的衍生物，经过筛滤出酒后剩下的渣滓就是酒糟（红糟）。为了专门生产这种产品，在酿酒时就需加入 5% 的天然红曲米。红糟一直是我国江南人调制红糟肉、红糟鳗、红糟鸡、苏式酱鸭、红糟蛋及红糟泡菜等食品的原料，含酒量在 20% 左右，质量以隔年陈糟为佳，色泽鲜红，具有浓郁的酒香味。

2. 香糟

香糟产于杭州、绍兴一带。酿制黄酒剩下的酒糟再经封陈半年以上，即为香糟。香糟色黄，香味浓厚，含有 8% 左右的酒精，有与醇黄酒同样的调味作用。香糟能增加菜肴的特色香味，在烹调中应用很广，烧菜、熘菜、爆菜、炝菜等均可使用。山东亦有专门生产的香糟，是用新鲜的黄酒酒糟加 15%~20% 炒熟的麦麸及 2%~3% 的五香粉制成，香味特异。以香糟为调料糟制的菜肴有其独特的风味。福建闽菜中许多菜肴就以此闻名。上海、杭州、苏州等地的菜肴也多有使用。

3. 糟油

糟油也称糟卤，是用科学方法从陈年酒糟中提取香气浓郁的糟汁，再配入辛香调味汁，精制而成的香糟卤。糟油透明无沉淀，突出陈酿酒糟的香气，口味鲜咸适中。糟卤的配制：将香糟 500 克、绍酒 2000 克、精盐 25 克、白糖 125 克、糖桂花 50 克、葱姜 100 克放入容器内，把香糟捏成稀糊后，容器加盖（以防香气散发）浸泡 24 小时，然后灌入尼龙布袋里，悬挂在桶上过滤，滴出的即是糟卤，制成的糟卤应灌入瓶里盖上瓶塞，放入 10℃ 左右的冰箱里保存，以防受热变酸。糟卤主要用于烹调热炒菜肴，如糟熘鱼片等。也可用于糟蒸鸭肝、糟煨肥肠、糟熘三白等。

（二）糟的工艺流程

选用鲜活、味感平和而鲜、没有特殊异味的原料。将整料分割成较大的块状，小型料保持自然形态。经过焯水、煮或蒸制方法使其成熟后，将熟处理的原料（有的需经刀工切成条、片等规格）与调制好的糟卤糟腌 3~4 小时即可。

糟制工艺的一般流程如图 7-5 所示。

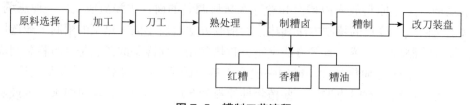

图 7-5　糟制工艺流程

（三）糟的操作关键

（1）选用的原料以鲜、嫩为宜，最好不用冷藏或经过反复制作的原料，注意原料自身的特殊性和加热后的变化。若原料本身带有腥膻气味如牛肉、羊肉等，以之做糟菜非但不能突出香味，还会使原料与糟结合生成一种异味，使人难以接受。另外，一些有特殊气味的原料如香菇、蒜薹、洋葱等都不宜制作糟菜。

（2）糟制原料熟处理时注意火候及原料的生熟度，鸡鸭类以断生为度，猪肚以软烂为度等，切不可过于酥烂。

（3）根据红糟、香糟和糟油的制作特点掌握各种调料投放的比例。

（4）根据原料的不同特性掌握冰箱的温度和糟腌的时间。烧煮成熟的原料（有些原料需改刀）放入晾凉的卤内，连同容器一起放入冰箱，卤汁要宽，以淹没原料为度。冰箱温度应控制在5℃左右，浸渍时间一般为4小时左右。

（5）凡是糟制的菜肴，所用的盛器必须严格消毒，注意清洁卫生。

菜例1：香糟鸡（香糟）

用料：

仔鸡1只（约重1250克）、香糟150克、葱25克、黄酒50克、精盐10克、胡椒粉1.5克、姜25克、味精1.5克。

制法：

（1）将仔鸡宰杀煺毛，去内脏后洗净，放入沸水锅中略烫，去尽血污。

（2）炒锅上火，倒入适量清水。放入鸡、姜片、葱、黄酒烧沸后，改用小火，保持微沸，并不时翻动鸡，使其受热均匀，烧至鸡成熟时即可起锅。

（3）鸡冷却后，去头颈、爪、翅，再卸下鸡腿。将鸡身剖两片，放入鸡汤、香糟汁、胡椒粉、精盐、味精，浸泡4个小时左右。

（4）食用时将鸡取出改刀装盘，淋上香糟卤即可。

特点：肉质细嫩、糟香浓郁、咸鲜爽口。

菜例2：糟油冬笋（糟油）

用料：

净冬笋300克、香糟水100克、味精1.5克、精盐3克。

制法：

（1）冬笋切成梳子片，下水锅煮熟后取出，然后沥干水分。

（2）把冬笋放在碗内，加入香糟水、精盐，用盖盖严使笋浸透在糟卤内，浸泡2~3个小时即可装盘。

特点：色泽淡黄，香脆味甜，别有风味。

三、泡制法

泡是以新鲜蔬菜和应时水果为原料，经初步加工，用清水洗净晾干，不需加热，放入特制的容器中浸泡一段时间而成菜肴的一种方法。泡制的原料很多，主要有根、茎、叶、花、果类蔬菜及部分水果、菌类。泡制的溶液通常用盐水、绍酒、白酒、干红辣椒、红糖等调料，花椒、八角、甘草、草果、香叶等为香料，放入冷开水中浸渍制成。经泡制后的成品可直接食用，也可与其他荤素原料搭配制成风味菜肴。泡制的容器即"泡菜坛"，又名"上水坛子"，用陶土烧制，口小肚大，在我国大部分地区为制作泡菜时必不可少的容器。

泡制的菜肴一般具有芳香脆嫩、清淡爽口、鲜咸微酸或咸酸辣甜的特点。代表菜肴有泡豇豆、四川泡菜、北京泡菜、酸辣黄瓜、什锦泡菜、糖醋泡藕、甜酸辣苹果等。

（一）泡的分类

泡制工艺，按所泡原料的性质不同，可分为素泡和荤泡；按泡制的卤汁及选用调料的不同，大体可分为甜酸泡及咸泡两种。

1. 甜酸泡

甜酸泡是以白糖（或冰糖）、白醋（或醋精）和少量盐为主要调味品制成的卤水来浸泡原料的方法。成品口味以甜酸为主。甜酸泡原料不必经过发酵，只要把原料泡制入味即可。泡制过程中原料应保存在5℃左右的冰箱内或阴凉处，如糖醋泡藕等。

2. 咸泡

咸泡的卤水是以盐、白酒、花椒、生姜、干辣椒、蒜等为主要调味品调制成的卤汁泡制原料的方法。成品咸酸辣甜，别有风味，如泡酸豇豆等。

（二）泡的工艺流程

选用新鲜蔬菜及部分水果、菌类，根据菜肴要求进行刀工处理，并将原料清洗、晾干，根据原料的需要有些经过水煮、汆汤等熟处理，捞出后及时投入凉水中冲漂凉透。根据菜品口味特点选用不同调味料调制成咸卤或酸甜卤，将原料放入浸渍发酵或把原料直接泡制入味即可。

泡制工艺的一般流程如图7-6所示。

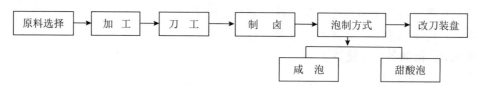

图7-6 泡制工艺流程

（三）泡的操作关键

（1）泡制的原料要新鲜、脆嫩，加工时要洗涤干净，要用符合卫生标准的流动清水洗涤，在可能的情况下，为除去农药残余，还可在洗涤水中加入0.3%高锰酸钾或0.04%~0.06%漂白粉，先浸泡十分钟，再用清水冲洗漂净。

（2）泡制时要用特别的泡菜坛，并放在阴凉处，翻口内的水需1~2天换一次，切忌污染如沾染油腻，以防发酸变质。泡菜坛是以陶土为原料，两面上釉烧制而成，是制作泡菜的主要容器。泡菜坛的形状是两头小、中间大、坛口外有坛沿，有水封口的水槽。腌制泡菜时，在水槽里加水再扣上坛盖，可以隔绝外界空气，并防止微生物入侵；泡菜发酵过程中产生二氧化碳气体，可以通过水槽以气泡的形式排出，使坛内保持良好的气体条件，其中的腌制品可以久藏不坏。泡菜坛的规格有大有小，小的可装1~2千克，大的可装数百千克。泡菜坛质地的好坏，可直接影响泡菜的质量。因此，使用时应选择火候老、釉彩均匀、无裂纹、无砂眼、内壁光滑的坛体，并根据加工的数量确定坛子的规格。著名的有景德镇瓷器泡菜坛、五良大甫泡菜坛等。

（3）泡卤要保持清洁，取原料时要使用工具，勿用手或油勺等。

（4）泡制时间应根据季节和泡卤的新、陈、淡、浓、咸、甜而定，一般冬季长于夏季，新卤长于陈卤，淡卤长于浓卤，咸卤长于甜卤。

（5）泡卤如无腐败变质，可继续用来泡制原料，若卤汁杂质多或味不够浓，可将杂质过滤并用锅烧沸，适量加入调味料，冷却后再继续泡制。

菜例1：泡豇豆（咸泡）

用料：

豇豆2500克、精盐250克、干辣椒10克、白酒120克、花椒15克、冷开水1500克。

制法：

（1）精盐、干辣椒、花椒同时放入泡坛内，再加入白酒和冷开水搅动，待精盐融化后待用。

（2）豇豆洗净晾干后，放入装有盐水的泡菜坛，翻口内加些水，用盖盖严，夏天泡3天左右，冬天泡6天左右，即可食用。

特点：咸酸适口，爽脆鲜美。

菜例2：泡藕（甜酸泡）

用料：

嫩藕3000克、白糖500克、糖精2克、白醋100克、香叶5片。

制法：

（1）将藕洗净，去藕节后切成薄片，立即放入水中漂洗干净。

（2）将容器里加水（1000克）、白糖、糖精烧沸，待全部冷却后再加入白醋，即制成卤汁。

（3）将藕片从水中捞出沥干水分，放入调制好的卤汁中同时放入香叶，上压放重盆子，1天左右即可食用。

特点：色泽洁白，甜中带酸，是夏令佳肴。

冷菜厨房——重点防范的岗位

冷菜是各种宴席上不可缺少的菜肴，又是宴席的第一道菜，素有菜肴的"脸面"之称，在宴席中往往被人们称为"迎宾菜"。它通常作为第一道菜展示在餐桌上，由于选料广泛、色泽鲜艳、品种丰富、口味多样、造型优美等特点，使人在视觉和味觉上获得美的享受，顿时食欲大增。冷菜制作水平的高低在厨房生产中起着相当重要的作用，所以，一个餐饮企业的成功需要有好的冷菜师傅。

从我国餐饮菜品来说，近些年冷菜制作的变化比较大，社会上好的冷菜师傅也较难觅，特别是个人技术素质较高的师傅不多，其原因是多方面的。客人关注冷菜是因为它是宴席的前奏和序曲，其质量如何关乎宴席的整体水平和客人的认可程度。因为它不同于热菜需要加热，而是直接上桌供客人品尝，因此，对冷菜的要求也比较高。这里主要强调两方面内容。

一、强化操作卫生

冷菜与热菜、面点所不同的是，它是食品安全风险很大的菜肴种类，在加工操作中的卫生要求特别高，预防此类高风险食品引起食物中毒的措施涉及生熟分开、保持清洁、控制温度、控制时间、严格洗消等多项基本原则。正因为安全卫生的问题极为重要，所以整个厨房只有冷菜间专设"二次更衣"。正如人们所说："冷菜是食品安全防范的重点岗位。"因为这里的食品都是即食食品，这就对操作人员提出了更高的要求，除了戴工作帽外，在帽内最好还要戴一层薄网帽（罩），以防止头发的掉落，工作人员要始终保持双手的干净和及时戴口罩等。冷菜厨房应该到处都是整洁的，冷菜厨师应该全身都是很清洁、干净的，这也是工作人员应有的素质，以确保菜品食用的安全可靠。

在冷菜厨房应严格遵守"五专"原则，即专人、专间、专用工具、专用消毒设施和专用冷藏设备。即有专门的人员来负责冷菜加工制作；冷菜厨房有专间或专用场所，专门用作冷菜食品加工，专间温度应控制在25℃以下；冷菜专间内配备专用的刀、砧板、容器及其他工具；设有单独的消毒设施，用作工具、容器、抹布等的消毒；冷菜专间内有专用的冷藏冰箱。餐厅跑菜和厨房非专间人员等不得进入冷菜专间，这些都是最起码的卫生要求。

二、操作注意事项

1. 反对滥用调味品

冷菜不同于热菜，是直接进食的菜品，有些是生食凉拌不需要加热，因此冷菜厨房是餐饮企业食品卫生安全的前沿阵地。从菜肴制作上讲，冷菜应当当天用完，不要放到第二天。即使当天有剩余，也要及时做好处理。现在市场上各种调味品较多，鱼龙混杂、良莠不齐，许多添加香精、化学调料的调味品一旦放进冷菜中，就会带来异样的口感，甚至对健康不利。许多厨师只一味地强调利用现成的、省事的调料，结果会产生"变味的感觉"，失去了原有的风格，这是应该引起注意的。

2. 冷菜点缀应恰到好处

近年来冷菜的点缀之风蔓延甚广，适当的点缀固然重要，但许多饭店似乎过了头。把有些生的不可以吃的原料当装饰品，如生的面团，有的还加进浓浓的色素，长时间手工处理的萝卜雕花等，让人看了很不舒服；有的用陶土、泥人等不洁物品进行点缀装饰，让人没有食欲；有的咸味冷菜也模仿西方的餐盘点缀，用甜果汁（如蓝莓汁）作点缀，然而中国人与西方人爱蘸甜食的习惯不同，特别是北方人不爱吃甜味汁，许多厨师却"依样画葫芦"而不明辨习俗；有的果汁在盘边乱糟糟，不清爽，很是败人胃口。更有甚者，将雕刻品、装饰品做得很大甚至超过菜肴本身，看起来很不卫生，这应引起人们的特别注意。归根结底，我们不能用20世纪90年代的审美观接待21世纪的现代客人，因为现在的饮食强调的是生态的、健康的、安全的、雅致的，这些是需要我们去思考和研究的。

［资料来源：邵万宽．对新冷菜新特点的点评．食在中国，2011（9）．］

任务二　热制冷吃烹调法

任务目标

- 能熟练掌握煮、卤、酱烹调法的工艺特点和操作步骤；
- 能熟练掌握冻、油炸卤浸、油焖烹调法的工艺特点和操作步骤；
- 能制作多种采用热制冷吃烹调法的冷菜。

活动一　煮卤酱烹调法

一、煮制法

煮就是将处理好的原料放入足量汤水，用不同的加热时间进行加热，待原料成熟时，即可出锅的技法。以水为介质导热的煮制法用途最为广泛。冷菜制作中也较多运用煮的方法，根据卤汁及选用原料的不同，煮大体可分为盐水煮及白煮两种。

（一）盐水煮

盐水煮就是将腌渍的原料或未腌的原料放入水锅中，加盐、姜、葱、花椒等调味品（一般不放糖和有色的调味品），再加热煮熟，然后晾凉成菜的烹调方法。在盐水煮时，应根据原料形状的大小和性质的不同，分别采用不同的火候和操作方法：对一些形小质嫩或要保持原色的植物性原料，应沸水下锅煮至断生即可；对体大质老坚韧的原料应冷水下锅，煮至七成熟捞出；对事先用盐或硝酸钠与盐腌制的原料，应泡洗或焯水后，再放入水锅中煮熟。

盐水煮制法菜肴的特点是鲜嫩爽口，咸淡适中，色泽淡雅，无汤少汁，是夏令佳肴。代表菜肴有盐水牛肉、盐水鸭肫、盐水虾、盐水猪舌、盐水鸭、盐水毛豆、盐水羊肉等。

1. 工艺流程

盐水煮的原料必须选用新鲜无异味、易熟的原料，如鲜河虾，或者新鲜质老的牛羊肉，如牛腱肉等。在煮制之前一般要经过焯水处理。根据原料的质地要求采取不同的火候和烹制方法。

盐水煮制作工艺的一般流程如图 7-7 所示。

原料选择 → 加工 → 腌渍 → 浸泡 → 焯水处理 → 盐水煮 → 改刀装盘

图 7-7　盐水煮制工艺流程

2. 操作关键

（1）对新鲜质嫩的原料，应迟放盐（待原料即将成熟时放入）。这是因为盐有电解质，能使原料中的蛋白质过早凝固，从而延长加热时间，会使原料质地变老。至于葱、姜、花椒等香料，其下锅迟早，应视烹饪原料煮的时间长短而定，一般香料与原料一起下锅。

（2）掌握水与原料的比例，应以淹没原料为宜。同时盐和水的比例应视原料而定，一般 500 克水加入精盐 25 克，对于事先用盐腌制的原料，一般不加入盐，只加黄酒、葱、姜等调味品。

（3）腌制体大质老的原料，应事先放入水中泡洗掉苦涩味或焯水后再煮制。一般先用大火烧沸，然后再用小火煮熟即可，不宜长时间用大火烧煮，否则原料质老而韧。

菜例：盐水虾

原料：

主料：新鲜大河虾 500 克、姜 2 片、葱 3 段、盐 10 克、花椒 5 粒、绍酒 50 克、麻油 5 克。

制法：

（1）河虾剪去虾须、脚，用清水洗净，沥干水。

（2）炒锅洗净，倒入清水，用大火烧开，再放入葱结、姜片、精盐，待香味溢出，盐粒溶化，即放入河虾，烹入黄酒，加少许花椒，用大火烧煮，见虾壳发红、体形卷曲、肉质收缩、虾脑清晰可见时，便已成熟，淋几滴麻油，用漏勺捞出，置盘内冷却后食用，也可连汤带虾一起倒入大碗，冷却后随吃随取。

特点：色泽红亮，虾肉滑嫩，口味咸鲜。

（二）白煮

白煮就是将加工整理的生料放入清水锅中，烧开后改中小火长时间加热成熟，冷却后切配装盘，配调味料拌食或蘸食成菜的冷菜技法。它与热菜煮法的主要区别在于煮制过程中只用清水，有时为了除去原料中的部分腥味，也可适当加放一些去异味的葱、姜、黄酒等，食用时把成熟的原料冷却后切成片、条、块等形状，整齐地放入盘中，然后用调味品拌食或蘸食。白煮的原料以家禽、家畜类肉品为主，尤其以猪肉为最常用的主料。

白煮菜肴的特点是清淡爽口，白嫩鲜香，醇正本味，为夏令佳肴。代表菜肴有白斩鸡（白切鸡或白煮鸡）、白煮肉（白切肉）、白煮豆腐、白煮猪肚、白煮牛百叶等。

1. 工艺流程

白煮的原料应选用无异味、新鲜的家禽、家畜类原料。新鲜无异味、无血水的原料不需要焯水；对血水多、有腥膻味的原料需要焯水去异味。煮制时，根据原料特点控制好火候和加热时间。因白煮的原料是整块大料，须根据菜肴要求改刀装盘上桌。原料装盘后可将调味料浇在菜肴上，也可连同调味碟一同上桌，由客人调拌或蘸食。

白煮制作工艺的一般流程如图 7-8 所示。

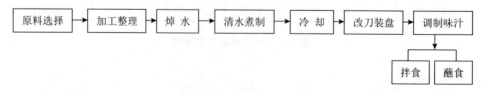

图 7-8　白煮制作工艺流程

2. 操作关键

白煮技法在操作程序上比较简单，就是将加工整理好的原料放入开水锅中，用中小火长时间煮熟成菜，但实际操作过程中，白煮技法从选料到成菜，每个环节都有一系列的要求，并且操作方法也很细致。具体表现为以下几方面：

（1）原料选择：用于白煮的原料须选用新鲜的家禽、家畜类原料，根据菜肴的不同要求，精选品种优良的原料、无异味原料中最细嫩的部位。如白切肉选用的猪肉必须是皮薄、肥瘦比例适当、肉质细嫩、体重在百斤左右的育肥猪。猪宰杀后，取其去骨带皮的通脊肉、五花肉做原料，才符合白煮的要求。白煮羊头肉所用的羊头也很讲究，一般都用内蒙古羯山羊头，这种羊头肉厚、质嫩、不膻，成熟后可片成大薄肉片。煮制时不掺杂其他味，以充分体现原料的鲜香本味。

（2）原料加工：原料应根据需要细致加工，清除污物和异味。如羊头清理，就必须将其先放入冷水中浸泡两小时以上，泡尽血水，然后用板刷反复刷洗头皮，并用小毛刷刷洗口腔、鼻孔、耳朵等部位，直至清洗干净。白切肉的猪肉加工，要刷去表面污物，除净细毛，清洗干净后改刀成长 20 厘米、宽 12 厘米的大块。

（3）煮制：白煮在煮制时水质必须选用洁净的清水，容器最好选用透气好、不易散热和污染的大砂锅。其目的是：一能保持恒温热量，水温不会发生过高过低的大变化，有利于加热取得应有的效果；二是保持水质不发浑，让原料在洁净的水中加热，使成品显得清爽。冷菜的白煮在火候运用上与热菜的煮法有所区别。热菜大部分使用大火或中大火，加热时间短；冷菜的白煮则是用中小火或微火，加热时间较长，一般根据原料的性质而定，时间控制在 1~3 小时不等。火力控制在保持水面微开状态，水量要多，一次加足，以浸没原料为度，中途不能加水。在检查白煮肉的成熟度时，多用筷子戳扎，如一戳即入，拔出时无喝力，即成熟度适当，捞出，放入冷开水中浸泡冷却，使肉质更加爽口白嫩。

（4）装盘调味：白煮的原料大多为整块大料，必须改刀装盘。不同的原料装盘要求不同，如白切肉改刀切片，要求切得大而薄，肥瘦相连，不散不碎，整齐美观。原料装盘后可将调味料浇在菜肴上，也可连同调味碟一同上桌，由客人调拌或蘸食。为了保持白煮菜肴醇正的鲜香本味，在调料配制上尤为讲究。如白切肉的调味料常用上等酱油、蒜泥、腌韭菜花、豆腐乳汁和辣椒油等调料调制成鲜咸香辣的味汁。白斩鸡则是用葱、姜洗净切末，蒜剁成茸，同放到小碗里，用烧热的鲜汤或鸡汤再加糖、盐、味精、醋、胡椒粉，将其调匀，或用上等酱油加香油炸香的葱姜末调制的调料等。

菜例：白切肉

用料：

猪臀肉 500 克、大蒜 50 克、上等酱油 50 克、红油 10 克、盐 2 克、冷汤 50 克、红糖 10 克、香料 3 克、味精 1 克。

制法：

（1）将猪肉洗净，改刀成 20 厘米长、12 厘米宽的大块，放入冷水锅中，用大火烧开，然后撇去污沫，加盖改小火继续煮焖至猪肉成熟达六成烂时捞出，放入冷开水中冷却或任其自然冷却。

（2）将冷却的白煮肉改刀，片成长约15厘米、宽约10厘米的薄片装盘。

（3）大蒜捶蓉，加盐、冷汤调成稀糊状，成蒜泥；上等酱油加红糖、香料在小火上熬制成浓稠状，加味精即成复制酱油。将蒜泥、复制酱油、红油兑成味汁淋在肉片上，或带调味碟一同上桌蘸食。

特点：色泽乳白，肉嫩味鲜，肥而不腻。

二、卤制法

将经过加工整理或初步熟处理的原料投入事先调制好的卤汁中加热，使原料成熟并且具有良好香味和色泽的方法称卤。卤制菜肴的原料形状一般以大块或整形为主，原料则以鲜货为宜。适用于鸡、鸭、鹅、猪、牛、羊、兔及其内脏、豆制品、蛋类原料。

卤法是制作冷菜的常用方法之一。加热时，将原料投入卤汤（最好是老卤）锅中用大火烧开，改用小火加热至调味汁渗入原料，使原料成熟或至酥烂时离火，将原料提离汤锅。卤制完毕的材料，冷却后宜在其外表涂上一层油，一来可增香，二来可防止原料外表因风干而收缩变色。遇到原料质地稍老的，也可在汤锅离火后仍旧将原料浸在汤中，随用随取，既可以增加和保持酥烂程度，又可以进一步入味。

卤制的菜肴一般具有色泽美观、味鲜醇厚、软熟油润的特点。代表菜肴有红卤鸡、卤肫干、香卤鸭掌、卤兰花豆干、卤猪肝、卤鸭舌、盐水鸭、卤香菇、卤水豆腐、卤鸡蛋。

（一）卤的分类

卤制菜肴的色、香、味取决于汤卤的制作，汤卤制作工艺方法很多，由于地域的差别，各地方调制卤汤时的用料不尽相同。按所用调味料的不同，行业中习惯将汤卤分为两类，即红卤和白卤（亦称清卤）。

1. 红卤

调制红卤水常用的原料有红酱油、红曲米、黄酒、葱、姜、冰糖（白糖）、盐、味精、大茴香、小茴香、桂皮、草果、花椒、丁香等。

2. 白卤

调制白卤水常用的原料有盐、味精、葱、姜、黄酒、桂皮、大茴香、花椒等，加水熬成，俗称"盐卤水"。

无论红卤还是白卤，尽管其调制时调味料的用量因地域而异，但有一点是共同的，即在投入所需卤制品时，应事先将卤汤熬制一定的时间，然后再下料。

（二）卤的工艺流程

卤制菜肴应选用新鲜细嫩、滋味鲜美的原料。制卤是卤汁菜肴的制作关键。加热成菜一般以小火烹制，至原料达到成熟程度、渗透入味后捞出，静置晾凉再斩条或切片装盘成菜。

卤制工艺的一般流程如图7-9所示。

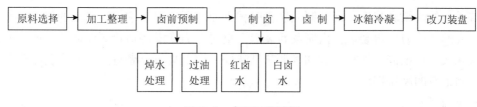

图 7-9 卤制工艺流程

（三）卤的操作关键

1. 选料加工

卤制菜肴应选用新鲜细嫩、滋味鲜美的原料。鸡应选用仔鸡或成年公鸡，鸭应选用秋季的仔鸭，鹅应选用秋后的仔鹅，猪肉应选用皮薄的前后腿肉，牛羊肉应选用肉质紧实、无筋膜的，其内脏应用新鲜无异味、未污染杂质、有正常脏气味的内脏。卤制原料的整理加工是做好卤菜的重要环节，一般包括初步加工、分档及刀工处理几道工序。加工中要除尽残毛，漂洗干净，除去血腥异味，特别是内脏原料要刮洗净黏液、污物和杂质等。

2. 卤前预制

卤制的原料应根据原料特性及菜肴特点，在卤制前通常要经过焯水或过油等初步熟处理，一来使原料的异味去除，二来可使原料上色。

（1）大多数原料需要经过焯水处理，以除去异味，如家禽、家畜的内脏、下水等。

（2）有些形体较大的动物性原料为了使成品色泽红润，肉有内味，一般熟处理前要经过盐腌或硝腌，如卤牛肉等。

（3）有些原料在卤制前需要经过过油熟处理的方法，以丰富菜肴质感，美化色泽。如琥珀凤爪等，应先将洗净的鸡爪焯水，再过油，然后再卤制。

3. 卤制

卤制时要掌握好卤汁与原料的比例，一般卤汁以淹没原料为好，卤制时把握好卤制品的成熟度，卤制品的成熟度要恰到好处。卤制菜品时通常是大批量进行，一桶卤水往往要同时卤制多种不同原料，或一种多量原料。不同的原料之间的特性差异很大，即使是同种原料，其个体大小也有差异，这就给操作带来了一定的难度。因此，在操作的过程中，应注意以下几点。

（1）要分清原料的质地。质老的置于锅（桶）底层，质嫩的置于上层，以便取料。

（2）要掌握好各种原料的成熟要求，不能过老或过嫩（把握好原料加热时的火候）。

（3）如果一锅（桶）原料太多，为防止原料在加热过程中出现结底、烧焦的现象，可预先在锅（桶）底垫上一层竹垫或其他衬垫物料。

（4）要根据成品要求，灵活恰当地选用火候。卤制菜品时，习惯上先用大火烧开再用小火慢煮，使卤汁之香味慢慢渗入原料，从而使原料具有良好的香味。

4. 出锅装盘

原料卤制成熟，达到所需的色、香、味、形后适时出锅。卤制品出锅后加以冷却，冷却的方法有两种：一是将卤好的成品捞出晾凉后，在其表面涂上一层香油，以防成品变硬和变干变色；二是将卤好的成品离火浸在原卤中，让其自然冷却，即吃即取，以最大限度地保持成品的鲜嫩和味感。卤菜制品装盘时根据原料形状灵活掌握，形小的可直接装盘食用，形大的要改刀后再装盘。卤制菜肴装盘上桌时，通常淋浇适量原卤调味，或将调味原卤盛入味碟与辣椒酱、椒盐、香油等调味品味碟一同上桌供食者有选择的浇食或蘸食，以凸显卤制菜肴的风味特色。

5. 老卤保质

老卤的保质也是卤制菜品成功的一个关键。所谓老卤，就是经过长期使用而积存的汤卤。这种汤卤，由于加入多种原料，以及原料在加工过程中呈鲜味物质及一些风味物质溶解于汤中且越聚越多而形成了复合美味，所以长时间的加热和存放，使其品质很高。使用这种老卤制作原料，会使原料的营养和风味有所增加，因而对于老卤的保存也越显关键。保存重点在以下几方面：定期清理，勿使老卤聚集残渣而形成沉淀；定期添加香料和调味料，使老卤的味道保持浓郁；取用老卤要用专门的工具，防止在存放过程中使老卤遭受污染而影响保存；使用后的卤水要定期烧沸，从而相对延长老卤的保存时间；选择合适的盛器盛放老卤。

菜例：卤牛肉（红卤）

用料：

黄牛肉 5000 克、酱油 500 克、黄酒 250 克、大茴香 2 克、小茴香 2 克、冰糖 375 克、精盐 50 克、甘草 7 克、桂皮 2 克、草果 35 克、花椒 7 克、丁香 12 克、味精 20 克、麻油 20 克、姜 50 克。

制法：

（1）把大小茴香、甘草、桂皮、草果、花椒（3.5 克）、丁香装入白纱布袋扎好待用。

（2）用清水 2500 克烧沸，再加入酱油、冰糖、精盐、黄酒和香料袋。用中火煮 1 小时，加入味精即成卤汁。

（3）选黄牛后腿肉切成块，用精盐 200 克、花椒 3.5 克调匀后，均匀地抹在牛肉块上腌渍（夏天约 6 小时，冬天约 24 小时）。在腌渍过程中要上下翻转 2~3 次。

（4）将卤汁、腌渍过的牛肉块和香料袋放入锅中，用旺火烧沸，撇去浮沫，再放入精盐、酱油、黄酒、姜、味精，改用小火将牛肉卤至酥烂。

（5）横纹切成长方形薄片放入盘里，淋上麻油，撒上花椒粉、辣椒粉即成。

特点：色泽红润，醇香味浓。

三、酱制法

酱是指将经过腌制或焯水后的半成品原料，放入酱汁锅中，大火烧沸，再用小火煮至质软汁稠后捞出，再将酱汁收浓淋在酱制成品上，或将酱制的原料浸泡在酱汁中的一种烹调方法。酱卤汁的颜色，可分为紫酱色、玫瑰色和鲜红色等。

酱制菜肴的特点：色泽鲜艳，酱香味浓，鲜香酥烂。代表菜肴有酱猪肘、酱鸡、酱鸭、酱鸭头、酱牛肉、酱牛舌、酱鸡、酱狗肉等。

（一）酱与卤的比较

酱的制作方法与卤大致相同，故有人把酱与卤并称"卤酱"。事实上卤与酱在原料选择、成品种类、制作过程以及成品特点等方面都有不同之处。具体体现在以下几方面。

（1）酱菜选料主要集中在动物性原料上，如猪、牛、羊、鸡、鸭、鹅及其头、蹄等原料。而卤菜的原料选择面较广，适用性较强，可动物性原料也可植物性原料。

（2）酱使用的主要调味料为酱油，有时也用面酱或豆瓣酱或加糖上色等，用量多少直接影响菜品的质量，酱制成品一般色泽酱红或红褐，品种相对单调；而卤制则有红卤和白卤之分，成品种类较多。

（3）酱菜的卤汁可现调现用，酱制时把卤汁收稠或收干，不留卤汁，也可用老卤酱制，原料酱制成熟后留一部分卤汁收稠于成品上；而卤菜一般都需要用"老卤"，每次卤制适量添加调味料，卤好后把剩余的卤汁继续留用作为老卤备用。

（4）酱制菜肴除了使原料成熟入味外，更注重原料外表的口味，特别是将卤汁收稠，黏附在原料表面，所以酱制品口感上外表口味更浓；而卤菜原料由于长时间浸泡在老卤中加热，所以成品内外熟透，口味一致。

（二）酱的工艺流程

选用新鲜动物性原料及其下水部位。先将原料初步加工，用精盐或酱油腌制，或进行焯水处理，以除去血腥异味。放入以酱油为主并选用八角、桂皮、草果、丁香、陈皮、甘草、小茴香、砂仁、豆蔻、白芷、姜、葱、花椒、精盐、白糖、绍酒、味精等香料调味品调制的酱汁中，旺火烧沸撇去浮沫，再用小火煮至软熟酥烂捞出；取部分酱汁用微火或小火熬浓，浇在酱制品表面上；或煮至软熟酥烂后，再将酱制品浸泡在原酱汁内，食用时，根据要求改刀装盘，然后浇上原汁。

酱制工艺的一般流程如图 7-10 所示。

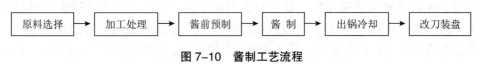

原料选择 → 加工处理 → 酱前预制 → 酱　制 → 出锅冷却 → 改刀装盘

图 7-10　酱制工艺流程

（三）酱的操作关键

（1）酱制原料通常以肉类、禽类等动物性原料为主。原料通过初加工和刀工处理后根据需要进行焯水、过油或腌制处理。

（2）酱制原料下锅须在锅底垫上竹垫，防止原料粘锅底。酱汁配制时掌握好香料（选用八角、桂皮、草果、丁香、陈皮、甘草、小茴香、砂仁、豆蔻、白芷、花椒、葱、姜、辣椒等）、白糖、酱油的用料比例。香料太少，香味不足；香料过多，药味浓重。白糖过多，酱菜"反味"；白糖太少，酱菜味道欠佳。酱油过多，酱菜发黑，味道偏咸；酱油太少，则达不到酱菜要求，体现不出酱菜风味特色。

（3）酱制过程中先用大火烧沸后再保持微沸，原料要上下翻动，使色泽均匀，成熟时间一致。根据原料的质地和大小，掌握烹调的时间，待原料成熟达七成软烂时，可撇去汤面的油脂和浮沫，用大火收稠汤汁，使原料上色。

菜例：酱鸡

用料：

光鸡 1 只（约 2000 克）、红曲米 6 克、葱 15 克、桂皮 15 克、八角 2 粒、姜 15 克、黄酒 15 克、酱油 15 克、冰糖 50 克、精盐 5 克、麻油 10 克。

制法：

（1）在鸡右翅的软肋下开一个小口，斩去脚爪洗净，用沸水焯一下，洗去血污，用精盐在鸡的腹腔揉擦均匀。

（2）用白纱布把葱、姜、桂皮、八角、红曲米包扎好放入砂锅，加清水 1500 克，用中火煮出酱汁，再将鸡放入酱汁中，加黄酒、酱油、冰糖、精盐，用小火将鸡煮至七成熟时捞出。

（3）把锅内的香料袋捞出，酱汁用大火收稠，在鸡身上浇上几遍，直至鸡身发亮发光，淋上麻油即可。

特点：色似玫瑰，甜中带咸。

活动二　冻、油炸卤浸、油焖烹调法

一、冻制法

冻是指用含胶质丰富的动植物原料（琼脂、猪肉皮等）加入适量的汤水，通过烹制过滤等工序制成较稠的汤汁，再倒入烹制成熟的原料中，使其自然冷却后放入冰箱冷冻，将原料与汤汁冻结在一起的一种烹调技法。冻的技法较为特殊，它要运用煮、蒸、滑油、焖烧等方法或其中的某些方法制成冻菜。冻能使菜肴清澈晶亮，软韧鲜醇，俗称"水晶"。根据季节的不同此种方法选用的烹饪原料也有所差别。夏季多用含脂肪少的原料，如冻鸡、冻虾仁、冻鱼等；冬季则用含脂肪多的原料，如羊糕、水晶肴蹄等菜肴。

冻制菜肴的特点：色泽鲜艳，晶莹透明，形状美观，软韧鲜醇，清凉爽口，冻汁入口即化。代表菜肴有水晶鸭掌、什锦水果冻、五彩羊糕、水晶虾仁、三色水晶冻、冻虾仁肉圆、冻肉糜、杏仁豆腐、冻鸡、冻鱼等。

（一）冻的分类

冻的技法较为特殊，根据操作方法的不同，冻可分为原汁冻、混合冻、配料冻和浇汁冻。

1. 原汁冻

直接利用主料所含的胶质，经较长时间熬、煮水解后，再冷却凝结而成冻菜的制作方法，如镇江肴肉、鱼冻等。

2. 混合冻

混合冻是在胶质原料加热成冻汁的过程中，添加液体状原料搅拌，使原料成熟后均匀混合在冻汁中，经过调味，冷却成型后制成冻菜的方法。在成菜时也可加入固定形态的原料点缀菜肴的色、味，使其更有特色。常用的原料主要有鸡蛋、花生酱等，如冻肉糜、杏仁豆腐等。

3. 配料冻

配料冻分两种：一种是将原料经过熟处理后，与猪皮冻（食用胶或琼脂）等胶质添加料一起蒸、煮，然后冷凝成菜的方法。如以肉皮为冻料的潮州冻肉、以琼脂为冻料的冰冻水晶全鸭等。另一种是将经过刀工处理和熟处理的丁、丝、片、条及花形原料冷透后加入熬好的冻汁中，凝冻成菜的方法，如三色水晶冻、冻虾仁肉圆等。

4. 浇汁冻

浇汁冻就是把冻汁作为胶凝剂，在固定成型的原料中浇入冻汁，利用成冻后的感官特征而制成冻菜的方法。具体方法是将主料煮至软熟后去骨，按一定造型装入碗中，淋入冻汁，等冷凝成型后翻碗装盘即可，如水晶鸭掌、什锦水果冻、五彩羊糕、水晶虾仁等。

（二）冻的工艺流程

冻的原料选用新鲜猪肘、鸡、鸭、虾、蛋等动物性原料（咸味凉菜）及蜜饯、果脯、糖水罐头和干鲜水果等（甜味凉菜）。根据原料特性及菜肴特点选用洗涤、刀工、上浆、焯水和滑油等操作工序。制作琼脂冻汁、猪肉皮冻汁时将原料先用小火慢熬至融化，再过滤即成冻汁。原料装入器皿中，将调好的冻汁填满原料的孔隙，使其凝结冷冻。将凝冻成型的原料放入温度接近 0℃ 的冷藏冰箱中制成冻，冻品脱模后装入盘中即可。

冻制工艺的一般流程如图 7-11 所示。

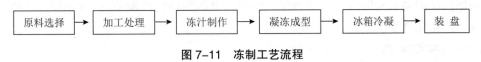

原料选择 → 加工处理 → 冻汁制作 → 凝冻成型 → 冰箱冷凝 → 装 盘

图 7-11 冻制工艺流程

（三）冻的操作关键

（1）冻制菜肴应选择鲜嫩无骨无血腥的原料，加工时刀工处理要细致，一般以小片状为多。原料主要有肉类（如鸡、鸭、排骨、猪皮、脚爪等）、鱼虾类、蔬菜类及水果类等。猪肘、鸡、鸭、虾、蛋等动物性原料一般制作咸味凉菜，蜜饯、果脯、糖水罐头和干鲜水果等一般制作甜味凉菜。

（2）制作冻汁所用的猪肉皮，以选用猪的脊背及腰肋部位皮为佳，加工时要除尽猪肉皮上的肥膘和污秽，汤汁要去掉油分，一般采用过滤等方法，使汤汁清澈。

（3）制作冻汁所用的猪肉皮、琼脂和水的比例要恰当，不宜太稠或太稀。

（4）用配料点缀时，配料的色泽要鲜艳，浇入原料中的汤汁不要太烫，应呈半流质状，否则影响配料色泽。

（5）用调制的冻汁浇入原料时，一定要让冻汁填满原料的空隙，这样才能保证制品的质量。

菜例：水晶舌掌

用料：

鸭舌 20 根、仔鸭掌 10 个、毛豆米 10 粒、琼脂 4 克、熟火腿 10 克、精盐 2 克、姜 5 克、葱 1 根、黄酒 5 克、味精 0.5 克。

制法：

（1）锅上火倒入清水烧沸，投入舌掌焯水后捞起用清水洗净，再将舌、掌放入清水锅中，加葱姜、黄酒用中火烧沸；然后撇去浮沫，加盐 1.5 克移至小火，烧至能出掌骨后捞起，去掌骨，用刀修齐；再将毛豆米入沸水锅中焯水，捞出放入清水中待用。

（2）取 10 个小汤匙，将掌放在里面，再放上毛豆米；取小碗十个，将火腿切成小菱形片叠在碗底成花形排入鸭舌，并将鸭掌整齐放入，边角料填在里面。

（3）原汤锅上烧沸，琼脂改刀泡洗后投入锅中，用精盐、味精调味后倒入汤匙及小碗内，略凉后，放入冰箱中冷冻。

（4）将碗内舌掌放在盘的中间，匙内鸭掌围在四周成荷花形。

特点：造型美观，冻如水晶，凉爽适口。

二、油炸卤浸

油炸卤浸就是把原料用热油炸制后，趁热浇上卤汁或以卤汁浸渍的一种烹调方法。其操作方法有多种：有的把炸好后的原料放入卤汁锅中用小火烧至入味，再用大火收干卤汁；有的把已炸好的原料趁热浇上预制的卤汁拌匀即可；还有的先将原料用适量的调味品腌渍一下再炸，然后用卤汁浸渍等。此法常适用于鸡、猪肉、鱼、虾、豆制品、面筋、鸡蛋等原料。

油炸卤浸的菜肴一般具有干香酥脆、味醇鲜香的特点。代表菜肴有脆鳝、油爆虾、蝴蝶鱼片、怪味泥鳅等。

（一）工艺流程

原料选择以新鲜的鸡、猪肉、鱼、虾、豆制品、面筋、鸡蛋等为主。动物性原料要求是新鲜的、细嫩无筋、肉质紧实无肥膘的原料。根据烹调要求选用精盐、白酒、料酒、酱油、姜、葱等调味料进行腌渍，沥干水，一般要经过油锅中炸制。放入预先制好的卤汁内浸渍，使卤汁的滋味渗透入味即可。

油炸卤浸制作工艺的一般流程如图 7-12 所示。

图 7-12　油炸卤浸工艺流程

（二）操作关键

（1）原料选择以鸡、鸭、鱼、虾、猪肉、豆制品等为主，选择时应选择鲜度高、细嫩无筋、肉质细嫩的原料。鸡鸭要选用公鸡、公鸭或成年鸡、鸭，不宜用老鸡鸭或母鸡鸭。鱼要选用肉多、质嫩、无细刺的新鲜鱼。原料成型不宜过大，一般以丁、丝、片、条、块、段等形为主。

（2）原料油炸前需要调味的，不宜太咸，而且要沥去一部分水分再炸。

（3）凡是油炸卤浸的原料一般不挂糊上浆，而是直接放入旺火热油中炸，油温应控制在六成热左右，而且一次不宜下料过多，对片大形厚的原料必须复炸。用油一定要用植物油，不用混合油，更不能用猪、牛、羊油，否则，菜肴晾凉时油脂凝结使菜肴失去光泽。

（4）需要预先制卤的，卤味要浓厚，卤汁与原料比例应适当，并且原料在卤汁中浸渍时间应根据菜肴特点而定，不宜太长或太短。卤汁的味型有咸鲜味、咸甜味、五香味等。

菜例：油爆虾

用料：

大河虾 500 克、葱末 2 克、姜 3 克、黄酒 10 克、白糖 30 克、酱油 5 克、醋 15 克、麻油 10 克。

制法：

（1）将河虾初步加工，炒锅烧热放入油，用旺火烧至八成热时，将河虾放入锅里，用炒勺不断推动，炸至虾壳变红，即用漏勺捞起。待锅中油温回升至八成热时，再将虾倒入锅中，待虾头壳蓬开后用漏勺捞起。

（2）将锅内的油倒出，加入姜末略煸；放入河虾，加入酒、糖、酱油、葱末，用旺火颠翻几下，烹醋后淋麻油出锅装盘即成。

特点：虾壳红艳松脆，虾肉鲜嫩，略带酸甜。

拓展知识

香味，是美味的升华

去农贸市场采购烹饪原料，有时会听到香料商贩的"配料小唱"：

花椒好，花椒香，花椒的味道特别长。凡是做菜它调味，没有花椒味不香。

干姜老，老干姜，干姜越老味越长。拌鲜菜，煮鲜汤，放点干姜味更香。

肉桂好，肉桂香，肉桂炖肉最相当。尝一口滋味它可口，肥而不腻喷喷香。

茴香好，茴香香，大小茴香分两样。要问茴香产何地，全国各地产茴香。

香白芷，白芷香，解腥去腻最相当。搁上一点香白芷，它的味道特别香。

木香好，好木香，木香顺气属它强。木须肉，木须汤，汤肉离不开广木香。

十大调料配了个全，要想味道它更美，还有三宝往里添：砂仁、肉蔻、小丁香。

一些菜肴的主料本身难以产生诱人的香味，厨师就在辅料和调味料上想办法。比如，让姜、葱、蒜、泡辣椒、糖、醋巧妙结合，烹制出"鱼香味"的菜肴。再如在麻婆豆腐里加入蒜苗，用芭蕉叶做"叶儿粑"，用荷叶蒸肉，都能起到增添香味的作用。

制作凉菜时，为了主料的香味更加浓烈四溢，厨师总是有选择地加入调味料：芝麻、花生、椿芽、花椒面、辣椒油、鱼子酱、番茄酱、海鲜酱、复制酱油等。

制作热菜时，为了防止香味在烹制过程中散失，厨师往往采用蒸、炖、焖等烹饪技法，特别强调炊具的密闭。一旦菜肴成熟，端上餐桌，那被浓缩的香味，就会释放出无尽的魅力。

（资料来源：单守庆.烹饪调味.北京：中国商业出版社，2010.）

三、油焖法

油焖就是将原料加工成小型的块、片、段等形状，经过油炸或煎、煸炒后，加入调料和汤水用旺火烧沸，转至小火烧焖，最后用旺火收干汤汁的一种烹调方法。由于此技法运用了油炸、焖、烧等多项工序，采用小火烧焖，大火收汁，使成品干香滋润，因此，有的地区也称油焖为"炸收"或"烧焖"等。油焖法适用于鸡、鸭、鱼、虾、猪肉、排骨、牛肉、兔肉、豆制品等原料。

油焖的菜肴一般具有色泽棕红或金黄、滋润酥松爽口、香鲜醇厚的特点。代表菜肴有陈皮牛肉、糖醋排骨、油焖春笋、芝麻肉丝、酥味鲫鱼、陈皮兔丁等。

（一）工艺流程

将鲜度高、细嫩无筋、肉质紧实无肥膘的原料，经过刀工、腌渍、油炸的过程，用精盐、白酒、料酒、酱油、姜、葱等调味品腌渍。再根据原料的质地，菜肴的色泽、质感、口味，运用油炸的方法。对于味感浓厚的菜肴，油炸的程度要松酥干香些；味感醇厚的菜肴，油炸的程度要滋润细嫩些。然后加入调味品及汤汁用小火烧焖，待原料焖透入味后用旺火将汤汁收干，酌放辣椒油、香油，以滋润美化菜肴。

油焖制作工艺的一般流程如图 7-13 所示。

图 7-13　油焖制作工艺流程

（二）操作关键

（1）原料选择以鸡、鸭、鱼、虾、猪肉、牛肉、兔肉、豆制品等为主，选择时应选择鲜度高、细嫩无筋、肉质紧实无肥膘的原料。鸡鸭要选用公鸡、公鸭或成年鸡、鸭，不宜用老鸡鸭或母鸡鸭。鱼要选用肉多、质嫩、无细刺的新鲜鱼。

（2）油焖的原料不宜切得太大，否则不易入味。一般以丁、丝、片、条、块、段等形为主。原料一定要经过油炸或煸炒，去掉部分水分，以便于油脂和调味渗入内部。

（3）原料油炸前需要调味的，不宜太咸，不能用白糖、饴糖、蜂蜜等糖分重的原料码味，以防油炸后色太深。

（4）油焖的原料一般不挂糊上浆，而是直接放入旺火热油中炸，油温应控制在六至七成热左右，而且一次不宜下料过多，对片大形厚的原料必须复炸。用油一定要用植物油，不用混合油，更不能用猪、牛、羊油，否则，菜肴晾凉时油脂凝结使菜肴失去光泽。

（5）调味品及汤汁应一次加足，中途不宜再加水，制品出锅前，要用旺火收干汤汁，不用勾芡。

菜例：陈皮牛肉

用料：

牛肉 500 克、陈皮 40 克、干辣椒 20 克、花椒 5 克、姜 10 克、葱段 20 克、盐 10 克、黄酒 30 克、白糖 30 克、麻油 10 克、红油 10 克、汤 400 克。

制法：

（1）牛肉洗净，去筋、切成片，盛入碗内加盐、黄酒、姜、葱拌均匀，腌约 20 分钟。陈皮用温水泡后切成小块待用。

（2）炒锅置旺火上，放油烧至七成热，下牛肉片炸至表面变色，水分快干时捞起。

（3）炒锅放油 40 克，油热后加干辣椒、花椒、陈皮炒出香味，再放葱、姜、牛肉、盐、黄酒、白糖，汤煮开，改用中火收汁，汁快干时加入红油、麻油翻匀出锅即可。

特点：色泽红亮，质地酥软，麻辣回甜，陈皮味香。

思考与练习

一、课后练习

（一）填空题

1. "拌"是用于 _____ 的烹调方法。拌制的方式一般有 _____、_____、_____ 三种。

2. "炝"的菜肴具有 _____、鲜醇入味的特点。炝菜所用辛辣味的调味品，除胡椒粉还有 _____ 油等。

3. 腌法是利用盐的 _____ 使原料析出水分，形成腌制品的独特风味。经腌渍后，脆嫩的植物性原料更加 _____，动物性原料则具有 _____ 风味，质地变得 _____。

4. 冷菜的糟制方法和热菜的糟制方法有所不同，热菜的糟制一般选用生的原料，经过 _____ 等方法烹制，趁热食用。而冷菜的糟制是将原料 _____，食前不必再加热处理。

5. 卤根据卤水的颜色不同，可分为 _____ 和白卤水两种。卤制原料成品特点为 _____。

6. 酱制原料通常以 _____ 原料为主。原料通过初加工和刀工处理后根据需要进行 _____、_____、_____ 处理。然后放入酱汁锅中进行酱制。一般先以 _____ 烧开，再改用 _____ 煮至原料 _____、_____ 为止。

7. 冷菜中的"冻"是以 _____ 为传热介质，将富含 _____ 的原料熬煮冷凝成菜。冻菜原料不含胶质时，可添加 _____ 等使其凝固。

8. 怪味鸡所采用的烹调方法是 _____；南京盐水鸭所采用的烹调方法是 _____；油爆虾所采用的烹调方法是 _____。

（二）选择题

1. 热制冷食菜肴的制作方法主要有卤、（ ）、热炝和白煮等。

  A. 醉   B. 腌   C. 酱   D. 拌

2. 卤是指将原料放入事先调制好的卤汁中进行（ ）的方法。

  A. 浸泡入味   B. 加热熟制   C. 旺火加热   D. 断生处理

3. 汤卤是决定卤菜（ ）的关键性因素。

  A. 形、香、味   B. 色、味、质   C. 色、香、味   D. 色、香、形

4. 老卤具有醇浓馥郁的复合美味，是其（ ）的缘故。

  A. 呈鲜物质积累多   B. 加入的鲜味调料多

  C. 保存时间长   D. 含多种香料

5.（　　）工艺是指将原料在沸水中烫熟后迅速捞出，蘸味料或拌调料后食用。

    A. 热炝   B. 白煮   C. 水煮   D. 卤制

6. 为了达到热炝菜脆嫩的质感效果，烫制时应在原料（　　）后立即捞出。

    A. 熟烂   B. 入味   C. 断生   D. 飘浮

7. 拌法有生拌、熟拌、生熟拌三种方法，（　　）冷菜属于生熟拌法。

    A. 香辣鱼片   B. 酱汁黄瓜丝   C. 蒜香茄条   D. 怪味鸡片

8. 炝法有生炝、水炝、油炝三种方法，（　　）冷菜属于油炝法。

    A. 酱瓜鱼片   B. 炝腐乳活虾   C. 炝鱿鱼丝   D. 炝西兰花

9. 冷菜制作醉的方法主要用（　　）作为调料。

    A. 柠檬汁   B. 醋   C. 酒   D. 酱油

10. 糟制的烹饪原料在熟制处理时一般（　　）熟即可。

    A. 五成熟   B. 六成熟   C. 七成熟   D. 八成熟

11. 泡菜要备有特别的泡菜坛，并放在阴凉处，翻口内的水一般（　　）须换一次。

    A. 1~2 天   B. 3~4 天   C. 5~6 天   D. 7~8 天

12. 蒜泥白切肉煮熟程度为（　　）。

    A. 五成熟   B. 六成熟   C. 七成熟   D. 八成熟

13. 冷菜"盐水鸭"的烹调方法是（　　）。

    A. 卤   B. 蒸   C. 烫   D. 氽

14. 使用"白煮"法制作的冷菜是（　　）。

    A. 五香酱牛肉   B. 苏式烟熏鱼   C. 葱油白斩鸡   D. 糖醋小萝卜

15. 以下冷菜中不需要加热的是（　　）。

    A. 糖醋萝卜皮 B. 银牙拌鸡丝 C. 水晶肉皮冻 D. 醪糟醉山药

16. "酱"制冷菜的操作程序一般是（　　）。

    A. 选料→加工处理→入锅酱制→冷却切配→装盘

    B. 加工处理→选料→入锅酱制→冷却切配→装盘

    C. 选料→入锅酱制→加工处理→冷却切配→装盘

    D. 加工处理→选料→冷却切配→入锅酱制→装盘

（三）问答题

1. 拌菜的特点是什么？常见的拌法有哪几种？各举一个例子。

2. 什么叫滑炝、生炝？常用的调味品有哪些？

3. 炝和拌有什么相同和相异之处？

4. 卤汁的制法与保存方法是怎样的？

5. 冻制菜肴的操作要领是什么？

6. 腌制菜肴的操作要领是什么？

7. 比较腌、泡、糟、醉四种烹调方法有何异同？

8. 酱和卤有什么相同和相异之处？

9. 比较油炸卤浸和油焖烹调方法的不同之处。

10. 炸、炒、烤、熏、蒸等烹调方法既可制作热菜，也可制作冷菜。试分别叙述在制作热菜和冷菜时，这些烹调方法有何异同？

二、拓展训练

1. 结合课程所学，请每位同学制作十款不同的冷菜。

2. 按小组训练，每组选用五种不同的烹调方法制作五款冷菜。

3. 用泡菜坛制作泡菜时既要加盖，还要用一圈水封口。通过训练比较不用水封口制作的泡菜与用水封口制作的泡菜品质有何不同。

4. 自制红卤水和盐水鸭老卤。

模块八 热菜烹调方法

学习目标

知识目标 了解烹制工艺对不同烹饪原料的影响；掌握热传递的基本方式；熟悉烹制工艺中的传热介质以及烹制工艺中的热传递现象；了解水导热烹调法的特点、类型和成品特征；了解油导热烹调法的特点、类型和成品特征；了解气导热烹调法的特点、类型和成品特征；了解固态介质导热烹调法及熬糖烹调法的特点、类型和成品特征；掌握不同烹调方法的选料特点等。

技能目标 掌握各种烹调方法的工艺流程和操作要领；会运用多种烹调方法对原料进行烹制加工；将初加工、切配、初步熟处理、调制等基本技能和知识合理应用到热菜的制作过程中，使所加工的半成品符合菜品质量规格要求；熟悉不同风味菜品的加工流程和制作要求。

模块描述

本模块主要学习热菜的烹调方法，根据传热介质的不同把热菜烹调方法归类，然后针对不同类型的烹调方法分别进行讲解示范。围绕三个工作任务的操作练习，将常用烹调方法的工艺流程和操作要领融合在典型的菜品制作中，力求使学生通过操作练习，进一步掌握各种烹调方法的制作工艺，保证优质菜品的完成。

导入案例

根据年度工作安排，9月中旬，江城国际锦华大酒店对厨房新员工开展新进厨师技能考核活动。厨师长给这次考核安排的项目是每人制作"鱼香肉丝""椒盐大虾"两道菜肴。

参加这次考核的厨师共10名。大赛组织者为每人准备了200克的里脊肉和10只大虾，所有配料自选。厨师长一声令下，考核开始。大家立即进入紧张繁忙的操作中，有的动作干净利索，有的动作却显得生疏，有点手忙脚乱。规定的时间到，计时还在继续，因还有2人没有完成。当所有选手完成后由服务人员将菜品送入餐厅包间，由副总经理、厨师长和请来的2名专家为其进行打分。

在评判时，评委发现，在制作好的"鱼香肉丝"中，有的菜品色泽红润，肉丝滑嫩，口味鲜香微辣，酸甜适中，装盘美观大方；有的菜品，制作虽然没有超时，可成品肉丝老韧结团，颜色或黑暗或浅白，或盘底多汁，或菜品干焦无华。在制作的"椒盐大虾"中，有的选手将码味的大虾拍粉后，入油锅炸制的油温太低，菜品含油太多，疲软不脆；有的大虾未去虾线和码味就下锅炸制。

评委们为参加考核的选手分别评出了一、二、三等奖。最后厨师长召集所有参加考核的选手，请烹饪专家周大师进行了点评。周大师对选手们的好作品进行了表扬，但也一针见血地指出："参试的厨师中，有一小部分人对于某个菜肴是会做了，但是他们只知其一不知其二，对热菜的烹调方法的内涵理解不够。每一种烹调方法都有它独特的工艺流程和操作技巧，并且每一种烹调方法都有其特有的菜品风格，作为现代厨师，我们只有学好扎实的基本功，掌握菜肴烹制的规律和特点才能烹制出合格的菜肴。"周大师的讲话赢得了在场所有厨师的热烈掌声！

问题：

1. 分析菜品制作与烹饪基本功之间有哪些相互联系。

2. 请同学们分析周大师所说的"对热菜的烹调方法的内涵理解不够"的真正意义。

热菜烹调方法是指把经过初步加工和切配后的原料，通过加热和调味等手段的综合或分别运用，制成不同风味菜肴的制作工艺。它是整个烹调工艺流程的最后阶段。热菜烹调方法集中体现了菜肴的色、香、味、形、质的特色。它是菜肴烹制工艺的核心。

热菜烹调方法根据原料直接受热的传热介质的不同，可分为油导热烹调法、水导热烹调法、气导热烹调法、固态介质导热烹调法和其他特殊烹调法等。具体来说，油导热烹调法包括爆、炒、熘、煎、炸、贴、油浸、油淋等；水导热烹调法包括烧、扒、烩、炖、焖、煨、煮、汆、涮等；气导热烹调法包括蒸、烤、熏；固态介质导热烹调法包括泥煨、盐焗、石烹、铁板烧等；其他特殊烹调法包括拔丝、蜜汁、挂霜、微波烹调法等。

任务一 水传热烹调法

☞**任务目标**

- 能针对原料的特性合理选择烹调方法；
- 能应用烧、扒、烩、炖、焖、煨、煮、汆、涮等技法烹制菜肴；
- 会根据菜品的要求掌握好原料的成熟度；
- 能根据水传热烹调法，合理选择原料并进行加工成型。

水传热烹调法是以水或汤汁作为传热介质，利用液体在加热原料过程中的不断对流，将原料加热成熟的一类烹调技法。

常温常压下，水的沸点为100℃，加热原料的温度较低，用水的热对流原理加热原料可以保持原料原有的质地和风味；同时由于水具有的渗透性，水经加热后，渗透力更强，水分子进入细胞后，由于渗透膨胀，增加了原料的嫩度。水在渗透入原料的同时，也使调味品容易渗透入原料，从而形成水导热烹调法菜品汤醇味美、原料鲜嫩爽脆或酥烂的特色。

根据水导热烹调法中加热时间的长短，还可以把此类烹调法分为短时间加热烹调法、中时间加热烹调法和长时间加热烹调法三类。

活动一　短时间加热烹调法

一、氽法

氽是将改刀后原料放入沸汤或沸水中烫熟，调味后再将汤和熟制的原料一起食用的一种烹调技法。氽是制作汤菜常用的烹调方法之一。氽制菜肴的选料多为质地脆嫩、无骨、形小的原料。氽比任何其他水传热烹调法加热的时间都快，往往原料一变色即被捞出，所以原料加工的形状一般以小型原料为主。

氽制菜品具有汤清、味鲜、原料脆嫩的特点，如生氽肉丸、萝卜丝氽鲫鱼汤等。

（一）工艺流程

氽法一：先将汤水用旺火煮沸，再投料下锅，加以调味，不勾芡，水一开即起锅。这种开水下锅的做法适于羊肉、猪肝、腰片、鸡片、里脊片、鱼虾片等。而鸡、羊、猪肉制作的肉丸，则宜在水开后保持水处于沸而不腾的情况下下锅；鱼丸子宜冷水（或稍温）下锅。

氽法二：先将料用沸水烫熟后捞出，放在盛器中，另将已调好味的、滚开的鲜汤，倒入盛器内一烫即成。这种氽法一般也称为汤泡或水泡。

氽制工艺的一般流程如图8-1所示。

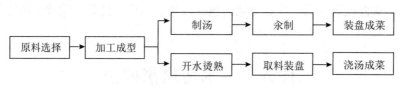

图8-1　氽制工艺流程

（二）操作关键

（1）氽的菜肴属于急火速成的菜肴，因为只有急火速成，才能保证主料的质地脆嫩。

（2）一般的动物性原料，在氽制时多数都要上浆，如鸡丝、鸡片、里脊片等。

（3）氽的菜肴事先要准备好鲜汤，提倡用原汤，不能只追求汤清而忽略了汤的味道。

（4）氽的菜肴不需勾芡，保持汤的清醇。

菜例：生氽肉圆

用料：

猪上脑肉250克，菜秧100克，绍酒5克，鸡蛋1只，淀粉、精盐、味精、葱、姜适量。

制法：

（1）将猪上脑肉洗净、绞成蓉。加绍酒、鸡蛋、淀粉、盐、味精及葱姜末搅打上劲成肉馅；菜秧洗净待用。

（2）锅中放入高汤，烧开，保持汤面沸而不腾，肉蓉挤成圆形入锅氽熟，最后调味。

（3）锅加热，待汤烧开后，撇去浮沫，投入菜秧烧开，装入汤碗即可。

特点：汤汁味鲜，肉质细嫩。

二、涮法

涮是用火锅将水烧沸，把形小质嫩的原料，放入汤内烫熟，随即蘸上调料食用的一种烹调方法。涮是一种独特的烹调方法，是就餐者自烹自食的一种就餐形式，所以带有很大的灵活性，如涮羊肉、涮海鲜、涮什锦等。涮的特点是主料鲜嫩、调味灵活、汤味鲜美。比较有名的涮制菜肴有重庆麻辣火锅、广东海鲜打边炉、山东肥牛小火锅、北京羊肉涮锅、江浙菊花暖锅等。

（一）工艺流程

涮制工艺的一般流程如图 8-2 所示。

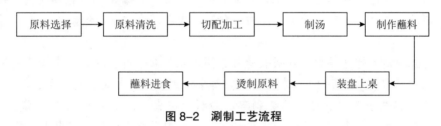

图 8-2　涮制工艺流程

（二）工艺特点

（1）涮必须具备特色的火锅锅具，按热源不同，火锅锅具可分为炭火锅、电火锅、燃气火锅、液体或固体酒精火锅等。

（2）涮制菜肴的用料，主要是指火锅主料、汤料和蘸料味碟。主料即成锅中涮煮的原料，其适用范围极其广泛，凡是能用来制作菜肴的原料几乎都能做火锅主料，按原料的性质可分为海鲜原料、河鲜原料、家禽原料、家畜原料、蔬果原料和原料制品等。

（3）汤料即锅中的底汤，用得最多的是红汤汁，其次是白汤汁（包括酸菜汤）。红汤汁即辣味汤汁，用浓汤与辣椒、豆瓣、豆豉、醪糟汁、冰糖、精盐、黄酒、多种香料等熬制而成。白汤汁即用老母鸡、肥鸭、猪骨头、火腿肘子、猪瘦肉、葱、姜、酒等熬制的汤汁，一般与红汤汁配合使用，很少单独使用，即使用也常要蘸些调味料食用。

（4）蘸料味碟是涮制火锅不可缺少的部分，常见的有麻油味碟、蒜泥味碟、椒油味碟、红油味碟、辣酱味碟、酱汁味碟、韭菜花味碟等。在火锅中涮烫的主料刚出锅时温度较高，若将刚从锅中捞出的主料在味碟中蘸一下，能使滚烫的原料降低温度，便不会烫伤口腔。

（三）操作关键

（1）注意卫生。要保证原料新鲜和器具的清洁。火锅以涮烫为主，所选菜料必须新鲜、干净，注意卫生，严防食物中毒。同时还要做好烹饪器具的清洗工作，不然会造成铜锈中毒，出现恶心、呕吐等症状。

（2）火力要猛。涮制菜肴时火力要猛，火锅底火一定要旺，以保持锅内汤汁滚沸为佳。菜料食物在锅里煮时，若不等烧开、烫熟即吃，病菌和寄生虫卵未被彻底杀死，则会引起消化道疾病。

（3）正确掌握火候，控制好投料先后次序和熬制时间。汤卤制作时要把握好火候，制作清汤的火要小，制作浓汤的火要大；涮制菜肴的顺序一般来说是先荤后素，最后吃主食。先涮荤料，可以使荤料在涮制时其中的鲜味物质融入汤中，增加汤汁的醇厚。

（4）掌握好各种调味品的使用量。涮制菜肴中的蘸料非常关键，它直接影响菜品的质量，因此在调制时要严格控制好各种调味品的用量，精心调制。

（5）控制好菜肴的成熟度。吃火锅时，若食物在火锅中煮久了会失去鲜味，破坏营养成分；若煮的时间不够，又容易因原料未熟透引起消化系统疾病。

菜例：毛肚火锅

用料：

毛肚、牛肝、牛腰、黄牛瘦肉、牛脊髓、兔肉、鱿鱼（鲜）、鸡翅、鲜菜、大葱，青蒜苗、芝麻油、味精、辣椒粉，姜末、花椒、精盐、豆豉、醪糟汁、郫县豆瓣、绍酒、熟牛油、牛肉汤、莴笋、蘑菇、菠菜、葱白、猪油、大蒜（白皮）、小葱。

制法：

（1）毛肚用清水漂净漂白，片成长薄片，用凉水漂起。肝、腰和牛肉均片成又薄又大的片。大葱和蒜苗均切成7~10厘米长的段。鲜菜（莲花白、芹菜、卷心菜、豌豆苗均可）用清水洗净，撕成长片。豆豉、豆瓣剁碎。炒锅置中火上，下牛油75克，烧至八成熟。放入豆瓣炒酥，加入姜末、辣椒粉、花椒炒香。入牛肉汤烧沸，移至旺火上，放入绍酒。

（2）将鲜兔肉、鲜鱿鱼分别洗净，切成薄片；鸡翅洗净剁成长段；莴笋切长条片；鲜蘑菇、菠菜分别择洗净。以上各料分别装入盘。

（3）花椒放入热油锅内炸出花椒油待用；蒜切蓉，香葱切末；将干红椒面、鲜花椒油、蒜蓉、盐、味精、小香葱末兑成味汁，每人一碟，供蘸食。

（4）火锅内加高汤，放入所有调味料烧开，撇去浮沫，桌四周摆放备好的原料和味碟，随烫涮蘸汁吃。

特点：蔬菜清鲜爽脆，肉类味美软嫩，汤浓味醇，营养丰富。

活动二 中时间加热烹调法

一、烧法

烧是指经过初步熟处理的原料，加入调味品和汤汁后，用旺火烧开，转中火烧透入味，再用旺火加热至卤汁稠浓或用淀粉勾芡的一种烹调技法。

烧主要用于一些质地紧密、水分较少的植物性原料和新鲜质嫩的动物性原料，如土豆、冬笋、豆腐、鸡、鸭、鹅、鱼、肉、海鲜等。烧的原料大都要经过炸、煎、煸、炒、蒸、煮等初步加热后，再加汤和调料进一步加热成熟。烧菜火候的控制，总体上是旺火一中小火—旺火。烧适用于制作各种不同原料的菜肴,是厨房里最常用的烹饪法之一。烧菜的芡汁可以是自来芡,也可以通过淀粉勾芡使汤汁稠浓。因此在成品的特点上也不一致,但烧菜的共同特点是质地软嫩、口味醇厚、汁少。

（一）工艺流程

烧制工艺的一般流程如图 8-3 所示。

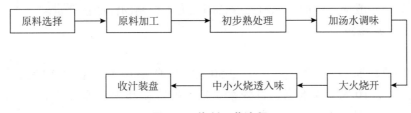

图 8-3 烧制工艺流程

（二）烧法分类

根据操作过程的不同,烧主要可分为红烧、干烧两类。根据所加调味品的不同还可以将烧分为红烧、白烧、酱烧和葱烧等。

1. 红烧

原料经过初步热加工后,调味须放酱油,成熟后勾芡为酱红色。红烧的方法适用于烹制红烧肉、红烧鱼、四喜肉丸等。红烧要掌握的技法要点是:对主料作初步热处理时,切不可上色过重,过重会影响成菜的颜色;下酱油、糖调味上色,宜浅不宜深,调色过深会使成菜颜色发黑,味道发苦;红烧放汤时用量要适中,汤多则味淡,汤少则主料不容易烧透。成品特点是:色泽红润、汁浓味厚、质地酥烂、明油亮芡。

2. 干烧

又称自来芡烧。主料经煎或走油后,葱、姜炝锅,添加汤水及有色调料,旺火烧沸,中、小火烧至入味,再用旺或中火收稠卤汁。干烧原料大多为鱼虾类,一般需用酒酿卤去腥增香。干烧的成品特点是:色泽红亮、咸鲜入味、口感浓郁、汁紧油多。干烧与红烧的不同点在于干烧稠汁取其原料的自来芡,卤汁紧;红烧可以勾芡。代表菜品有干烧鳜鱼、干烧对虾等。

3. 白烧

亦称白汁。白烧是将原料经焯水或油氽等初步熟处理后,添加汤水及无色或白色调味料,旺火烧沸,中、小火成熟收稠卤汁的成菜方法。成品特点是:色泽洁白、质地柔嫩、咸鲜味醇、明油亮芡。白烧与红烧的主要区别在于成菜的色泽不同,芡汁要求均为琉璃芡。代表菜肴有白汁鲴鱼等。

4. 酱烧、葱烧

酱烧、葱烧等也是常见烧法。酱烧、葱烧与红烧的方法基本相同。酱烧用酱调味上色,酱烧菜色泽金红,带有酱香味;葱烧用葱量大,约是主料的 1/3,味以咸鲜为主,并带有浓重葱香味。代表菜品有酱烧茄子、葱烧海参等。

（三）操作关键

（1）注意火候。烧菜的火候是几种火力的并用。如红烧要求是旺火—中火—小火—旺火;干烧则是旺火—小火—旺火—小火。

（2）红烧、白烧均应勾琉璃芡，注意芡汁浓度并适时勾芡，起锅前淋明油以保证菜肴光泽。

（3）烧制菜肴的原料大多要经过油炸处理后再加调味品烧制，原料在炸制时颜色不可太深，否则制品易变黑发暗。

（4）无论是红烧、白烧或干烧，加汤水均要适量，一次加足。切忌烧制过程中添加汤水或舀出原汤，一般汤汁以加平原料为度，用火力来控制汤汁的损耗量。

菜例 1：干烧鲫鱼

用料：

鲫鱼 400 克、猪腿肉 50 克、江米酒 50 克、豆瓣酱 10 克、酱油 10 克、泡椒 10 克、黄酒 10 克、大葱 10 克、姜 5 克、白砂糖 5 克、花生油 75 克、精盐 3 克、味精 1 克、醋 5 克、猪油 15 克、麻油 5 克。

制法：

（1）将鲫鱼宰杀，去鳞，去鳃，去内脏，清水洗净，在鱼身两面各斜划 3~5 刀，刀深约 3 毫米，并在鱼身上涂抹酱油。

（2）炒锅上火，下油烧至八成热，将鲫鱼放入煎至两面呈金黄色，倒入漏勺沥油。

（3）原锅留油少许放火上，下肉末、葱花、姜末、泡椒末炒出香味，加豆瓣酱煸炒出红油，再放进酒酿炒散，然后放入煎好的鲫鱼，加绍酒、白糖、精盐，用小火焖烧五六分钟，至鲫鱼熟透，加味精、葱花，用旺火收紧卤汁，浇上烧热的熟猪油，起锅前淋少许醋和麻油即成。

特点：口味咸鲜，色泽红润，肉质细嫩，香味浓郁，卤汁紧包，滋味鲜美。

菜例 2：白汁鮰鱼

用料：

鮰鱼 1 尾（约重 750 克）、春笋 35 克、绍酒 20 克、熟猪油 75 克、酒酿 15 克、高汤 250 克、盐 2 克、葱 10 克、姜 7.5 克、白胡椒粉 2 克。

制法：

（1）将鱼段切成块，放入沸水锅中，加酒、精盐烧沸，捞出洗净。

（2）锅置旺火上烧热，舀入熟猪油，烧至六成热（约 132℃）时，投入葱白、姜片炸香，放入鱼块，加入绍酒、酒酿，盖上锅盖稍焖，加入精盐、春笋块和高汤，待烧沸后移至小火，焖烧 15 分钟。

（3）将锅再移大火收汤，使汤汁浓稠，淋入熟猪油。起锅装入盘中，撒上白胡椒粉即成。

特点：肉厚无刺，肥嫩不腻，汤汁似乳，稠浓黏口，且微溢酒香。

二、煮法

煮是将处理好的原料放入足量汤或水中，用不同的加热时间进行加热，待原料成熟时，即可出锅的一种烹调技法。煮法是以水为介质导热技法中用途最广泛、功能最齐全的技法。煮的种类有：水煮、汤煮、奶油煮、红油煮、白煮、糖水煮等。

煮制菜肴的特点是：菜肴质感大多以鲜嫩或软嫩、酥嫩为主，都带有一定汤汁，大多不勾芡，少数品种要勾薄芡以增加汤汁黏性，与烧菜比较，汤汁稍宽，属于半汤菜，口味以鲜咸、清香为主，有的滋味浓厚。代表菜肴有：大煮干丝、水煮牛肉等。

（一）工艺流程

煮制菜品在原料洗净、切配后，放入水中，用大火加热至水沸，改中火加热使原料成熟的加热方法。煮法一般水温控制在100℃，加热时间在30分钟之内，成菜汤宽，不要勾芡，基本方法与烧较类似，只是最终的汤汁量比烧多。

煮制工艺的一般流程如图8-4所示。

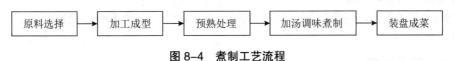

图8-4 煮制工艺流程

具体操作方法：将食物加工后，放置在锅中，加入调料，注入适量的清水或汤汁，用旺火煮沸后，再用小火煮至熟。适用于体小、质软类的原料。所制食品口味清鲜、美味，煮的时间比炖的时间短，如大煮干丝等。适合的原料有畜类、鱼类、豆制品、蔬菜等。

这里以油水煮为例谈谈煮菜的工艺特点。油水煮是原料经多种方式的初步熟处理，包括炒、煎、炸、滑油、焯烫等预制成为半成品后，放入锅内加适量汤汁和调味料，用旺火烧开后，改用中火加热成菜的技法。

（二）操作关键

（1）煮法所用的原料，一般选用纤维短、质地细嫩、异味小的鲜活原料。

（2）煮所用原料，都必须加工切配为符合煮制要求的规格形态。以丝、片、条、小块、丁等小型形状为宜。

（3）控制好菜肴汤汁的量，勿过多过少。煮制菜肴均带有较多的汤汁，是一种半汤半菜类菜肴。

（4）运用煮法制作菜品要尽量保持原料中的鲜味，所以加热时间不能太长，防止原料过度软散失味。

菜例：大煮干丝

用料：

淮扬方干4块、虾仁20克、金华火腿15克、肫1只、鸡肝1只、鸡丝15克、冬笋25克、豌豆苗10克、虾子5克、盐10克、熟猪油25克、上汤300克。

制法：

（1）将方干先劈成薄片，再切成细丝，放入沸水钵中浸烫，沥去水，再用沸水浸烫两次，捞出沥水。肫、鸡肝、冬笋、火腿切丝备用。

（2）锅置火上，舀入熟猪油，放入虾仁炒至乳白色时，倒入碗中。

（3）锅中舀入鸡清汤，放干丝入锅中，再将鸡丝、肫、肝、笋放入锅内一边，加虾子、熟猪油，置旺火烧15分钟，待汤浓厚时，放精盐，加盖再煮5分钟后离火，将干丝装入深盘中，肫、肝、笋、豌豆苗分放在干丝四周，上放火腿丝，撒上虾仁即成。

特点：汤白味醇，干丝软滑，味道鲜美。

三、烩法

烩是将质嫩、细小的原料放入汤汁中加热成熟后，用淀粉勾成米汤芡的一种烹调技法。烩菜是汤、菜各半，且汤汁呈米汤芡，如烩三鲜、翡翠豆腐羹等。

烩菜一般选用熟料、半熟料或容易成熟的原料，如涨发后的干货，半成品的肉圆、虾圆、鱼圆等，大多由两种以上原料构成。鲜汤是烩菜的主要调料，烩菜通常用薄芡，而且要在旺火中进行，让水淀粉充分吸收膨胀。水淀粉不宜过浓，下锅立即搅拌均匀，防止结块，一般经过葱、姜炝锅，添加鲜汤烧沸，拣取葱姜，加入原料和调味品，烧沸入味，用湿淀粉勾芡，如宋嫂鱼羹。

烩菜的成菜特点：汤宽汁厚，口味鲜浓；汤汁乳白，口味香醇；保温性强，适用于冬天食用。

（一）工艺流程

烩制工艺的一般流程如图 8-5 所示。

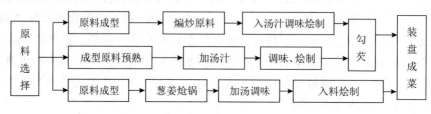

图 8-5　烩制工艺流程

其具体操作可分为三种：

（1）先将油烧热（有的可用葱、姜炝锅），再将调料、汤或清水与切成丁、丝、片、块等小型原料依次下锅，置于温火上烹熟，在起锅前勾芡即成。

（2）在勾芡程序上和上法略有不同，即先将调料、汤煮沸并勾芡后，再将已炸熟或煮熟的主、辅原料下锅烩制即成。这种烩制的菜肴，原料大多先经油炸或烫熟，制成后较为鲜嫩。

（3）将锅烧热加底油，用葱姜炝锅，加汤和调料，用旺火，使底油随汤滚开，随即将原料下锅，出锅前撇去浮沫不勾芡，为清烩。

（二）操作关键

（1）烩菜的原料大多需要经过初步熟处理，其方法有焯水、炸、煸炒等。

（2）烩菜多数需要勾薄芡（米汤芡），菜肴的色泽可以根据原料的性质和质量要求而定。

（3）烩菜要用旺火，开锅后再勾芡，否则易影响菜肴的质量。

菜例：翡翠豆腐羹

用料：豆腐 1/2 块、菠菜 100 克、枸杞适量、淀粉 15 克、鲜味露 4 克、盐 4 克、高汤 300 毫升、水适量。

制法：

（1）豆腐以热水余烫后随即取出，以冷水浸泡约 2 分钟后捞起切成 0.5 厘米见方的小丁备用。

（2）菠菜洗净，放入果汁机中加入适量的水（约能盖住菠菜即可）打成汁，加入少许盐味拌匀。枸杞洗净备用。

（3）取锅注入300毫升的高汤煮开，加入菠菜汁及鲜味露、盐煮至滚沸，慢慢倒入水淀粉勾芡后，加入豆腐与枸杞稍煮一下即可。

特点：色泽碧绿如翡翠，豆腐软滑鲜美，汤汁味美醇厚。

四、扒法

扒是将经过初步熟处理的原料整齐放入锅内，加汤水及调味品，旺火烧沸，小火烹制入味，再用旺火或中火勾芡稠汁，大翻锅整齐出菜的烹调方法。

扒的菜肴原料多为熟料，是鲁菜最为擅长的一种烹调方法。其成品特点是：原料软烂、汤汁醇浓、丰满滑润、整齐美观。

（一）工艺流程

具体工艺为：先将初步加工处理好的原料改刀成型，好面朝下，整齐地摆入锅内或摆成图案，加适量的汤汁和调味品慢火加热成熟，转锅勾芡，大翻锅，将好面朝上，淋入明油，拖倒入盘内即可。此法收汁勾芡后锅要及时旋转，防止粘连锅底，对翻锅的精确度要求高，以防止菜肴翻过后形体发生变化，影响整齐美观。较大批量制作的扒菜，可采用在器皿内定型，调味定色，汽蒸成熟入味后，复扣在盛装器皿中，再将卤汁勾芡稠浓后浇淋在菜肴上。

扒制工艺的一般流程如图8-6所示。

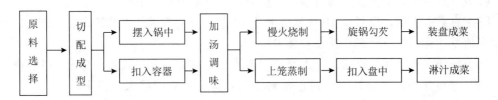

图8-6 扒制工艺流程

"扒"菜的芡汁属于薄芡，但是比熘芡要略浓、略少，一部分芡汁融合在原料里，一部分芡汁淋于盘中，光洁明亮。对于"扒"菜的芡汁有很严格的要求，如芡汁过浓，对"扒"菜的大翻锅造成一定的困难，如芡汁过稀，对菜肴的调味、色泽有一定的影响，味不足，色泽不光亮。通常"扒"菜的勾芡手法有两种：一种是勺中淋芡，边旋转锅边淋入锅中，使芡汁均匀受热；另一种是勾浇淋芡，就是将做菜的原汤勾上芡或单独调汤后再勾芡，浇淋在菜肴上面，这一种方法的关键要掌握好芡的多少和厚薄等。

（二）扒的分类

根据调味品不同，扒可分为红扒、白扒。红扒在烹调时用酱油或糖色着色，其特点是色泽红亮、酱香浓郁，如红扒鸡、鸡腿扒海参等；白扒在烹制时不加有色调味品，成品的色泽是白色，其特点是色白、明亮、口味咸鲜，如扒三白等。

除此之外，有利用调料的扒制法。如葱扒，菜肴特点是能吃到葱的味道而看不到葱，葱香四溢；奶油扒的特点是汤汁加入牛奶、白糖等调味品，有一股奶油味，如奶油扒蒲菜。

"扒"菜从菜肴的造型来划分，分为勺内扒和勺外扒两种。北方的锅多称为"勺"。勺内扒就是将原料改刀成形摆成一定形状放在勺内进行加热成熟，最后大翻勺出勺即成。勺外扒就是所谓蒸扒，原料摆成一定的图案后，加入汤汁、调味品上笼进行蒸制，最后出笼，汤汁烧开，勾芡浇在菜肴上即成。

（三）操作关键

（1）扒制菜肴选料严谨。第一，要选高档精致、质软烂的原料，如鲍鱼、干贝等海类产品。第二，用于扒制的原料一般多为熟料，如"扒三白"。

（2）扒菜的原料配置要求等级相宜，辅料可采用异色相配，也可采用顺色相配。

（3）不同成熟度的原料，要利用初步熟处理加以协调，以使原料成熟一致。

（4）加热时锅要旋转，使菜肴受热均匀，切忌手勺翻动。

（5）勾芡时顺锅边淋芡，俗称"跑马芡"，使芡汁均匀包裹在原料上。

（6）整只的大型原料，可先将原料起锅装盘，再勾芡浇淋在原料上。

菜例：扒三白

用料：

鸡胸脯肉100克、芦笋100克、白菜200克、牛奶100克、味精5克、绍酒5克、淀粉30克、鸡油100克、大葱25克、姜15克、盐3克。

制法：

（1）将鸡脯肉煮熟，鸡汤备用；芦笋撕去外皮放在鸡脯肉的一边；

（2）鸡脯肉切成1厘米宽的斜条，光面朝下整齐地码放盘中心；

（3）白菜心去根，顺切成10厘米长的条10条，白菜条用开水煮透过凉，捋齐，放在鸡脯肉的另一边，使两面都要压住鸡脯肉；

（4）炒锅上火，放入鸡油，投入葱段、姜片煸出香味，加入绍酒、鸡汤、精盐烧开；

（5）当汤汁烧开1分钟后，捞出作料不要，将三白轻轻推入，微火稍焖。然后开大火，放入牛奶，调入味精、水淀粉勾芡，淋入鸡油，翻转炒锅，即可装盘。

特点：菜品色泽洁白，形状整齐美观，口味咸鲜醇厚。

活动三　长时间加热烹调法

一、炖法

炖是将原料改刀后，放入水汤锅中加入调料，大火加热至水沸后，用小火长时间进行加热，使原料成熟、质感软烂的一种烹调技法。

炖法汤汁宽，一般加热时间为1~3小时，加热盛器多为砂、陶等。炖是将原料焯水后置陶器内，加多量汤水及调料，旺火烧沸，用微火长时间加热，或者直接长时间蒸制，使原料酥烂的烹调方法。炖菜的特点是：汤汁较多、质地酥烂、保持原汁原味。

（一）工艺流程

炖制工艺的一般流程如图 8-7 所示。

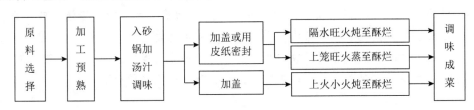

图 8-7　炖制工艺流程

（二）炖的分类

根据加热方式的不同，炖又分为隔水炖和不隔水炖两种。

1.隔水炖

将原料焯水后，放入陶钵中，加汤水及调料，盖上盖或用桑皮纸封住缝隙，置于水锅内，放水后盖严盖，用旺火炖数小时至原料酥烂，再经调味即成。此法也可将原料置陶钵后，加上汤水及调料，盖上盖或用桑皮纸封口，改为上笼锅旺火沸水长时间蒸制而成，效果同隔水炖，也叫蒸炖，这是江苏风味苏锡菜及广东风味原盅菜常采用的方法。有专用于隔水炖的原盅。

2.不隔水炖

将原料焯水后，放入砂锅中，加汤水及调料，旺火烧沸，撇去浮沫，盖上盖移微火加热数小时至原料酥烂，再调味即成。此法使用广泛，炖菜的汤汁较多，一般占容器的 4/5，常采用陶制砂锅器皿。

（三）操作关键

（1）炖制法适用于肌纤维比较粗老的肉类、禽类原料。此类原料在炖制前必须先焯水，以排除血污和腥膻味。

（2）菜肴在炖时，在原料下面可放锅垫，以防粘锅。

（3）在炖制前炖制菜肴的用料，一般要经过焯水处理，以去除用料中的血水及腥膻气味，以保证汤清、味醇。

（4）菜肴炖制时应将汤水一次性加足，不宜中途加水。

（5）炖制的菜肴一般不加有色调味品；炖制时应先用急火烧开汤汁，后用小火炖制。

菜例：炖生敲

用料：

粗鳝鱼 1250 克、猪肋条肉 100 克，蒜瓣 20 粒、酱油 55 克、绍酒 30 克、绵白糖 10 克、姜 10 克、葱 10 克、熟猪油 30 克、花生油 1 千克（实耗 50 克）。

制法：

（1）将鳝鱼放砧板上，用刀在头部剁一刀，立即用刀顺鱼腹部剖开，去掉内脏，洗净沥干；蒜瓣去皮；猪肋条肉、生姜、葱分别洗净沥干。

（2）斩去鳝鱼头，用刀尖沿脊背骨向下划开，去掉脊骨，用木棒排敲鳝鱼肉，改刀成 6 厘米长斜块，洗净沥干。用刀在猪肉上直剁几刀，再横切成鸡冠形片状。

（3）炒锅上火，放入花生油，烧至六成熟，将鳝鱼放入，炸至呈银灰色，起"芝麻花"时捞出，将蒜瓣放于油锅微炸，见色黄立即捞出沥油。

（4）砂锅置于火上，将鳝块、肉片、蒜瓣放入，加葱、姜、肉、清汤上旺火烧沸后，加酱油、绍酒、绵白糖继续炖至鳝块酥烂，离火，拣去葱姜。

（5）炒锅上火，熟猪油烧热，放入葱、姜，炸出香味后捞出，将油倒入砂锅内即可。

特点：汤汁油润，肉嫩微红、口味醇厚，香、鲜、嫩三者俱全。

二、焖法

焖是将经过初步熟处理的原料，加上调味汁，用旺火烧开，再用小火长时间加热，最终使原料酥烂的一种烹调技法。

焖多用胶原蛋白丰富的主料和辅料，常用的原料有牛肉、猪肉、蹄髈、牛筋、鸡、鸭、甲鱼、鳗鱼等，植物性原料多选用根茎类的原料如冬笋、茭白、莴笋等。焖的菜肴多为深色，形状完整，汁浓味厚，质地酥烂，多数要用湿淀粉勾芡。

（一）工艺流程

工艺流程是：将选好的原料改刀后进行初步熟处理，然后加入酱油、糖、葱、姜等调味品和汤汁，旺火烧沸，撇去浮沫，放入调味品，加盖用小火或中火慢烧，使之成熟再转旺火收汁。

焖制工艺的一般流程如图8-8所示。

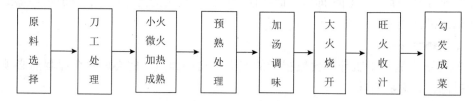

| 原料选择 | → | 刀工处理 | → | 小火微火加热成熟 | → | 预熟处理 | → | 加汤调味 | → | 大火烧开 | → | 旺火收汁 | → | 勾芡成菜 |

图8-8 焖制工艺流程

焖菜在制作工艺上分三个阶段：一是使用旺火，去异味，上色；二是用小火、微火加热成熟；三是用旺火收汁，增加菜肴的色泽和光泽。焖菜在调味上分两步：一是菜肴刚入锅时，加入一部分去腥、增香、增味的调料；二是确定口味，当菜肴加热成熟即将收稠卤汁时，再加入另一部分调味料，以达到增色、定味的效果。

（二）焖的分类

根据成菜的颜色不同，焖主要可分为红焖、黄焖两种。

1. 红焖

红焖，是将原料加工成型，先用热油炸或用温开水稍煮，使外皮紧缩变色，体内一部分水排出，蛋白质凝固，然后装入陶器罐中，加适量汤、水和调料，加盖密封，用旺火烧开后随即移到微火，焖至酥烂入味为止。主要调料除葱、姜、绍酒、白糖外，多放酱油。红焖菜要尽量使原料所含的味发挥出来，保持原汁主味。代表菜品有红焖羊肉、红焖牛尾等。

2. 黄焖

黄焖，是把加工成型的原料，经油炸或煸成黄色，排出水分，放入器皿中，加调料和适量汤汁（一般不放配料，若放则应选择易熟或经过热处理的），大火烧开，小火焖至入味，原料酥烂即可。代表菜品有黄焖鸡块、黄焖鳗鱼等。

（三）操作关键

（1）焖的菜肴多为深色，所以一般要使用酱油或糖色调色。

（2）焖的菜肴事先要将原料进行初步熟处理，所用方法可以根据原料的性质而定。如红焖鱼用炸或煎的熟处理方法；红焖肉用煸炒的熟处理方法。

（3）焖菜的汤汁要少，口味要浓。

（4）菜肴在焖制时要不时地晃动锅子，防止原料粘锅焦煳。为了防止粘锅焦煳，可以事先在锅底垫上一层葱或者垫上竹垫等物品。

菜例：黄焖鸡块

用料：

嫩鸡肉 350 克、笋肉 75 克、水发木耳 75 克、葱段 10 克、白汤 250 克、味精 15 克、湿淀粉 25 克，绍酒、熟猪油各 35 克、酱油 30 克、白糖 10 克。

制法：

（1）鸡入沸水余 2 分钟，捞出，冷却后切成 5 厘米长、2 厘米宽的小块。

（2）将炒锅置旺火上烧热，下猪油 25 克放入葱段煸至有香味时，即可下入鸡块加绍酒、酱油、白糖及白汤，煮沸后移至微火上，焖至汤汁稠浓时，把鸡块捞出，皮朝下排放在碗底及四周。

（3）鲜笋切成滚料块，同水发木耳一起放入鸡汁锅内，略煮沸。捞出，铺在鸡块碗内，然后将剩下的汤汁滗入锅内，鸡块覆盖在盘中，锅中汤汁加入味精，用湿淀粉勾薄芡，淋入熟猪油 10 克，均匀地浇在鸡块上即成。

特点：鸡块酥嫩，口味鲜香浓厚，色泽黄亮。

三、煨法

煨是将原料（多用动物性原料）经过炸、煎、煸炒或煮后，用小料爆锅，投入原料煸炒后，加入水或汤，大火加热至水沸后，用小火长时间加热至原料成熟的一种烹调技法。煨法汤汁较宽，一般加热时间在 1~2 小时，比炖法的时间略短。

煨制原料多选择动物性原料。原料在洗净改刀（或整只的）后，先对原料进行初步熟处理，处理的方法有炸、煎、煸炒或煮等，然后加葱、姜爆香锅底，入耐火的主料和配料略煸，放入汤汁和其他调味品，用旺火烧开，再用小火或微火长时间加热，中途可以根据其他配料的老嫩，适时加入，然后继续用小火加热，直至原料酥烂即可。煨菜一般不需要勾芡，煨菜的质感以酥软为主。

煨菜成菜特点是：主料酥烂软糯、汤汁宽而浓，口味鲜醇肥厚。代表菜品有砂锅鸡块、砂锅豆腐、红煨牛肉、砂锅白肉等。

（一）工艺流程

煨制工艺的一般流程如图8-9所示。

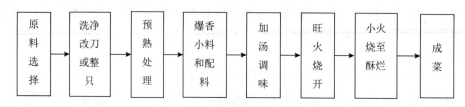

图8-9 煨制工艺流程

（二）操作关键

（1）煨制的菜肴要求汤汁稠浓，所以在烹制时中途不可加入冷水。

（2）煨制的主料要求酥烂，因此，应先用急火烧开后，再用小火保持微开，一般还要加盖。

（3）煨制的主料多为大块的原料或整料。原料在熟处理时，根据原料的性质控制原料的成熟度，一般分为断生、刚熟和全熟三个层次。

（4）根据原料的具体情况确定下料的顺序和加热时间。在入锅煨制时，凡是质地坚实、耐长时间加热的原料，可以先下锅；而耐热性较差（大多为辅料）的原料，则在主料煨制半熟时下锅，特别是含水分较多又不耐热的蔬菜类原料，只能在主料接近软烂时或完全酥烂时下锅。

菜例：红煨牛肉

用料：

牛肋条肉1000克、大葱结10克、青蒜10克、生姜片10克、白胡椒0.5克、桂皮10克、冰糖15克、味精0.5克、大料1克、酱油30克、湿淀粉25克、精盐1克、芝麻油1.5克、花生油7.5克。

制法：

（1）将牛肉用冷水洗净，切成4大块放入锅中煮至五成熟捞出，再切成3厘米长、2厘米宽、2厘米厚的条。青蒜洗净，切成3厘米长的段。

（2）烧热锅，下油，烧至八成熟，倒入牛肉煸炒约2分钟，下绍酒、酱油，续炒片刻盛起。

（3）取大瓦钵1只，用竹算子垫底，将煸炒过的牛肉放在算子上，再加葱结、姜片、桂皮、大料、冰糖、盐和上汤（上面压盖瓷盘），用大火煮滚后，改用小火煨至软烂。

（4）软烂的牛肉去掉葱、姜、桂皮，和原汁一同倒入炒锅，放入青蒜、味精、胡椒粉煮滚，用生粉勾芡，淋入香油即可。

特点：牛肉软糯，鲜香汁浓，细嫩可口；色红肉烂，味醇厚，辣香可口。

煲汤的最好器皿——砂锅

　　砂锅是烹调器皿，用陶土高温烧制而成。早在盛唐时期，中国的陶瓷业就相当发达，在全球独树一帜。砂锅的用途有很多，炖、焖、煨、煮，保汁保味，可以使食品色鲜味美，而煲汤是砂锅的最好用途。

　　煲汤要选择质地细腻的砂锅为宜，劣质砂锅的瓷釉中含有少量铅，煮酸性食物时容易溶解出来，有害健康。内壁洁白的陶锅很好用。砂锅的好处在于需要小火慢功，保温性又好，做出来的汤美味至极。

　　砂锅的最大好处就在于它的密封性和保温性。砂锅的密封性好，用砂锅做出的菜品容易入味，适合用于制作汤、羹和炖菜类菜品。由于砂锅的内部结构为多孔状，传导热的速度慢，因此具有良好的保温性。用砂锅煲汤比用高压锅煲汤要好，这是因为砂锅具有受热慢、受热均匀、不容易煳锅的特点，并且价格便宜。煲汤并不需要质量很高的砂锅，只要不漏就可以了。另外，用砂锅煲汤是因为它的性质稳定，不容易与食材起化学反应，这一点尤其重要！如果没有砂锅，也可以用不锈钢、搪瓷制品或玻璃器皿代替。但是不能用铜、铝、铁等金属容器，因为金属容器的化学性质不稳定，容易发生化学反应，影响汤品的口味和营养。高压锅煲汤恰恰违背了煲汤的原理，煲汤关键在于这个"煲"字，煲的意思是慢慢地煮或者熬，煲汤的原理是慢慢地使煲汤食材的营养成分通过长时间的熬和煮析出并溶于汤中，而高压锅则是利用严密的密封环境将食材加热成熟，很多食材的营养素也就被禁锢在了食材的内部而不是充分地析出并溶于汤中。这就是砂锅煲汤和高压锅煲汤在原理上的不同点。

　　使用砂锅时应注意如下几点：

　　（1）新买来的砂锅，一般内壁粘有不少沙粒，需要用硬一些的刷子刷掉。

　　（2）锅壁有微细气孔和吸水性，锅内可装满清水放置3~5分钟，然后洗净擦干待用。

　　（3）用砂锅烧东西，先将锅外表的水擦干，缓慢上火，如果锅中汤少了，应添加温水或热水。

任务二　油导热烹调法

任务目标

- 能正确地识别和控制油温；
- 能针对原料的特性，合理地选择烹调方法；
- 能应用爆、炒、熘、煎、炸、贴、塌、油浸、油淋等技法烹制菜肴；
- 会根据菜品的要求掌握好原料的成熟度；
- 能在菜品烹制的不同阶段合理调味。

油导热烹调法是指利用食用油为传热介质，食用油液体在锅中受热后，通过油脂的不断对流，将原料加热成熟的方法。

由于油脂的热容量比较大，原料在油锅中的加热温度范围较宽，对原料传热速度较快。食用油脂的发烟点一般在180℃左右，可以储存很高的能量，从而使原料快速成熟，同时改变原料的质地，增加香味，增加菜肴的色彩，因此在菜肴的烹制中应用十分广泛。

根据所用油量的多少，油导热基本烹调法可以分为大油量、中油量和少油量三类烹调法。

活动一　大油量导热烹调法

大油量导热烹调方法以炸的方法为代表，其油量多，加热时火力要旺，油温高，加热原料的时间一般较短，包括炸、油浸、油淋等。

一、炸法

炸是以油为传热介质，将经过加工成型的烹饪原料，在经过基本码味后，投入到大油量油锅中，经高油温加热使其成熟的一种烹调技法。成品干爽无汁，具有香、酥、脆、嫩的特点。

（一）炸的工艺特点

1. 炸的火力一般较旺，油量也大

在烹制中，油与原料之比在4:1以上，炸制时原料全部浸在油中。油温要根据原料而定，并非始终用旺火热油加热，但都必须经过高温加热的阶段。这与炸菜外部香脆的要求相关。为了达到这一要求，操作往往要分三步：第一步主要是使原料定型，所用油温较高；第二步主要是使原料成熟，所用油温不高；第三步复炸，使外表快速脱水变脆，则要用高油温。

2. 炸制菜肴的成品具有外脆里软的特殊质感

炸所必经的高油温阶段指的是七八成油温，即160~180℃。这个温度大大高于水的沸点100℃，悬殊的温差可使原料表面迅速脱水，而原料内部仍保存多量水分，因而能达到制品外脆里嫩的效果。如炸制前在原料表层裹附上一层粉糊或糖稀，或者将原料蒸煮酥、烂，则表层酥脆、里边酥嫩的质感更为突出。

3. 炸制能使原料上色

高温加热使原料表层趋向炭化，颜色逐步由浅变深，由米黄到金黄到老黄到深红到褐色，如果不加控制地继续加热，则原料会完全炭化而呈黑色。颜色变化的规律是油温越高、加热时间越长，颜色转深就越快。同时，颜色还与油脂本身有关，油脂颜色白，使用次数少，原料上色就慢，反之则快。

4. 炸制菜品一般要辅佐调味

由于菜品在炸制之前都要进行基本调味，但是加热前的调味往往达不到菜品的要求，因此要进行加热后的辅佐调味来弥补不足。辅佐调味的调味品一般为椒盐、番茄酱或自制的一些风味酱汁（如酸辣汁、香辣酱等）。

（二）工艺流程

炸制工艺的一般流程如图 8-10 所示。

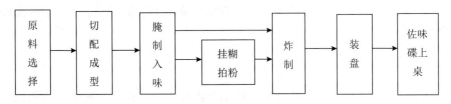

图 8-10 炸制工艺流程

（三）炸的分类

1. 清炸

清炸是指经过加工处理的原料调味后，不经糊、浆处理，直接入油锅加热成菜的一种炸法。清炸菜的特点是味浓、脆嫩、干香、耐咀嚼。清炸菜在炸制过程中，原料脱水，浓缩了原料的本味，又使纤维组织较为紧密，加上它的干香味，使菜肴具有一种特殊的风味。

清炸菜的操作比其他任何炸菜难度都大，对原料的选择、油温的控制和火候的掌握要求都很高。具体体现在如下几方面。

（1）用来清炸的原料一般是本身具有脆嫩质地的生料，大多为动物性原料。

（2）生料在刀工处理时一定要大小、厚薄一致，因清炸加热的时间不长，稍有大小、厚薄不一便可导致焦生不一。

（3）原料一般都在炸前调味。生料加调料要调拌均匀，并最好能静置一定时间，使其入味。

（4）清炸的调料一般较简单，以咸鲜味为主。常用的调料为精盐、酱油、绍酒、胡椒粉、葱、姜汁、味精等。

（5）油炸时的油温和火候掌握是清炸菜的成败关键。首先，清炸的油锅要大一些，便于油锅能较恒定地传导高温，使原料表层迅速结皮结壳，防止原料内部水分大量流失，这样，制品才能达到外脆里嫩的要求。其次，清炸几乎都用急炸。原料形体较小，质感又较嫩，应在八成左右油温下锅，下锅后即用手勺搅散，防止粘连在一起；形体较大的原料，要在七成左右油温下料，让原料在锅里多停留一些时间，待基本成熟，捞出，烧沸油再下锅复炸一下。如果原料较多，油锅相对较小时，可沸油下锅，待油温下降，即捞出，升高再投下，如此反复几次，直到原料外脆里熟即可。

代表菜有炸菊花肫、炸美人肝、清炸里脊、清炸仔鸡等。

2. 干炸

干炸是原料经加工切配、调味后，直接挂水粉糊下锅高油温炸制成菜的一种烹调技法。油炸后成品外壳脆硬，干香味浓。

干炸的水粉糊一般要薄一点。由于淀粉在加热前没有黏性，极易出现挂糊厚薄不匀，而使成品表层颜色深浅不一，因此在挂糊时原料表面不可过分湿润，可用干毛巾吸去大部分水分后再挂糊。有些含水分较多的原料，可采取拍干粉的办法，即将上好味的原料放在粉堆里，使之周身滚粘上一层生粉。拍干粉的原料入油锅时，要抖去未黏附牢的粉粒，以减少油锅中的杂质。为使糊壳快速凝固，挂水粉糊的原料油炸时，油温要略高一点，第一次即以六至七成油温炸，待原料基本成熟，再用八成以上油温复炸一次，至成品外壳金黄发硬时即可捞出。

干炸的代表菜有干炸里脊、干炸鸡翅、糖醋黄河鲤鱼等。

3. 脆炸

也叫松炸，是指在原料所要挂的糊（包括全蛋糊、蛋清糊、面粉糊和蛋黄糊）中，加入发酵粉，调成脆炸糊，然后把原料挂糊炸制成熟的一种烹调技法。成品外壳色泽金黄、膨胀饱满、质地酥松香脆、香味浓郁。

脆炸的原料必须选择鲜嫩无骨的动物性原料，加工成的形体也不宜过大。原料先调上味，然后挂调制好的糊。其操作关键有：

（1）调制发粉糊要掌握好稠厚度，以能挂住原料、略有下滴为好。过薄影响蓬松涨发，过厚又不易使原料均匀地裹上糊浆。

（2）调糊时要多搅拌，但不能搅上劲。面粉加水后，如果使劲搅拌，则其中的蛋白质可形成面筋网络，这样原料就不易均匀地挂上糊浆；搅拌过少，又会影响成品的丰满。

（3）制糊时发酵粉应最后放入。因干的发酵粉遇湿面粉即产生二氧化碳气体，如果投入过早，烹制的气体已外溢，成品达不到膨胀饱满的要求；再补加发粉，则因发粉味涩，过量使用会影响成品的口感。

（4）在烹制时先中油温，以中小火加热，令糊浆结壳、定型，并使原料基本成熟，随后再用高油温复炸一下。出锅后应立即上桌，因面粉的颗粒比淀粉大，故脱水快，回软也快。

代表菜有脆皮银鱼、脆皮虾、脆皮鲜奶等。

4. 香炸

也叫拖蛋液粘碎料炸。这种炸是将原料加工成片、条、丁等形状后经过调味品腌渍后黏上一层面粉或淀粉再从蛋液拖过，然后均匀地黏上一层面包糠、芝麻、松仁等脱水后香脆的粉粒状物料，最后入油锅炸制香脆的烹调技法。常用的香脆碎料有：面包、馒头、核桃仁、瓜子仁、芝麻、腰果、杏仁、松子仁、榛子仁等。

香炸的关键是香脆层的粉粒大小要尽量一致，否则极易出现焦脆不一现象，原料拖蛋液再粘上碎粒后，要用手轻轻按一下，以防香碎料在油炸时散落在油锅中。为使蛋液均匀地附于原料表面，大多数原料调味后要先拍上干淀粉。烹制时，油温应介于低油温与中油温之间，一般不宜过高，否则粉粒状物料易焦煳。代表菜有面包猪排、菠萝虾球、芝麻鱼条等。

5. 酥炸

酥炸是指将原料用调味品腌渍后，采用汽蒸或汤煮至酥烂，然后直接下油锅炸制成熟的一种烹调技法。酥炸也叫熟炸，是把原料煮熟或蒸熟后再下油锅炸制酥香。

还有一种方法是用酥炸糊挂糊后炸制成熟的技法。常用的酥炸糊有两种：一是鸡蛋＋面粉＋淀粉＋泡打粉调和而成的糊；二是鸡蛋＋淀粉＋面粉＋菜油调和而成的糊。

酥炸的原料要先在蒸、煮之前调好味，下油锅炸时，火力要旺，油温控制在六七成热，可以不需复炸，一次性炸酥，炸至原料外层呈深黄色即可。酥炸的特点是外表酥松、咸鲜适口、色泽金黄。代表菜有香酥八宝鸭、酥炸羊腿、香酥鸡等。

6. 软炸

软炸是指把加工成形的主料腌渍一下后挂一层软炸糊，再投入油锅炸制成软嫩或软酥质感菜肴的一种烹调技法。通常把鸡蛋、淀粉或面粉调和成的糊叫软糊，包括蛋黄糊、蛋清糊、全蛋糊等；把水和淀粉或面粉调成的糊叫硬糊。

软炸的油温，以控制在五成热为宜，炸到原料断生，外表发硬时，即可捞出，然后把油温烧到七八成热时，再把已断生的炸料下油锅复炸即成。这种炸法时间短，成菜外脆里嫩。

软炸的成菜特点为色泽金黄，外表略脆，里面软嫩，口味清淡鲜香。代表菜有高丽大虾、软炸里脊、软炸鸡块、炸羊尾等。

（四）操作关键

（1）炸制所用油脂油量要多，一般为原料的三四倍，过少或过多都会影响菜品的质量。

（2）在操作过程中要控制好油温。油温过高易使原料焦煳味苦；油温过低，又会使制品疲软、脱糊，达不到酥脆的特色，并且还易使菜品含油。油温的控制要根据各种类型的炸制方法和原料的不同性质来灵活掌握，如软炸油温要略低些，酥炸的油温就应该高些。

（3）炸制的原料在加热前的码味要淡。由于炸制的菜品失水较多，原料中的食盐浓度很容易因原料失水而增大，从而使菜品口味过咸，影响质量。

（4）在炸制原料时要控制好火力的大小，并且要根据不同的情况掌握好"复炸"。一般来讲，炸制时火力首先是旺火，迅速使油温升至需要的温度，然后投入原料炸制，这是定型阶段，接下来调节火力到中小火（根据需要油锅离火炸制也可以），这是原料成熟阶段，最后再改用大火加热升高油温，这是原料起酥起脆阶段。在起酥起脆阶段，可以先将已经或接近成熟的原料捞起，升高油温到规定温度的时候再投入炸制。这种方法我们称为"复炸"。复炸不仅可以使制品变脆起酥，还可以逼出原料中含有的多余的油脂，最终使菜品干爽酥脆。

菜例 1：椒盐大虾

用料：

基围虾300克、葱花10克、红尖椒粒3克、盐4克、生粉20克、花椒1克、味精3克、绍酒3克、色拉油500克（实耗35克）。

制法：

（1）基围虾洗净后剪去须加盐、味精、绍酒腌渍。

（2）锅内倒油烧至七成热，将虾拍粉后入油锅快炸1分钟（注意火候，保持虾的鲜嫩），捞出控干油备用。

（3）把盐倒入锅内，加热至盐粒发烫，不断晃动，盐粒变烫后加入花椒继续晃动，使之混合均匀。

（4）加热到盐粒开始变成浅浅的黄褐色，花椒散发出香味，将虾倒入花椒盐，混合炒几下，使每只虾均匀裹上椒盐粒；再加入葱花和碎干辣椒炒匀。

特点：色泽金黄，外脆里嫩，椒香浓郁，咸鲜味美。

菜例 2：香酥鸡

用料：

嫩母鸡 1 只约 750 克、酱油 75 克、味精 3 克、绍酒 25 克、清汤 150 克、姜片 25 克、白糖 10 克、花椒 3 克、花椒盐 3 克、八角 3 克、精盐 15 克、丁香 2 克、葱段 25 克、花生油 1000 克（实耗 50 克）。

制法：

（1）将鸡洗净，从脊背砸断鸡翅大转弯处，剁去翅尖、鸡爪、嘴，用清水洗净，然后用花椒、精盐将鸡身搓匀，再把葱、姜拍松，加上丁香、八角一起放在鸡内腌渍 2~3 小时。

（2）将腌好的鸡放在盆内，加清汤、酱油、绍酒、味精、白糖上笼蒸烂（约 40 分钟）取出，把葱、姜、花椒、丁香、八角去掉。

（3）油锅内加上花生油，在旺火上烧至八九成熟，将蒸烂的鸡放入漏勺内，在油中炸酥，至鸡皮显枣红色时翻过来再稍炸即可捞出。

（4）食用时切成宽 1.7 厘米、长 4 厘米的块，摆在盘内，外带花椒盐味碟上席即可。

特点：色泽金黄，鸡肉香酥，肉烂味美，鲜香扑鼻。

菜例 3：软炸银鱼

用料：

银鱼 150 克、鸡蛋清 4 只、精盐 3 克、味精 3 克、绍酒 25 克、香葱 20 克、姜 20 克、椒盐 3 克、干淀粉 100 克、植物油 1000 克（实耗 50 克）。

制法：

（1）将银鱼洗净，用精盐、味精、香葱、姜、绍酒腌渍 30 分钟，然后沥干水分备用；取一干净容器，放入鸡蛋清，用竹筷搅打成蛋泡，加适量生粉调成蛋泡糊备用。

（2）净锅置旺火上，放入植物油，烧至四成热时，将银鱼挂蛋泡糊后放入油锅中炸至外脆成浅黄色，倒入漏勺沥干油。

（3）锅内留底油，下葱花、椒盐炒香，再放入炸好的银鱼翻炒均匀，出锅装盘即可。

特点：色泽浅黄，质地酥脆，椒香味浓。

二、油淋、油浸法

油浸是将鲜活质嫩无异味的原料用调味品腌渍后（有的不腌），放入温油里用小火将原料慢慢浸熟，然后取出装盘，最后浇上调味品成菜的一种烹调技法。油淋是将原料先用调味品腌渍后放入漏勺上，用热油反复浇淋，直至成熟的一种烹调处理技法。

成菜特点：油淋菜品外皮脆香，色泽红亮；油浸菜品质地鲜嫩，口感清爽。

（一）工艺特点

（1）用于油淋和油浸的原料，在加热前一般都要先用盐、味精、酒等调味品腌渍。

（2）油浸是将油温升高至 100℃左右，投入原料使原料缓慢成熟的加工过程，而油淋是将油加热到 120~130℃后，将热油浇淋在原料上。

（3）油浸与油氽所用的温度差不多，但方法略有区别。油氽是将原料投入冷油直接加热到成熟的过程；而油浸是将冷油直接加热到热油，再投入原料使其成熟的加工过程。前一种是升温的加热，后一种是降温的加热。

（4）原料加热成熟，改刀装盘，然后佐以椒盐或用美极鲜等调味品调制的味汁辅佐调味。油淋菜肴一般用椒盐、番茄沙司作为作料，油浸菜肴一般用味汁作为作料。

（二）工艺流程

油淋和油浸工艺的一般流程如图8-11所示。

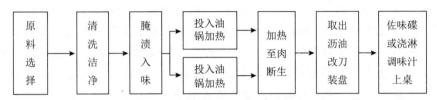

图8-11　油淋和油浸工艺的一般流程

（三）操作关键

1. 油淋菜品制作的关键

（1）原料加工时保持原料表皮完整；

（2）原料表面涂抹糖液要均匀，并且风干后再油淋；

（3）用油浇原料表面要求成色均匀，使内部成熟一致。

2. 油浸菜品制作的关键

（1）油浸应选用新鲜、质地细嫩而无异味的原料；

（2）油浸前原料必须清洗干净；

（3）正确掌握火候，控制好油温，避免油温过高而出现外焦里不熟的现象。

菜例：油浸鳜鱼

用料：

活鳜鱼1条约750克、鲜柠檬2个挤成汁、绍酒10克、辣酱油30克、盐2克、味精2克、白糖5克、葱丝15克、姜丝15克、色拉油750克（实耗35克）。

制法：

（1）鱼去鳞后，从脐部剖一口子，割断肠子，用一双竹筷，从嘴部或鳃部伸入鱼腹旋转卷出内脏，用清水洗干净，沥干水分后备用。

（2）锅内倒入色拉油，在旺火上烧至四成热，放入鳜鱼，并保持油温浸约15分钟，用小刀在鱼脊骨戳一下，没有血水即可捞出装盘。

（3）另用炒锅一只，将辣酱油、绍酒、白糖、盐、味精、柠檬汁调成汁浇在鱼身上，再将葱丝、姜丝放在鱼身上，用少许沸油浇在葱丝、姜丝上即成。

特点：色泽美观，肉质鲜嫩，清淡味美。

拓展知识

食用油脂的增香作用

油脂在烹调中的增香作用主要表现在两个方面：一是油脂本身具有香味或用作芳香物质溶剂的作用；二是通过油脂的高温加热使原料产生香气。

为了增加一些菜肴的香气，常在菜肴即将出锅或出锅后淋上一些香味较浓的油脂，如麻油、葱油、花椒油、蒜油、鸡油、奶油等。"红烧鳗鱼"出锅时淋入麻油可去腥增香，"榨菜肉丝汤"出锅时滴上几滴麻油则香气四溢，"松仁炒玉米"出锅前加少许奶油，成菜奶香扑鼻。还有"麻辣豆腐"淋花椒油，"鸡油菜心"淋鸡油，都能使成菜各具特色。不过，用淋油的方法来增加菜肴的香气也需注意三点：一是淋入的油脂要与原料的香气和谐，如在"青蒜炒肉丝"中淋入奶油，肯定有点不伦不类；二是淋入的油脂不能影响成菜的色泽，如在"芙蓉鸡片"中淋上麻油，就会破坏其洁白的色泽；三是淋入的油脂不能掩盖原料的本味，味道本身就很醇正鲜美的原料，就不需再淋油增香了。

油脂在高温作用下，发生多种复杂的化学反应生成芳香物质，从而增加菜肴香味：油脂加热后本身会产生游离的脂肪酸和挥发性香味的醛类、酮类；原料中的碳水化合物在加热过程中也会产生香气成分，如葡萄糖加热后会生成呋喃和多种羰基化合物，淀粉受热会生成有机酸、酚类等多种香气成分；另外，氨基酸也能与油脂中的羰基发生羰氨反应，从而产生诱人的香气。

活动二　中油量导热烹调法

中油量导热烹调方法以油爆、滑炒的方法为代表，其用油的量要根据原料的多少而定。在操作流程上，一般要分两个步骤完成：第一步为"过油"，要求旺火热油，快速操作；第二步为回锅调味，烹调成菜。中油量烹调方法包括爆、炒、熘等。

一、爆法

爆是将无骨的脆性原料，改刀后以热油（或沸水，沸汤）作传热介质，用旺火高油温快速成菜的一种烹调技法。爆法适合于急火快速成熟的菜肴。烹制时一般要使用调味兑汁进行调味和勾芡。爆多用于烹制脆性、韧性原料，如肚子、鸡肫、鸭肫、鸡鸭肉、瘦猪肉、牛羊肉等。爆菜特点：急火速成，成品脆嫩爽口，芡汁紧包原料，盘内见汁不流汁。

（一）工艺特点

爆的烹调工艺首先是将原料加工成较小的形状，然后经过上浆或不上浆后初步熟处理，接下来在碗内兑汁，煸炒配料，投入主料，急火勾芡，翻炒均匀后装盘成菜。

爆制工艺的一般流程如图 8-12 所示。

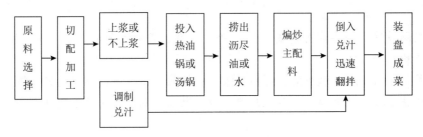

图 8-12 爆制工艺流程

（二）爆的分类

根据所使用传热介质的不同，爆可分为油爆和汤（水）爆两类。

1. 油爆

油爆以热油作为传热介质。油爆菜有两种制作方法：一种方法流行于我国北方地区，油爆时主料不上浆，只在沸水中一烫就捞出，然后放入热油锅中速爆，再下配料翻炒，烹入芡汁即可起锅。另一种方法流行于我国南方地区，油爆时主料要上浆，在热油锅中拌炒，炒熟后盛出，沥去油，锅内留少许余油，再把主料、配料、芡汁一起倒入爆炒即成。油爆的烹调方法，适用于烹制油爆虾、油爆肚仁等菜肴。制作油爆菜时，主料应切成块、丁等较小的形状，用沸水焯主料的时间不可过长，以防主料变老，焯后要沥干水分，主料下油锅爆制时油量应为主料的两倍。油爆菜用的芡汁，以能包裹住主料和配料为度。

2. 汤爆

一种以水或汤为传热介质的爆法。汤爆时把原料在汤（或沸水）中加热成熟后捞出，即可蘸调味料食用，或和配料一起入锅煸炒，调味后淋入兑汁，最后翻炒成菜。烹制荤料水爆菜的关键是：要掌握好沸水焯原料的时间，以焯至主料无血、颜色由深变浅为好。掌握好水的温度和加热时间。水要处于沸腾状态，且加热时间要短。如焯水的时间过长，主料变老而不脆；如焯水时间过短，主料会有腥味或半生不熟的现象。

（三）操作关键

（1）要选用质嫩、形小的原料。因用急火热油烹调，加热时间短，不能使用形大、质老的原料，并且加热时间不宜太长，否则原料不易成熟或出现老韧的现象。

（2）爆的原料一般要经过花刀处理，以适应爆菜的旺火速成的特点，使原料能够充分入味，并且保证菜肴的滑嫩爽脆的质感。

（3）要控制好味汁中调味品的用量。爆菜使用的调味汁，要求成菜时芡汁紧裹，兑汁多了就会影响菜品的爽脆的效果，少了又会影响菜品的口味。因此，掌握芡汁和淀粉的用量是做好爆菜的关键。

菜例：油爆双脆

用料：

猪肚头 200 克、鸡胗 150 克、绍酒 5 克、精盐 2 克、葱末 2 克、姜末 1 克、蒜末 1.5 克、味精 1 克、湿淀粉 25 克、清汤 50 克、色拉油 500 克（实耗 35 克）。

制法：

（1）将肚头剥去脂皮、硬筋，洗净；用刀划上网状花刀，放入碗内，加盐、湿淀粉拌和。

（2）鸡胗洗净，批去内外筋皮，用刀划上间隔2毫米的十字花刀，放入另一只碗内，加盐、湿淀粉拌和。

（3）另取一只小碗，加清汤、绍酒、味精、精盐、湿淀粉，拌匀成芡汁待用。

（4）炒锅上旺火，放油，烧至八成热，放入肚头、鸡胗，用筷子迅速划散，倒入漏勺沥油。

（5）锅上火留少许油，下葱、姜、蒜末煸香，倒入鸡胗和肚头，并下调味芡汁，颠翻两下即可。

特点：脆嫩滑润，清鲜爽口。

二、炒法

炒是将加工成丝、片、丁、条等小型形状的原料，以油为传热介质，用旺火中油温快速翻炒成熟的一种烹调方法。炒适宜细小、质嫩的原料。炒的操作一般比较简单，多数需急火速成，成品有汁或无汁，能保持原料本身风味特点。多数菜肴的质地鲜嫩、脆嫩，咸鲜不腻。

（一）工艺流程

炒制工艺的一般流程如图8-13所示。

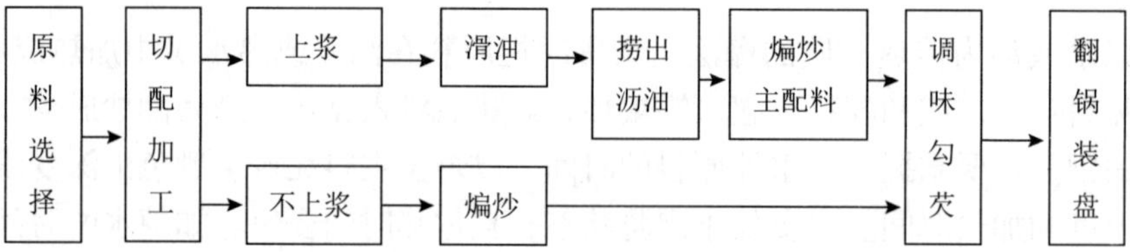

图8-13　炒制工艺的一般流程

（二）炒的分类

根据炒制原料的品种不同，以及原料在炒制前的加工工艺的区别，可以把炒分为滑炒、生炒、熟炒、煸炒、软炒、清炒等。具体技法如下：

1. 滑炒

滑炒是原料经过改刀处理后，上浆，然后投入中温油中加热成熟，再与配料翻拌并勾芡的一种烹调技法。一般滑炒的原料多选用动物性原料并需要上浆，成熟时需要勾芡。目前，行业中也有使用水来替代油加热的方法，因为滑炒时的油温与沸水的水温非常接近，故可以换用。滑炒是在煸炒的基础上派生出来的一种方法，它避免了煸炒受热不均的缺点，又保持了原料的质嫩，如滑炒虾仁、五彩里脊丝等。

2. 生炒

生炒是指把不经过熟处理的生的原料，经过改刀后，与配料一起，不经过上浆或挂糊，直接放入少量热油锅中，利用旺火快速炒制成熟的一种烹调技法。生炒的原料一般要选用质地脆嫩或有一点韧性、久炒不易散碎的原料。代表菜品有：上海的生煸草头、四川的生炒盐煎肉、广东的蒜蓉炒通菜、清真的酱炒笋鸡等。

3. 熟炒

熟炒是把经过切配加工后煮熟的原料，不需要上浆、码味，直接用中小火，少量油，加调料炒至成熟的一种烹调技法。熟炒在调味上多用豆瓣酱、甜面酱、黄酱等酱类为主的调味品，在配料上多选择芳香气味较浓郁的蔬菜，如青蒜、蒜薹、芹菜、大葱、洋葱。火力以中火为主，油不能加得太多。代表菜品有：四川的回锅肉，江苏的料烧鸭、炒蟹粉、炒软兜，湖南的东安鸡等。

4. 煸炒

煸炒是指将原料切配加工后，以少量热油，中小火较长时间翻炒原料，把原料中水分煸出大部分后，调味出锅装盘的一种烹调技法。原料不上浆、不挂糊、不勾芡。操作时控制好用油量。用油过多，原料干硬；油过少，原料内部的水分不易煸出。煸炒的火力应该先大后小，以免原料焦煳。

5. 软炒

软炒是将生的主料加工成泥蓉，然后用汤或水澥成液状（有的主料本身就是液状），加入调味品、蛋清、淀粉等调匀后，再用适量的热油迅速拌炒或滑炒后再炒制成菜的一种普通技法。软炒成菜无汁，清爽利口，松软，口味咸鲜或甜香，质地细嫩滑软或酥香油润。软炒的原料一般为液体或蓉制物，通常以牛奶、鸡蛋、鸡蓉、鱼蓉、肉蓉为主。代表菜品有广东的大良炒鲜奶、北京的三不沾、江苏的芙蓉鸡片等。

（三）操作关键

（1）根据原料的性质掌握好投料的顺序，菜肴多数都带有配料，即使无配料，也有葱、姜、蒜等小料，它们入锅的先后顺序直接影响着菜肴的质量。

（2）一般都要求急火速成，尤其对一些质地脆嫩的蔬菜，如豆芽、莴苣、黄瓜、冬笋等，它们只有在急火快炒的情况下才能保持原来的风味，避免原料中汁液的流失。应用急火热油炒制，就是提高锅或油与原料之间的温差，缩短加热时间。

（3）要搅拌均匀。炒菜时要勤翻锅，使原料受热均匀，但锅翻动的快慢要视原料的性质而定。对于一些易碎的原料如鱼丝、鱼丁等，就不可以大幅度地连续翻锅。

菜例：鱼香肉丝

用料：

猪肉200克、冬笋50克、水发木耳15克、酱油6克、精盐2克、醋8克、白糖10克、葱花60克、姜米3克、蒜米5克、鸡蛋清1只、泡红辣椒20克、绍酒4克、豆粉适量、色拉油45克。

制法：

（1）猪肉去筋膜切成粗如火柴棒大小的肉丝，下盐1克、绍酒及少许水在碗内抓匀后，加蛋清拌匀，再放入豆粉抓匀上浆备用。

（2）冬笋、木耳洗净，切成丝，泡红辣椒剁细。将白糖、酱油、盐、醋放入碗内，加少量水和豆粉兑成味汁待用。

（3）锅置火上烧热后下油滑锅，再倒入色拉油，烧至三四成热时，将上浆码味的肉丝放入锅中滑油，滑至肉丝伸展呈白色时倒出沥油。

（4）锅再上火，滑锅后留底油，下冬笋、木耳、泡辣椒末、姜米炒香炒上色，即投入蒜米炒出香味，入滑好油的肉丝，略炒，再下葱花并倒入调好的味汁，炒至菜肴紧汁亮油时出锅，并滴入几滴醋即成。

特点：颜色红艳，肉质细嫩，咸甜酸辣四味兼备，姜蒜葱香突出。

三、熘法

熘是将原料改刀后挂糊或上浆（也有不挂糊、上浆的），用油（或水）作为传热介质，将原料加热成熟，然后淋上卤汁，或入卤汁中翻拌的一种烹调技法。

熘菜的原料使用比较广泛，常见的为一些无骨的肉、鱼、鸡、鸭等，也可以是块状的蔬菜。熘制菜肴使用的味汁是稠汁，稠汁裹在原料外部，由于淀粉糊化后形成的糊精包含水分，使黏性增大，缺少流动性，这样使原料入口后仍能保持脆的口感。但如果时间过长，味汁会渗入原料内部，就会使原料回软，故熘菜需要快速上桌，才能保持应有的风味。熘菜要求旺火速成，以保持菜肴香脆、滑软、鲜嫩等特点。

（一）工艺流程

熘的原料在加卤汁混合之前，要先对原料进行加热预熟处理，一种是油炸，一种是水余，一种是汽蒸。油炸类熘菜，原料一般多改刀成块、片、丁、丝等小料，用于煮或蒸制的则一般用整料。

熘制工艺的一般流程如图 8-14 所示。

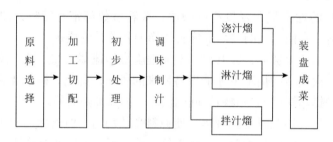

图 8-14　熘制工艺流程

（二）熘的分类

根据用料与操作的不同，熘可分为脆熘、滑熘、软熘及醋熘等。

1. 脆熘

又称炸熘或焦熘。先将加工成形的较小的生料，用调味品拌腌，再挂水粉糊，放入油锅内炸至焦脆，最后淋上卤汁或投入卤汁中翻拌的一种烹调技法。

原料在炸制时，首先需用大油锅，油量要多，旺火热油，炸到深黄色表面发硬时取出。其次另起小油锅，油量根据需要卤汁多少而定，油热时先放入小料爆锅。再次放其他调味品调味，另加湿淀粉勾芡。最后明油亮芡做成卤汁，将卤汁浇淋在原料上或投入原料翻拌即成。为了保证菜品的质量，起油锅与调卤汁两个过程必须结合进行，即原料还在油锅内炸时，就要同时调卤汁，待原料出锅时，卤汁也做好，这时趁原料沸热浇上卤汁，则更入味。此法成菜特点是外酥脆、里香嫩。代表菜品有北京的焦熘丸子、江苏的松鼠鳜鱼、糖醋瓦块鱼等。

2. 滑熘

滑熘是以片、丁、条、块等小型无骨的原料为主，先将其腌渍上浆，烹制时将原料投入四五成热的油锅中滑油，将原料滑散至成熟时取出，另起锅，调制卤汁，最后把滑油后的原料投入卤汁中翻拌成菜的一种烹调技法。滑熘适于质嫩、形小的原料。如原料形状较大，则原料不易加热成熟。控制好卤汁的稀稠，滑熘的卤汁调制要均匀，并且要能均匀地粘在原料上。滑熘的芡汁比焦熘要多。若在滑熘菜品的卤汁中加入适量的醋，突出酸味，这种方法又被称为醋熘；在调味中加入香糟汁，又称为糟熘。代表菜有醋熘白菜、糟熘鱼片等。其菜品口味滑嫩鲜香。

3. 软熘

即不经油炸，一般用整条的原料（多为鱼类），先蒸熟或投入沸水锅内，并加入葱、姜、绍酒等煮至成熟时，把原料取出，这时将制成的卤汁，淋在原料上。但淋时必须注意原料从蒸笼或水锅取出后，要去净水分。调制这类卤汁时，油要少，如果卤汁内油分过多，就会影响此类菜品的风味。软熘的卤汁，也可以用汤汁制成。软熘菜肴的特点是鲜嫩滑软，汁宽味美。代表菜品有西湖醋鱼、软熘豆腐等。

（三）操作关键

（1）熘菜要求旺火速成，颠翻锅的次数不可太多。熘的菜肴质感多样，有的要求外焦里嫩，有的要求软嫩滑润，但不管哪一种，若翻锅太猛，都很容易破坏菜品的形状，影响菜肴的质感。

（2）要明油亮芡。这是熘菜的一大特色。明油是指在菜肴成熟勾芡后，在出锅前淋入事先炸制好的热的油或色拉油。要做到明油亮芡，既要掌握好芡汁的多少，又要注意芡汁的稀稠。但关键是芡汁的稀稠，稀了不亮，稠了影响口感。另外还要注意芡汁成熟的程度，熘菜的芡汁有两种勾芡法，一种是卧汁，另一种是兑汁。尤其是兑汁，如果不等芡汁熟透，即一变稠就出锅，那么，明油再多也不会亮，而且会澥芡。

（3）对于一些形大的原料，需要在原料上剞上花刀或先用调味料腌渍一下。

菜例1：糖醋瓦块鱼

用料：

鱼中段肉200克、鸡蛋1个、葱、姜末15克、番茄酱15克、精盐1克、米醋50克、白糖50克、味精1克、水淀粉30克、干淀粉30克、绍酒15克、色拉油500克（耗100克左右）。

制法：

（1）将鱼中段肉片去大骨，横着斜片成0.5厘米厚的瓦形片，加盐、味精、绍酒拌匀后备用。另取容器，磕入鸡蛋，再加干淀粉拌成厚糊备用。

（2）炒锅放旺火上，下熟清油，烧至七成热时，将鱼片挂鸡蛋糊逐片投入热油内，炸至深黄色时捞出。待油温升高时将鱼片回锅复炸至金黄硬脆，倒出沥干油。

（3）锅内留油50克，下葱、姜末炒香，再下番茄酱炒出红油后，加100克左右水、盐、白糖、米醋烧沸，立即下水淀粉勾芡推开，再加25克热油推匀，将鱼片回锅滚上卤汁，盛出装盘。

特点：色泽红亮，口味酸甜，外脆里嫩。

菜例2：西湖醋鱼

用料：

草鱼1条约900克、姜300克、葱25克、绍酒10克、白糖40克、精盐2克、香醋20克、酱油8克、胡椒粉、生粉、麻油各适量。

制法：

（1）将葱洗净切段分成2份；姜半份拍裂，半份切丝。

（2）将草鱼剖净，由鱼肚剖为两片（注意不可切断），放进锅中，注满清水，加葱1份、拍裂的姜、酒，煮滚后，用小火焖10分钟，捞起，盛入碟中，将姜丝覆遍鱼身。

（3）烧热油锅，放葱爆香，然后去掉葱，将葱油倒入碗中。锅上火，倒入2杯清水，加糖、盐、醋、酱油、胡椒粉煮滚，用生粉水勾芡，再注入葱油，盛起时淋在鱼上，淋上麻油即可。

特点：色泽红润、鱼肉滑嫩、汁宽味美、醋香浓郁。

机器人炒菜机

炒菜机器人近年来已走进许多餐厅。在一有餐厅的厨房里，"机器人大厨"完全没有想象中厨师紧张繁忙的模样。它们四四方方，一口大锅在透明的"大肚子"中，大锅上方有一个可升降的锅盖，锅盖内侧还藏着几根钢刺。"大肚子"侧面有一小块添加原材料的区域，背后有类似机械手的连接。顾客李先生点了一道宫保鸡丁，工作人员把鸡丁、花生、调料等原材料分别放入原材料区域的白色塑料盒内，然后按下几个按钮。"机器人大厨"先把鸡丁倒入锅中，接着锅盖降下来，并通过旋转让钢刺"炒菜"，随后"大厨"又把其他配料倒入翻炒了几下，最后出锅装盘。工作人员从按下按钮到出锅，一共耗时3分钟。店内菜单显示，目前炒菜机器人会做8道菜，包括虾仁滑蛋、糖醋咕噜肉、清炒海虾仁、青椒玉米粒等，价格从16元到48元不等。店长介绍说，机器人炒菜，在用料、烹饪时间、火候等方面都做到了标准化，所以它们每次炒出来的口味都得到了保证。由于整个流程控制精确，"机器人大厨"炒菜，还能比真正的厨师节省5%~10%的时间。不过，机器人还无法把备料等工序全部包揽，需要有"专人服侍"，把所有原料放入指定位置并按按钮启动。有业内人士猜测，炒菜机器人有可能在未来取代部分厨师的工作。

活动三　少油量传热烹调法

少油量传热烹调方法以煎、贴为代表，它是只以少量油遍布锅底，中小火加热原料使其成熟的方法，包括煎、贴、塌等。这种方法用的油脂不仅是传热介质，而且是调味和增加菜肴风味的物质，比较适合质地脆嫩或细嫩原料的烹调。

一、煎法

煎是将原料改刀后用调味品腌渍，然后在锅内放入少量植物油烧热，最后将原料放入锅中直接加热成熟的一种烹调技法。煎在烹调中具有双重意义，它既是独立的烹调方法，也是一些菜肴的初步熟处理的辅助方法。如煎焖鱼，就是先煎后焖；又如红烧鲫鱼，就是先煎后烧等。代表菜品有桃仁虾饼、干煎鳕鱼、香煎藕饼等。

煎是用少量油润滑锅底后再用中小火把原料两面煎黄使其成熟。煎的原料单一，一般不加配料，原料多经过刀工处理成扁平状，煎前先把原料用调料浸渍一下，在煎制时不再调味。采用煎法制作的菜肴由于用油量少，并且不用急火，因此能将原料中的汁液最大限度地保留下来，不像炸那样使原料中的水分大量蒸发，仅仅是加热中使原料表面的水分汽化。因此，煎的菜肴具有原汁原味、外脆里嫩的口感，同时煎的菜肴形态整齐，色泽以金黄色为多。

（一）工艺流程

煎制工艺的一般流程如图 8-15 所示。

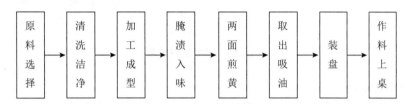

图 8-15　煎制工艺流程

（二）操作关键

（1）掌握好火候，不能用旺火煎，否则容易导致原料外表焦煳、内部不熟的现象发生。

（2）煎制时油量不宜过多，油量以不粘连锅底为好，中途可以根据情况适量加油，不使油过少。

（3）掌握好调味的方法，有的要在煎制前先把原料调好，有的要在原料即将煎好时，趁热烹入调味品，有的要把原料煎熟装盘食用时蘸调味品吃。

（4）原料在煎制时要勤翻动，并且要使原料加热至两面金黄，色泽一致。

菜例：干煎鳕鱼

用料：

银鳕鱼 400 克、鸡蛋 2 只、绍酒 10 克、盐适量、味精 3 克、葱姜汁 5 克、椒盐 5 克、胡椒粉 2 克、淀粉 20 克、色拉油 50 克。

制法：

（1）将银鳕鱼切成长方块，加葱姜汁、黄酒、盐、味精和胡椒粉腌渍 5 分钟。

（2）鸡蛋打成液，加淀粉调成蛋糊；将鱼块拍上淀粉，拖上蛋糊，逐块入七成热油锅中煎至两面金黄、内熟外脆，取出，装盘上桌，跟上椒盐味碟上桌。

特点：色泽金黄，外脆里嫩，肉细香鲜。

二、贴法

贴是指将两种或两种以上的原料改刀后，用糊将其黏合在一起，下锅中只煎一面至熟的烹调技法。贴和煎相似，但贴只煎一面，因此在加热过程中往往要加点绍酒或鲜汤，利用水分的汽化，促使原料成熟。代表菜品有锅贴鱼片、锅贴鸡、锅贴里脊等。

贴的菜肴制作比较精细，一般是先以薄片原料垫底，中间放上主料（可以切成片，也可剁成茸），再盖上菜叶（青菜叶或油菜叶）或片料做成生坯，然后以少量油遍布锅底，放上生坯加热，煎制一面金黄、原料成熟即可。上桌时可以佐椒盐同食。成菜特点是一面酥脆，一面软嫩，并要改刀、带调味碟上桌。

（一）工艺流程

贴制工艺的一般流程如图 8-16 所示。

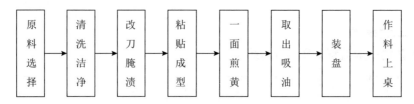

图 8-16　贴制工艺流程

（二）操作关键

（1）选用无筋无骨质地细嫩、无异味的原料。贴的菜肴底层原料常用熟肥膘肉、猪网油、蛋皮、豆腐衣等，在底层原料的上面大多使用泥茸状的动物性原料，如鸡茸、鱼茸、虾仁茸、里脊茸等。

（2）烹制时要用小火热油慢慢将原料煎熟，并且只煎一面。

（3）贴的原料在贴制前要事先用调味品腌渍，为了防止脱层，在底层原料上应撒上少量的干淀粉，并涂上蛋清糊以增加原料之间的黏合力。

（4）煎制时动作要轻。为了促进成熟，在煎制时可以淋入高汤或水后加盖，利用水分汽化促进成熟。

菜例：锅贴鱼片

用料：

鳜鱼 500 克、虾仁 100 克、猪肥膘肉 100 克、火腿末 20 克、荸荠 10 克、香菜 10 克、鸡蛋 70 克、盐 5 克、味精 3 克、胡椒粉 2 克、醋 6 克、黄酒 8 克、香油 5 克、淀粉 5 克、色拉油 60 克。

制法：

（1）鳜鱼洗净去骨、皮，取鳜鱼肉，猪肉取肥肉煮熟，切成 25 片的长薄片。鸡蛋磕开，蛋清、蛋黄分开打散。

（2）在鱼片内加入精盐、味精、鸡蛋清 1 个，上劲后，用湿淀粉少许拌匀上浆。

（3）把虾仁斩成泥，荸荠洗净削皮，拍碎后斩成末，加入绍酒、精盐、鸡蛋清 1 个、湿淀粉、胡椒粉和清水，顺一个方向充分搅拌上劲。

（4）每片熟肥猪肉的两面都拍上干淀粉，平摊在砧板上，铺上一层搅拌好的虾泥，将鱼片盖上，制成锅贴鱼片生坯，上面放上香菜叶和火腿末。

（5）取平盘一只，涂上香油，将鸡蛋黄搅成糊，铺在盘内，将生坯摆在蛋内糊上。

（6）炒锅置中火上，放入2汤匙油，烧至五成热将生坯（猪肥肉面朝下）下锅，煎约1分钟，加入油，改用微火加热2分钟至熟，滗出油，烹入绍酒和醋，出锅整齐地装入平盘，两边缀上香菜即成。

特点：外香脆，内软嫩，甘香不腻。

三、塌法

塌是将原料改刀后挂蛋液，用油煎制两面金黄时，再加入汤汁及调味品，用小火收尽卤汁的一种烹调技法。塌是在煎的基础上发展而来的，在操作上只比煎多一道收汁的过程。代表菜品有锅塌豆腐、锅塌菜卷、松塌白肉等。

塌菜一般多选用质地鲜嫩或软嫩的原料，如豆腐、鱼肉、鲜贝、猪肉等。原料在加热前先将其用调味品腌渍入味，然后将原料入锅双面煎黄，再淋入汤汁和调味品，最后要将汤汁收尽。塌法要将原料加工成扁平状，这样便于成熟，它是一种水油合烹法，是煎的一种延伸。

（一）工艺流程

塌制工艺的一般流程如图8-17所示。

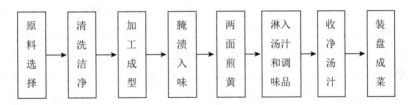

原料选择 → 清洗洁净 → 加工成型 → 腌渍入味 → 两面煎黄 → 淋入汤汁和调味品 → 收净汤汁 → 装盘成菜

图8-17 塌制工艺流程

（二）操作关键

（1）塌的菜肴一般要煎两面，而且多数菜肴要经过改刀、腌渍、拍粉、拖蛋液等工序，色泽以金黄色为主。

（2）塌菜的用油要少。因为有的菜肴要求成为一体，即片与片相连，如果油量太多，原料之间就会由于油的作用不能黏合在一起。油的用量以原料不粘锅底为好。

（3）塌菜不需要勾芡，菜肴不带卤汁，所以，在煎好原料后加汤要适中，并且要将汤汁收尽后再起锅装盘。

（4）塌菜不需要加酱油着色。

菜例：锅塌豆腐

用料：

豆腐500克、虾仁200克、马蹄50克、鸡蛋黄130克、面粉100克、虾子15克、大葱5克、姜2克、盐10克、味精5克、绍酒5克、高汤75克、色拉油75克。

制法：

（1）豆腐切成 20 片；虾仁、马蹄斩成泥，加盐、味精腌 10 分钟；每两片豆腐中间夹一薄层虾仁泥，放入面粉中两面粘裹均匀，再沾上一层蛋液备用。

（2）大火烧热炒锅，加色拉油烧至五分热时，下豆腐块两面煎至皮色金黄即捞出沥油，并修去多余、不整的蛋衣。

（3）锅内放油 10 克，以大火烧热，下葱花、姜末爆香，续下酒、高汤、盐、虾子、豆腐，再将豆腐烧至汁收干便可出锅装盘。

特点：色泽金黄，口味鲜醇，豆腐肉嫩。

拓展知识

食用油脂的导热作用

从传热介质的角度看，食用油脂在烹饪中的一些作用是其他介质无法代替的。食用油脂的燃点高，一般都在 300℃以上，而且油脂的热容量小，同样的火力加热，油脂比水的温度升高快一倍，停止加热后，温度下降也更快，这些特点都便于灵活地控制和调节温度，使原料受热均匀，以制作出各种质感的菜肴。

那么应该怎样选择最合适的油脂来传热呢？一般来说，需要高油温长时间烹制的菜点，就必须根据油脂的发烟点来决定。油脂的发烟温度与油脂的种类和精制程度有关，常见的几种油脂的发烟点分别为：豆油 195℃、菜籽油 190℃、棉籽油 220℃、麻油 175℃、奶油 208℃、猪油 190℃，而各种油脂的精炼油的发烟点又比其原油高约 40℃。因此，需高温长时间炸制菜点时，一般宜选用精炼油，但有时为了让菜点更快上色，也可以选择原油炸制。无论哪种油脂，长时间高温加热后，都会氧化变性，而经过适当氢化的油脂，其稳定性都将大幅度提高，这种氢化油脂目前已广泛应用于方便面的油炸工艺，相信不久后，还会在中餐烹调中得到应用。

任务三 其他传热烹调法

任务目标
- 能针对气态、固态导热烹调法合理地使用原料；
- 能灵活应用蒸、烤、盐焗、石烹、铁板、熬糖等技法烹制菜肴；
- 会根据菜品的要求掌握好原料的成熟度；
- 能根据不同的烹调技法合理调味。

活动一　气传热烹调方法

气传热烹调方法是利用热空气或热蒸汽，通过高温作用，气态介质剧烈对流，将原料加工成熟的一类烹调方法。气态介质具有特殊的传热性质，主要利用热辐射或热对流方式进行。

根据传热气态物质的不同，气导热烹调法可分为热蒸汽传热和热空气传热两种方法。热蒸汽传热法包括蒸等方法；热空气传热法包括烤、熏等方法。

一、蒸法

蒸法是对蒸锅中的水进行加热，使其形成热蒸汽，在高温的作用下，蒸笼中的蒸汽剧烈对流，把热量传递给原料，将原料加热成熟的一类烹调方法。

蒸是以蒸汽为传热介质的烹调方法。在菜肴烹调中，蒸的使用比较普遍，它不仅用于烹制菜肴（蒸菜肴），而且还用于原料的初步加工和菜肴的保温回笼等。蒸制菜肴是将原料（生料或经初步加工的半制成品）装入盛器中，加好调味品和汤汁或清水（有的菜肴不需加汤汁或清水，而只加调味品）后上笼蒸制。

蒸制菜肴所用的火候，随原料的性质和烹调要求而有所不同。一般只要蒸熟不要蒸酥的菜，应使用旺火，在锅水沸滚时上笼速蒸，断生即可出笼，以保持鲜嫩；对某些经过细致加工的各种花色菜，则需用中小火蒸制，以保持菜肴形状、色泽的整齐美观。蒸制菜肴是为了使菜肴本身汁浆不像用水加热那样容易溶于水中，同时由于蒸笼中空气的温度已达到饱和点，菜肴的汤汁也不像用油加热那样被大量蒸发。因此，一般质地较嫩或较细致的加工要求保持造型的菜肴，大多采用蒸的方法。

（一）工艺流程

蒸制工艺的一般流程如图 8-18 所示。

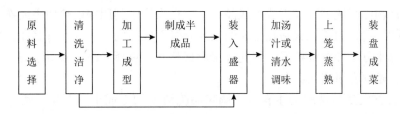

图 8-18　蒸制工艺的一般流程

（二）蒸的分类

根据原料的不同质地和不同的烹调要求，蒸制菜肴必须使用不同的火候和不同的蒸法。

（1）旺火沸水速蒸。此法适用于蒸制质地较嫩的原料以及只要蒸熟不要蒸酥的菜肴，一般约蒸制 8~12 分钟，最长不超过 20 分钟。如清蒸鱼、蒸扣三丝、粉蒸肉片、蒸童子鸡、蒸乳鸽等。

（2）旺火沸水长时间蒸。此法适用于制作粉蒸肉、香酥鸭、大白蹄等菜肴。这类菜肴原料质地较老、形状大，又要求蒸得酥烂。短的一两个小时，长的三四个小时。

（3）中小火沸水慢蒸。适用于蒸制原料质地较嫩、要求保持原料鲜嫩的菜肴。如蒸鸡、蒸鸭等。蒸蛋糕、蒸参汤也适用此法。

根据用料的不同，蒸还可分为干蒸、清蒸、粉蒸等蒸法。将洗涤干净并经刀工处理的原料，放在盘碗里，不加汤水，只放作料，直接蒸制，称为干蒸。将经初步加工的主料，加调料和适量的鲜汤上屉蒸熟，称为清蒸。将主料粘上米粉，再加上调料和汤汁，上笼屉蒸熟，称为粉蒸。

（三）操作关键

蒸制菜肴要求严格，原料必须新鲜，气味必须醇正。蒸制菜肴对火候要求较高，过老、过生都不行。应根据食品原料的不同，掌握大火、中火和小火的不同蒸法。

菜例：清蒸鲈鱼

用料：

鲈鱼1条700克、水发冬菇20克、火腿10克、精盐4克、麻油5克、姜片姜丝15克、胡椒粉1克、葱8克、味精少许、绍酒6克、蒸鱼豉油10克、色拉油40克。

制法：

（1）鲈鱼宰杀、洗净后擦干水分，用盐、胡椒粉、味精、绍酒擦匀后腌制半个小时。香菇切丝、火腿切丝，姜切片、葱切段备用。

（2）将鲈鱼放入盘中，在鱼身上放上葱段、姜片，摆上火腿和香菇丝。蒸锅旺火烧开，放入鱼盘，蒸约10分钟，取出盘子，去掉姜片、葱段，淋上蒸鱼豉油。另起锅，烧少许色拉油，在鱼身上撒上姜丝、葱丝，浇上热油即可。

特点：原汁原味，鱼肉鲜嫩，风味清香。

二、烤法

烤是把食物原料腌渍或加工成半成品后，放在烤炉中利用辐射热使之成熟的一种烹调方法。烤制的菜肴，由于原料是在干燥的热气烘烤下成熟的，表皮水分蒸发，形成一层脆皮，原料内部水分不能继续蒸发，因此成菜形状整齐，色泽光滑，外层干香、酥脆，里面鲜美、软嫩，是别有风味的美食。

烤制菜肴首先是将洗净的生料，用调味品腌渍或加工成半熟制品，然后再放入烤炉内，用柴、炭、煤、煤气或电等为燃料，利用辐射热能，把原料直接烤熟。在烤鸡、鸭时，原料的表皮要涂上一层饴糖，以防止原料表面干燥变硬。而且表皮的饴糖在烤制时发生焦糖化反应，使原料表皮变得金黄松脆。将饴糖涂在原料上还能防止原料里的脂肪外溢，使菜肴味浓重。烤肉时，要用竹签在肉面扎几个眼，深度以接近肉皮为度，切不可扎穿肉皮。扎眼的目的是防止原料鼓泡、烤破皮面，影响菜肴的质量。

（一）工艺流程

烤制工艺的一般流程如图8-19所示。

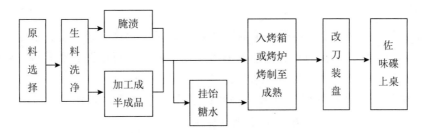

图 8-19　烤制工艺的一般流程

（二）烤的分类

根据烤炉设备及操作方法的不同，烤又可分为暗炉烤和明炉烤两种。

1. 暗炉烤

暗炉烤是使用封闭的炉子，烤时需要将原料挂在烤钩、烤叉或平放在烤盘内，再放进烤炉。一般烤生料时多用烤钩或烤叉，烤半熟或带卤汁的原料时多用烤盘。暗炉的特点是炉内可保持高温，使原料的四周均匀受热，容易烤透。烤菜的品种很多，如挂炉烤鸭、叉烧肉等。

2. 明炉烤

明炉烤一般用敞口的缸、火炉或火盆。一种制法是用烤叉将原料叉好，在炉上反复烤制酥透；另一种制法是在炉（盆）上置有铁架，烤时需要将原料用铁叉叉好，再搁在铁架上反复烤制。明炉烤的特点是设备简单，火候较易掌握，但因火力分散，原料不易烤得匀透，需要较长时间的烤制。它适用于小型薄片原料或乳猪、全羊等大型原料的烤制，明炉烤的效果比暗炉烤要好。如烤羊肉、烤牛肉等。

（三）操作关键

（1）烤前应将炉温升高。无论是明炉还是暗炉，在烤前都必须升高炉温，然后再装入原料。炉温的高低要视原料的性质、多少和炉的容积大小而定。原料多、烤炉容积大的，温度要高些，反之应低一些。

（2）烤的原料一般需要事先腌渍。由于烤炉的性质决定了烤时不易调味或不能调味，因此，在烤前可以将原料码好味，一般用绍酒、酱油、精盐、洋葱等。

（3）在开始烤时，一般要使用大火，待原料紧缩、表面呈淡黄色时，再改小火烤制。

（4）控制好原料的成熟度。在烤制过程中可用细铁钎或竹签在原料肉层较厚的部位扎一下，来检验原料是否成熟。如流出的汁水呈鲜红色，说明原料尚未成熟；如果流出的是清汁，说明恰到好处；如果没有汁水流出，则说明烤过头了。

（5）对于要在原料的表面涂抹饴糖或其他调味品的，必须要涂抹均匀周到，然后挂置在阴凉通风处吹干表皮后再进行烤制。

菜例 1：北京烤鸭

用料：

光鸭约 2500 克、京葱或葱段 2 棵、甜面酱 2 汤匙、薄饼适量、青瓜条半个、麦芽糖 2 汤匙、麻油少许。

制法：

（1）原料处理：选用 2~2.5 千克重的鸭，采用切断三管法宰杀放血，烫毛、煺毛，然后在鸭翅下开一小口，取出内脏，断去鸭脚和翅膀，然后进行涮膛，把鸭腔、鸭颈、鸭嘴洗涮干净，将回头肠及腔内的软组织取出，要使鸭皮无血污。

（2）烫皮挂色：将鸭体用饴糖沸水浇烫，从上至下浇烫 3~4 次，然后用糖水浇淋鸭身。一般糖水用饴糖与水按 1:6 至 1:7 比例配制。

（3）凉坯：将已烫皮挂色的鸭子挂在阴凉、通风处，使鸭子皮肤干燥，一般在春秋季经 24 小时凉坯，夏季 4~6 小时。

（4）烤制：首先用塞子将鸭子肛门堵住，将开水由颈部刀口处灌入，称为灌汤，其次再打一遍色，最后进入烤炉。一般炉温控制在 250~300℃，在烤制过程中，根据鸭坯上色情况，调整鸭子的方位，一般需烤制 30 分钟左右，烤制也可以根据鸭子出炉时腔内颜色判断烤制的熟度，汤为粉红色时，说明鸭子 7~8 分熟，浅白色汤时为 9~10 分熟，但汤为乳白色时，就说明烤过火了。

（5）鸭子出炉后，最好马上刷一层麻油，以增加鸭皮的光亮度。

（6）烤鸭烤熟后片皮装盘，配京葱、甜面酱、薄饼、青瓜上桌即可。

特点：色泽红艳，肉质细嫩，味道醇厚，肥而不腻。

菜例 2：叫花鸡

用料：

嫩母鸡 1 只约 1500 克、鸡丁 50 克、瘦猪肉 100 克、虾仁 50 克、熟火腿丁 30 克、猪网油 400 克、香菇丁 20 克、鲜荷叶 4 张、绍酒 50 克、精盐 5 克、白糖 20 克、酱油 10 克、葱花 25 克、姜末 10 克、丁香 4 粒、八角 2 颗、玉果末 0.5 克、葱白段 50 克、甜面酱 50 克、香油 50 克、色拉油 100 克、酒坛泥 3000 克。

制法：

（1）将鸡去毛、脚，从左腋下开下长约 3 厘米的小口，去内脏、洗净。加酱油、绍酒、盐、白糖、甜面酱，腌制 1 小时取出，将丁香 2 粒、八角碾成细末，加入玉果末和匀，擦于鸡身，葱白段放于鸡腹内。

（2）将锅放在旺火上，加入色拉油烧至五成热，放入葱花、姜末爆香，然后将辅料中的鸡丁、瘦猪肉、虾仁、熟火腿丁、香菇丁分别倒入锅中炒熟，出锅、放凉后，将馅料从鸡腋下的刀口处填入鸡腹，将鸡头塞入刀口中。鸡的两腋各放一颗丁香夹住，再用猪网油紧包鸡身，先用荷叶包一层，再用玻璃纸包上一层，外面再包一层荷叶，然后用细麻绳扎牢。

（3）将酒坛泥碾成粉末，加清水调和搅匀，平摊在湿布上（包泥的厚度约 1.5 厘米），再将捆好的鸡放在泥的中间，将湿布四角拎起将鸡紧包，使泥紧紧粘牢，再去掉湿布，用包装纸包裹。

（4）将裹好的鸡放入烤箱，用旺火烤 40 分钟。如泥出现干裂，可用湿泥补塞裂缝，再用旺火烤 30 分钟，然后改用小火烤 90 分钟，最后改用微火烤 90 分钟。

（5）取出烤好的鸡，敲掉外裹的泥，揭去荷叶、玻璃纸，在鸡身上淋上麻油即可。

特点：色泽棕红，鲜香扑鼻，鸡肉酥嫩，营养丰富，风味独特。

活动二　固态介质烹调法

固态介质导热烹调法是运用具有一定形状、体积，质地较硬、不易破碎的无毒无害物质为主要传热介质，通过热传导，将原料加热成熟的一类烹调技法。

常用的无毒无害固态传热介质有：盐、沙粒、石子、鹅卵石以及铁、铜等金属物质。具有代表性的固态介质烹调方法有石烹、盐焗和铁板烧等。

一、石烹法

"石烹"是我国古代一种原始的烹饪方法，它是利用石板、石块（鹅卵石）作炊具，间接利用火的热能烹制食物的烹饪方法。一种是外加热，将石头堆起来烧至炽热后扒开，将食物埋入，包严，利用向内的热辐射使食物成熟；另一种是内加热，是将石头烧红后，填入食品（如牛羊内脏）中，使之受热成熟。

（一）工艺流程

石烹工艺的一般流程如图 8-20 所示。

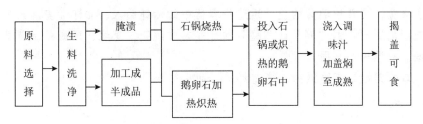

图 8-20　石烹工艺的一般流程

（二）石烹的分类

根据所用炊具材料的不同，石烹法还可以分为鹅卵石烹、石锅烹两种。

1. 鹅卵石烹

鹅卵石烹是把鹅卵石作为传热介质来加热食物的。用鹅卵石烹制菜肴的方法有很多种，一种是将烧得滚烫的鹅卵石盛放在容器中，同鲜活原料一起上桌，当着客人的面将原料放在鹅卵石上，然后浇淋上调味汁，利用高温聚热产生的蒸汽使原料成熟的一种烹调方法。由于现场烹制时会有大量蒸汽弥漫，如同桑拿室的蒸汽一样，故又称此方法为"桑拿菜"，如"桑拿牛蛙""桑拿大虾"等。另一种是将已经入油锅加热滚烫的鹅卵石先放入容器中，再将烹制好的菜肴连同汤汁一起浇淋至鹅卵石上，趁热端上桌的方法。

2. 石锅烹

石锅烹是鹅卵石烹的一个延伸，它是用小型的石锅作为盛器（而不是炊具）。使用时，石锅可以先用火烧至滚烫，也可以放在烤箱中烤制 220℃ 左右，然后随鲜嫩的生料和汤汁上桌，最后在客前一并倒入锅中加热。成菜特点：菜品口味清鲜、淡雅，肉质柔嫩、爽脆，情趣雅致，风味独特。

（三）操作关键

（1）用鹅卵石烹制的菜肴，宜选用鲜嫩易熟的原料，如鳝片、大虾、牛蛙、肥牛、鲜贝、贝肉等。

（2）菜肴的汤汁要多，多为半汤半菜。

（3）烹制菜肴的鹅卵石要质地坚硬，加热后又不致破裂的石头，如南京的雨花石、三峡石。鹅卵石使用时一定要事先洗净表面的污渍。

菜例：石烹虾

用料：

基围虾200克、精盐3克、味精4克、花雕酒10克、美极鲜酱油15克、白胡椒粉2克、食糖3克、葱姜蒜适量、香菜15克、色拉油15克、鹅卵石1000克。

制法：

（1）将洗净的鹅卵石放入180℃烤箱中烤烫，用特制耐高温的玻璃盆将鹅卵石盛好，码平，并加盖，端上桌面。

（2）取味碟盘1只，放入精盐、味精、酱油、糖、白胡椒粉、葱姜蒜末、香菜、色拉油一起调成味汁。将洗净的活虾盛入容器中，再放入适量的花雕酒，盖上盖子，将容器摇动几下一起上桌。

（3）在桌旁，揭开玻璃盆的盖，迅速将容器中的活虾倒入，立即加盖，只见大量蒸汽从玻璃锅盖四周冒出，似"醉"还"醒"的虾在其中跳跃，变红，即成熟。待蒸汽释放完后，揭开盖，蘸调味汁食用。

特点：口味鲜嫩，爽脆微甜，味道鲜美，回味悠长。

二、盐焗法

盐焗法是将加工腌渍入味的原料用砂纸包裹，埋入灼热的晶体粗盐之中，利用盐的导热的特性，对原料进行加热成菜的一种烹调技法。盐焗是利用物理热传导的机理，用盐作导热介质使原料成熟，加热时间以原料成熟为准，从而保持原料的质感和鲜味。用锡纸包裹加热，可以使原料中的水分有一定程度的散发，这也起到浓缩原料鲜味的效果。

焗是广东方言中的一个多义词。用于盐焗的原料多为肉嫩的小型整只动物性原料，如河鳗、大虾、仔鸡等。成菜特点：皮脆骨酥，肉质鲜嫩，干香味厚。

（一）工艺流程

盐焗工艺的一般流程如图8-21所示。

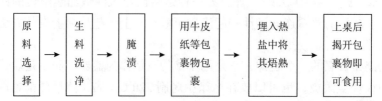

图8-21 盐焗工艺流程

（二）操作关键

（1）选择的原料要肉质细嫩、滋味鲜美。由于盐焗是隔着物品加热原料，传热比较慢，因此原料成熟也较慢，若选择老韧的原料烹制，则原料不易成熟。

（2）包裹物必须选用细薄、耐高温且透气性好的物品，否则原料不易焗透。如砂纸、牛皮纸等。包裹时要包紧包匀，不能太松，以免菜肴卤汁渗出。

（3）一般一份盐焗的菜肴要用 1500 克左右晶体盐为好。炒盐时，一般要炒炸至盐发出啪啪响声，呈现红色，温度在 120℃以上为宜。炒制时切忌混入其他异味，以免影响菜品的质量。

（4）要将包裹好的原料全部埋入灼热的盐中，以使原料受热均匀。

（5）为了防止盐温过快下降，可选用砂锅装盐放在小火上，每隔 10 分钟翻身一次，如发现盐温不足时，可以取出盐再炒一次。另一种方法是将盐放到盛器内将原料埋入，然后再放入一定温度的烤箱内进行加热（烤箱温度一般控制在 150~180℃），以保持盐的温度。

菜例：盐焗鸡

用料：

三黄鸡 1 只 1250 克、砂姜末 5 克、八角 5 克、香菜 2 棵、米酒 15 克、精盐 3 克、葱段 30 克、姜片 25 克、花生油 25 克、粗盐 1500 克、绵纸 2 张、深底瓦煲 1 只。

制法：

（1）砂姜洗净刮去外皮，剁成细末；香菜去头，洗净沥干水待用。三黄鸡洗净去内脏，斩去头、脖子和鸡脚，洗净后吸干水分。

（2）用盐、葱段、姜片、八角、米酒和砂姜末涂抹鸡身，腌制 15 分钟，将剩下的米酒倒入鸡腹里。鸡身上涂上花生油，用绵纸将三黄鸡包裹严实。

（3）先在瓦煲底部撒入一半粗海盐，放入包好的鸡，再倒入一半粗海盐盖住鸡身。盖上瓦煲的盖子，开小火焗 60 分钟左右。

（4）取出瓦煲，揭盖舀出鸡身上的粗海盐。取出煮熟的鸡，撕去绵纸，将鸡置入碟中，放上香菜做点缀，即可上桌。

特点：鸡香清醇，澄黄油亮，香而不腻，爽滑鲜嫩。

三、铁板烧

铁板烧又称铁板烤，是将加工成形和调味后的原料经过炉灶烹制，随烧烫的特制铁板一起上桌，边烧边吃，或用特制的铁板在客前边加热边烹制菜品的一种烹调技法。

铁板烧通常选用高级、新鲜的食材，主要分为海鲜如龙虾、大虾、带子、鲍鱼等，肉类如牛肉、鸡肉，蔬菜如菌类、豆腐等。

制作时，把铁板烧热，加一点油，把肉类和姜片、青椒等料放上去，把盖子盖上让它烧一会儿，快好的时候加酱油等各种味汁，最后撒上葱花即可。铁板烧成菜具有滑嫩鲜香、滋味浓郁或皮脆肉嫩、干香味美的特点。

（一）工艺流程

铁板烧工艺的一般流程如图 8-22 所示。

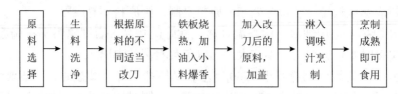

原料选择 → 生料洗净 → 根据原料的不同适当改刀 → 铁板烧热，加油入小料爆香 → 加入改刀后的原料，加盖 → 淋入调味汁烹制 → 烹制成熟即可食用

图 8-22　铁板烧工艺的一般流程

（二）操作关键

（1）选料一定要新鲜细嫩。由于铁板烧成菜时间短，过于老韧的原料不太容易成熟。

（2）在烧烤铁板时，尽量使用中火烧制，并掌握好铁板的温度，一般来说，铁板温度控制在 120℃~130℃即可。

（3）对于一些肉类、鱼类等不容易入味的原料，要事先在原料上剞上花刀，或经过刀工处理后，进行腌渍、上浆。如鱿鱼加工好后要剞上花刀，虾仁、里脊肉、牛肉等要事先码味。

（4）操作时要注意安全。取拿铁板要用专用的铁板钳，以免烫伤。

（5）若客前烹制，现场操作，如浇汁、搅拌等动作时要轻，要注意防止热油或热汤烫伤客人，操作时可以用盖、板、纸巾进行遮挡。

菜例：铁板烧鱿鱼

用料：

鱿鱼 2 尾约 600 克、洋葱丝 100 克、芹菜段 30 克、生粉 8 克、绍酒 10 克、精盐 3 克、味精 3 克、酱油 15 克、海鲜酱 10 克、白胡椒粉 3 克、京葱 30 克、麻油 10 克、高汤 20 克、黄油 15 克。

制法：

（1）鱿鱼洗净切开成片状，在内面以斜刀切交叉花纹，再切成片状。

（2）鱿鱼片加盐、味精、酒码味，然后撒上干生粉，投入油中略炒，盛盘备用。

（3）另用一半黄油炒香洋葱丝，并倒入芹菜段略炒，投入调味料，大火煮滚成调味汁，盛于碗中备用。

（4）将铁板烧热后放上剩下的黄油和麻油，迅速上桌。在客前，将京葱丝垫底，并放上鱿鱼片，迅速淋下调味汁于鱿鱼片上，加盖，待热气稍消后，即可食用。

特点：鱿鱼皮脆肉嫩，滋味浓郁，干香味鲜。

活动三　熬糖烹调法

熬糖烹调法是以糖为调料小火加热烹调的方法，是将糖与介质加热，使糖受热产生一系列的变化，最终形成不同状态的加工方法。一般烹调中运用的有三种：一是出丝，习惯上称为拔丝；二是出霜，即为挂霜；三是起黏发亮，称为蜜汁。事实上，如果以水为介质进行加热，从宏观上看此三种状态是一个连续的过程，当糖投入水中使糖颗粒溶解，经过一定时间的加热，糖汁起黏，形成蜜汁。实践中也有先用油上色后再熬糖的方法，继续加热，水分蒸发，溶液开始饱和。

一、拔丝

拔丝，又叫挂浆，是将原料加工改刀后，挂糊或不挂糊，用油炸熟，趁热投入熬好的能拔出丝的糖浆中挂上糖浆的一种烹调处理技法。

拔丝菜肴是甜菜的一种。主料一般是小块、小片或制成丸子等形状的原料。先将加工后的主料挂糊或不挂糊用油炸熟（或不挂糊煮熟、蒸熟），另将糖水或糖油熬浓到快能拔出糖丝时，随即将炸好的主料投入，挂上糖浆即成。拔丝的原料是否挂糊可视原料的性质而定，一般含水量较多的水果类原料多需要挂糊，而质地紧密的根茎类（含淀粉多的）原料则多数不挂糊。

一般用于拔丝的原料为去皮、核的水果，干果，根茎类的蔬菜，去骨的肉类等。拔丝是制作纯甜口味菜肴的一种方法，因而具有外脆香甜、里嫩软糯、色泽美观、夹取出丝的特点。

（一）工艺流程
拔丝工艺的一般流程如图 8-23 所示。

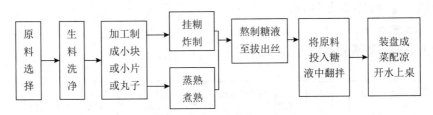

图 8-23　拔丝工艺的一般流程

（二）操作关键
（1）控制好油炸原料的油温。过高易出现焦煳，影响菜肴质感；过低制品含油，不易挂上糖浆。

（2）原料挂糊时要厚薄均匀。

（3）拔丝菜肴装盘时，要事先在盘子表面涂抹上一层色拉油，以免粘连。

（4）熬制糖浆时，要控制好火候，小火慢熬，随时观察锅中糖液的变化，以免熬过或熬不到位，影响拔丝效果。

菜例：拔丝苹果

用料：

苹果 350 克、白糖 150 克、熟芝麻 10 克、鸡蛋 1 个、干淀粉 150 克、花生油 750 克（实耗 75 克）。

制法：

（1）将苹果洗净，去皮、心，切成 3 厘米见方的块。鸡蛋打碎在碗内，加干淀粉、清水调成蛋糊，放入苹果块挂糊。

（2）锅内放油烧至七成热，下苹果块，炸至苹果外皮脆硬，呈金黄色时，倒出沥油。

（3）原锅留油25克，加入白糖，用勺不断搅拌至糖溶化，糖色成浅黄色有黏起丝时，倒入炸好的苹果，边颠翻、边撒上芝麻，即可出锅装盘，快速上桌。随带凉开水一碗，用筷子蘸水食用，以免粘连。

特点：色泽金黄，块型光滑，口味甜香，外脆内软，糖丝不断。

二、蜜汁

蜜汁是将原料放入白糖和水兑好的汁中，用小火将糖汁收浓后加入蜂蜜（也可以不加）的一种普通处理技法。蜜汁菜肴是一种带汁的甜菜，其汁的浓度、色泽、味道均像蜂蜜，故而得名。

蜜汁一般有两种制法，一种是将糖先用少量油稍炒，然后加水（加些蜂蜜更好）调匀，再将主料放入熬煮，至主料熟烂，糖汁收浓（起泡）即成。这一制法适用于易熟烂的原料，如白果、板栗等。另一种是将主料加糖或冰糖屑（加些蜂蜜更好）先行蒸熟，然后将糖汁熬浓（有的可加少许水淀粉勾芡）浇在原料上制成。这一制法适用于不易熟烂的原料，如"蜜汁火腿"。蜜汁多用于水果，其成菜特点是软糯香甜、形色美观。

蜜汁的制作过程是：一是原料加工清洗、控干；二是锅中加糖、水调味；三是投入原料熬制熟烂，汤汁收紧时加蜂蜜。

（一）工艺流程

蜜汁工艺的一般流程如图8-24所示。

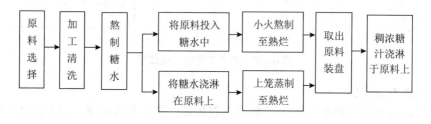

图8-24　蜜汁工艺的一般流程

（二）操作关键

（1）选料要精。这种方法主要用于水果，且对形、色的要求严，因此必须选用新鲜的水果，并且原料的表面要光滑、无斑点。

（2）最后加蜂蜜。做蜜汁菜肴时，待菜肴即将熟透时再加入蜂蜜。因为蜂蜜不适宜用水长时间煮沸，其最适宜温度为60~70℃，否则，蜂蜜中所含有的生物活性物质就会发生分解，影响蜂蜜的味道、色泽和营养价值。

（3）要掌握好火候。蜜汁菜肴要求汁浓明亮，而汁浓主要是糖的作用。如果火力过大，不等原料软烂，糖还没有充分溶化时汁就蒸发干了，势必影响菜肴的质量。尤其是出锅前的一段时间，这时糖汁很浓，火力稍大就会"燎边"，产生焦煳现象而影响菜肴的味道和色泽。另外，在用小火之前应撇去浮沫，以保持菜肴的光泽。

菜例：蜜汁红枣

用料：

红枣（干）400 克、白芝麻 20 克、白砂糖 100 克、醋 10 克。

制法：

（1）红枣洗净，用温水泡软，捞出控净水分。

（2）取 1 杯开水与红枣、白糖一同放入锅中，中火熬开，待糖溶化，转小火慢熬，待糖黏稠，放入芝麻和醋，拌匀，盛入碗中，晾凉即可。

特点：甘甜可口。

三、挂霜

挂霜是将原料加工成块、片或丸子等小型形状后，拍粉、挂糊或直接入油锅炸熟，粘上白糖，或裹上白糖熬制的糖浆，快速晾凉后外表呈霜样菜品的一种烹调处理技法。用此方法制作的菜肴，可以根据原料的性质作为冷菜使用。

挂霜的方法有两种：一是将炸好的原料放在盘中，上面直接撒上白糖。如香蕉锅炸、高丽豆沙等；二是挂返砂糖浆，即将白糖加少量水或油熬溶化，把炸好的原料放入拌匀，取出冷却。随着温度的降低，原料表面的糖浆重新结晶泛白成霜（也有的在冷却前再放在白糖中拌滚，再粘上一层白糖），如挂霜腰果、挂霜桃仁等。

挂霜菜肴是一种纯甜口味的菜肴，它具有表面洁白如霜、松脆香甜、形状整齐、互不粘连的特点。

（一）工艺流程

挂霜工艺的一般流程如图 8-25 所示。

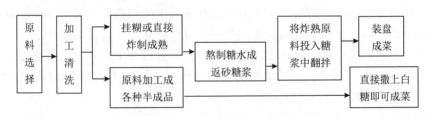

图 8-25　挂霜工艺的一般流程

（二）操作关键

（1）挂霜原料（花生、腰果、核桃仁）最好采用烤制成熟，这样糖液容易均匀裹上；选用油炸制原料时，一方面控制好油温和火候，避免焦煳，另一方面一定要吸干油分，以免挂不上糖浆。

（2）炒糖时，锅、糖、水一定要洁净，以免影响菜品的色泽。

（3）火力要小而集中，火面低于糖液的液面，使糖液由锅中部向锅边沸腾。当呈连绵透明的片状时，即可达到挂霜的条件。否则容易出现"燎边"现象。

（4）放入原料应迅速翻动、离火。

拓展知识

微波烹调法

微波烹调法是将加工成型的原料，调味后，放入微波加热设备中，通过电磁波来加热原料，使其成熟的一种烹调方法。微波加热的设备一般有电磁灶、远红外线烤炉、微波炉等。随着经济的发展，它的应用领域将不断得到拓宽，不断被普及推广和应用。

微波加热技术是利用电磁波把能量传播到被加热物体内部，加热达到生产所需求的一种新技术。其加热原理是使烹饪原料中的水分子、蛋白质、核酸、脂肪、碳水化合物等吸收了微波能以后，在微波的作用下，分子间频繁碰撞而产生了大量的摩擦热，以热的形式在物料内表现出来，从而导致物料在短时间内温度迅速升高、加热或熟化。与此同时，在微波的作用下，抑制或杀灭了物料中的有害菌、虫害等微生物等有害物质，达到杀虫、灭菌、保鲜的效果。其优点是：

（1）加热速度快。因为微波可以透入食品物料内部，干燥速度快，加热时间短，仅需传统加热方法的1/100~1/10（几分之一或几十分之一）的时间，所以缩短了菜品的成熟时间。

（2）低温灭菌，保持营养。微波加热灭菌具有低温、短时灭菌的特点。所以不仅安全、保险，而且能保持食品营养成分不被流失和破坏，有利于保持产品的原有品质，色、香、味、营养素损失较少，对维生素C、氨基酸的保持极为有利。

（3）加热均匀。微波加热时，物体各部位不论形状如何，通常都能均匀渗透微波产生热量。因此均匀性大大改善，可避免外焦内生、外干内湿现象。提高了菜品质量，有利于食品物料品质的形成。

（4）节能高效。微波对不同物质有不同的作用，微波加热时，被加热物一般都是放在金属制造的加热室内，加热室对微波来说是一个封闭的空腔，微波不能外泄。外部散热损失少，只能被加热物体吸收，加热室的空气与相应的容器都不会发热，没有额外的热能损耗，所以热效率极高。同时，工作场所的环境温度也不会因此升高，环境条件明显改善。所以节能、省电，一般可节省30%~50%。

（5）易于控制，实现自动化生产。微波加热干燥设备只要操作控制旋钮即可瞬间达到升降开停的目的。因为在加热时，只有物体本身升温，炉体、炉膛内空气均无余热，特别适宜于加热过程中和加热工艺规范的自动化控制。

（6）改善劳动条件，节省占地面积。微波加热设备无余热、无样品污染问题，容易满足食品卫生要求，本身又不发热、不辐射热量，所以大大改善了劳动条件，而且设备结构紧凑，省厨房面积。

微波烹调需要注意的是：应按照微波设备的正确操作方法规范操作；严禁使用一切金属制品作为容器盛装菜品进行微波加热；由于微波烹调法是在一个密闭的容器中加热的，加热前一定要调味得当；取拿微波设备中的菜品要用专用的手套，以免烫伤。

 思考与练习

一、课后练习

（一）选择题

1. 水烹法是利用液体不断（　　　）将原料加热成熟。

　　A. 蒸发　　　　　　　B. 对流　　　　　　　C. 加热　　　　　　　D. 传导

2. 爆菜在火候上要求急火（　　　）。

　　A. 热油速成　　　　　B. 少油慢炒　　　　　C. 表面金黄　　　　　D. 成品酥脆

3. 拔丝根据原料特性有挂糊和（　　　）之别，但必须走油。

　　A. 不调味　　　　　　B. 不腌渍　　　　　　C. 不挂糊　　　　　　D. 不上色

4. 在加热过程中能够形成蛋白质胶体吸附作用的是（　　　）。

　　A. 凝结成块的动物血液　　　　　　　　　　B. 杂香草和生姜

　　C. 茸泥状的鸡肉茸　　　　　　　　　　　　D. 畜禽筋韧带

5. 烩制菜的主料（　　　），能形成鲜嫩的特色。

　　A. 不可久煮　　　　　B. 不耐久煮　　　　　C. 可久煮　　　　　　D. 耐久煮

6. 生炒又称生煸、煸炒，它是用（　　　）的一种烹调方法。

　　A. 小火大炒　　　　　B. 旺火速炒　　　　　C. 中火煸炒　　　　　D. 微火快炒

7. 焖制菜，原料多以（　　　）动植物性原料为主。

　　A. 老而柔韧　　　　　B. 老而坚实　　　　　C. 软而滑嫩　　　　　D. 软而柔嫩

8. 盐焗是将主料包好放入砂锅中，覆以（　　　），用文火将其煨热。

　　A. 粗盐　　　　　　　B. 精盐　　　　　　　C. 热砂粒　　　　　　D. 炒热的食盐

9. 软炸菜，挂糊后一般先用（　　　），让其初步定型。

　　A. 热油炸制　　　　　B. 高热油炸制　　　　C. 温油浸炸　　　　　D. 低温油浸炸

10. 脆炸是原料经（　　　）、挂糊，烹制过程必须经过高温加热阶段，成菜外脆里嫩的一种炸法。

　　A. 调味　　　　　　　B. 调料　　　　　　　C. 挂糊　　　　　　　D. 脆炸

11. 软炸，是将质嫩、形小的原料，挂上蛋清糊，投入（　　　）中炸制成菜的一种烹调方法。

　　A. 冷油　　　　　　　B. 中油　　　　　　　C. 热油　　　　　　　D. 温油

12.（　　　）熘亦称脆熘或焦熘，是原料炸脆之后浇淋或裹上具有特殊味觉的卤汁的熘法。

　　A. 蒸　　　　　　　　B. 煎　　　　　　　　C. 烧　　　　　　　　D. 炸

13. 原料以水蒸气为导热体，用中、旺火加热，成菜熟嫩或酥烂，这个烹调方法称为（　　　）。

　　A. 蒸　　　　　　　　B. 煮　　　　　　　　C. 烧　　　　　　　　D. 炒

14. 清蒸是指单一（　　　），单一口味（咸鲜味），原料直接调味蒸制，成品汤清味鲜质嫩的蒸法。

A. 调料   B. 辅料   C. 主料   D. 烹调

15. 粉蒸是原料贴上一层炒米粉再蒸，原料主要是（ ）、禽类，有片状和块状两类。

A. 肉类   B. 水果类   C. 禽类   D. 畜类

（二）判断题

1. 软炸后的菜肴柔软细嫩，一般都可直接食用。（ ）

2. 炒是将加工成片、丝、丁、条、块、粒、末、茸泥等形态的动植物性原料放在中小油量的锅中，用旺火或中火在较短时间内加热成熟的方法。（ ）

3. 干煸菜肴的选料要选择质地软嫩肌肉组织紧密，并无结缔组织的原料。（ ）

4. 煨是将较大块、质地软嫩的原料在较多的汤汁中，用慢火长时间烹制的一种烹调技法。（ ）

5. 爆炒菜肴一般选用质地较硬、软中带韧的动物性原料。（ ）

6. 滑炒菜肴一般选用质地细嫩、新鲜的动物性原料。（ ）

7. 爆制菜肴是将主料经沸汤沸水、热油、温油等初步加热处理后，再加辅料，烹入芡汁进行烹制的方法。（ ）

8. 油爆菜肴的主料一般需经上浆处理，加热时锅要热，火力不能太旺，油要适量。（ ）

9. 炸熘菜肴对整只、整条、整块的原料需用调味料腌制入味，加工成片、条、块的原料则不需腌制。（ ）

10. 软熘应选用质地细嫩、新鲜的原料，如整鸡、整鸭等。（ ）

11. 烧是将经初步熟处理的原料加入适量的汤汁和调料先用大火烧开，定色定味后，再改用小火缓慢加热的烹调方法。（ ）

12. 酥炸菜肴的某些原料要以汽蒸完成熟处理，加热至酥烂入味后炸制。（ ）

13. 煎是先将锅烧热，放入少量的油，然后将加工成扁平状的烹调原料放入锅中，用中小火将两面煎成金黄色，也有的需加入料酒或汤汁稍焖至熟。（ ）

14. 贴多选用质地极为细嫩、口味鲜美的动物性原料，成品还需切块后食用。（ ）

15. 烹是将烹调原料加工成块、条状，加入调料腌制入味，拍粉或挂糊后，进行油炸然后兑汁烹制的一种烹调方法。（ ）

（三）问答题

1. 炖制菜肴在制作时应掌握哪几个关键步骤？

2. 煎、贴、塌之间有何区别？

3. 烤制菜肴在制作时要注意哪些事项？

4. 滑炒类菜品在制作时，原料出现结团、老韧的原因是什么？

5. 什么是拔丝？拔丝菜肴在制作时应该注意些什么？

6. 炸的烹调技法在操作时应该如何控制油温？

7. 炖、焖、煨烹调技法之间有何相同点和不同点？

8. 什么是熘？它可分为哪几类？熘的操作关键有哪些？

9. 以生余肉圆为例，谈谈余制菜肴的成菜特点。

二、拓展训练

1. 结合课程所学的各种烹调技法的特点，以鸡肉为原料设计制作 8 款菜肴。

2. 结合所学知识，以小组为单位，谈谈不同的烹调方法对菜品质量的影响，并做出主题材料（文字稿或 PPT 或板报）。

3. 以小组为单位，应用滑炒、脆熘、烩、炖等技法制作一组特色或创新菜肴。

4. 以小组为单位走进菜市场，自己采购食品原料，模拟饭店厨房的组织结构分工，进行一桌 10 人用热菜的设计、制作及销售。

模块九　菜肴盛装工艺

学习目标

　　知识目标　了解菜肴造型的艺术处理原则；了解菜肴造型的主要途径；掌握实用性冷盘造型的三个步骤；掌握热菜造型的基本手法；掌握菜肴盛装工艺基本方法；了解菜肴装饰与美化的基本技巧。

　　技能目标　会运用冷菜造型艺术处理的手法；能够对不同的热菜进行造型艺术处理；会对实用性冷盘进行造型；掌握欣赏性冷盘造型的基本方法；掌握冷、热菜肴盛装的基本手法；会装饰和美化冷、热菜肴。

模块描述

　　本模块主要学习菜肴造型艺术处理与菜肴盛装两大内容，主要包括菜肴造型艺术处理的实用原则、规律和造型的主要途径，重点介绍和训练冷菜、热菜造型的基本手法，冷菜和热菜盛装的规格要求、手法以及装饰美化方法等，并辅之较系统的知识与技能训练。

导入案例

　　长江职业技术学院烹饪工艺与营养专业班的实操课程"菜肴制作工艺"期末考试是这样安排的：考试不规定具体菜品，由学生根据考试现场摆放的原材料，自选一道造型菜作为考试菜肴，冷热菜式不限，120分钟内完成操作。为了体现考试的客观、公平、公正，让学生发挥出真实的水平，考试内容和要求不提前告知学生，只在开考前向学生公布。考试结束后，从所有作品中选出三个有代表性的作品，用一课时的时间进行点评，以期通过考试进一步促进学生菜肴制作技术的提高。

　　考试结束了，评判老师从30个自选菜中挑了一盘冷拼"金鸡报晓"、两盘热菜"老牛拉车"和"珍珠米圆"作为点评菜肴。"请同学们说说这三个菜哪个最好？"同学纷纷举手发表自己的观点。"金鸡报晓最好。"有一半同学异口同声地回答。"为什么？"老师追问。一个同学举手答道："这道菜刀工细腻，造型逼真。""老师，我认为珍珠米圆也很棒，粒粒糯米都是直挺挺的，而且每粒糯米之间的间距都基本一致。"有的同学带着美慕的眼光发出了感慨。"你们认为'老牛拉车'怎样？""刀工粗糙了，缺乏美感。"有几个同学

都有这种看法。"这道菜怎么不好？这是一种粗犷的刀工美，怎能说是粗糙呢？！"点评现场出现了正反方意见，争论越来越激烈，公说公有理，婆说婆有理。"请大家安静下来，我做个点评，供你们参考。"现场开始平静下来，每个同学都在听老师细致的点评——

"菜肴的造型艺术似建筑设计，一个是给冰冷的建筑赋予生命力，一个是让盘中的食物鲜活起来。菜肴造型有自然朴实之美、绮丽华贵之美、整齐划一之美、节奏秩序之美以及生动流畅之美等。不论哪种艺术表现形式，都应当立足于菜肴的整体要求，把形式同内容紧密结合起来，菜肴造型不能游离于烹饪艺术之外。'金鸡报晓'的造型的确不错，但所用的是生料，不具有食用价值，只能作'看盘'用，这是不值得提倡的。菜肴造型一定要注意艺术欣赏性与食用性的结合，'老牛拉车'是个好榜样。这道菜实际上是'香酥鸭'的变形，经过简洁的改刀和拼摆，酷似一头老牛在拉车，生动形象，惟妙惟肖。'珍珠米圆'本是一道民间传统风味菜，对于其传统做法同学们一定都很熟悉了。而某同学做的'珍珠米圆'不是滚粘上的糯米，而是用捻子将糯米一粒粒地插在肉丸上，若论其形，当然很美，那缺陷是什么呢？""太浪费时间了。"在老师的提示下，同学们恍然大悟。老师接着说："同学们讲得很好。现代生活追求快节奏，烹饪艺术由繁缛转变为简洁、明快，这也是现代烹饪发展的趋势之一。冗繁，是艺术的铺张浪费。造型菜要在追求美感的同时，注意节约制作时间。如果是制作几十桌或上百桌酒席的'珍珠米圆'，如法炮制，岂不是相当浪费人力和时间？！所以，我们不赞成造型菜如此构思。另外，这道菜选盘太小，装得过多，显得臃肿。"

"同学们，还有一年你们就要毕业了，希望你们从这次造型菜的考试中得到一些启示，努力提高菜肴造型的技艺和菜肴制作的整体水平，以优异的成绩向毕业献礼！"

老师的点评结束了，同学们响起了热烈的掌声，从掌声里老师明白：这次考试，同学们收获了许多许多……

问题：

1. 怎样理解"菜肴造型不能游离于烹饪艺术之外"？

2. 为什么说造型菜肴要注意艺术欣赏性与食用性的结合？

3. 请同学们说说你从这个案例中学到了哪些知识？

任务一　菜肴造型的基本手法

☞任务目标

- ●掌握菜肴造型的艺术处理原则；
- ●能运用冷菜造型的基本手法；
- ●能运用热菜造型的基本手法；
- ●会对冷、热菜肴进行艺术处理。

活动一　菜肴造型的艺术尝试

菜肴造型是人们饮食活动与文化生活相结合的艺术形式。它是以烹饪工艺为基础，结合原料自身的色彩、味道、形态、质地等特点，运用烹饪美术的基本原则和基本元素，根据制作要求，采用适宜的艺术处理手段，创造出来的既有食用价值、又有欣赏价值、且象征意义十分显著的菜肴工艺。中国菜肴的造型丰富多彩，千姿百态，通过优美的造型，可以表现出菜肴的原料美、技术美、形态美和意趣美。从整个创作和制作过程看，菜肴造型始终贯穿着"实用"和"美感"的两重性。

一、菜肴造型的艺术处理原则

菜肴造型的艺术处理原则是指导中式菜肴造型的关键，这是由菜肴本身的性质决定的。

1. 实用性

实用性即食用性，菜肴造型是一种以食用为主要目的的特殊形式。菜肴不具备或缺少食用价值，就没有存在的必要。食用性主要体现在菜肴的香、味、质地和营养上。处理好食用与造型的关系，是菜肴造型的首要任务，要将食用与审美寓于菜肴造型工艺的统一体之中，不要为型造型，因型伤质伤味，降低营养价值。事实上，菜肴造型的形式美是以内容美为前提的。人们品评美食，开始不免为它的色、形所吸引，但真正要追求美食的真谛，往往又总不在色、形上，这是因为饮食的魅力在于营养与美味。因此，实用性是菜肴造型艺术的第一原则。

2. 安全性

事实上，实用性中内含有安全性因素。之所以单独提出安全性并作为菜肴造型艺术处理的第二大原则，目的在于引起足够重视。安全包括卫生的要素，最重要的是要注意以下两方面，一是原料的安全，不要为了造型而使用一些不能食用的物料。这里不是否定将雕刻物和花卉料运用于菜肴造型中，关键是不要把一些黏合剂等不安全的辅助物料用在菜肴造型上。二是对造型后直接食用的菜肴，在造型时，不要直接用手接触，以防细菌污染。

3. 时效性

"时间就是金钱，效益就是生命"是许多餐饮企业提出的口号，而"时间就是管理"已成为现代厨房管理中的重要理念。相对一般菜肴，即非造型菜肴而言，造型菜肴要花费更多的时间，而怎样制作造型菜肴，使之既能保证质量，又能节约时间，即以最短时间达到最佳效果，是值得重视和研究的。由于菜肴造型只能在菜盘中展开，因此，其造型受时间、空间、原料、工具等多方面限制，造型不宜采用写实手法。抽象、简洁、大方、明快地把菜肴造型表现出来，是菜肴造型的重要目标，它的时效性特点备受推崇。

4. 技术性

技术性是实用性和艺术性的前提。完善的艺术造型，必须由技术环节来完成。菜肴的技术性涵盖菜肴制作的全部内容，只有做好每一道工序，菜肴才有质量保证。对菜肴造型来讲，切配加工和烹调方法是突出的技术要素。刀工成型对造型菜至关重要，从最基本的规则的几何体和不规则的几何体，到富于变化的各种花刀，都为菜肴的单一造型和组合造型奠定了基础。原料的组配是菜肴造型的物质保障，只有原料的组配合理，才能够既保障食用，又便于造型处理。烹调方法是一种综合性强的技术，运用得好，能够使造型菜肴在色、香、味、形、质上表现出更为强烈的效果。

5. 艺术性

艺术性是丰富人们饮食生活，突出中国烹饪特色的重要表现。自古以来，厨师一直都在追求菜肴的艺术性，这是因为具有艺术美的菜肴，会显示出巨大的魅力。具有造型艺术的菜肴，是厨师在熟练地掌握艺术媒介物的自然属性及其规律的基础上，创造出来的体现菜肴特质的造型作品，是厨师艺术素养和主观情感的体现，也是厨师对客观事物加工、改造的再现。因此，菜肴造型的艺术美，是表现与再现的统一，是主观与客观的统一。只有当厨师的艺术素养及主观情感与客观现实生活统一起来，菜肴造型的艺术美才能显示出来。倘若厨师没有艺术修养或缺乏艺术修养，就不可能制作出具有艺术美的菜肴。

在实用性、技术性和艺术性中，实用性是目的，技术性是手段，艺术性对实用性和技术性起着积极的作用。有艺术性的菜肴，能够通过艺术本身的力量感动欣赏者，使人在食用时心情舒畅，收到景入情而意更浓的效果，反映了人们对美好饮食生活的向往和追求。

二、菜肴造型的艺术处理规律

菜肴造型的艺术处理规律，是指菜肴造型的一般规律，也叫形式美规律或形式美法则，它是一个极其复杂而含义深广的命题。一般在菜肴造型的艺术处理上，应遵循以下十点规律。

1. 单纯与一致

单纯一致又称整齐一律、单纯齐一、单纯划一，是最简单、最常见的形式美法则。在单纯一致中见不到明显的差异和对立的因素，这在单拼冷盘造型或组合造型的围碟中最为常见，可以使人产生简洁、明净和纯洁的感受。一致是一种整齐的美，是同一形状的一致的重复，给人以整齐划一、简朴自然的美感。可见，再简单的菜肴造型，只要符合造型美的形式法则，即便是最简单的单纯一致，也能产生令人愉悦的视觉效果。

2. 重复与渐次

重复和渐次体现的是节奏和韵律。重复是有规律的伸展延续。我们在千万朵花卉中选择美丽的典型花朵，加以组织变化，连续反复，即构成丰富多样的图案。

连续重复性的图案形式，是菜肴造型中的一种组织方法。它是将一个基本纹样，进行上下连续或左右连续，以及向四面重复地连续排列而形成连续的纹样。例如将同等大小的原料在盘面连续排叠，构成排面，这就是重复，具有典型代表的是什锦拼盘。

渐次是逐渐变动的意思，就是将一连串相类似或同形的纹样由主到次、由大到小、由长到短、由粗到细的排列，构成由远及近的排面。也就是物象在调和的阶段中具有一定顺序的变动。如"金鸡唱晓"一菜，处理时主要将金鸡羽毛依次地渐变排列，层层相叠，由大到小，使金鸡羽毛丰满，重复中见变化。

3. 对称与均衡

对称与均衡是求得重心稳定、平衡的两种结构形式。对称是同形同量的组合，即以盘中心为核心，或以两端为中轴直线，将具有同样体积、形状、重量的原料置于盘周或相对的两端。前者是中心对称，可作三面、四面乃至整个围绕中心一周的圆对称；后者叫轴对称，这是最常用的一种构图形式。对称形式条理性强，有统一感，可以得到端整庄重的效果。但处理不当，又容易呆板、单调。均衡则是在变化中构图的，较为自由，它以同量不同形的组合取得稳定的形态。与对称相比，均衡容易产生活泼、生动的感觉。但处理不当，又容易造成杂乱。菜肴造型中往往是两者结合运用，并以一者为主，做到对称中求平衡，平衡中求对称。

4. 严整与灵动

严整与灵动分别给人以形体的严肃、规整、凝重和轻灵、活泼、富于生命力的感觉。严整是将原料堆砌构筑在一个范围内，大小高低都受到严格的规定，不扩大也不缩小，整齐划一，给人以板块般庄重之感；灵动则不受绝对范围的约束，曲线迂回，游动、飞翔、奔跑，显示出活泼的气韵，富于生命力。

5. 夸张与变形

将某一部分夸大，突出事物的本质，如雄鹰展翅夸大其双翅、鹰嘴和爪，可以使鹰的形象更为传神。再如葵花冷盘，花盘由菱形料构成，可以使葵花丰满而凝重等，本质更为突出，这种造型规律就是变形。将物象变形可产生装饰美感，如金鱼的尾，可以尽量地使之夸大变形，给人以飘逸灵动的感觉，既像真物，又没有真物应有的比例，在似与不似之间，突出人对事物感受的精神意念。

6. 粗犷与精细

将原料整只整块地构图，显得肥壮丰厚，此为粗犷，但粗犷而不粗糙，寓分割于整形之中，如大块的肉方、整只的肥禽、整尾的壮鱼等。如果构图中处处有细密的叠面、加工的痕迹、灵巧的造型等，则是精细。粗犷与精细都给人以格局严谨的感受。

7. 具象与抽象

具象是对事物进行仿真，如雄鸡、花卉、山石等，这种构象难度大，但最容易引起人们对自然界景物的联想。抽象是通过对自然界某事物的一般特征进行提炼后加以塑造，具有变形和夸张的成分。一般来讲，具象造型手法细腻，注重形似，抽象造型手法粗犷，注重神似。事实上，许多造型菜点既不可能是完全的具象，也不是单纯的抽象，而是在抽象中表现出细腻，在追求具象时赋予粗犷。高明的厨师往往把自然界真实的景物与饮食需要有机统一起来，创造出既能表现大自然美好的事物，又具有实用和欣赏价值的造型菜点。一味追求具象，不是菜点造型艺术的本质所在。

8. 调和与对比

在盘中用两种以上原料造型则会形成调和或对比的关系。调和是反映同一色及形体中变化和近色近形的变化。在色上有黄与绿、绿与蓝、蓝与青等，以及同色的浓与淡等，在形上有方形、长方形、梯形、圆与椭圆等。调和具有融合与协调、缩小差异的特点，是由视觉上的近视要素构成的。对比则是将两种相反或相对的物体并立，如体积对比、色彩对比、重量对比和形态对比等，对比使人感到鲜明、醒目、振奋、活跃、跳动，是强调差异的一种形式美。对比与调和是取得变化与统一的重要手段。过分强调对比一面，容易形成生硬、僵化的效果；过分强调调和一面，也容易产生呆板和贫乏的感觉。若以对比为主，对比中有调和的因素，在变化中求得统一；若以调和为主，调和中有对比的因素，在统一中求得变化。

9. 多样与统一

多样与统一是菜肴造型最基本的规律。多样是菜肴造型中各个组成部分的区别。一是原料的多样，二是形象的多样。统一是这些组成部分的内在联系。多样与统一的规律，也就是在对比中求调和。如构图上的主从、疏密、虚实、纵横、高低、简繁、聚散、开合等；形象的大小、长短、方圆、曲直、起伏、动静、向背、伸屈、正反等。处理得当，才能达到对立统一，使整体获得和谐、饱满、丰富多彩的效果。宴席中不仅要有单个菜肴造型的和谐统一，而且更需要与其他菜肴造型的和谐统一。所以，统一是一种协调关系，它可使菜肴造型调和稳重，有条不紊。但是过分统一则容易显得呆板、生硬、单调和乏味。

多样寓于统一之中。变化与统一互相依存，互相促进，设计时要做到整体统一，局部变化，局部变化服从整体统一。在统一中求变化，变化中求统一，达到统一与变化的完美结合，使菜肴造型既优美而又不落于俗套。

10. 比例与尺度

比例是指体现事物整体与局部以及局部与局部之间度量比较关系的形式构成，其度量比较关系主要表现为长短、高低、宽窄等，具有相对关系的特征。尺度是指造型物所涉及的具体尺寸，包括选择的造型与盛器的大小在内。菜肴造型是在特定的盘子里，因此比例与尺度尤为重要。和谐的比例关系与尺度，能够体现美感，否则会有"头重脚轻"的不协调感觉。但有时为了内容的需要，有意破坏事物的比例关系，以突出其主要特征，如艺术冷盘"雄鹰展翅"的艺术造型，一般其身体部分相对较小，而双翅却显得相对较大，以艺术夸张的手法醒目地展现雄鹰翱翔的特征。

三、菜肴造型艺术处理的三种模式

1. 模仿型

模仿，是来自对自然界认识的灵感冲动，具有类比推演的性质。模仿不能简单地重复和仿制，它必须来源于对已有事物的联想灵感。模仿不是被动的复制，它需要通过调动人的主观能动性对被模仿的事物进行再创造。

2. 传承型

传承是从纵向的时间角度而言，它是通过教育实现的，传承的主流是严守根本，具有被动性的特点，但通过传承学习可以激发人的创作灵感。一般来讲，在传承基础上的"改良"具有较好的创新性，能反映时代潮流。

3. 反叛型

反叛是思想认识的跳跃，是对现有事物的反思维，其创新思想特别强烈。就菜肴造型而言，其艺术处理往往不受模仿与传承的限制，个性得到充分张扬。反叛处理的菜肴造型是极不稳定的短期行为，可能因为时尚而被流行一阵，当新的思潮出现以后，一部分会被达成共识成为新派传统，另一部分则在时代进程中消失。

上述三种模式中，模仿是初级学习阶段不可或缺的学习类型，模仿是创造的源泉，只有重视模仿学习，才能够循序渐进，达到菜肴艺术造型的高峰。"扬弃"是传承的精髓，要做到去除传统中的糟粕，汲取传统中的精华，掌握丰富的烹饪知识与技能，具备敏锐的分析、判断能力，与时代变化需求紧密结合，这是"传承"的基础。"反叛"不是盲目的反常规行为，只有以模仿与传承学习作基础，将知识与技能积累到相当程度以后，才能够形成新的思想、新的技术与方法，倘若没有"厚积薄发"，缺乏高瞻远瞩的跳跃思维，菜肴造型的"反叛"设计则不会产生生命力。

四、菜肴造型的主要途径

1. 利用原料的自然形态造型

即利用整鱼、整虾、整鸡、整鸭甚至整猪（烤乳猪）、整羊（烤全羊）的自然形状、加热后的色泽来造型。这是一种可以体现烹饪原料自然美的造型。

2. 利用刀工处理的原料形态造型

即利用刀工把原料加工成丝、末、粒、丁、条、片、段、块、花刀块等料形，或单一，或混合，为菜肴的最终造型奠定基础。

3. 利用模具造型

在对原料采取特殊方法加工制作后，利用模具定型，成为具有一定造型的菜肴生坯，再加热成菜。

4. 通过手工造型

将原料加工成蓉、片、条、块、球等，再用手工制成"丸子""珠子"，挤成"丝""蚕"，编成"辫子""竹排"，削成"花球""花卉"，或用泥蓉、丁粒镶嵌于蘑菇、青椒内，使原料在成菜前就成了小工艺品。

5. 利用加热定型

利用加热，对原料进行弯曲、压制、伸拉、包扎、扣制等处理，使菜肴的造型确定下来。

6. 通过拼装造型

利用自然料形或加工料形进行一定的艺术处理，拼摆成一定的图案菜肴。

7. 利用点缀围边来造型

点缀围边是菜肴制作的最后一关，也是最能体现美化效果的一道工序。用蔬菜、瓜果等进行各种围边点缀，给人以清新高雅之感。

 拓展知识

菜肴造型的基本要素

菜肴造型的基本要素包括点、线、面、体。

点之所以成为造型要素，是因为"点"有美学价值，利用点的集合、排列、分散、距离、大小的种种变化，可以表现出整齐、秩序、游离、机理、节奏、运动、静止等效果，体现出各种不同的风格。点在造型设计中是相对的概念，盘中的一粒芝麻是点，在整鸭的

旁边配置的一朵香菇，也可以看作是点。点运用得好，可以渲染一种气氛。"葵花豆泥"上镶嵌的青豆，整齐而有秩序，代表了丰收的喜悦。雪花菜撒上红火腿末或番茄粒，白里透红，喜庆热烈。有些动物造型菜点缀以眼睛，菜肴栩栩如生，体现了"画龙点睛"之妙。把类似圆点的制品根据其大小，按构思要求进行摆放，可形成所需要的造型。比如在"连珠蹄髈"的周围，摆放红、黄、白、绿相间的圆形素料，好似一串珍珠，耀眼夺目。凡此种种，无一不是利用"点"的作用形成的造型美感。

线是点移动的轨迹。基本的线条有直线、折线、曲线三种。数线的联合便形成一定的形体。由于美总是具体形象的东西，因而作为构成事物具体形状的线条便具有了审美特性。

直线的性质是绝对的正直，坚硬有力，它能指示一个统一的方向。在心理上，直线又能给人们以下的感觉：如果是水平线，给人以一种稳重、平坦的感觉，但因负重而显得寒冷；如果是垂直线，给人以发展的感觉，使人感受到崇高理想的境界，又以高扬的暖和取代了平坦的寒冷；如果是倾斜线，则让人有前进、运动的感觉。

折线表示转折，有指导方向的作用。但折线的角度不同，给人感觉也不一样：倘若两线夹角是锐角，则富有方向性和攻击性而使人兴奋；倘若是钝角，则显得平稳而凝重。

曲线有波状线、螺旋线、抛物线等类型。曲线的曲度和长度都可以不同，因此曲线最富有装饰性。特别是波状线，具有起伏变化的特点，能够引导人们去追逐无穷的变化，给人以流动、柔和、轻巧、优雅的感觉。

面是线的组合。面的形状依其边缘的情况而定。平行线与垂直线可以组合成方形或长方形，直线和斜线可以组成三角形，曲线可以组合成圆形，直线与曲线的自由组合可以灵活多变地组合成各种任意的形状，如鱼形、鸟形等。面因形状各异而使人产生不同的感觉。正方形给人以稳定持重的感觉。正三角形给人以稳定向上的感觉，倒三角形上大下小，给人以头重脚轻之感。圆形不论大圆、小圆，总是首尾相接，连接不断，运动不息，给人以活泼、流畅、抒情、优美的感觉。

体是整个的形体，是由点、线、面组合堆积而成的。形体多种多样，比较规则的有：球体、半球体、圆柱体、正方体、长方体、菱形体、三角形体、橄榄球体等。

中国菜肴形式构成基本上分为平面构成和立体构成两大部分。菜肴平面构成离不开具体的点线面元素，立体构成离不开体的元素。从线条来看，在中国菜肴形式构成中，线以其特有的魅力，为塑造菜肴的形式美增色不少。线条在菜肴形式构成中具体表现为：面与面的交接线，视觉中曲面的转折线，以及装饰线、切割线和轮廓线等。特别是曲线，在中国菜肴形式构成上有其特殊性。中国菜肴自然形态和饮食器皿以及中华民族审美习惯，使中国菜肴形式美更多地表现为柔软、光洁、温和、优雅之美，这正是通过多样化的曲线体现出来的。

活动二　冷菜造型的基本手法

按造型艺术处理的效果及价值分，冷菜有实用性冷盘和欣赏性冷盘。实用性冷盘包括单盘和一般拼盘，单盘是指用一种冷菜原料切配造型，分围碟与独碟两种。一般拼盘是指用两种或两种以上的冷菜原料按一定造型形式拼摆，分双拼、三拼、四拼……什锦拼盘等类型。欣赏性冷盘又称工艺冷盘或花色拼盘，行业内习惯称为花拼或彩拼，它具有食用性与艺术欣赏性相结合的双重属性。

一、实用性冷盘的造型

这类冷菜拼盘的造型可分为垫底、围边、盖面三个步骤。

（一）垫底

在对冷菜进行刀工处理的过程中，将一些质量较次和形态不太整齐的边角料改刀为丝状或片状，堆在盘子中间或其他需要的地方，边角料不宜切得过小过碎，又不可过于厚大，否则会影响菜肴的食用或者影响菜肴的造型。利用边角料一则可以减少浪费；二则可以衬托形状，使拼盘丰满好看。

（二）围边

将修切整齐的条、块、片原料码在垫底的两侧或四周边缘，使人看不出垫底料。用于围边的冷菜要根据装盘的需要，采用不同的刀法，以整齐、匀称、平展的形式来装盘。

（三）盖面

采用切或批的刀法，把冷菜原料质量最好的部分加工成刀面整齐划一、条片厚薄均匀的料形，并均匀地排列起来，用刀铲起，再覆盖在围边料的上面，使整个冷盘浑然一体，格外整齐美观。

二、欣赏性冷盘的造型

（一）构思

即对冷盘的色形和拼摆内容进行反复思考设计，达到表现主题的目的。为使有限的原料变成一个美丽的图案，应从以下三个方面进行构思。

1. 根据宴席的主题构思

宴会的主题很多，厨师应根据不同主题作出不同的构思。比如婚宴可拼摆"鸳鸯戏水""比翼双飞""龙凤呈祥"之类的花色冷拼，表达祝愿夫妻恩爱的主旨，以突出喜庆的气氛；迎宾宴席可拼摆"喜鹊迎宾""孔雀开屏"之类的图案，以示和善与友谊；祝寿宴席拼摆"松鹤延年""古树参天"之类的造型，以祝福老人健康长寿。总之，要给宾客以喜庆吉祥、精神愉快的感觉，以调动就餐者的情绪，使宴会收到满意的效果。

2. 根据人力和时间构思

花色冷盘制作难度较大，要求厨师有较强的基本功，且每一个艺术拼盘都需要较长的制作时间。在花色冷盘构思时，应从实际出发，在技术力量较强、时间允许的情况下可设计较为复杂的。反之，则应从简，不能影响宴会的正常进行。

3. 根据宴席的标准构思

花色冷拼应在选用原料、刀工和艺术上与宴席的费用和标准相适应。档次高，对这些方面的要求也就增多，随着宴席标准的降低，构思时也就降低这些方面的讲究，做好成本核算，绝不能只追求形式美，而不考虑经济效益，或流于形式而不讲究冷拼的艺术性。

（二）构图

构图就是设计图案，它主要解决花色冷拼的形体、结构、层次等问题，以便在盘中按图"施工"。花色冷盘在造型方面有很大的约束性，正因为有这样的约束性，所以冷菜的构图不同于一般的绘画，而是有它特有的个性。人们习惯上把花色冷拼称为图案装饰冷菜，它要把冷菜造型的主题思想在盛装器皿中表现出来，要把个别或局部的形象组成完美的艺术整体。这就要求恰当运用图案的造型规律、图案构成的色彩规律和图案形式美的制作原理，使冷菜造型收到满意的艺术效果。

（三）选料

花色冷拼选料的原则是根据构思的需要，荤素搭配，色彩鲜艳和谐，选料精良，用料合理，物尽其用。没有好的原料很难拼出质量高的花色拼盘。彩拼要注意尽量选用原料的自然形态和色泽，尽量不使用人工合成色素。所使用的原料要做到味好、形好、色好、质感好。

（四）刀工

花色冷拼的刀工不像普通拼盘那样要求整齐美观，而是要根据冷盘造型的需要进行刀工处理。因此必须讲究精巧，使用刀法除了斩、片、切之外，还要采取一些美化刀法等。

花色冷拼的原料多用熟制冷吃的荤菜，比较酥软，不易切出光洁美观的形态，所以必须根据其软硬的程度来下刀。如白鸡脯，纤维虽长，但煮熟后尤为酥软，沿纤维垂直方向切下容易散碎，因此要采用锯切、直切双重刀法下刀，才能保证它的完整和光洁。此外还要利用原料的固有体态，切制肉类熟料必须注意纤维的方向性，边切边摆，切摆结合，拼摆有序，从而避免拼摆凌乱。

（五）拼摆

花色冷菜的造型是通过拼摆来实现的，在拼摆过程中，必须注意以下几个问题。

1. 选好盛器

要选择符合构图要求的盛器，除考虑色彩外，还要考虑器皿的形状、大小。以拼摆的花色冷菜给人的感觉不臃肿也不空旷为准。

2. 安排垫底

根据确定的构图，安排造型的基础轮廓，也就是大体的布局。垫底料应是质量较高、味道较好的冷菜，以弥补盖面原料的口味和分量的不足，垫底时忌太随便，要垫得整整齐齐、服服帖帖，为盖面打下基础，使拼制出的形体饱满而有立体感。

3. 具体拼摆

垫好底之后，即开始盖面拼摆。一边切，一边拼摆，由低到高，从后向前，先主后副。盖面拼摆时，要求刀面整齐均匀而不呆板；注意原料的排列顺序、色彩搭配及形体的自然美。

4. 装饰点缀

即在花色冷拼主体部分完成后进行补充装饰点缀，如花草、树木、大地、山石等。装饰时既要注意原料的质量，又要注意形体之间的比例及内在联系，不可喧宾夺主。

活动三　热菜造型的基本手法

一、加工造型

加工造型是指对不同形色的烹饪原料，在切配成基本料形的基础上，经过巧妙的组合加工形成美观的花色形态，然后再烹制成菜的造型手法。生坯的制作是制作这类菜肴的关键。常用的基本手法有以下十种。

（一）卷制法

卷制法是指将经过调味的丝、末、蓉等细小原料，用植物性或动物性原料加工成的各类薄片卷包成各种形状的工艺手法。

卷的形状主要有单卷、如意卷、相思卷等。单卷是将馅料放于卷料的一端成条状，或铺满裹卷料，再从一端卷成生坯。如意卷是将馅料放在卷料两端成条状，卷制时，由两端向中间卷成如意形，馅料可以用两种不同的原料。相思卷是将馅料放在卷料一端，卷至中间，反过来，在裹卷料的另一端放馅料，卷至中间，使条形卷的截面呈"〰"形。另外，卷制的皮料，有的不完全卷包馅料，将1/3馅料显现在外，通过成熟使其张开，增加菜肴的美感，如兰花鱼卷、双花肉卷等；有的完全将馅料包卷其内，外表呈圆筒状，如紫菜卷、苏梅肉卷等。

卷有大小之分。大卷用于炸居多，成熟后需改刀，外皮原料一般是猪网油、豆腐皮、鸡蛋皮、百叶等；小卷成熟后不需要改刀，可直接食用，外皮原料一般为动物肌肉大薄片，有鸡片、鱼片、肉片等，经过卷制后，有的直接成型，并在一端或两端露出一部分原料，形成美丽的形状。固定形态常采用粘接、捆扎等方法。

（二）包制法

包制法是指采用无毒纸类、皮张类、叶菜类和泥蓉类等作包裹原料，将加工成块、片、条、丝、丁、粒、蓉、泥的原料，通过腌渍入味后，包成一定形状的造型手法。

包裹所用的皮料有可食的，也有不可食的。不可食的如薄纸、无毒玻璃纸、荷叶、粽叶等，可食的如威化纸、蛋皮、豆腐皮、猪网油、卷心菜叶、春卷皮、百叶、紫菜等。另外，用猪肉、鸡肉、鸭肉、鱼虾切成大薄片，可作包料；或者将虾肉、鲜贝、小肉块用木槌敲打成片状，也可包入馅料；特殊的菜肴还可用豆腐泥、面团、泥土包入馅料，如豆腐饺子、黄泥煨鸡。

包的形状很多，如条形包、方形包、长方形包、圆形包、半圆形包、三角形包、饺子形包、葫芦形包等。

（三）填酿法

填酿法是将调和好的馅料填入另一原料内部，使其内里饱满、外形完整的一种手法。馅料填入后，为防止内部原料渗出，往往采用加盖、扎口、缝口、用淀粉蛋清糊粘口等方法，如荷包鲫鱼等坯型制作。有些原料也可为开放式的，如镜箱豆腐等。

（四）镶嵌法

镶嵌法是将片状原料嵌在主料上，或将泥蓉状原料镶在片状的底托原料上的方法。

镶嵌的主料多为整鱼，底托原料为香菇、面包片、鱼肚、肉类、虾片等，形状多种多样，如长方形、正方形、圆形、鸡心形、梅花形等，菜肴如虾仁吐司、百花鱼肚等。

（五）夹制法

夹是先将一种原料加工成两片或多片，然后片与片之间夹入另一种原料，使其黏合成一体的方法。夹菜的造型，构思奇巧，在主要原料中夹入不同的原料，使造型和口感发生了奇异的变化，使其增味、增色、增香，产生了出奇制胜的艺术效果。

夹制菜所用原料必须是脆、嫩、易成熟的原料，以便于达到外脆内嫩或鲜嫩爽口的特色。可以用的原料有鱼肉、里脊肉、火腿片、鸡肉、藕、茄子等。馅料多为蓉泥状，一般以动物性原料为主构成，也有用豆腐、香菇、木耳制成的素馅料。

（六）穿制法

穿是将原料去掉骨头，在出骨的空隙处，用其他原料穿在里面，形成生坯的手法。穿入的原料充当"骨头"，可基本保持原来的形状，达到以假乱真的目的，从而提高菜肴的品位。

穿制法一般选用小块形带骨的原料或中间有空的菜料，如鸡翅、鸭翅、排骨、水面筋、黄瓜环等。穿入的原料形状可用丝，也可用条。穿入后菜料间相互结合紧密，两头或平齐，或略出。

（七）串制法

串是将一种或几种粒状或厚片原料用调汁腌制后，串在扦子上的成型技法。形状独特，别具一格。所用的扦子有竹扦、木扦、不锈钢扦等。有些菜肴外裹蛋糊炸熟后再抽去扦子。串料如各种肉片、肉粒、水果片、山药片、内脏片等。

（八）叠合法

叠合法是将不同性质的原料分别加工成相同形状的小片，分数层粘在一起，成扁平形状的生坯的手法。一般下层是片状的整料，多见为淡味或咸味的馒头片、猪肥膘片、猪肉网、笋片等物料；中层为主要特色原料，如火腿片、豆腐片、鸡片、鳝片等，要添加浆、糊作为黏合剂；上层为菜叶和其他点缀物。黏性材料有各种蓉泥、淀粉糊等。生坯的形状有圆形、长方形、正方形、菱形、金钱形等。三层原料整齐、相间、对称地贴在一起。

（九）捆扎法

捆扎法就是将加工成条、段、片状的原料用丝状原料成束成串地捆扎起来的方法。由于成型后似柴把，故菜肴命名为"柴把××"。主料多为混合原料，形状有丝、条、片、小块等，如各种肉片、肉丝、鱼条、笋丝、芹菜丝、火腿丝、香菇丝等。捆扎料常采用加工成丝的绿笋、芹菜、萝卜皮、葱叶、蒜叶、海带、金针菜，较特殊的也可用棉线、麻线扎制。

（十）滚粘法

滚粘法就是在预制好的几何体的原料（一般为球形、条形、饼形、椭圆形等）表面均匀地滚粘上一种或几种细小的香味原料（如屑状、粒状、粉状、丁状、丝状等）的手法。主料一般为糜状原料，具有一定的黏性，能粘连上各种物料，如无黏性，则在表面先粘上水；粘连物为各种丝状原料、椰蓉、松仁米、熟芝麻、核桃末、糯米、面包渣、葛粉、藕粉等细小原料。滚粘时，大部分为一次性滚粘，少量的为多次滚粘，如藕粉圆子。不挂糊粘是利用预制好的生坯原料，直接粘细小的原料。点粘法不像前面两类大面积地粘细碎料，而是很小面积地粘，起点缀美化的作用，其粘料主要是细小的末状和小粒状，许多是带颜色和带香味的原料，如火腿末、香菇末、胡萝卜末、绿菜末、黑白芝麻等。

二、烹制定型

烹制定型是指将原料根据菜肴成型的要求经过花刀工艺处理后，再通过加热烹制而改变原料的自然形态，使之成为一种新形式的造型手法。

制作这类菜肴特别讲究刀工和火候技艺，另外还要求具有较强形象思维和丰富的实践操作经验。其中，剞花刀技术性较强，是烹制这类菜肴的刀工基础。如果花刀剞不好，就会影响菜肴的美观。烹制定型运用的烹调方法主要是炸，其油温的掌握很重要，它是菜肴成败的关键。一般来说，在炸鱼类菜肴时，应使鱼菜具有外焦酥内软嫩的质地。完成这一炸制过程有一个"定型→成熟→定质→定色"的阶段模式，而要成功完成这一模式，必然要遵循"适时"与"适度"的法则。

这类菜肴的造型潜力很大，可以将大鱼制成珊瑚、燕子、蛤蟆、松鼠、龙舟、菠萝、玉米等，还可将大虾制成鸟、龙、燕尾、兰花、蛤蟆等。随着粤菜的橙汁、山楂汁、杞果汁、果茶汁、椰汁、苹果汁等果汁的广泛运用及推广，烹制定型类菜肴的色泽变化更加丰富多彩，造型也更加逼真了。

三、拼摆造型

拼摆造型是指把各种普通形态的原料经加工后拼摆成形式新颖美观、图案清新诱人的菜肴。拼摆造型可分为以下三类。

（一）雕刻料烘托拼摆

1. 点缀拼摆

即根据菜肴形状、质地、色泽等特点，点缀一些萝卜、南瓜等易于雕刻成型的物体，以烘托菜肴的主题美。如"渔翁垂钓"就可在糖醋鱼旁摆上雕刻的垂钓渔翁。

2. 以盛器形式烘托拼摆

通常是将果实体表面构图美化，并将体内挖空造型后再填进食物，以使食客综合鉴赏其整体效果的一种造型手法。传统的西瓜盅、南瓜盅都是其代表。这类造型不但要求掌握果实与菜肴本身在口味、颜色上的协调关系，更讲究果实体的雕刻造型艺术。这类菜肴造型的最佳效果是，果实本身的内容物也能食用。

（二）熟原料的拼摆

它是将一种或几种原料分别制熟并使之入味，再在短时间内拼出造型图案的拼摆。如"梁溪脆鳝"在高明厨师手中可拼出一幅树木盆景，"清炒菠菜"在名厨手中可摆出两只可爱的鹦鹉，"漓江春早"是将烧入味的鱿鱼筒摆成竹竿形，用熟黄瓜、莴笋、香菜等点缀。

热菜拼摆与冷拼是有很大区别的，因为热菜讲究的是"一热三鲜"，拼摆时间过长，变冷了，就难以下咽了。正因为如此，热菜拼摆的图案题材上就有很大的局限。

（三）半成品拼摆

它是将半成品原料经过拼摆成型后，保持原形状不变，再通过蒸使之成熟的一种造型手法。例如："鲲鹏展翅"，选用一条草鱼或鳜鱼，经过初加工处理后，腌制入味，拍上白米粉，造型成鲲鹏展翅形，经蒸制成菜。

任务二　菜肴盛装的基本手法

任务目标

- 掌握菜肴盛装的规格要求；
- 会运用热菜盛装的基本手法；
- 会运用冷菜盛装的基本手法；
- 会对冷、热菜肴进行美化装饰。

活动一　认识菜肴盛装的规格

菜肴盛装，行业内习惯称为装盘，它是将可食性菜肴整齐、有序、美观、洁净地装入盛器中的操作过程，是整个菜肴制作的最后一道工序。

一、盛器选择要合适

1.盛器的大小要与菜肴规格相结合

盛器的大小选择要根据菜点的品种、内容，原料的多少和就餐人数来决定。一般大盛器的直径在50cm以上，冷餐会用的镜面盆甚至超过了80cm。小盛器的直径只有5cm左右。大盛器盛装的食品多，可表现的内容也较丰富。小盛器盛装的食品少些，表现的内容也有限。一般来说，在菜点表现一个题材和内容丰富时，应选用40cm以上盛器；在表现厨师精湛的刀工技艺时，可选用小的盛器。在宴席、美食节及自助餐中采用大盛器展现了规格与气势，而小盛器则体现了精致与灵巧。

2.盛器种类形态要与菜肴及宴席风格相一致

盛器的种类很多，形态也各异，可以说琳琅满目，不胜枚举。从造型上看，盛器分几何形和象形两大类。几何形盛器一般多为圆形、椭圆形、方形、长方形和扇形。象形盛器可分为植物造型、器物造型、动物造型和人物造型。植物造型常见的有树叶、竹子、蔬菜、水果和花卉等；器物造型常见的有扇子、篮子、坛子、风斗等；动物造型常见的种类较多，如鱼、虾、蟹、贝壳、鸡、鸭、鹅、鸳鸯、龟、鳖、龙、凤、蝴蝶等；人物造型的不多见，如紫砂八仙盅等。盛器造型之所以有很多创意，主要功能是迎合不同风味菜肴及宴席的需要，达到引起顾客联想、渲染就餐气氛的目的。因此，在选择盛器种类及形态时，一定要考虑菜肴及宴席的风格，使菜肴及宴席风格与所选盛器具有一致性。

3. 盛器的色彩、纹饰要与菜肴的颜色相协调

盛器都有特定的色彩、纹饰，选择时一定要考虑到菜肴的颜色。洁白的盛器对大多数菜肴都适用，但若洁白的盛器用来盛装洁白的菜肴，在没有盘饰的情况下，一定很单调，而且同色混淆，不能清晰突出菜肴。因此，菜肴与盛器的选配，要以色彩的基本知识做指导，切勿"靠色"。

4. 盛器的档次要与菜肴的品质相吻合

现代餐饮业涌现出了一系列不同品相的菜肴，既有高档的，又有中档和低档的，可以说菜肴等级较为明显。古代人讲究食与器配合的等级制度，中国餐饮业发展到现在，仍然非常注重食与器的等级组合。高档菜肴，大多选用质优精巧的盛器，如果高档菜肴选用质差的盛器，则难以衬托高档菜肴的品质。有一些民间土菜，如山寨菜、竹床菜、妈妈菜、外婆菜等，则应该选用具有民间特色的盛器。有些被戏称为"土得掉渣"的土菜，不宜用精制盛器来装，而应当选用"土气"的盛器，以彰显其土菜的整体风格。

5. 盛器与盛器之间的组合形式要相称

宴席，特别是高档宴席，所用的盛器风格最好体现协调美，或者体现整体美。如果是批量的宴席，每一桌的盛器应当相同，且盛器的风格要多样，以体现席面美器与美食的和谐美、整体美。

二、菜肴盛装的规格要求

（一）数量控制要合理

1. 按菜盘的标准线盛装菜肴

平盘、窝盘等菜肴都有明显的"线圈"，除特殊造型菜外，爆、炒等菜肴均要盛装在盘的线圈之内，不要超出线圈，更不能装到盘边，否则菜肴显得臃肿，没有美感。

2. 按盛器的容积大小盛装菜肴

汤羹类菜肴一般盛至盛器容积的90%，以装至离盛器的边沿1cm处为度。装得过满，汤羹容易溢出，上席时手指容易触到汤汁，影响卫生。若装得过浅，显得不够分量。

3. 一锅菜分装要有计划

一锅菜分几盘盛装，心中要有数，要按比例分装，不能此多彼少，而且应当一次性完成。

（二）温度控制要适当

不同的食用温度，对菜肴质量有明显影响。一般来说，最能刺激味觉的温度为10~40℃，以30℃左右最为灵敏。通常热菜的最佳食用温度为60~65℃，冷菜在10℃左右。菜肴装盘要根据食用温度的要求进行控制，尤其是热菜，不要因为装盘时间的拖延而降低菜肴质量。

（三）造型控制要把关

一般来讲，爆、炒一类菜肴装成"馒头形"或"宝塔形"，块状的烧、焖类菜肴堆摆成型，干香类的条状炸烤菜肴可以采用放射式、桥梁式造型，扁平整齐的长方形菜肴可以采用扇形造型等。总之，菜肴装盘造型有自然式、图案式、象形式三大类，具体采取什么样的造型，要根据菜肴特点、盛器色彩、宴席主题等多种因素进行调控。总的要求是，菜肴装盘造型要力求简洁大方，快速处理。

三、菜肴盛装的卫生要求

1. 盛器严格消毒

盛装菜肴的器皿要无污垢水渍，使用前要严格消毒，严禁用配菜盘、碗或未消毒的盛器盛装菜肴。

2. 抹布勿混用

打荷人员要备两种抹布，一种是经过消毒处理的洁净布巾，专供擦拭餐具用，一种是擦拭案板或环境卫生用布巾，两种布巾不可混用。

3. 装盘讲卫生

装盘时，不可用手勺敲锅，锅壁不可靠近菜盘边缘；盘边、碗盖上滴落的芡汁、油星，应及时擦拭干净；不可用手指接触盘面。

 拓展知识

菜肴与器皿

器，器皿，盛装菜肴的物件。虽不是菜肴本身，却是菜肴的重要组成部分。一道菜摆上桌，器皿是否得体是十分重要的。配得好，菜肴增色，客人开胃；配得不好，菜肴失色，客人扫兴。

俗话说：好马配好鞍。清蒸白鱼是一定要装鱼盆的，长长的鱼盆最能体现白鱼的风姿；砂锅鱼头一定是盛在砂锅里的，那椭圆形大砂锅，大大的鱼头，恰好表现肥鳙鱼体形。有的用紫砂茶壶作汤菜器皿，别具一格。紫砂壶洋溢着浓浓的中国文化元素，一客一壶，再给一个紫砂汤盏，单喝汤，可提着壶倒入汤盏，自斟自饮，宛如在喝铁观音、工夫茶。汤喝得差不多了，打开壶盖，再吃壶中的内容，相得益彰。

有关美食美器的论述与描绘，论述精到者，首推清代文人、烹饪评论家袁枚。他在《随园食单》"须知单"中，将"器具须知"作为二十须知的一项："古语云：美食不如美器。斯语是也。……惟是宜碗者碗，宜盘者盘，宜大者大，宜小者小，参差其间，方觉生色。……煎炒宜盘，汤羹宜碗；煎炒宜铁铜，煨煮宜砂罐。"

活动二　菜肴装盘的基本手法

一、热菜装盘的基本手法

热菜装盘的手法较多，基本手法主要有以下十一种。

1. 盛入法

盛入法，一般适用于单一或多种不易散碎的块形原料组成的菜肴。其方法是：对单一主料的菜肴要先盛小而差的块形，再盛大而好的块形，给人一种形态整齐完美之感，例如

"红烧肉"等菜肴可采用这种方法。如果是多种原料组成的菜肴，应先将质差形小的盛在下层，再把质好形大的盛在表面，各种主、辅料都让人看出来，如"烩三鲜""家常豆腐"等菜肴都是采用这种方法。特别要注意在装盘时，手勺不要弄破菜肴，以免影响美观。

2. 拖入法

拖入法，适用于烧、焖制法的整只原料的菜肴。其方法是：先将锅底略掀一下，趁势将手勺迅速插入原料下面，再将锅靠近盛器边，不宜离盘太高，使锅倾斜，手勺与锅协调配合，连拖带倒地把菜肴装入盛器中。例如"红烧全鱼""干烧鳜鱼"适用此法。

3. 左右交叉轮拉法

左右交叉轮拉法，适用于形态较小的不勾芡或勾薄芡的菜肴。具体方法是在菜肴成熟后，出锅前先颠翻，使大型的原料翻在上层，小型原料在下层，然后把炒锅倾斜并接近盘边，用手勺把菜肴拉入盘中，在拉入时，应该左拉一勺，右拉一勺，左右交叉轮拉，不宜直拉。菜肴装盘后，要求形小的垫在下面，形大的盖在上面，例如"清炒虾仁"。

4. 拨入法

拨入法，适用于无芡无汁、块块分开的小型油炸菜肴。其方法是：将炸熟的菜肴用漏勺捞出，把油沥干，然后用筷子或手勺拨入盛器中，并进行适当的调整，使菜肴装得均匀丰满。如"椒盐排骨""干炸肉丸"等都采用此法。

5. 一次性倒入法

一次性倒入法，适用于质嫩易碎的勾芡菜肴，通常是单一料或主、辅料无显著差别的菜肴。其方法是：装盘前大翻锅，使芡汁均匀包裹于原料外表面，然后一次性把菜肴倒入盘中，倒入时速度要快，锅保持一定的倾斜度，一面迅速倒入，一面将锅向左移动，同时，锅不宜离盛器太高，这样才不会影响菜肴的形态，但也不能太低，以防锅沿的油垢玷污盛器边缘。例如"糟熘鱼片""芙蓉鱼片"都采用这种方法装盘。

6. 分主次倒入法

分主次倒入法，适用于主、辅料差别较大的勾薄芡的菜肴。其具体方法是：先将一部分主料用手勺盛起，或拨在锅的一边，再将锅中剩留的含辅料较多的菜肴倒入盘中，然后将主料菜肴盛在上面，使主料突出。例如"三鲜海参"等菜肴，就可以采用这种方法。

7. 覆盖法

覆盖法适用于基本上无汁的炒菜、爆菜。具体方法是：装盘前先翻几次锅，使锅中菜肴集中在一起，在最后一次翻锅时用手勺将菜肴接在勺内，装进盘中，再将锅中余菜全部盛入勺中，覆盖盘中，覆盖时应略向下轻轻地按一按，使其圆满丰润。例如"油爆双脆""爆鱿鱼卷"等菜适用此法。

8. 扣入法

扣入法，适用于表面需要整齐圆满或将原料在碗中排列成图案的菜肴。其方法是：先将原料按事先设计的形态排列在盛器中，要求形态完整光滑的原料向着碗底，先排好大的，再排小的，不可排得太多或太少或凹凸不平，一般排平盛器口为宜。通过加热后，把空盘反盖在盛器上，然后迅速地将盘和盛器一起翻转过来，再把盘上盛器拿掉即成。翻转时，动作需迅速，否则汤汁流出影响菜肴美观。例如"扣蹄髈""虎皮扣肉"等菜都采用这种方法装盘。

9. 扒入法

扒入法，适用于原料在锅中排列成整齐的平面图案，装盘后仍不改变其排列形状的菜肴。其方法是：在菜肴成熟以后，先从锅边四周加油，并将锅轻晃几下，使油渗入菜肴下面，然后将锅倾斜，把菜肴滑到盛器中。装盘时，手勺置于菜的左侧边，作轻扒配合，要确保锅中已排好的原料形态不变，即保持原来的样子。例如"扒菜心""扒鱼翅"等菜肴都是采用这种方法装盘。

10. 舀入法

舀入法适用于烩菜、汤菜。具体方法是：在菜肴成熟后，将锅靠近盛器边，用手勺将菜肴逐勺舀出装入盛器。

11. 摆入法

摆入法，适用于整鸡、整鸭、蹄髈、整鱼等整只体大的菜肴。其具体方法是：整鸡、整鸭、整鹅在装盘时，应把鸡、鸭、鹅腹部朝上，头部弯在其身旁摆入盘中，令人有圆润饱满之感。整蹄髈摆入盘中，则皮朝上，骨肉朝下，才能显得皮色鲜艳，圆润饱满。鱼的装盘，如果是单条鱼应装入盘的中央，把腹部有刀口的一面朝下；如果是双条鱼合装在一盘，头部应朝着一个方向，腹部向盘中，背部向盘外，紧靠一起。

二、冷菜装盘的基本手法

冷菜的盛装有排、堆、叠、围、摆、贴、扣等多种方法。这些手法在拼摆过程中应按照步骤灵活运用。

1. 排

排是将刀工处理的条、块等整齐的小型原料，整齐而有规律地排列于盘中。在实际运用中，如果单层排列使得菜品高度和食用数量不够，可以与"叠"同时使用，即在底层的基础上加叠数层。排选用的是整齐、大块的无骨畜肉类原料或根茎类蔬菜和瓜果原料，如火腿肠、蒸蛋糕、素火腿、京糕、卤牛肉等原料，造型有方形、梯形、三角形、菱形等。

2. 堆

堆是把小型原料随意地堆放在盛器中的手法。可以散堆，也可码堆。散堆的形态比较自然，码堆能堆成多种立体的几何形，如塔形、三角锥形等。堆的手法简便、自然、适应面广，不仅用于盛装"堆"碟，也常常用于刀面下的垫底。堆选用的是加工成松、丝、末、粒、块、条、段、丁、球的原料，如蛋松、鱼松、蜇皮、萝卜丝、芹菜、红枣、花生粒等，造型有馒头形、塔形和自然形等。

3. 叠

叠是把切成片的原料有规则地一片压一片叠成阶梯形（又称瓦楞形），或把块、条状原料一层层叠放在盛器中的手法。在实际应用中，"叠"往往与"排""堆"同时使用，一般采用切一片叠一片，随切随叠。在砧板上叠好后铲至盘中，盖在垫底堆砌的原料表面，或在排好的原料之上再叠排数层。叠选用的是无骨片状、条状或柴把状的原料，如火腿、白肉、冬笋、莴笋、柴把鸭等，造型有桥拱形、四方形和图案形。

4. 围

围是把加工成型或整形的小型原料，排列于圆盘四周成环形，或层层围绕成层次和花纹的手法。在主要原料的周围用其他原料围上一圈，叫围边。将主要原料围成花朵形，中间用其他料做花心，叫排围。在围时应充分利用对比色原料交替围摆，以达到明快醒目的效果。在实际装盘应用中，"围"往往与"覆""堆"结合使用，如四周围放一圈，中间"扣""堆"其他原料；或中间是主料，旁边围上一圈点缀物。围使用的原料范围较广，选用可加工成条、圆片、梳子片、球形、鸡心形或整形的动植物原料。

5. 摆

摆是运用各种技法，将不同形状和色彩的原料摆放成花鸟鱼虫等图案的手法。摆是造型冷菜中常使用的一种手法，所使用原料的范围较广，选用可加工成块、片、条、丝、丁、末或整形的动植物原料，但单碟选用的原料品种不宜过多，造型要简洁，色彩要协调。

6. 贴

将薄小的不同性状原料贴附在较大物料表面叫贴，如给鱼、龙等造型上贴鳞，给鸡、孔雀等造型上贴羽毛等。

7. 扣

扣也称"覆"，意为成型的原料一次性移入盘内。扣是将加工成型的原料整齐地排放在扣碗内，再反扣入碟，或加胶质原料入模具冻结后，再反扣入碟的手法。另一种扣法是，将加工成型的原料，用刀铲起覆盖于底料上。扣选用的原料范围较广，如鸡丝、猪舌、虾仁、水果等，料形以片、块、丝、丁、粒为多。

三、菜肴装饰与美化

菜肴的美化是利用菜肴以外的物料，通过一定的加工附着于菜肴旁或其表面上，对菜肴的色泽、形态等进行装饰的一种技法。

根据对菜肴装饰美化的部位不同，菜肴装饰美化分"主体装饰"和"辅助装饰"两种形式。

（一）主体装饰

主体装饰是利用调配料或其他食用性原料装饰在菜肴主体之上的一类美化形式。这类装饰在菜肴加热前或成熟后制作，装饰料都是可食的，并且大多具备美味。主体装饰常见的形式有覆盖法、扩散法、牵花法、图案法、镶嵌法、间隔法、衬垫法 7 种。

（1）覆盖法。此法是将色彩艳丽、风味鲜香的原料，有顺序地排在菜肴顶端，要求做到盖中有透，虚实结合。

（2）扩散法。此法是将细碎的原料放在成熟的菜肴表面上，起增色或辅味的作用，要求形散而意不散。

（3）牵花法。此法是将不同颜色的原料制成小件放在菜肴上，拼成各式各样的纹样或图形。这种手法较为繁复，只能在成熟前的菜肴上操作，且要求菜肴表面平整，多用于茸胶菜肴。

（4）图案法。此法用可食性原料拼成象形图案于菜肴上，使整个菜肴具有一定的物象特征，显得美观大方。

（5）镶嵌法。此法多用于物象造型的菜肴，是在菜肴所表现物体的某个部位进行装饰，使菜肴形象生动逼真，如"麒麟鳜鱼"等。这类装饰简单，菜肴成熟前后均可进行。

（6）间隔法。此法用于排列整齐有序的一类菜肴，是在菜肴空隙装饰的方法。

（7）衬垫法。与冷菜垫底一样，将一物垫于另一物之下，起支撑作用，但与冷菜不同的是，热菜垫物需有所见，既起撑形作用，又起色相对比作用，使菜肴更为悦目。通常是荤菜垫素菜，垫底还具有荤素搭配的作用。

（二）辅助装饰

辅助装饰是利用菜肴主辅料以外的原料，采用拼、摆、镶、塑等造型手段，在菜肴旁对其进行点缀或围边的一类装饰方法。这种装饰如同众星拱月，可使主菜更加突出、充实、丰富、和谐，以弥补菜肴因数量不足或造型需要而导致的不协调、不丰满等缺陷。常见形式有点缀和围边。

1. 点缀

点缀法是用少量物料通过一定的加工，点在菜肴的某侧，形成对比与呼应，使菜肴重心突出的美化方法。特点是简洁、明快、易做。根据点缀是否对称分为对称点缀和不对称点缀。

（1）对称点缀有单对称、双对称、多对称、中心对称、交叉对称点缀等，对称点缀物应同样大小、同样形状、同样色泽，忌不同样造型。

（2）不对称点缀形式多样，局部点缀最常见，即用食雕、花卉等，摆在菜肴的一边作点缀，以渲染气氛。多用于装饰整形菜肴，弥补盘边的局部空缺。有时还能创造一种意境、情趣，如"松鼠戏果"中盘边用一串葡萄作点缀物。

2. 围边

围边也称"镶边"，较之点缀复杂，一般有全围边、半围边和间隔围，多用于热菜，常见的有以菜围菜、图案式围边、象形物围边等。

（1）以菜围菜法。方法是主菜放在盘中，配菜做围边，配菜起增加色彩、调剂口味、美化菜肴的作用。其形式活泼，有一定的节奏感。

（2）图案式围边法。此法是用配料镶出图案框架，主料填充其间，如"宫灯虾仁"。这种围边务求造型美观，色彩搭配协调。

（3）象形物围边法。它是将食雕熟制后的各种象形物用于围边，如金鱼、琵琶、玉兔、梅花等，这种围边要保证主菜的质量，防止华而不实。

菜肴的美化是人们对美食的一种追求，是许多美食必不可少的辅助手段。对制作菜肴的厨师来说，不仅要有一定的技巧，还应有一定的美学修养，经过完整巧妙的构思和装饰手法的合理运用，将菜肴内容、菜名、盛器、装饰物融为一体，让人食之津津有味，观之陶冶情操，领略到中国烹饪的艺术之美。

拓展知识

菜肴的"形"与盘边装饰

一盘货真价实、口味鲜美的菜肴，配上雅致得体的盘边装饰，可使菜肴充满生机，就像一朵美丽的鲜花与映衬的绿叶一样难以割舍。盘边装饰的目的，主要是增加宾客的食趣、情趣、雅趣和乐趣，收到物质与精神双重享受的效果。

菜肴从"形"的角度去探究，应该是近20世纪五六十年代的事情。对中国烹饪技艺的评论，开始有人提出"色、香、味"，后来随着事物的发展，认为这三个字不够全面，于是增加了"形"作为形容和评论烹饪艺术的标准。尽管古代也有人制作造型菜，但却没有形成大的气候，没有提出"形"的标准要求。随着社会的发展，"形"的特色已越来越引起人们的重视。从中国烹饪的发展史来看，传统的中国烹饪只以味美为核心，其"形"和"色"向来被放在次要地位。中国烹饪对形的重要性认识，只是20世纪50年代的事情，这时期出现的象形冷盘，正是这种趋势的一个有力证明。

从象形冷盘到象形菜肴，随着人们的审美意识逐渐提高，人们由菜肴本身的刀工、造型、美化进而扩展到将造型、美化移植到菜体以外的盘边，同样表现了菜品的造型意识，而且更重视了菜体本身的清洁卫生。在以味为前提下，从菜品本身的形又扩展到盘边的饰，传统的中国烹饪发生了一系列潜移默化的变化，在这些变化中，应该说人们的思路宽了、制作技术更雅致了。

当今人们随着生活质量的提高，对保健、方便的饮食风格更为提倡。人们逐渐认识到对菜肴长时间的摆弄，有碍营养、卫生，而盘饰装潢既美观、保营养，又变化多端，还可满足人们求新求变的要求。

（资料来源：邵万宽.菜点开发与创新.沈阳：辽宁科学技术出版社，1999：156.）

 思考与练习

一、课后练习

（一）填空题

1.菜肴造型的艺术处理原则是 _____、_____、_____、_____。

2.菜肴造型的形式美是以 _____美为前提的。

3.菜肴造型艺术处理的三种模式是 _____、_____、_____。

4.热菜造型的基本手法有 _____、_____、_____。

5.实用性冷盘的造型包括 _____、_____、_____三个步骤。

6.拖入装盘法适用于烧、焖制作的 _____原料的菜肴。

7.无芡无汁、块块分开的油炸菜肴适用 _____方法装盘。

8.原料在锅中排列整齐，装盘后仍不改变其排列形状的菜肴应采用的装盘方法是 _____。

（二）选择题

1.下列选项中最富有装饰性的线条是（　　　）。

　　A.平行线　　　　　B.垂直线　　　　　C.曲线　　　　　D.折线

2.在形式美组合法则中最常见、最简单的一种是（　　　）。

　　A.单纯一致　　　B.对称均衡　　　C.调和对比　　　D.多样统一

3.菜肴造型艺术处理的首要原则是（　　　）。

A. 实用性原则　　　　B. 时效性原则　　　　C. 技术性原则　　　　D. 艺术性原则

4. 下列选项中不属于装盘基本要求的是（　　　）。

A. 控制菜肴数量　　　　　　　　B. 控制菜肴温度

C. 控制装盘卫生　　　　　　　　D. 做好主体装饰

5. 衡量椭圆形菜盘大小的指标是（　　　）。

A. 长轴　　　　　　B. 短轴　　　　　　C. 直径　　　　　　D. 半径

6. 下列选项中适宜制作菜点装饰物的原料是（　　　）。

A. 软体动物　　　　B. 冰激凌　　　　　C. 糖艺品　　　　　D. 粘接料

7. 下列烹调方法中，最有利于热菜自然造型的是（　　　）。

A. 蒸　　　　　　　B. 烧　　　　　　　C. 焖　　　　　　　D. 煨

8. "松鼠鳜鱼"的造型形式是（　　　）。

A. 自然造型　　　　B. 图案造型　　　　C. 象形造型　　　　D. 拼盘造型

（三）问答题

1. 联系实际谈谈如何处理好菜肴造型的实用性、时效性、技术性和艺术性之间的关系。

2. 请说说你对菜肴的抽象造型和具象造型是如何理解的？

3. 简述菜肴造型处理的形式美规律。

4. 实用性冷菜拼摆各步骤有哪些技术要求？

5. 欣赏性冷盘造型的基本手法有哪些？

6. 花色冷菜在拼摆上应注意哪些问题？

7. 简述热菜造型的基本手法。

8. 菜肴造型的途径有哪些？

9. 菜肴装盘有哪些基本要求？

10. 简述冷、热菜肴装盘的基本手法。

二、拓展训练

1. 分组制作"珊瑚鱼"，造型自主发挥。请全班同学运用所学知识分别加以点评，指出每个同学在菜肴造型上的优缺点。

2. 目测各种尺寸大小不同的平圆盘、长腰形盘等，再对它们进行实际测量，比较实际尺寸与目测的差距。最终目标是一见盘子便能准确地报出尺寸大小。

3. 分组到不同等级的大酒店、星级宾馆、规模化社会餐饮店参观，比较分析菜肴品种及使用盛器的特点。

4. 从因特网上收集菜肴的图片，进行菜肴造型与盛装工艺的分类，然后每个小组在全班就图片进行讲解分析。

模块十 烹调工艺的革新

学习目标

知识目标 熟悉传统烹调技法的一般方法和要求，了解传统工艺的制作技巧；能根据不同原料进行合理的组配与创新；了解组合创新的基本技术手法；合理的利用移植嫁接方法开发新的菜品。

技能目标 强化基本功的训练，掌握刀工、火候、调味的操作要领；会根据原料的变化合理开发菜肴；学习本地以外菜肴的制作方法并进行有机的融合与嫁接；会将点心技术、西餐技术融入菜肴之中。

模块描述

本模块主要学习烹调工艺的创新方法，从传统工艺的继承发展、原材料的变化利用以及不同工艺的嫁接、组配等方面进行阐述与讲解。围绕四个工作任务进行分解练习。通过菜品创新知识和技能的学习，使学生进一步掌握多种菜肴的创新工艺，最终使学生能创制出符合烹调规律的新菜品。

导入案例

火焰菜肴的情趣

在K城香格里拉酒店的宴会厅里，行政总厨柳先生为顾客精心表演了几款火焰菜品。有趣的是，技艺高超的柳师傅能借助火焰直接加工烹制出美味佳肴，并以此来渲染餐桌上的气氛，给食客带来饮食情趣，一饱眼福和口福。

火焰醉虾。为广东冬令滋补佳肴。将活基围虾放入耐高温玻璃锅内，加米酒盖上锅盖，将虾醉约5分钟，再放入枸杞子、当归等中药材，另用一碗盛入玫瑰酒，用火柴点燃倒入耐高温玻璃锅内，即火焰四起，约10~15分钟，虾体变红、肉质饱满成熟即可捞起，由食客夹取蘸配制调味汁食用。

火焰焗螺。用炒熟的细盐堆于盘中，作火焰山或雪山状，将田螺加工、调味，焗熟后带壳装入盘中，在盐山上、螺壳外、菜盘内倒些雪梨酒，点火上桌，既保持菜的温度，又带来"噱头"，产生了以奇媚人的效果。

火焰冰激凌。将冰激凌外包1.5厘米的蛋糕坯压实，沾蛋液后均匀裹粘面包糠，入冰箱速冻至硬实后，放入热油锅中炸至酥脆后出锅，置于器皿中；将XO白兰地酒浇于冰激

凌上，点燃火焰；最后将可可汁淋入冰激凌上，切割食用。

当柳师傅表演完成以后，客人分别品尝了三款菜品。醉虾的鲜嫩、焗螺的爽脆、冰激凌的外酥里凉，使在场的客人报以热烈的掌声，感谢大厨亲自为客人烹制美味佳肴。

火焰美食在法式西餐厅里也经常表演，有专门的移动餐车，进行现场烹制。这些利用火焰烹制的菜肴，菜点发出蓝色的火焰，以烘托餐厅的气氛，为客人提供乐趣，增加情趣。它既有传统的中国文化风情，又有西方古典宫廷风格，更有菜品制作元素的出新，系中西饮食文化结合的佳品，体现了餐饮文化的深深的魅力。

问题：

1.为什么要利用火焰烹制菜肴？它的主要目的是什么？

2.为什么说对烹调工艺的革新是十分必要的？

烹调工艺的革新，就是抛开旧的不实用的或不受欢迎的东西，创造新的和市场需求相吻合的菜品。随着现代餐饮市场的发展，创意、创新已成为越来越广泛使用的名词。知识经济依赖于创新，只有通过创新能力的不断发掘、新方法的充分利用、新菜品的推陈出新，才能有助于知识经济的良性循环。烹调工艺技术的创新要求烹调技术人员多学习、多琢磨、多思考，并不断收集信息、考察交流，才能有效地发挥现有的技术技能，实现工艺技术的突破。

任务一　传统工艺的继承与创新

☞任务目标

- 在苦练基本功的基础上学会变化；
- 能在传统菜上做文章打破常规；
- 会制作一两道古菜新做的菜肴；
- 能在老师的指导下举一反三。

中国烹饪文化浩如烟海，特色分明，由于她保持了自己民族的地方特色，而成为世界烹饪之林的一朵璀璨的奇葩，博得了世界各国人民的由衷赞赏。中国烹调工艺的发展之路该如何走？保持优良传统，跟着时代的步伐，不断开拓和创新，这应是中国烹调工艺发展、创新的最有效的途径。

活动一　从烹调工艺的变化入手

一、锤炼基本功，琢磨新工艺

在中国传统的烹调技艺中，刀工、火候和调味是烹调工艺的三大基本技术要素。中国烹调工艺的变化与创新都是从这里起步而发展的。新的菜肴的出现，也都是围绕着刀工、火候和调味的千变万化而形成的。只有在扎实的基本功基础上，认真钻研、琢磨，才能不断开拓出新的菜肴品种，实现菜品的开发与创新。

1. 在传统工艺中发展

中国有五千年的饮食文明史，中国烹饪发展至今是中国烹调师不断继承与开拓的结果。几千年来，随着历代社会、政治、经济和文化的发展，各地烹饪文化也日益发展，烹饪技术水平的不断提高，创造了众多的烹饪菜点，而且形成了风味各异的不同特色流派，成为我国一份宝贵的文化遗产。

中国烹饪属于文化范畴，是中国各族人民劳动智慧的结晶。全国各地方、各民族的许多烹饪经验，历代古籍中大量饮食烹饪方面的著述，有待我们今天去发掘、整理，取其精华，运用现代科学加以总结升华，把那些有特色、有价值的民族烹饪精华继承下来，使之更好地发展和充分利用。社会生活是不断向前发展的，与社会生活关系密切的烹饪，也是随着社会的发展而发展的。这种发展是在继承基础上的发展，而不是随心所欲地创造。纵观中国烹饪的历史，我们可以清楚地看到，烹饪新成就都是在继承前代烹饪优良传统的基础上而产生的。

我国各地的地方菜和民族菜，都有值得我们学习的制作特色。这些制作特色，是历代厨师们不断继承和发展而来的。如果只有继承而没有发展，就等于原地踏步走，那样也许至今还处在两千多年前的"周代八珍"阶段；如果只有创新，而没有继承，那只能是无线的风筝和放飞的气球，会缺少地方、民族特色，更缺少经得起反复推敲的深厚基础。中国各地风味菜点的制作，无一不是经过历代的劳动人民在继承中的不断充实、完善、更新才有今天的特色和丰富的品种的。

2. 烹调工艺的更新

数千年来，烹调工艺一直都是手工技艺，至今仍然基本如此。但近年来，由于机械和电器的普及和发展，许多小型、轻便、精密的电动机械设备的发明和推广，在刀工技术方面已经实现了一定程度的现代化，并且逐步为烹调技术人员和消费群体所接受。

近年来，我国冷菜制作从传统的平面造型开始向现代的立体造型发展，这种转化的趋势比较明显，它吸收了亚、欧地区饮食菜品的制作风格，特别是受西餐、日餐菜品制作的影响。传统平面造型的菜品装盘相对比较单一，当今的立体造型是在我国原有立式冷菜的基础上的进一步发展，有些菜品通过模具压制成型，立体感较强，给人耳目一新之感。因是模具使然，其制作速度也较快，又不需要过多的刀工，既方便操作，又有一定的造型，而且清爽利落，只要把菜品的口味调制好就行。如蔬菜松用模具压后立起、肋排捆扎立起等，这是一种突破传统的表现手法，也是现代冷菜制作装盘的新特点。

菜肴口味的多元化是当今工艺创新的一个显著的特点。口味的多元化与中外菜肴制作相结合是一大流行趋势，其原因来自于跨界交流。随着融合风的不断发展，酱汁、味汁的调配更加多样化。越来越多的国外调料进入中国市场，国内的各大调料商也在不停地加紧研发，出现了很多风味各异的调味品。各种味型和调味汁在菜品中扮演着越来越重要的角色，它既能有效地控制成本，节约材料和时间，又可以提高出品速度，增进效率。很多烹调师都可以轻松地调制出多款具有异国风味的调味汁，将国内外的调味品有机结合在一起、传统菜与异国风味相结合，这种别样的口味融合将会对中国传统菜肴的创新发展产生一定的影响。

创新源于传统、高于传统，才有无限的生命力。只有弥补过去的不足，使之不断地完善，才能永葆特色。许多人在改良传统风味时，把传统正宗的精华都抛弃殆尽，剩下的都是花架子，显然是得不到顾客的认可的，这不是发展而是倒退，不是创新，而是随心所欲的乱弹琴，是一种毁誉。菜点的创新应根据时代发展的需要、根据人的饮食变化需要，不断充实和扩大传统风味特色。

需要说明的是，创新不是脱离传统，也不等于照抄照搬，把其他流派的菜肴拿来就算作自己的菜。我们可以借鉴学习，学会"拿来"，但一种菜的主要特点仍要体现其本来的风味传统，只能是菜品局部调整使之合理变化，这种创新应该是值得提倡的。

二、做一个勇于开拓的尝试者、创新者

继承和发扬传统风味特色是饮食业兴旺发达的传家宝。如今，全国许多大中城市的饭店在开发传统风味、重视经营特色方面取得了可喜的成绩，并力求适应当前消费者的需要，因而营业兴旺，生意红火。

饭店突出传统的风味特色，以新颖的菜肴和品质质量招徕客人，并力求适应当前消费者的需要，这是饭店餐饮取胜之道。

但是，继承发扬传统特色也不是说完全照原来的老一套做法不变，而是要随着时代的发展而不断改进，以适应时代的需要。20世纪70年代，人们提倡的"油多不坏菜"，如今已过时了，已不符合现代人的饮食与健康的需求。随着现代生活的变化，传统的"高温老油重炸菜""大油量焖菜""烟熏菜"等菜品的制作都发生了许多变化，甚至已减少或不再制作此类菜肴。传统的"糖醋鱼"，本是以中国香醋、白糖烹调而成，随着西式调料番茄酱的运用，几乎都改成以番茄酱、白糖、白醋烹制了，从而使色彩更加红艳。与此相仿，"松鼠鳜鱼""菊花鱼""瓦块鱼"等一大批甜酸味型的菜肴相继作了改良。

在四川菜今天如此火爆的情势之下，四川烹饪界根据川菜现状，利用自身的传统调味特点，不断开拓原材料，突破过去"川菜无海鲜"的局限。厨师们通过不断的努力，精心制作出了传统风味浓郁的"川味海鲜菜"和"新潮川味菜"，为川菜继承和发扬传统风味抒写了新的篇章。

北京市某川味酒楼，以水煮鱼、香辣盆盆虾、毛血旺等麻辣口味特色菜品服务于京城，受到了广大消费者特别是年轻人的欢迎。几年来，厨师们不断研制开发菜品的操作流程，研究了190℃水煮鱼的行业标准、米椒小公鸡、泡椒系列菜品、干锅系列菜品、咖喱系列菜品等一大批创新技术和创新菜品。

广州粤菜前辈大师黎和的长处是师承传统，却不囿于传统。几十年来，他潜心研究创制和改革粤菜，用他的话说，就是"菜谱要不断标新立异，才能顾客盈门"。他先后创制了满坛香、瑶玉鸡、琼山豆腐、油泡奶油、鹊燕大群翅、瓦掌花雕鸡、海棠三色鲈、荷香子母鸡，以及野味宴、鹌鹑宴等各种菜式。据人们统计，黎和大师制作的新菜式至少三百多款，这都是他开拓创新的结果。他为年轻厨师起到了模范作用。

案例分享

大蓉和的菜品创新

顾客到一个餐厅用餐，吃到有特色、有品质的菜，就会对这个餐厅产生兴趣和认同。有些经典菜品还会成为餐厅的代名词，像夫妻肺片、麻婆豆腐等，餐厅的品牌和菜品相互关联、相互作用，紧紧连在一起。

做餐饮首先要把菜品做好，这是真功夫、硬道理。大蓉和在开业前，在产品研制上花费了巨大的精力。企业的考察、各路流派厨师的轮流试菜与思维碰撞，这种频繁的互动，带来了技术与思想的大撞击，为形成产品特色打下了良好的基础。大蓉和成立初期，推出了开门红、风味黄金蟹、酱卤猪手、吉利香菜圆、金龙鱼、圆笼糯香骨、青菜钵、天下第一骨、香煎爆盐鱼、瓦缸煨汤10大名菜，美食节上推出了百道新菜。平均一两个月有几十道新菜亮相。此后，又推出美味白菜、紫砂香酥钵、铜盘仔牛、烧汁鲈鱼、黑椒牛仔骨、银耳木瓜盅、南瓜糯、雪媚娘、玉米马蹄糯等几十道创新菜，进一步推动了企业的腾飞。近些年以来，青椒系列、石锅系列、清汤系列等产品的推出，持续赢得了企业的人气。这一系列产品的连续推出，使企业加速前进，品牌影响力越来越大。

董事长刘长明说得好："品牌不一定要刻意去做，不一定要靠广告宣传，只要埋头苦干，把产品做好，把服务做好，自然就会有高顾客流量和高满意度，让企业的影响力越来越大。大蓉和靠产品起家，靠产品发展，将来还要以货真价实的产品打天下。"

活动二　发扬民族特色的创新研发

菜点的制作、创新从地方性、民族性的角度去开拓是最具生命力的。透过全国各地的烹饪比赛、烹饪杂志，不难发现我国各地的创新菜点不断面市，而绝大多数的菜看都是在传统风味基础上的改良与创新。综观菜点发展的思路，通常的突破口，一般有以下几种。

一、挖掘、整理和开发利用现有的饮食文化史料

菜品创新如果是从无到有制作新菜，的确是比较艰难的。但从历史的陈迹中去找寻、仿制、改良，便可制作出意想不到的"新菜"。我国饮食有几千年的文明史，从民间到宫廷，从城市到乡村，几千年的饮食生活史料浩如烟海，各种经史、方志、笔记、农书、医籍、诗词、歌赋、食经以及小说名著中，都可能涉及饮食烹饪之事。只要人们愿意去挖掘和开拓新品种，都可以创制出较有价值的看馔来。

20世纪80年代是我国餐饮业对古代菜挖掘开发的高峰期，如西安的"仿唐菜"、杭州的"仿宋菜"、南京的"仿随园菜"和"仿明菜"、扬州的"仿红楼菜"、山东的"仿孔府菜"、北京的"仿膳菜"等都是历史菜开发的代表。

古代有许多菜品都是值得研究开发的。这里以古代"面筋菜品"为例。从史料看，对于面筋菜品的来源，据《辞源》引《事物绀珠》记载：面筋系南朝梁武帝所创制。南朝梁

武帝萧衍信佛，提倡斋食，以麸做菜，并创制了面筋菜肴。南宋陆游在《老学庵笔记》中记有请苏轼吃"豆腐、面筋、牛乳之类皆渍蜜食之"的故事。说明面筋在南宋时也普遍流行。到元代，韩奕的《易牙遗意》里就收有"面筋鲊"和"煎面筋"两菜。清代薛宝辰的《素食说略》中有"五味面筋""糖酱面筋"和"罗汉面筋"的制法。古代面筋的制法大多以炒为主，《金瓶梅》第 37 回有"刚才做的热饭，炒面筋儿，你吃些"。《红楼梦》第 61 回有："春燕说荤的不好，另叫你炒个面筋儿，少搁油才好。"从明代到清代，以至于今天，其制法都是较相近的。《清稗类钞》记曰："以面筋入油锅炙枯，再用鸡汤、蘑菇清煨。或不炙，用水泡，切条，入浓鸡汁炒之，加冬笋、天花。上盘时，宜手撕，不宜光切，加虾米泡汁甜酱，更佳。"这里用手撕的目的，是为了使面筋能充分吸足卤汁，饱含鲜美之味。

古为今用，推陈出新，只要有心去挖掘、去研究，都可以开发一些历史菜品来丰富现代餐饮企业的菜单，为现代生活服务。

拓展知识

古代菜品的挖掘

芙蓉肉。清《随园食单》记载："将精肉一斤切成片，在清酱中拖一下，风干 2 小时。用 40 只大虾肉，二两猪油，把肉切成骰子块大小，再将虾肉放在猪肉上。一只虾，一块肉，拍扁后，放在开水中煮熟，撩起。然后现熬半斤菜油，将肉片放在眼铜勺里，放入滚油灌熟。再用熬滚的酱油半酒杯、酒一杯、鸡汤一茶杯，浇在肉片上，加上蒸粉、葱、椒后起锅。"

茄鲞。清《红楼梦》有："才下来的茄子把皮刨了，只要净肉，切成碎钉子，用鸡油炸了，再用鸡脯子肉并香菌、新笋、蘑菇、五香腐干、各色干果子，俱切成钉子，用鸡汤煨干，将香油一收，外加糟油一拌，盛在瓷罐子里封严，要吃时拿出来，用炒的鸡爪一拌就是。"

八宝肉圆。清《调鼎集》有："用精肉、肥肉各半，切成细酱，有松仁、香蕈、笋尖、荸荠、瓜姜之类，切成细酱，加芡粉和捏成团，放入盆中，加甜酒、酱油蒸之，入口松脆。"

蟹酿橙。宋林洪《山家清供》有："橙用黄熟大者，截顶剜去穰，留少液。以蟹膏肉实其内，仍以带枝顶覆之。入小甑（蒸锅），用酒、醋、水蒸熟。用醋、盐供食。香而鲜，使人有新酒、菊花、香橙、螃蟹之兴。"

二、大胆吸收不同地区的调辅料来丰富菜肴风味

广泛运用本地的食物原材料，是制作并保持地方特色菜品的重要条件。每个地区都有许多特产原料，每个原料还可以加以细分，根据不同部位、不同干湿、不同老嫩等进行不同菜品的设计制作。在广泛使用中高档原料的同时，也不能忽视一些低档原材料、下脚料，诸如鸭肠、鸭血、臭豆腐、臭干之类。它们都是制作地方菜的特色原料。

在原材料的利用上，也要敢于吸收和利用其他地区甚至国外的原材料，只要不有损于本地菜的风格，都可拿来为我所用。在调味品的利用上，只要能丰富地方菜的特色，在尊重传统的基础上，都可充实提高。如20世纪后期南京丁山宾馆的"生炒甲鱼"一菜，在保持淮扬风味的基础上，烹制时稍加蚝油，起锅时加少许黑椒，其风味就更加醇香味美。像这种改良，客人能够接受，厨师也能发挥，对于本地风味菜则大大丰富了内涵，使口味在原有的基础上得到了升华。

调味酱汁的研制是现代厨房菜品口味出新的关键点。各种调料的合理组合可以开发出许多有价值的酱汁来。好的受欢迎的酱汁不仅客人喜爱，而且能够标准化生产，可以使菜品的口味统一，制作速度也快。另外，可以根据不同地区人的口味特点合理变化配方。如利用黑椒汁、XO酱、鲍鱼汁、金沙酱、客家辣酱等特色的调味酱汁可以研发出许多风味独特的菜品来，如XO酱焗青龙、金沙鱿鱼圈、客家酱焖鸭等。

三、注重加工工艺的变化和烹调方法的改进

对于传统菜的改良不能离其"宗"，应立足于有利保持和发展本来的风味特色。许多厨师善于在传统菜上做文章，确实取得了较好的效果。如进行"粗菜细做"，将一些普通的菜品深加工，这样改头换面后，可使菜品质量提升；或在工艺方法上进行创新，如"烧烤基围虾""铁扒大虾"等，改变过去的盐水、葱油、清蒸、油炸，使其口味一新。

几十年来，全国各地的许多名厨对传统菜改良都做了尝试，而且不乏成功之作。如上海名菜"糟钵头"，在创始阶段是一道糟味菜，并不是汤菜。后来将其发展为汤菜，入糟钵头，上笼蒸制而成，汤鲜味香。再后来因供应量大，原来制法已不适应，又改为汤锅煮，砂锅炖，其味仍然佳美，深受顾客欢迎。

南京金鹰大酒楼以发掘地方菜为中心，得到当地顾客的好评。厨房团队在研制菜品时，制作的"萝卜烧素鸡"，强调在"烫"字上下功夫；土豆泥做成的"双味八卦球"凉菜，调制成两种风味，装盘时改成了两只灯笼，充盈起喜庆色彩，都得到当地人的认可。数十年畅销的"三七馄饨鸭"，经不断创新，现在用三七药材入汤炖制，更是受到人们的推崇。他们创制的"金陵全鸭席"，如琵琶鸭、葵花鸭、葫芦鸭、黄焖鸭、鸭包鱼翅、松子鸭颈、盐水鸭舌、金鱼鸭掌、千层鸭酥等诸多佳品，运用不同的烹调方法，通过对鸭子的不同部位、不同工艺入手研制，多次获得省内大奖，曾在商务部举办的餐博会上获得最高奖，还获得中国饭店协会的"金鼎奖"。

四、实行菜品的标准化和数据化生产

中国烹饪工艺的革新，需要走标准化、数据化生产的路子。只有这样，才能保证菜品质量的稳定性、一致性。由于我国传统的厨房生产方式，多少年来，几乎都是在没有任何量化标准的环境中运行的，菜品的配份、数量、烹制等都是凭借厨师的经验进行的，有相当的盲目性、随意性和模糊性，影响了菜品质量的稳定性，也妨碍了厨房生产的有效管理。在烹饪工艺的革新与开发方面，如果对菜品质量的各项指标按照预先设计的标准进行操作，使厨房实现生产标准化和管理标准化，那么，厨房生产就进入了标准化生产的运行轨道，在不同时间的同一菜品中，就会出现始终如一的稳定的质量标准。这不仅方便了生产管理，

也是对消费者的高度负责。这是烹饪工艺革新的基础，也是未来厨房生产的必由之路。

标准化从具体的数据开始，菜品有了具体的数据，就能得到统一，就保证了菜品质量的稳定性。在研制和确认一道菜品时，应强调它制作的一致性。任何菜肴在顾客心目中应保持稳定和一贯的形象。如"蚝油牛肉"的酱汁配方只能是一种，牛肉的厚度、长度只能一个规格，这样这个品种在顾客心目中才有质量形象，否则一天一个味道，规格也不统一，就没有一贯的质量形象，还难以进行成本控制，这正是餐饮经营之大忌。

原料加工规格的标准统一，是烹调工艺革新的前提。如加工质量指标，必须明确、简洁地交代加工后原料的各项质量要求，主要包括原料的体积、形状、颜色、质地，以及口味等。如榨菜丝的成型质量标准是：丝长 5 厘米，宽、厚为 0.3 厘米，整齐均匀；干蹄筋油发水泡质量标准是：色泽微黄，整齐、蓬松、孔密，水泡洗后有弹性不散碎、无油腻等。

在生产中对各项指标都进行规定，使厨师的工作有了标准，即使重复操作，也会因为标准统一而减少失误和差错，使厨房生产步入了质量稳定的轨道。

任务二　食物原料的变化与出新

☞任务目标

- ●会利用外地原料开发新菜品；
- ●会利用粗粮制作新菜品；
- ●能利用下脚料开发新菜品。

在烹饪实践中，烹饪原料是一切烹饪活动的基础。菜品的质量问题，有很大一部分是由于食品原材料的问题。丰富多彩的烹饪食物原料，为我国广大厨师的菜品创新提供了优越的条件。原料的发现、认识、组配，便是烹饪求变化、菜品出新招的一个重要方面。原料有千千万，但如何去认识它、利用它，不仅是一个技术性问题，还有赖于厨师的创造性和想象力。而掌握利用原料的个性特点，就可以在烹饪菜品的制作工艺上挖掘新的元素而寻求突破。

活动一　引进新料创新菜品

一、主动引进原料新品种

在食品原材料的使用方面，只要我们善于观察，新原料都可以拿来为我所用。自古以来，我国就有从外国引进原料的传统。从两汉到两晋，我国就陆续引进栽培植物，引入了胡瓜、胡葱、胡麻、胡桃、胡豆等品种。以后，又引进了胡萝卜、南瓜、黄瓜、莴苣、菠菜、茄子、辣椒、番茄、圆葱、马铃薯、玉米、花生等品种。史料记载，有些品种的引进还费了不少周折。现称为红薯的番薯便是如此。明代徐光启的《农政全书》就记载，海外华侨把薯藤绑在海船的水绳上，巧妙包扎，引渡过关，带回大陆。这些引进的"番"货、"洋"货，在神州大地上生了根，变成了"土"货。由于引进蔬菜的品种增多，使得我国的蔬菜划分就更细了一些。同样，也为中国的菜品创作锦上添花。

改革开放以后，我国引进外国的食品原料就更加丰富多彩了。植物性的原材料有荷兰豆、荷兰芹、微型西红柿、夏威夷果、彩色青椒、生菜、朝鲜蓟、紫包菜等，动物性原材料有澳大利亚龙虾、象拔蚌、皇帝蟹、鸵鸟肉、袋鼠肉、鹅肝等，这些为我国烹饪原料增添了新的品种。

北极贝是源自北大西洋冰冷无污染深海的纯天然产品，具有色泽明亮（红、橙、白）、味道鲜美、肉质爽脆等特点，且含有丰富的蛋白质和不饱和脂肪酸（DHA），是海鲜中的极品。北极贝是在捕捉45分钟后即在捕捞船上加工烫熟并急冻，因此只需经自然解冻即可食用，安全卫生方便。用北极贝可制作刺身、寿司、色拉、火锅等多种菜式，炒、蒸、扒、焖、炖皆可。北极贝脂肪低，味道美，营养价值高，富含铁质。目前，北极贝已被国内众多饭店、酒楼选用。

烹调师利用这些引进原料，洋为中用，大显身手，不断开发和创作出许多适合中国人口味的新品佳肴。如蒜蓉焗澳龙、冰激北极贝、火龙翠珠虾、翡翠鸡汁象拔蚌、鳕鱼焗青龙、翡翠龙虾花、鹅肝极品菌、西芹炒百合等。

二、善于借鉴各地特色原材料

利用原料的特色创制菜肴，需要我们不断地去借鉴全国各地的特色原料，拿来为我们所用。创新菜品需要我们在可能的情况下，采集外地的烹饪原料去满足本地的客人。全国各地因时送出的时令原料，使中国烹饪技术增添了活力，丰富了内容。特别是本地无而外地有的食品原料，我们就要想办法借鉴利用。烹饪中的特色原料，不仅有显著的地方特色，而且拿来为本地人服务就有了一定的新鲜感，使人们感到特别的珍贵。这就需要我们及时引进和采购，只要有了原材料，我们就可以制作出耳目一新的菜品来。

许多原材料在本地看来是比较普通的，但一到外地，它的身价就大大提高。如南京的野蔬芦蒿、菊花脑，淮安的蒲菜、鳝鱼，云南的野菌、胶东的海产、东北的猴头等，当它异地烹制开发、销售，其喜爱程度将难以估量，招徕的回头客也将不断增多。在现代交通发达的社会里，借鉴各地原材料创新菜肴必将有其广阔的市场。

在我国广大农村的山坡路边荒野处生长的苦苣菜，在欧洲是一种较好的食用蔬菜，欧洲民众常采集嫩叶做色拉。近年来，我国的许多饭店也开始利用此蔬菜开发新产品。特别是近年来，苦苣菜受到国际保健食品界的高度重视。研究表明：苦苣菜是一种出色的保健食品。苦苣菜的白浆中含"苦苣菜精"、树脂、大量维生素C以及各种类黄酮成分。据说常食含苦苣菜的食品可防治多种细菌或病毒引起的感染症以及提高人体免疫能力。国外也开发出多种苦苣菜保健食品，其中包括含苦苣菜汁饮料、苦苣菜营养饼干、苦苣菜色拉酱等。

山东滕州有一种很好的食材，叫山药豆，当地菜市场随处可见，实际上它就是山药蔓上结的珠状芽，叶上生，长圆不一，皮黄色，煮熟后变灰色，皮薄、肉白、质细，其作用与山药大致相同：补肺益气，固肾益精，益心安神，强志增智，滋润血脉，宁咳定喘，轻身延年。可炒、煮、炖食，是滕州餐馆的常见食材。全国各地这样好的食材很多，需要我们去发现它、利用它，为本地企业的菜品出新出谋划策。

菜例 1：海皇芝麻豆腐

原料：芝麻豆腐 100 克、水发乌参 5 克、虾仁 5 克、瑶柱 5 克、鲍鱼 5 克、熟海蟹黄 5 克、熟海蟹肉 5 克、芦笋尖 2 根、上汤 100 克、盐 0.5 克、纯鸡粉 0.5 克、葱花 1 克、淀粉 1 克。（以 1 客计）

制作：

（1）将乌参、虾仁、鲍鱼均切成丁。锅上火放水、葱、姜，烧开后加入乌参、虾仁、鲍鱼一起焯水；瑶柱放碗内，加水上笼蒸透后，撕成丝待用。

（2）芦笋再放开水锅中烫熟；芝麻豆腐切成 10cm 方块，上笼蒸熟后，装入盛器，中间挖空，放入乌参、虾仁、鲍鱼、瑶柱、海蟹黄、海蟹肉；锅再上火，加上汤、盐、纯鸡粉，用水淀粉勾芡，浇入豆腐上，插上芦笋尖即可。

菜例 2：黄油焗蜗牛

原料：蜗牛 1000 克、猪肉馅 350 克、洋葱 50 克、盐 4 克、蒜 10 克、味精 2 克、白兰地 10 克、面酱 15 克、胡椒粉 2 克、黄油 20 克。

制法：

（1）蜗牛去盖，取出肉洗净、煮烂；壳洗净；猪肉馅加盐、味精、白兰地酒、胡椒粉、蒜泥、洋葱末、黄油拌和与蜗牛肉一道塞入蜗牛壳内；口上抹面酱封口。

（2）将蜗牛壳口朝上，放入 220℃烤箱中烤制 5 分钟即可。

活动二　粗粮、废料的开发与利用

一、粗粮食品的精加工

利用一些粗粮原料通过精细制作的方法，也可以开发出许多新的菜品。它是在杂粮粗食的基础上，通过配制添彩，好上加好，这无疑是消费者对菜品的一种期望。在普通原料中，运用合理的制作方法，力求锦上添花，巧妙配制，自然也成为菜品创新的一种手法。

近年来，我国粮食消费结构正在发生着由"食不厌精"到"杂粮粗食"的变化，人们深知长期细粮精食对健康不利，还易患糖尿病、结肠癌及冠心病等症，这为粗料精作烹制菜点、创新品种提供了良好的途径。因而，曾一度被冷落多年的杂粮粗食，如今又重新引起人们的关注和青睐。尽管价格较高，远远超过大米、面粉的售价，但人们仍乐意解囊选购或品尝这些粗料精作的独特风味食品。对于粗粮土菜的处理加工，在"精""细"上大做文章，通过巧妙配制，使粗粮不仅营养好，而且变化大、新意多、吃口也好。

粗料精作，土菜细做，只要对原料和菜品进行充分利用，装点打扮，就会收到意想不到的效果，产生新品佳肴。一盘"团圆双拼"，使普通的胡萝卜、山药变成了两味诱人的食品。胡萝卜削皮蒸烂制成泥，加白糖、糯米粉、吉士粉制成圆饼，粘上芝麻；山药去皮蒸烂成泥后加白糖、面粉、少许油和泡打粉制成丸子。这一饼一丸双拼而成，在熟制时，两味菜蔬油温要求不同：胡萝卜饼炸制时油温不能太高，山药球油炸时温度不能太低。粗粮的精工细作，美观又大方，胡萝卜饼香甜滋润，山药球外脆里嫩。

嫩玉米粒较为普通，若配上各式原料烹炒，如松子、胡萝卜丁、西式火腿粒等，可制成爽口的"黄金小炒"；山芋用刀削成橄榄形，可制成精致的"蜜汁红薯"，成为高级宴会上的甜品；南瓜蒸熟捣泥，与海鲜小料一起烹制，可制成细腻的"南瓜海味羹"；荔浦芋经过去皮、熟加工，可制成"荔浦芋角""椰丝芋枣""脆皮香芋夹"等。这些菜品在餐厅一经推出，常常会博得广大顾客的由衷喜爱，并带来良好的叫座效果。

在普通的粗粮上巧做文章，巧妙出新，中外制作范例很多。土豆是一种根茎类菜蔬，土豆切丁、切片、切丝均可配菜，用土豆切薄片，配上各式复合味料制作休闲食品已风靡世界各地，如椒盐薯片、茄汁薯片、咖喱薯片、孜然薯片、本味薯片应有尽有。广式的"薯仔饼"，用土豆蒸熟制泥，稍加面粉揉制，包入馅心，制成三角形油煎即成；"香炸雪梨果"，包入三鲜馅，制成小黄梨，沾上面包屑入油锅炸成，其色金黄，其馅鲜嫩，外形逼真。

新鲜蚕豆碧绿鲜嫩，若与鱼丁配炒制成"金盅蚕豆鱼"，用小盅装配，每人一盅，土菜细做；"蜜汁豆蓉"，在各客汤盅的蚕豆蓉中，撒上花生蓉，又是一款甜羹。这些菜品，巧妙制作，都可走上高档宴会的舞台，成为风味绝妙、雅俗共赏的土洋结合菜。

二、"废物"原料的合理利用

烹调师们每天烧饭做菜，接触的原料很多，但这些动植物原料，除供人使用之外，还有许多被弃的下脚废料。一个聪明的、技术过硬的烹调师，是不会随便往垃圾箱扔下脚料的，而是尽量利用原料特点，减少浪费，充分加工，或巧妙地化平庸为神奇，化腐朽为珍物，创制出美味可口的佳肴来。

自古以来，中国厨师利用下脚料烹制菜肴佳品的例子层出不穷。鲢鱼头，大而肥，许多饭店和家庭都喜爱用砂锅炖鱼头，不少人还加入豆腐、冬笋之类炖制，将鱼头充分利用。江苏镇江的"拆烩鲢鱼头"，用鱼头煮熟出骨，用菜心、冬笋、鸡肉、肫肝、香菇、火腿、蟹肉配合烹制，头无一骨，汤汁白净，糯黏腻滑，鱼肉肥嫩，口味鲜美，营养丰富，达到了出神入化之效。

江苏常熟名菜"清汤脱肺"为1920年山景园名师朱阿二创制而成，他以下脚料活青鱼肝为主料，配之火腿、笋片、香菇等烹制成清汤，鱼汤为淡白色，鱼肝粉红色，汤肥而糯，鱼肝酥嫩，味鲜而香，在当地普遍受到欢迎。

巧用下脚料烹制菜肴，构思新颖、巧妙，可起到神奇之效。其关键就是要"巧"。巧，可以出神入化，化平庸为神奇，充分利用可食的下脚料创造新菜，需要创造性的思考。

西瓜是饭店每天必不可少的水果原料，特别是夏天，是人们消夏祛暑的佳品，人们在享用了西瓜瓤的美味之后，往往将西瓜皮都扔掉了，这实际上是一种很大的浪费。西瓜皮不但味道清淡可口，还有利尿导湿、清热解暑、生津止渴等功效，扔掉了实在可惜。近些年，不少饭店在西瓜皮上动脑筋开发新菜品。如挖出瓤后的整瓜皮可以当盛器一起加热，如西瓜鸡；将瓜皮刨去外皮，铲掉食用后的红瓤，取中间脆嫩的白色瓜皮切成丝，可制成凉拌白丝、油爆金银丝、凉拌瓜丝肉、爆炒瓜皮肉片、毛豆辣皮丝等。

人们食鱼的时候，往往把鱼鳞去掉，殊不知鱼鳞是一种营养价值不菲的食品。据营养学家研究指出，鱼鳞中含有丰富的蛋白质、维生素、脂肪和钙、磷等矿物质，具有较高的保健价值和止血功效；鱼鳞中含有卵磷脂有增强记忆力和控制脑细胞衰退的功效；含有的多种不饱和脂肪酸，可减少胆固醇在血管壁上的沉积，有防止动脉硬化、高血压及心脏病的多种功效。利用鱼鳞可以制汤（煮至汤成糊状捞出鳞片）、制成鱼鳞冻（熬后去掉鱼鳞用熬成的汤）、油炸鱼鳞等。

下脚料的巧妙利用，不仅可以成为一方名菜，而且避免了浪费、减少了损失，增加菜肴的风格特色。不少动物下水，口感独具，是其肉难以达到的。当今，用下脚料制作的菜肴品种迭出，像以动物下水、食物杂料、下脚料件之类为原料的菜谱书籍，也都出现过不少，每本制作的菜肴都在百种以上，爆炒溜炸、蒸煮焖煨样样俱全。实在无法利用，将下脚料整理干净，取可食部分，可作砂锅、火锅之料，如砂锅鸡杂、砂锅下水、鸭杂火锅、下水火锅等，都是冬春之日的可口佳肴。

随着人们生活水平的提高，人们的饮食开始趋向返璞归真、回归自然，过去不登大雅之堂的下脚料，一反常态，堂而皇之地走上了宴会的桌面。大肠、肚肺、猪爪、凤爪、鸡睾、猪血等，已经在宴席上常来常往，并得到广大宾客的百般青睐。在江南地区，大鲢鱼头已成为各大宾馆、饭店十分抢手的原料，1.5~2.5千克的鱼头，成本价已超出鱼肉的几倍，"砂锅鱼头"也成为中高档宴会的压轴菜，其售价也在节节攀升。

下脚料制菜，可精、可粗，只要合理烹制，都可成馔。只要我们肯开动脑筋，改变视角，即使在最不起眼的原料上或认为"不可能利用"的地方，也能巧用下脚料，实现化腐朽为珍物的创造。对广大有创造力的厨师来说，更应当更新观念，突破常规，争取在人们称为下脚废料的地方发现创新的契机。

拓展知识

善于利用特色原料

烹饪原料丰富多彩，制作者需要不断发现新原料，并综合利用各种食物原材料。这种利用是多方面的，如一物多用，综合利用等。

南京人以吃鸭闻名，其鸭菜驰名国内外。除正常使用鸭肉外，厨师们充分利用鸭子的每一部位，精心加工，烹制出了许多脍炙人口的美味佳肴。鸭舌、鸭掌、鸭胰、鸭肫、鸭肝、鸭心、鸭肠、鸭血、鸭骨、鸭油均可充分利用制馔，并制出了许多闻名遐迩的佳肴。"美人肝"为马祥兴清真菜馆名菜，取用鸭胰白作主料，由于鸭胰其量甚微，极少为人重视，菜馆积少成多，用作主料，可谓独具匠心；"掌上明珠"利用下脚料鸭掌，精工细作，将整掌出骨加工，在出骨的鸭掌上，缀以虾球，上笼蒸熟，成菜后，造型美观，鸭掌软韧，虾球鲜嫩味美；"烩鸭舌掌"佐以鲜笋、冬菇，掌舌柔韧，汁美味鲜；"瓢儿鸭舌"与河虾蓉共制，鸭舌柔软，汁白油润；"盐水鸭肫"，清淡无油，鲜美脆韧；鸭血、鸭肠烹制的"鸭血汤"，味美独特，十分爽口；"炒鸭心肝"滑嫩可口；烤鸭三吃中的"鸭骨汤"醇香扑鼻。真乃异彩纷呈，无所不烹。只要构思巧妙，不同部位的原料都可制成独有特色的新菜来。

近年来，进入厨房的原材料已超乎前几年，许多特色的原材料也走进了我们的厨房。特别是过去贫穷年代食用的原料，如山芋藤、南瓜花、臭豆腐、臭豆腐干等，现在也已进入许多大饭店。过去饭店不用的一些原料现在也开始尝试着用，并得到许多顾客的认可和喜爱，如：带骨猪爪、猪大肠、肚肺、鳝鱼骨、鱼鳞等。这些曾经不登大雅之堂的食品，现如今成了人们的喜爱之物。物换星移，时过境迁，对于原料的利用，还需要我们去发现原料、认识原料，这样就可制作出一些新创的菜品。

活动三　变化原料带来新风格

中国菜品的原材料丰富多彩，在制作菜肴中如果我们从原材料的变化出发，使其传统菜的风格做适当的改变，或添加些新料，或变化些技艺，或用原料模仿些菜品的形状等都会烹制些独特的菜品。

在食品制造和餐饮行业，近年来通过添加某些原料制作新菜品也是较为普遍的。菜品制作与创新中，通过添加原料的方法创新菜肴一般有两大类型：一类是在传统菜品的基础上添加新味、新料；另一类是在传统菜品中添加某类功能性食物。通过添加，使菜品风味一新，十分魅人。

一、添加不同原料创新菜品

1. 添加新味、新料出新

当今，调味品市场发展迅速。现今市场上调味品正向多味复合及复合专用调味品方向发展，在菜肴制作中加上适当的新的调味品，就形成了新的菜品。如"沙茶肉卷"，是在炸肉卷中加进了沙茶酱，而使口味有了新的变化；"孜然鳝筒"，在鳝段上抹上孜然虾仁馅，蒸熟后调入孜然粉、香菜末勾薄芡，形美味鲜，孜然味香；"十三香鸡"，这"十三香"是指13种或13种以上香辛料，按一定比例调配而成的粉状复合香辛料，其风味浓郁，调香效果明显，市售、自调均可，入肴调味，可增香添味、除异解恶、促进食欲，禽畜肉类都可调烹。只要具备了新的味料，就可创制新的菜品。值得提倡的是，很多饭店、餐馆的厨师们自己调配新的味型后，制作出了许多与众不同、独树一帜的新潮菜品。

在菜品中添加些西式调料、西式制法也可产生出中西结合式的菜品。如"千岛海鲜卷""奶油鸡卷""复合奇妙虾""咖喱牛筋"等。

利用新的引进原料添加在传统的菜品中，也是菜品出新一法。如"锅贴龙虾"是在传统菜品中的创新，借用澳大利亚大龙虾，取龙虾肉批薄片制成锅贴菜肴。它是在锅贴虾仁上添加了龙虾片，附上龙虾片，不仅档次提高，而且菜品有新意。"西兰牛肉"，是取用绿菜花为主料，以牛肉片为配料，一起烹炒而成。这是一款深受外国顾客欢迎的菜品，它实际上是在"蚝油牛肉"中添加了绿菜花，其创制的特色在于蔬菜多、荤料少。"夏果虾仁"是在"清炒虾仁"中添加了夏威夷果，成菜主配料大小相似，色泽相近，风格独具。

2. 添加功能性食物成新

这里所讲的功能性食物就是指对人体有特别调节功能（如增强免疫力，调节肌体节律、防治疾病等）的食物原料，也是指人们一日三餐常用食物以外的有特殊功效的食料，如药材原料人参、当归、虫草、首乌等。在普通菜品中添加药材原料就形成了"药膳菜品"。根据中国传统药膳理论原理，如今涌现出的炖盅、汤煲类菜品就是在传统炖品、靓汤中添加某类食物。如"枸杞鱼米"是在"松子鱼米"的基础上添加枸杞料而成，"洋参鸡盅"是在"清炖鸡"中添加了人参。再如"天麻鱼头""杜仲腰花""黄芪汽锅鸡""罗汉果煲猪肺""首乌煨鸡"等。

现在，功能性食品的流行已说明国人饮食生活水平的提高程度。药膳菜品、食疗菜品以及美容菜品、减肥菜品和不同病人的食用菜品等，都是在菜品中添加某一类食物原料而成的。

如今流行的水果菜品、花卉菜品等，都是在原有菜品的基础上添加某种水果、花卉而成新的。如"密瓜鳜鱼条"是在清炒鱼条中最后添加上哈密瓜条；"橘络虾仁"是在炒虾仁的基础上加上橘络粒；"玫瑰方糕"是在方糕的馅心中添加了玫瑰花；"梅花汤饼""桂香八宝饭"就是在原品的基础上添加了梅花、桂花等。菜品制作中如果能恰当地添加上某料、某味，或许就能产生出意想不到的、令人耳目一新的菜品来。

二、巧变技艺开发新菜品

一盘色形味兼具、美轮美奂的菜点，完美无缺地展现在餐桌食客面前，但当人们动箸品尝时，会品尝出特殊的、非同寻常的风味，此物非彼物，料中藏"宝物"。这正是巧变技艺带来的奇特效果。

在原材料上从改变菜点技艺方面入手，也不乏创造性思考方案。由于偷梁换柱、材料变易，使原来的菜品发生了变化，菜肴上桌后，产生了另外一种特殊的效果。

"八宝凤翅"色泽金黄，个头粗壮，外酥脆、里糯香，内部的骨头全部变成了"八宝糯米馅"，其制作，正是利用原料变易"偷骨换馅"，其中莲子、香菇、干贝、鸭肫、瘦肉、鸡脯、枸杞、糯米吃起来香味扑鼻，自然胜过原有的鸡翅之味。

"红烧田螺"本是一款普通的菜肴。但当改良后再让食用者品尝时，绝不是一般的烧田螺。制作者将田螺洗净，取出螺肉洗除肠杂，切成小块，与冬笋、香菇、葱姜诸调料炒制成馅后，再将馅塞入大田螺内，盖上螺壳，宛若原样。这种别具一格的改变原料之法，匠心独运，带给客人的却是全新的感觉。

在当今宴会上，常常见到"盐水彩肚""蛋黄猪肝"一类冷菜。这些菜肴使用了酿、嵌制法，使其材质更易。"盐水彩肚"在猪肚清洗之后，用咸鸭蛋黄置入猪肚中，用盐水煮制成熟；"蛋黄猪肝"即是在猪肝上用刀划几刀，然后嵌入蛋黄煮制成熟。在冷藏后的猪肚、猪肝中，用刀切下薄片，装入冷菜小碟，猪肚、猪肝镶嵌着黄色的蛋黄原料，色美、形美，质地变化，口感变易，口味独特而美妙。

"生穿鸡翼"，是广东菜肴。选鲜鸡翼，在关节处切成三段，取用上节和下节，将其竖立在砧板上，脱出骨成鸡翼筒，用蛋清和淀粉拌匀，然后在翼筒中穿入火腿、菜远各一条段，放入油水锅中氽至七成熟，再过油，最后烹料酒等调料炒至成熟。此菜剔去翼骨，换上火腿、菜远，的确是善于从材质方面独辟蹊径。

"笋穿排骨"，选用猪肋排骨，斩成两骨连一块的中型块件，冬笋切成与肋排骨大小厚薄一样的段。将排骨块下锅略煮，至排骨能抽出捞起晾凉，抽去肋排中骨头，将焯水的冬笋段分别插进肋排肉中。锅上火，将排骨整齐放入锅中，加绍酒、葱姜、香料和清水、调料烧至汁稠，装盘而成。此菜偷骨换笋，保持原形，荤素搭配，创意巧妙，具有独特的魅力。

运用原料变易之法制作成菜，许多菜系都有先例。如安徽的葫芦鸡、山东的布袋鸡、湖南的油淋糯米鸡、江苏的八宝鸭等，都是将鸡鸭脱骨，填上其他物料，类似的菜肴还有冬瓜盅、西瓜盅、南瓜盅、瓤梨、瓤枇杷、瓤金枣等。这些从改变菜肴原材料入手或让原料内的质地发生变化的立意是创造性思考的结果。有时，当人们一时找不到标新立异的好办法时，若把思路转移到原材料的更易上，就有可能产生奇特的效果。

拓展知识

"以素托荤"的创新之法

在中国传统菜肴中，"以素托荤"的制作方法，为我国菜肴的创新开辟了新的制作风格。这在古代的寺院菜与民间素菜中十分普遍。在宋朝时期，已有"假蛤蜊""假河豚""假鱼圆""假乌鱼""假驴事件""虾肉蒸假奶"等30多个菜肴。这些菜肴，利用植物性原料，烹制像荤菜一样的肴馔，其构思精巧、选料独特，常给人以耳目一新之感。诸如素香肠、素熏鱼、素火腿、素烧鸭、素肉松以及那些荤名素料的炸素虾球、酥炸鱼卷、脆皮烧鸡、糖醋排骨、糖醋鲤鱼、松仁鱼米、芝麻鱼排、南乳汁肉、鱼香肉丝、烩素海参、炒鳝糊、清蒸鳜鱼等，这些利用豆制品、面筋、香菇、木耳、时令蔬菜等干鲜品为原料，以植物油烹制而成的菜肴，以假乱真，风格别具，从冷菜热菜、点心到汤菜，样样都可创制出新鲜的素馔来。

自古以来，我国厨师运用原料变化替代出新制作素馔的技艺是相当高超的。如利用豆腐衣可制成素熏鱼、素火腿、素烧鸭；烤麸可制成咕咾肉、炸熘荔枝肉；水面筋可制成炒鸡丝、炒牛肉丝、炒鱼米、炒肉丝等；马铃薯可制成炒蟹粉、素虾球、炸鱼排；水发冬菇可以制成炒鳝糊、素脆鳝；黑木耳可制成素海参；粉皮可制成炒鱼片、蹄筋等。"翡翠鸡丝"是以熟水面筋切成细丝与青椒丝配炒而成；"炒蟹粉"是以土豆泥、胡萝卜泥与笋丝、水发冬菇丝与姜末一起煸炒而成；"茄汁鱼片"是以粉皮切成长方片与荸荠片、胡萝卜片加番茄酱炒制而成；"虾子冬笋"以素火腿切成细末替代"虾子"与冬笋炒制；"松仁鱼米"以水面筋切成小方丁替代"鱼米"与松仁、红椒丁炒制；"三鲜海参"是以黑木耳切成末加玉米粉、水等调料，用刀把面糊刮成手指形，下温油锅氽成海参形，然后配三鲜一起烩制；"酥炸鱼卷"用豆腐衣包上土豆泥，卷成长条，拖薄糊，放油锅中炸至金黄等。总之，无论有什么样的荤菜，这些素菜大师们总能用特色原料替代模仿制作出来。

改变原料用其替代制作成肴，可以使菜馔色、形相似，而香、味略有变易。这种运用"以素托荤"的仿制技艺制作而成的特色素馔，其清鲜浓香的口味特点，淡雅清丽的馔肴风貌，标新立异的巧妙构思，确实不同凡响，可以给宾客带来以假乱真之趣和喜出望外之乐。

任务三　烹调工艺的变化与出新

☞**任务目标**

- 会利用片形原料创制包式菜肴；
- 会利用片形原料创制卷式菜肴；
- 会创制夹制类、酿制类菜肴；
- 能根据不同的粘料配制菜肴。

20多年来，利用烹调工艺的变化创新已成为烹饪界关注的热点。广大烹饪工作者都在热切地努力学习、模仿、移植，希冀通过变化烹调工艺制作出新的菜肴来。一般来讲，菜品创新的方法很多，但工艺的翻新是值得人们去探讨和研究的。这往往是走向创新并获得成功的一条便捷之路。

活动一　包类菜肴的变化

我国包类菜肴花样繁多，技艺精湛，在很大程度上表现在皮张与馅料的巧妙变化上。十多年来，中国菜品中的包制工艺制作也不断涌现出新的风格。不断变化、制作精巧、栩栩如生、富有营养的包制菜品，像朵朵鲜花，在中国食苑的大百花园里竞相开放。

一、包制工艺的多变

利用包制之法，是我国热菜造型工艺的一种传统烹调加工方法。在我国古代，就有不少运用包的手法制作的菜肴。北魏贾思勰著的《齐民要术》里记载的"裹酢"：将鱼切块洗净、放盐和蒸熟的米饭拌匀，十块一包，用荷叶裹扎包起。只三二日便熟。荷叶有一种特殊的清香，用荷叶包制可产生奇特的香味效果。唐代昝殷著《食医心鉴》中记载的"炮猪肝"：将猪肝切成薄片，撒上芫荽末，裹上面糊，用湿纸裹扎包起入灰火中煨熟，取出食用中间的肝。此法制作成菜不但味美香嫩，而且具有食疗作用。清代袁枚著《随园食单》中的"空心肉丸"，通过采用包的手段，将固态猪油包入肉泥中，氽煮或蒸后，猪油受热向外溢出，里面便空心了，此菜造型颇具匠心。在点心制作中，包的系列更是普遍。在古代就有包饺子、包春卷、包包子、包馄饨、包粽子等。从以上菜点分析，我们不难看出，当时古人用包的手法配制菜点，一是为了包扎成型便于烹制；二是保持菜的原汁原味；三是取其裹包层特有的香气；四是形成独特的风格。

到了现代，包的技法运用就更加普遍了，特别是花色造型菜的运用。在配制中，更加注重菜肴原料的选择、搭配和外在造型的美观，使之达到色、香、味、形俱佳，款式多种多样，一目不可尽收。例如四川菜的"炸骨髓包""包烧鳗鱼"，广东菜中的"鲜荷叶包鸡""纸包虾仁"，北京菜的"荷包里脊"，安徽菜的"蛋包虾仁"，福建菜的"八宝书包鱼""荷叶八宝饭"等。

包式菜肴，一般是指采用无毒纸类、皮张类、叶菜类和泥蓉类等做包裹原料，将加工成块、片、条、丝、丁、粒、蓉、泥的原料，通过腌渍入味后，包成长方形、方形、圆形、半圆形、条形及包捏成各种花色形状的一种造型技法。包的形状大小可按品种或宴会的需要而定，但不论包什么形状，包什么样的馅料，都是以包整齐、不漏汁、不露馅为好。

二、包类菜肴的方式

包式菜肴丰富多彩，风味各具。配制花色包类菜所用的包制原料繁多，从其属性来分，包括以下几种。

1. 利用纸类来包制

纸包类菜肴，是以特殊的纸为包制材料。根据纸质的不同，可分为食用纸和不食用纸两类。食用纸有糯米纸、威化纸；不食用纸有玻璃纸和锡纸等。用纸包裹菜肴进行造型，一般以长方形居多，也有包成长条形。不论用什么纸包裹原料，都要适当留些空间，不要包得太实，以免汁液渗透，炸时易破洞。在包制过程中，要做到放料一致，大小均匀，外形整齐，扎口要牢，并留有"掀角"（包方形或长方形，包料时对角包，两头往中间折，扎口留角在外），便于食时用筷子夹住易于抖开。纸包类的菜肴最好是现包现炸，炸好即食。若包后放的时间较长，原汁的汁液会使纸浸湿透，也易破洞，影响质量。

纸包类的菜肴，大多采用炸的烹调方法。在炸制过程中，注意掌握和控制油温至关重要。下锅油温以四五成热为宜，采用中等火力控制油温在六成左右，待纸包上浮时，要不停地翻动，使受热均匀，当锅内的纸包料炸透后，油温可升至六七成热，但不能超过七成。这样炸出的纸包类菜肴，才会保持原料的鲜嫩和原味，食之滑香可口。

2. 利用叶类来包制

叶包类菜肴，一般是以阔大且较薄的植物叶或具香气的叶类作为包裹菜肴的材料。根据"叶"的特色，又可分为食用叶和不食用叶两类。食用叶如包菜叶、青菜叶、生菜叶、白菜叶、菠菜叶等；不食用叶有荷叶、粽叶和芭蕉叶等。叶包类菜肴，主要体现其叶的清香风味和天然特色。

利用叶包的馅料，其大小形状根据档次的高低、食用情况而定，有每人一客包制的小型包，也可一桌一盘的大型包。所用叶类，有些叶类可先用水烫软，使其软韧可包，如包菜叶、白菜叶等，有些叶类只需洗净便可包制，如粽叶、荷叶、蕉叶。使用荷叶可鲜可干，可整张包成大包，也可裁成小张包成小包，还可将大张裁成一定形状包之。包裹后的形状有石榴形、长方形、圆筒形等。叶包类的馅料，可使用生馅包制，亦可使用熟馅包制。生馅鲜嫩爽口，熟馅软糯味醇。叶包类菜肴大都采用蒸的烹饪方法制熟，也有的用烘烤、油煎进行加热。蒸的清香酥烂，烤的鲜嫩清香，煎得金黄酥香，各有风味特色。

3. 利用皮类来包制

皮包类菜肴，一般是以可食用的薄皮为材料包制各式调拌或炒制的馅料。根据所包"皮子"的不同，具体又可分为春卷皮（或称薄饼皮）、蛋皮、豆腐皮、粉皮和千张等种类。此类皮包料较薄较宽，且具有一定的韧性，易于包裹造型。馅料的形状常用蓉、丝、粒等，包裹成型有长方形、圆筒形、饺形、石榴形等。长方形用方形薄饼皮或粉皮对角包折，如三丝春卷、粉皮鲜虾仁。圆筒形用任何皮都可包卷成，封口需用蛋糊，如薄饼虾丝包、鸭肝蛋包等。饺形常用蛋皮包，制法有两种：一种是将适量蛋液倒入热锅内，摊成小圆稍厚的片，待其还未熟透时下肉馅，将一半对粘包起；另一种是把摊好的蛋皮用玻璃杯压出直径5~6厘米的圆片，入肉馅包成饺形、半圆边用蛋糊封口，如煎焖蛋饺、炸金银蛋饺等。石榴形（或叫烧卖形）是用10厘米见方的蛋皮包入馅心，上部收口处用葱丝扎紧成石榴形蒸制成熟；或用蛋液倒入热锅或手勺内，包上馅心用筷子包捏收紧，如蛋烧卖等。

以薄饼、粉皮为皮料包制菜肴，一般采用熟馅（将馅炒熟勾芡），包好后可直接入六七成油锅中炸至皮脆，呈金黄色即好。若包生馅，不适于直接炸，否则外焦里不透；如果采用蒸后炸，蒸会影响皮层的形态。用其他皮张类包制的菜肴，多为生馅，包制要紧，封口要粘牢。不同的皮料，可采取不同的烹调方法，挂不同的糊，油炸的温度也有所区别，裹脆糯糊炸，入锅油温要达七成热（约185℃），待外表炸酥脆、色金黄即可。油温低所挂的糊会脱散或不匀。裹蛋清糊炸的油温以四五成（约135℃左右）为宜，若油温高外层易焦。腐皮包类菜入锅油温一般在五成（约145℃），逐步升高，上浮炸成金黄、及时捞出。用蛋皮包的，有用蒸法、有用炸法，也有挂糊与不挂糊之分。

活动二　卷类菜肴的变化

卷类菜肴，是中国热菜造型工艺中特色鲜明、颇具匠心的一种加工制作方法。它是指将经过调味的丝、末、蓉等细小原料，用植物性或动物性原料加工成的各类薄片或整片卷包成各种形状，再进行烹调的工艺手法。

一、卷制工艺概述

在清代，我国菜肴的制作就有许多用卷制而制成的馔肴。《调鼎集》《随园食单》《食宪鸿秘》中都有卷类菜的记载，如"蹄卷""腐皮披卷""炸鸡卷""野鸭卷"等。虽然文字简单，但也勾画出卷制菜肴的制作风格和特色。

卷制菜肴发展至今，已形成了丰富多彩、用途广泛、制作细腻、风格各异的制作特色。不同地区、不同民族，因气候、物产、风俗、习惯、嗜好等的不同，都有不同风味的卷制类菜肴。不论哪一个地方的卷制菜肴，都是由皮料和馅料两种组成。其基本操作程序为：选料→初步加工及刀工处理（皮与馅）→码味或不码味→卷制成型→挂糊浆或不挂糊浆→烹制成熟→改刀或不改刀→装盘（有些需补充调味）→成品。

利用卷制菜肴的原料非常丰富。以植物性原料作为卷制皮料的，常见的有卷心菜叶、白菜叶、青菜叶、菠菜叶、萝卜、紫菜、海带、豆腐皮、千张、粉皮等。将其加工可做出不同风味特色的佳肴。如包菜卷、三丝菜卷、五丝素菜卷、白汁菠菜卷、紫菜卷、海带鱼蓉卷、粉皮虾蓉卷、粉皮如意卷、腐皮肉卷等。

利用动物性原料制作卷菜的常用原料有：草鱼、青鱼、鳜鱼、鲤鱼、黑鱼、鲈鱼、鲑鱼、鱿鱼、猪网油、猪肉、鸡肉、鸭肉、蛋皮等。将其加工处理后可做成外形美观、口味多样的卷类菜肴。如三丝鱼卷、鱼肉卷、三文鱼卷、鱿鱼卷四宝、如意蛋卷、腰花肉卷、麻辣肉卷、网油鸡卷、蛋黄鸭卷、香杞凤眼卷、叉烧蟹柳卷等。

卷式菜肴的类型一般有三类：第一类是卷制的皮料不完全卷包馅料，将 1/3 馅料显露在外，通过成熟使其张开，增加菜肴的美感，如兰花鱼卷、双花肉卷等；第二类是卷制的皮料完全将馅料包卷其内，外表呈圆筒状，如紫菜卷、苏梅肉卷等；第三类是卷制的皮料将馅料放入皮的两边，由外卷向内，呈双圆筒状，如如意蛋卷、双色双味菜卷等。不管是哪种卷法，用什么样的皮料和馅料，都需要卷整齐、卷紧；对于所加工的皮料，要保持厚薄均匀，光滑平整，外形修成长方形或正方形，以保证卷制成品的规格一致。

二、卷类菜肴的创制

卷类菜肴品类繁多，根据皮料所选用的原料不同，可以将其划分为不同的卷类菜肴。

1. 利用鱼片卷制

鱼肉卷类，是以鲜鱼肉为皮料卷制各式馅料。对于鱼肉，须选用肉多刺少、肉质洁白鲜嫩的上乘新鲜鱼（如鳜鱼、青鱼、鲤鱼、草鱼、鲈鱼、黑鱼、鲑鱼、比目鱼等）。鱼肉的初步加工须根据卷类菜的要求，改刀成长短一致、厚薄均匀、大小相等的皮料。鱿鱼要选用体宽平展、腕足整齐、光泽新鲜、颜色淡红、体长大的为皮料。做馅的原料在刀工处理时，必须做到互不相连、大小相符、长短一致，便于包卷入味及烹制。否则，会影响鱼肉卷菜的色、香、味、形、营养等。

鱼肉类菜，一般采用蒸、炸的烹调方法。蒸菜，能够保持鲜嫩和形状的完整；炸菜，则要掌握油温以及在翻动时注意形状不受破坏。根据具体菜肴的要求，有的需要经过初步调味，在炸制时经过糊、浆的过程，以充分保持在成熟时的鲜嫩和外形；有的在装盘后进行补充调味，以弥补菜味之不足，增加菜肴之美味。

2. 利用肉片卷制

畜肉类卷是以新鲜的肉类和网油为皮料卷制各式馅料而制作的菜肴。畜肉类卷主要以猪肉、猪网油制作为主。对于猪肉，须选用色泽光润、富有弹性、肉质鲜嫩、肉色淡红的新鲜肉为皮料，如里脊肉、弹子肉、通脊肉等。选用肥膘肉，须以新鲜色白、光滑平整的为皮料。猪网油须选用新鲜光滑、色白质嫩的为皮料。

肉类的加工制作，以采用切片机加工为好。将肉类加工成长方块，放入平盆中置于冰箱内速冻，待基本冻结后取出，放入切片机中刨片，使其厚薄均匀、大小相等，卷制后使成品外形一致。用猪网油做皮料，可用葱、姜、酒拌匀腌渍后，改刀使用；也可用苏打水漂洗干净改刀再用。用此法腌渍或漂洗干净，可去掉猪网油中的不良气味。

畜肉类卷菜中，有的用一种烹调方法制成，有的同一个卷类菜可用两种或两种以上的烹调方法制成，特别是各种网油卷的菜肴。网油面积较大，卷菜经过烹制后因形体过长，往往要经过改刀处理后再装盘。

3. 利用禽蛋类卷制

禽蛋类卷，是以鸡、鸭、鹅肉和蛋类为皮料卷入各式馅料。禽类须选用新鲜的原料，在加工制作禽类卷时，操作方法可分为两类：一类是将禽类原料用刀劈成薄片，包卷馅料制作而成；另一类是将整只鸡、鸭、鹅剖腹或背，剔去其骨，将皮朝下肉朝上，然后放入馅心（或不放馅心）卷起，再用线扎好，烹调制熟切片而成。蛋类作皮料需先制成蛋皮，蛋皮须按照所制卷包菜要求，来改刀成方（长）块或不改刀使用。因蛋皮面积较大，卷制成熟后一般都需改刀。改刀可根据食者的要求和刀工的美化进行，可切成段（斜长段、直切段）、片等。要做到刀工细致，厚薄均匀，大小相同，整齐美观。

对于禽蛋类卷菜肴，装饰盘边也很需要。因禽类和蛋类卷大多要改刀装盘，为了避免其单调感，可适当点缀带色蔬菜和简易雕刻花卉，以烘托菜肴气氛，增进宾客食欲。

4. 利用陆生菜卷制

陆生菜卷，是以陆地生长的菜蔬为皮料而卷制各式馅料的菜肴。常用的陆生植物性皮料有卷心菜叶、白菜叶、青菜叶、冬瓜、萝卜等。其选用标准，应以符合菜肴体积的大小、宽度为好。在使用时，把蔬菜的菜叶洗净后，用沸水焯一下，使之回软，快速捞起过凉水，这样才能保持原料的颜色和软嫩度，便于卷包。萝卜切成长片，用精盐拌渍，使之回软，洗净捞出即为皮料。冬瓜须改刀成薄片，以便于包卷即可。

陆生菜卷，荤素馅料都适宜，热菜凉菜都可制，宴会便饭都受用。食之爽口，味美，色佳，鲜嫩。

5. 利用水生菜卷制

水生菜卷，是以水域生长的植物原料为皮料而卷制的各式菜肴。常用的水生植物性皮料有紫菜、海带、藕、荷叶等。在用料中，紫菜宜选用叶子宽大扁平、紫色油亮、无泥沙杂质的佳品为皮料。海带选用宽度大、质地薄嫩、无霉无烂的为皮料。藕选用体大质嫩白净的，切薄片后，漂去白浆而卷制馅品。荷叶以新鲜无斑点、无虫伤的为佳品，在使用之前，须将荷叶洗干净改刀成方块。

在皮料的加工过程中，如海带在使用之前，要用冷水洗沙粒及其杂物，泡发回软；用蒸笼蒸制使之进一步软化，取出过凉水改刀或不改刀均可使用。蒸的时间不能过长，一般20分钟左右即可，如蒸的时间过长，则易断，不利于包卷。反之，硬度大不好吃。

6. 利用加工菜卷制

加工菜卷，是以蔬菜加工的制成品为皮料卷制的各式菜肴。用以制作卷类菜肴加工的成品原料主要有腐皮、粉皮、千张、面筋以及腌菜、酸渍菜等。

腐皮是制作卷类菜的常用原料。许多素菜都离不开腐皮的卷制，如"素鸡""素肠""素烧鸭"等。腐皮又称腐衣、油皮，以颜色浅麦黄、有光泽、皮薄透明、平滑而不破、柔软不黏为佳品。粉皮（有干制和自制），须选用优质的淀粉（如绿豆、荸荠等）过滤调制后，用小火烫；或把适量水淀粉放入平锅中，在沸水锅上烫成，过凉水改刀即成。千张以光滑、整洁为好。腌菜和酸渍菜主要以菜叶为皮料。

活动三　夹、酿、粘工艺的变化

一、夹制工艺

夹制工艺，通常有两种情况：一种是将原料通过两片或多片夹入另一种原料，使其黏合成一体，经加热烹制而成的菜肴；另一种是"夹心"，就是在菜肴中间夹入不同的馅心，通过熟制烹调而成的馔肴。

片与片之间的夹制菜肴，须将整体原料加工改制成片状，在片与片之间夹上另一种原料。这又可分为"连片夹"，其造型如蛤蜊状，两片相连，夹酿馅料，如蛤蜊肉、茄夹、藕夹；"双片夹"，如冬瓜夹火腿、香蕉鱼夹；"连续夹"，如彩色鱼夹，火夹鳜鱼等。夹菜的造型、构思奇巧，在主要原料中夹入不同的原料，使造型和口感发生了奇异的变化，使其增味、增色、增香，产生了出奇制胜的艺术效果。

"连片夹"要求两片相连，如虾肉吐司夹，在刀切加工时，切第一片不要切断，留1/4相连处，在刀劈面上酿夹馅料，一般的蔬菜均可利用制作夹菜，如冬瓜、南瓜、黄瓜、茄子、冬笋、藕、地瓜等，都可切连刀片夹入其他馅料。"双片夹"，取用两个切片夹合另一种原料，经挂糊后，使其成一个整体，食用时两至三种原料混为一体，口感清香多变。"连续夹"，是在整条或整块上，将肉劈成薄片，或底部相连，在许多连在一起的片之间夹入其他原料。它不是单个的夹合，而是整体连续的夹合，给人以色彩缤纷、外形整齐之感。对于夹制类菜肴，不管是采用什么夹制方法，都需要注意掌握以下几项原则。

首先，夹制菜所用原料，必须是脆、嫩、易成熟的原料，以便于短时间烹制，便于嘴嚼食用，达到外脆内嫩或鲜嫩爽口的特色。对于那些偏老的、韧性强的原料，尽量不要使用夹制方法，以免影响口味和食欲。

其次，刀切加工的片不要太厚和太宽，既不要影响成熟，也不要影响形态，并且片与片的大小要相等，以保证造型的整体效果和达到成熟的基本要求。

最后，夹料的外形大小，应根据菜肴的要求、宴会的档次来决定。一般来说，外形片状不宜太大太厚，特别是挂糊的菜肴，更要注意形态的适体。

另一类是"夹心"菜肴。夹心菜肴，用意奇特，它是在菜品内部夹入不同口味的馅料，使表面光滑完整的肴馔。清代，袁枚在《随园食单》中记有"空心肉圆"："将肉捶碎郁过，用冻猪油一小团作馅子，放在团内蒸之，则油流去，而团子空心矣。"此菜创意独具匠心，为菜肴制作另辟蹊径——"夹心"（菜肴）。此类菜大多是圆形和椭圆形的，如江苏菜系中的"灌汤鱼圆""灌蟹鱼圆"以及近年来创制的"奶油虾丸""黄油菠萝虾"等。夹心菜肴所用的原料，多为泥蓉状料，以方便于馅料的进入。夹心菜的奇特之处，在于成熟后菜品光滑圆润，外部无缝隙，食之使人无法想象馅料的进入。从造型上讲，要求馅料填其中，不偏不倚，一口咬之，馅在当中，若肉馅偏离、馅料突出、破漏穿孔，就是夹心菜之大忌，所以"夹心"菜肴工艺性较强，技术要求较高。

二、填酿工艺

填酿工艺，是将调和好的馅料或加工好的物料装入另一原料内部或上部，使其内里饱满、外形完整的一种热菜造型工艺法。这种方法是我国传统热食造型菜肴普遍采用的一种特色手法。

运用填酿法制作菜肴，做工精细，品种千变万化。它的操作流程主要有三大步骤。第一步是加工酿制菜的外壳原料；第二步是调制酿馅料；第三步是酿制填充与烹调熟制。这是一般酿制工艺菜肴的基本操作程序。根据酿菜制作的操作特色，可以将填酿工艺划分为三个类别：

第一类，平酿法。即在平面原料上酿上另一种原料（馅料），其料大多是一些泥蓉料，如酿鱼肚、酿鸭掌、酿茄子、虾仁吐司等。只要平面原料脆、嫩、易成熟，吃口爽滑，都可以采用平酿法酿制泥蓉料。鸡肉蓉、猪肉蓉、鱼肉蓉、虾肉蓉经调配加工质嫩味鲜，酿制成菜，滑润爽口。因平酿法是在平面片上酿制而成，许多烹调师便将底面加工呈多种多样的形状，如长方形、正方形、圆形、鸡心形、梅花形等，使平酿菜肴显示出多姿多彩的造型风格。

第二类，斗酿法。这是酿制菜中较具代表性的一类。其主要原料为斗形，在其内部挖空，将调制好的馅料酿入斗形原料中，使其填满，两者结合成为一整体。如酿青椒、田螺酿肉蓉、镜箱豆腐、五彩酿面筋等。斗酿法的馅料多种多样，可以是泥蓉料，也可以是加工成的粒状、丁状、丝状、片状料等。客家菜的"酿豆腐"和无锡菜的"镜箱豆腐"，是将长方形豆腐块油炸后，在中间挖成凹形，然后填酿馅心。"酿枇杷""酿金枣"是两味甜菜，都是将中间的内核去掉，酿入五仁糯米馅。"煎酿凉瓜""百花煎酿椒子"是广东两味酿菜，它是将百花馅心酿入去掉内核种子的凉瓜、青椒外壳内。

第三类，填酿法。即在某一种整形原料内部填入另一种原料或馅心，使其外形饱满、完整。运用此法在成菜的表面见不到填酿物，而一旦食之，表里不同，内外有别，十分独特。如水产类菜"荷包鲫鱼""八宝刀鱼"，在鱼腹内填酿肉馅和八宝馅；禽类菜"鸡包鱼肚""糯米酥鸭""八宝鹌鹑"等，将鱼肚、糯米八宝酿入其中，动箸食之，馅美皮酥嫩。

以上三类都是运用酿制工艺并属于热菜造型工艺（生坯成型）的典型菜肴。除此之外，还有熟坯成型的酿制方法。它也有两种类型：一种是以成熟的馅料酿入熟的坯皮外壳中，成型酿制后内外两者都可直接食用。如酥盒虾仁、金盅鸽松等；另一种是成熟的馅料酿入生的坯皮或不食用的外壳中，成菜后直接食用里面的馅料，外壳弃之不食，外壳主要起装饰、点缀的作用。如橘篮虾仁、南瓜盅、雪花蟹斗等。这类熟坯成型的酿制法又是装盘造型的一种特色工艺，将在本模块任务四中详述。酿制菜品种丰富多彩，变化较大。我们只有不断地总结经验，灵活运用多种技法，才能制作出颇受欢迎的、应时适口、形态各异、风味独特的美味肴馔。

三、滚粘工艺

滚粘工艺，是将预制好成几何体的原料（一般为球形、条形、饼形、椭圆形等）在坯料的表面均匀地粘上细小的香味原料（如屑状、粒状、粉状、丁状、丝状等）而制成的一种热菜工艺手法。

在我国，运用粘制工艺制作菜肴较为广泛。中华人民共和国成立后，粘类菜肴使用频率较高，主要是增加菜肴口感的酥香醇和。如用芝麻制成的"芝麻鱼条""寸金肉""芝麻肉饼""芝麻炸大虾"等；用核桃仁、松子仁粒等制作的"桃仁虾饼""桃仁鸡球""松仁鸭饼""松仁鱼条""松子鸡"等。其他如火腿末、干贝蓉、椰蓉等都是粘制菜肴的上好原料。

近几十年来，粘菜工艺的运用更为普遍，主要是受西餐粘面包粉工艺的影响，特别是近十几年我国食品市场上从国外引进或自己研制了特制的"炸粉"，为粘制菜开辟了广阔的前景，各式不同的粘类菜肴由此应运而生。有包制成菜后，经挂糊粘面包炸粉的；有利用泥蓉料制成丸子后，裹上面包粉或面包丁的；等等。根据滚粘工艺制作风格的特点，可将其工艺分为三类，即不挂糊粘、糊浆粘和点粘法。

第一，不挂糊粘。即利用预制好的生坯原料，直接沾黏细小的香味原料。如桃仁虾饼，将虾蓉调味上劲后，挤为虾球，直接粘上核桃仁细粒，按成饼形，再煎炸至熟。松子鸡，在鸡腿肉或鸡脯肉上，摊匀猪肉蓉，使其黏合，再粘嵌上松子仁，烹制成熟。交切虾，在豆腐皮上抹上蛋液，涂上虾蓉，再蘸满芝麻，成为生坯，放入油锅炸制成熟。不挂糊粘法，对原料的要求较高，所选原料经加工必须具有黏性，使原料与粘料之间能够黏合，而不至于烹制成熟时使被粘料脱落、影响形态。以上虾蓉、肉蓉经调制上劲，具有与小型原料相吸附、相黏合的作用，所以可采用不挂糊粘法。而对于那些动植物的片类、块类原料，使用此法就不合适，中间必须有一种"黏合剂"，通常的方法就是对原料进行"挂糊"或"上浆"。

第二，糊浆粘。就是将被粘原料先经过上浆或挂糊处理，然后再粘上各种细小的原料。如面包虾，是将腌渍的大虾，抓起尾壳，拖上糊后，均匀粘上面包屑炸成。香脆银鱼，是将银鱼冲洗、上浆后，粘裹上面包屑，放入油锅炸制而成。香炸鱼片，取鳜鱼肉切大片，腌拌后蘸上面粉，刷上蛋液，再粘上芝麻仁，用手轻轻拍紧，炸至成熟。菠萝虾，将虾仁与肥膘、荸荠打成蓉，调味搅拌上劲，挤入虾球放入切成小方丁的面包盘中，粘满面包丁，做成菠萝形，炸熟后顶端插上香菜即成。糊浆粘法，就是将整块料与碎料依靠糊浆的黏性而黏合成型。

第三，点粘法。此法不像前面两类大面积地沾黏细碎料，而是很小面积的沾黏，起点缀美化的作用。其粘料主要是细小的末状和小粒状，许多是带颜色和带香味的原料，如火腿末、香菇末、胡萝卜末、绿菜末、黑白芝麻等。花鼓鸡肉，用网油包卷鸡肉末、猪肉蓉，上笼蒸熟后滚上发蛋糊，入油锅炸制捞出沥油，改切成小段，在刀切面两头蘸上蛋糊，再将一头粘上火腿末、一头粘上黑芝麻，下油锅重油，略炸后捞出，排列盘中，形似花鼓，两头粘料红黑分明。虾仁吐司，将面包片上抹上虾蓉，在白色的虾蓉上，依次在两边点粘着火腿末、菜叶末，即可制成色、形美观的生坯，成菜后底部酥香，上部鲜嫩，红、白、绿三色结合，增加了菜品的美感。许多菜中点粘上带色末状料，主要是使菜肴外观色泽鲜明，造型优美而增进食欲。

拓展知识

菜品创新五项基本原则

中国烹饪要发展、要创新，不能只是抱着已做了几十年、几百年的那些老菜不放，而应通过对中国菜品和世界饮食的再学习、再认识，"古为今用，洋为中用，养为身用"，不断挖掘、整理、研发出适合当代人饮食需求的新菜品。俗话说：没有继承就没有正宗，没有创新就没有发展。中国悠久灿烂的饮食文化需要我们去继承，更需要我们去研究它、发掘它、保护它、发扬它，这是我们这辈人义不容辞的历史重任。

1. 好吃为先原则

作为创新菜，只有使消费者感到好吃，有食用价值，而且感到越吃越想吃，才会有生命力。不论什么菜，从选料、配伍到烹制的整个过程，都要考虑菜品做好后的可食性程度，应以适应顾客的口味为宗旨。

2. 健康养生原则

菜品仅仅是好吃而对健康无益，也同样缺乏生命力。膳食平衡、绿色营养的饮食观念已经深入人心，这就要求我们在设计创新菜品时，应充分利用传统中医养生学和现代营养学的知识，研发健康养生菜品，来吸引广大顾客。

3. 市场需求原则

要从餐饮发展趋势、顾客兴趣及未来饮食潮流等方面做好相应的研发工作。研制古代菜、乡土菜，要符合现代人的饮食需求；传统菜的翻新、民间菜的推出，要考虑到目标顾客的需要。这要求我们的烹调工作人员要时刻研究消费者的价值观念、消费观念的变化趋势，去设计、创造、引导消费。

4. 大众消费原则

创新菜的推出，要坚持以大众化原料为基础。过于高档的菜肴，由于曲高和寡，不具有普遍性，所以食用者较少。我国的国画大师徐悲鸿就曾说过："一个厨师能把山珍海味做好并不难，要是能把青菜、萝卜做得好吃，那才是有真本领的厨师。"

5. 便于制作原则

创新菜点的烹制要简便，工艺要简单，可批量生产，少占用工时。从经营的角度来看，过于复杂的工序不适应现代经营的需要，也满足不了顾客时效性的要求，菜品制作速度快，餐厅翻台率高，上座率自然上升。

［资料来源：食在中国．2010（5）．］

任务四　不同风格的嫁接与革新

👉 任务目标

- ●会借鉴点心工艺创制菜肴；
- ●会利用外国菜肴风格创制菜肴；
- ●能利用不同的贝壳装配菜肴；
- ●会设计原料外壳配置菜肴。

活动一　借鉴点心工艺的创新

将菜肴与点心两者有机结合起来的菜品层出不穷，全国各地饭店涌现了许多这样的菜品，颇受广大顾客的认可。如口袋牛粒、麻饼牛肉松、扣肉夹饼、饼盏虾花、瓜条松卷等。川菜的回锅肉片本是一味比较普通的便饭菜，现如今走上了宴会，其改良之处，就是在盘边放上小型薄饼供客人包肉而食。整盘菜肴，不仅给人的感觉菜品丰满，而且还可供客人自包自吃，既不油腻，口感也好。

菜肴与点心的嫁接方法，是将两种或两种以上的菜点风味进行适当的组合，以获得一种全新的菜品风格的制作技法。运用此法，将各不相同的菜点风味有机地重组起来，就可产生许多意想不到的效果。

在两千多年前的周代，周天子食用的八种菜肴（号称周代"八珍"），前两味"淳熬""淳母"，即是稻米肉酱饭和黍米肉酱饭。这首开了我国主、副食品嫁接出新的先河。清代出现的"鲊鱼饼""鲥鱼烩索面"等，也是用菜点嫁接法创新的典型实例。而今，菜品的组合风格各异，琳琅满目。如河南名菜"糖醋黄河鲤鱼焙面"是糖醋鲤鱼与焙面的组合；"酥皮海鲜"是中国传统的海鲜汤与西式擘酥皮两者之间的融合；"馄饨鸭"是炖焖的整鸭与点心馄饨两者的组配；西安"羊肉泡馍"是面馍与羊肉汤两者的有机组合。通过菜与点的嫁接，可以使菜品面貌一新。

菜肴借鉴点心工艺的创新，目的是通过这种重组去寻找使菜品出新的方案。当这种嫁接组合方案找到后，人们就可以把设想变成现实。

一、菜、点组合制作

1. 用面饼包着吃

这种方法目前比较流行，就如传统的北京烤鸭，用面饼包鸭肉一直没有被淘汰，反而更增添了韵味和趣味。再如用饼包榄菜、鸭松、牛肉松、鱼松以及扣肉等。面饼用水面、发面均可。水面用铁板烙制，发面用蒸汽蒸熟；上桌后包着吃、卷着吃都别有风味。近年流行的"蚝香鸽松"，是取烤鸭的吃法，将乳鸽脯肉切成鸽米，上浆拌匀后，与蚝油等调味料一起爆炒至香，上桌时跟上荷叶薄饼和生菜，供客人一起包而食之，香、嫩、脆、滑、韧等多种口感荟萃，有一种特殊的风格。

2. 用面袋装着吃

目前，许多厨师别出心裁将面粉先做成面饼或口袋形，人们大多是制成发面饼、油酥饼、水面饼，将其做成椭圆形面饼后加热成熟，然后用刀一切为二，有些饼由于中间涂油自然分层成口袋，如没有层次，可用餐刀划开中间，然后将炒的菜品装入其中。如"麻饼牛肉松"，是将面粉掺入油做成酥饼后，撒上芝麻，入油锅炸至金黄色捞起，一切为二呈口袋状，放入炒制的蚝油牛肉丝。有些菜品干脆用面坯包起整个菜肴，然后再成熟，食用时打开面坯，边吃面饼边吃菜，如酥皮包鳜鱼、富贵面包鸡等。

3. 用面盏载着吃

用面粉可做成多种盛放菜肴的器皿，如做成面盏、面盅、面盒、面酥皮等，然后，将炒制而成的各式菜品盛放其中。如"面盏鸭松"是将炒熟的鸭松盛放在做好的面盏内；"五彩酥盒龙虾"是选用面粉与油和成酥面，制成盒状，放入烤箱内烘烤成金黄色，用以做盛器，再纳炒制之龙虾肉于酥盒中，盒中有菜，菜与盒皆可食，以菜肴制味，点心装潢，颇具风格，别开生面。有些汤盅菜品，利用油酥皮盖在汤盅上一起入烤箱烤制成熟，食用时，汤烫酥皮香，扒开点心酥皮，用汤勺取而食之，边吮汤边嚼皮，双味结合，点心干香，汤醇润口。

二、菜、点变化着吃

1. 菜点混合着吃

将菜、点两者的原料或半成品在加工制作中相互掺和，合二为一成一整体。如粽粒炒咸肉、紫米鸡卷、珍珠丸子、砂锅面条、荷叶饭等。"年糕炒河蟹"，是取用水磨年糕和河蟹两者炒至交融。此为混融组合法。将河蟹一刹两块，刀截面粘上淀粉，入油锅略煎后，与水磨年糕片加酱油、糖、盐等调料一起炒至入味，食之河蟹鲜嫩入味，年糕糯韧爽滑，两者有机交融，家常风味浓郁。由其演变的有：年糕炒鸭柳、年糕炒牛柳、年糕炒鸡片等。

2. 点心跟着菜肴吃

即配菜的点心随菜品一起上桌，食用时用面食包夹菜肴。如河南名菜"鲤鱼焙面"是糖醋鲤鱼跟带油炸焙面一起上桌配食；"脆馓牛肉丝""酱面干烧鱼"等是将馓子、炸酱面分别与炒牛肉丝、干烧鱼一起上桌；"瓦罐烤饼"，是江西地方风味特色品种，它取用瓦罐类菜品，如瓦罐鸡、瓦罐鸭以及牛羊肉、猪肉及内脏之罐品，口味浓郁、鲜香、汤汁醇厚，配之煎烙或烤之油饼，将饼撕成碎片，与其罐品一起佐餐，食之或浇卤之，或蘸食之，均别具风味。

3. 点心浇着菜汁吃

以点心为主品，在成熟的点心上浇上调制好的带汁的烩菜，就如同两面黄炒面一样。"两鲜茶馓"是淮安宾馆创制的宴席名肴，此是菜点交融的菜式，它取江苏淮安著名的土特产品"茶馓"这一茶点品种，配以虾仁、蟹肉为作料制成的"两鲜"，将刚炸制好的茶馓放入盘中，浇上两鲜烩制之料，配套而成，色、形俱佳，声、香并美，令人口鼻为之一新。江苏淮安的"小鱼锅贴"是一款民间乡土菜，如今改良后的风格即是用烙好的锅贴饼，浇上红烧鱼卤汁，使小鱼锅贴酥脆中带着鱼的鲜香味，特别诱人。

将菜、点有机嫁接在一起成为一盘合二为一的菜品，这种构思独特、制作巧妙之法，使顾客在食用时能够一举两得：既尝了菜，又吃了点心；既有菜之味，又有点之香。如近几年创制的"夹饼榄菜豇豆""生菜鸽松薄饼"，取用荷叶夹、薄饼包菜食之；而"鲜虾酥皮卷"利用新鲜的大河虾或基围虾与明酥皮一起，将酥皮按顺序绕住虾身，油炸后，红红的虾体绕着一身层次分明的酥皮，面皮酥脆，虾肉鲜嫩，构思独特。

总之，菜肴借鉴点心工艺是很有潜力可挖的，其创新之法是一种十分活跃的技法，它可以把不同的菜点、不同的风味、甚至风马牛不相及的菜、点、味、法合在一起，并使组合品在风格或特色上发生变革，这种技法的运用，体现了"嫁接就是创造"的基本原理。

采用菜、点嫁接组合时，首先要选择好组合方式，当组合方式确定后，就要重点考虑组合元素之间的结构关系，以便形成技术方案的突破，制成受广大顾客欢迎的新菜品。

活动二　外国菜品工艺的引进

菜肴需要出新，这是事物发展的必然规律。随着原材料的不断引进、中外交往的频繁，厨师们走出国门以及将外国厨师请进国内的机会越来越多。由于中外饮食文化交流的发展，如西方的咖喱、黄油的运用，东南亚沙嗲、串烧的引进，日本的刺身、鲜酢的借鉴等，这些已经融入我们的菜肴制作之中，并成为一种新的菜肴制作时尚。

一、走中外菜品结合之路

千里不同风，各国味不同。借他人之长，补自己之短，这是中国厨师一贯的制作方针。经常借鉴别人的长处，就会不断地制作出新的风味菜品来。

食无国界，择良光大，这是现代烹饪发展的前提所在。翻开中国烹饪史，随着对外通商和对外开放，一方面中国传统烹饪冲出了国门，另一方面外国的一些烹饪菜式也涌进了我国的餐饮市场。如汉代"胡食"的引进，元代的"四方夷食"，明代引进的"番食"，鸦片战争以后"西洋"饮食东传等。千百年来，我国食物来源随着国际交往而不断扩大和增多，肴馔品种不断丰富。我国的烹饪技术不断吸收外来经验丰富自己，同时也扩大了我国烹饪在国外的影响。中国烹饪在不断借鉴他山之石、"洋为中用"的同时，始终保持着自己的民族特色，屹立在世界东方。

近10多年来，随着西方菜肴风味不断进入国内，传统菜肴制作便不断地拓展，无论是原料、器具、设备，还是在技艺、装潢方面都渗透进了新的内容。菜肴的制作一方面发扬传统优势，另一方面善于借鉴西洋菜制作之长，为我所用。20世纪60年代以前引进西餐技艺出现在宾馆、饭店的"吐司"（toast）菜、"裹面包粉炸"之法以及兴起的"生日蛋糕"等，就是较早的例证，以后更是传遍大江南北、城镇乡村，被广大民众所接受。

洋为中用，嫁接出新。目前，主要有两个外来系列：一类是"东洋菜"的特色，如日本、韩国、朝鲜、泰国、越南等；另一类是"西洋菜"的风格，如法国、意大利、德国、西班牙、美国、俄罗斯等。利用传统的中国烹饪技艺，巧妙地借鉴吸收外来的烹饪技法，由此我国广东菜系最先探索出一条道路，无论是菜品烹调还是面点制作，都借鉴了外来的工艺、方法。其他各大菜系也纷纷仿效，都市的大饭店充当着创新领头羊。从20世纪70年代起，中国传统的烹调技艺就已显现出外来的影子。

二、中外结合菜品的制作思路

1. 外来技艺的吸收

中国厨师利用外来原料和传统技艺的结合不断探索和开拓出许多菜品，如蒜香蜗牛、油泡龙虾、椒香驼肉、三文鱼刺身、夏果虾仁、奶油西兰花等。

面包屑是舶来原料，将其合理的结合，就可产生独特的菜品。几十年来，中餐厨师引进面包屑制作了一系列菜肴。它源于法国，但很快被西方国家普遍采用。中餐在20世纪50年代就开始加以利用。近年来，直接利用面包做菜也十分流行，将其切成薄片可做多种不同风格的菜肴，如鲜虾面包夹、土司龙虾、菠萝面包虾、龙眼面包卷等。

借用西餐烹饪技法，拿来为中餐服务，使中西烹调法有机结合而产生新意。例如运用"铁扒炉"制作铁扒菜，如铁扒鸡、铁扒牛柳、铁扒大虾等；采用法国"酥皮焗制"之法而烹制的酥皮焗海鲜、酥皮焗什锦、酥皮焗鲍脯等，改用中式原料与调味法，并且保持了原有风貌；以及许多客前烹制利用餐车在餐厅面对面的为宾客服务的风格等。这些菜点及其方法的涌现，也为中国传统菜点的发展开创了新的局面。

在菜品的造型装潢上，西餐的菜点风格对中国菜的影响很大。中国传统的菜肴，一向以味美为本，而历来对形不重视。中华人民共和国成立后，中国菜开始从西餐菜品中吸收造型的长处。西式菜点，造型多呈几何图案，或多样统一，表现出造型的多种意趣。在菜点以外，又以各种可食用原料加以点缀变化，以求得色彩、造型、营养功能更加完美。西式菜品色香味形与营养并重，这对中国饮食产生了一系列的影响。

2. 外产调料的引用

在中菜制作中，广泛吸收西方常用调味料，来丰富中餐之味。如西餐的各式香料，各种调味酱、汁和普通的调味品等，近 20 年来应用十分广泛。如咖喱、番茄酱、黄油、奶油、黑椒、沙律酱、XO 辣酱、水果酱等的运用，使菜品创新开辟了广阔的途径。代表菜有咖喱牛肉、茄汁明虾、黄油焗蟹、黑椒牛柳、沙律鱼卷、XO 焗大虾等。

菜肴制作中西合璧，相得益彰，是当今菜肴创新的一个流行思路。其成品既有传统中餐菜肴之情趣，又有西餐菜点风格之别致；既增加了菜肴的口味特色，又丰富了菜肴的质感造型，给人以一种特别的新鲜感，并能达到一种良好的菜肴气氛，使菜肴的风格得到了变化。"他山之石，可以攻玉。"嫁接外国菜的长处，为我所用，无疑是一条无限广阔的菜肴创新之路。

三、中外菜品的嫁接与制作

随便走一走现代的饭店、餐馆，就不难发现许多年轻的厨师很热衷于学习和制作一些利用外国原料、调料、技法而制作的菜肴，它们一经与传统菜品结合，立即得到许多顾客的喜爱，诸如黑椒牛柳、酥皮海鲜、锅贴龙虾、黄油鸡片、XO 酱烤青龙等。

"翡翠鸡腿"，用西餐中惯用的沙司、土豆泥、黄油、牛奶、菠菜泥，加中菜中的鲜汤，制成沙司，浇在蒸烂的鸡腿上，既有中菜"五味鸡腿"的特色，又具浓郁的"西菜"风味，为中外宾客所喜爱。北京"又一顺饭庄"在几十年前首创的清真菜肴"奶油鸡卷"，用黄油和精白面包屑制作，具有浓郁的奶油香味，这正是运用中国传统技艺、借鉴西餐制作方法烹制而成的一道特色菜肴。

"沙律海鲜卷"是一款中西菜结合的品种。它取西式常用的沙律酱（又称色拉酱、卡夫奇妙酱），制成西餐的"海鲜沙律"，然后用中餐传统的豆腐皮或用威化纸包制，挂上蛋糊再拍上面包屑入油锅炸制，外酥香、内鲜嫩。"千岛石榴虾"，是将"千岛汁"（沙律酱与番茄沙司调制而成）拌虾仁成沙律，然后用威化纸包裹成石榴形，挂糊拍面包粉入油锅炸制成熟。"沙律泡龙虾"是以沙律酱与澳大利亚龙虾片一起炒制而成。这些菜品中西结合，口味多变，食之别有风味。

"泡芙鳕鱼"，是利用西式点心"泡芙"，做成鸭子外形，将鸭子的背部掏空，做成中空的盛器，另用鳕鱼切成小型鱼丁，与枸杞一起炒制后，放入"泡芙"鸭子的背部即可。"酥皮鳜鱼"，是将鳜鱼清理干净后，调好味，然后用油酥面皮把鱼整体包裹后，放入烤箱烤熟。这些中外结合的菜品，不仅具有浓郁的西式风味，而且显现出中餐独特的口感效果。

活动三　装饰工艺的变化翻新

中国菜肴的风格千变万化，争奇斗艳，各具特色的盘饰和造型竞相夺目。体现食物原料的营养价值和本来风味的"原壳原味菜"与巧配外壳、渲染气氛的"配壳增味菜"，使得菜品情趣盎然、赏心悦目，那些不断变化工艺的特色造型与装盘绚丽多彩、不拘一格，十分诱人。

一、原壳装原味

原壳装原味菜品是指一些贝壳类和甲壳类的软体动物原料，经特殊加工、烹制后，以其外壳作为造型盛器的整体而一起上桌的肴馔，如鲍鱼、鲜贝、赤贝、海螺、螃蟹等带壳菜品。此类原料营养丰富，富含蛋白质、10余种氨基酸、多种维生素、碳水化合物和钙、磷、铁等无机盐等。这些原料易于被人体消化吸收，是食疗滋补的佳品。

原壳原味菜肴在中国烹饪历史上由来已久。在贝壳类的海鲜中，带壳烹调、随壳装盘最迟在南北朝时期就已出现了。北魏时期的农学家贾思勰所著的《齐民要术》中，就记载了三种贝壳类菜肴的制作方法，即：炙蚶、炙蛎、炙车螯，这三种都是烤制的，而且都是带壳上盘的。

而今，原壳装原味的菜品品种繁多，较有代表性的首推山东名菜"扒原壳鲍鱼"。其特色是将扒好的鲍鱼肉，又盛到鲍鱼壳中，装入盘里。由于原壳内盛鲍鱼肉，别致而味美，颇得宾客的欢迎。制法是将鲍鱼壳用碱水涮洗干净，再把鲜鲍鱼切片，加高汤、精盐、冬菇、火腿、绍酒等，烧沸至熟后，捞出分别盛到壳内，再用汤汁加水淀粉勾芡，淋上鸡油后即可装入鲍鱼壳中。盘中垫上生菜丝，以稳住鲍鱼壳，食用时每人一壳，造型优雅，肉嫩、汤白、味鲜，富于营养。

根据"原壳鲍鱼"之法，江苏的厨师还创制了"老鲍怀珠"和"鹬蚌相争"等菜。"老鲍怀珠"是将鲜嫩的鹌鹑蛋嵌入鲍鱼腹内，配上菜心，并以鲍壳盛之，取法自然，色彩缤纷，不仅造型独特，而且滑嫩爽口。"鹬蚌相争"系用鲍鱼与鸭舌，将鸭舌插入鲍鱼中，制成恰似鹬蚌相争的形态，看上去互不相舍，正等渔者擒而得之。渔者何在？举箸食客者也。席间自然趣味横生，赏心悦目。此菜用鲍壳盛装，象形会意，鲜嫩味美。

"原壳海螺"是选用带壳活海螺，将螺肉从壳中取出，去掉尾尖及螺肠，用精盐、米醋搓洗，除去黏液后用清水洗净，将螺肉切成薄片。螺壳用刷子刷洗干净，上笼屉蒸3分钟取出。将螺片用沸水稍烫后，捞出与冬笋、香菇同炒，烹入芡汁后，分别盛装在10个螺壳内。此菜原壳原味，螺肉脆嫩，清鲜味美。若将鲜螺肉斩成蓉，与其他缔子原料搅拌成馅，酿入螺壳内，又可制成"酿原壳海螺"。用蛤蜊肉馅加工、调味后装入蛤蜊壳中，又可制成"酿蛤蜊"。

"雪花蜗牛斗"是借鉴欧美扒蜗牛、焗蜗牛等菜而创制的。取大小整齐的蜗牛，用针挑出蜗牛肉，去除泥肠，将壳洗净，再用开水烫，肉洗净焯水。将蜗牛肉剁碎与剁碎的虾仁、熟肥膘肉加调料拌匀，分别酿入蜗牛壳中成蜗牛斗，上笼蒸熟后，在上面缀上发蛋

"雪花"，撒上火腿末、青椒末，上笼蒸约 2 分钟，最后再浇上鸡汤芡汁。

"清蒸原壳鲜贝""蒜蓉青口贝""蒜蓉蒸生蚝""豉汁蒸生蚝"等都是制作相似的同类菜品，先将壳肉用刀刮至分离，用水冲洗，投入适当的调味料后，上笼蒸熟至鲜嫩即成。而"原壳炸生蚝"即是将蚝壳洗净、擦干，蚝肉略腌拌后，用脆皮糊炸成，盛装在蚝壳中即可。

蟹壳装蟹肉，也是原壳原味菜肴的典型品种。江苏名馔"雪花蟹斗"与"软煎蟹盒"都是菜品造型中独特的菜例。"雪花蟹斗"以洗净的蟹壳为容器（称斗），内放主料蟹粉，面上盖发蛋，色白如雪，蟹油四溢，蟹粉鲜肥，再加上火腿末等配料的点缀，鲜艳悦目，色、香、味、形、器具备。"软煎蟹盒"取大小均匀的蟹壳，放入沸水中煮沸，捞出晾干后，用油涂抹蟹内壳，将炒制的蟹粉放入蟹壳中，另将蛋黄糊均匀地涂在蟹粉上，放入浅油锅内，壳背朝上放入油锅中，中火煎炸到糊结软壳，起锅排入盘中，配上香菜、姜丝、香醋佐食。此菜色泽金黄透红，蟹肉鲜嫩香醇，别是一番风味。

二、配壳增风韵

配壳增风韵类菜肴，即是利用经加工制成的特殊外壳盛装各色炒、烧、煎、炸、煮等烹制成的菜肴。如配形的橘子、橙子的外皮壳，苦瓜、黄瓜制的外壳，菠萝外壳，椰子壳，用春卷皮、油酥皮、土豆丝、面条制成的盅、巢以及冬瓜、西瓜、南瓜等制成的盅外壳等。用这些不同风格的外壳装配和美化菜肴，可使一些普通的菜品增添新的风貌，达到出奇制胜的艺术效果。

1. 橙、橘做盅

早在我国宋代就出现的菜肴"蟹酿橙"，即是将蟹肉、蟹黄等酿入掏去瓤的橙子中，以橙子皮壳作为菜肴的配器，其色之雅、形之美，使人感到焕然一新。此菜的制作在我国古代产生了一定的影响。10 多年来，广大厨师制作的"橘篮虾仁""橘盅鲜贝"等菜，仿照"蟹酿橙"，将炒制的虾仁、鲜贝等直接装入橘篮中，食用时每人一篮，鲜爽可口，特色、风味显著。

2. 青椒做斗

苏州菜"翡翠虾斗"，是将炒虾仁与碧绿的青椒一起烹制而成。选大甜青椒，去蒂挖去籽，用刀在蒂口周围雕成花瓣形，将似斗形的青椒做容器壳，其斗中盛放虾仁，故名翡翠虾斗。此菜绿白相映，青椒清香爽口，虾仁鲜嫩柔软，可分食，利卫生。其他炒制的菜肴均可酿入洗净的青椒斗中。

3. 苦瓜、黄瓜做壳

利用苦瓜、黄瓜作为菜肴的小盛器，每人一份，既卫生、方便，又高雅、美观。如取均匀的条形苦瓜，顺长一剖为二，去掉内核，稍挖瓜肉，洗净后放入开水中稍烫，再放入凉水中激凉，其色碧绿。将各种炒制菜肴装入其中，诸如炒鱼丁、炒鲜贝、炒鸭片、炒鸽米、炒海鲜等，均可盛入苦瓜壳中，色香味形都较完美。黄瓜亦可用此法，削制成船形、长条形、圆形，装入各种炒制之肴，既可品尝嫩爽鲜滑之菜，又可食用脆嫩的瓜壳之味。

4. 土豆丝、粉丝、面条做巢

用土豆丝、粉丝、面条等制成大小不同的雀巢，也是吸引宾客的盘中器，将成菜装入巢壳中，再置放于菜盘中。大巢可一盘一巢，供多人食用；小巢可每人一巢，一盘多巢。大巢可装入长条形、大片类的炒菜，如炒鳜鱼条、炒花枝片等；小巢可盛放小件炒菜，如虾仁、鲜贝等。制作大小雀巢，需运用适当的工具。制作小巢，用两把炒菜勺即可。在一把油锅烧烫的铁勺中，均匀地放上一层土豆丝或粉丝，再在丝上面放上另一把烧烫的铁勺，两勺相压后放入油锅，待丝定型后，即可脱下手勺，成雀巢形。大巢需要两只带网眼的不锈钢盆，用同样的方法制成。若用面条需煮软后，排成一定的花纹，炸制成熟后，像编制的小篮、小筐，编排整齐有序，盛装菜肴，美观至极，增进食欲。

5. 春卷皮做盏

用春卷皮制成大小不等的容器，也是近几年来在饭店使用的一种装盛方法。春卷皮制盏有两种方法：一是用现成铁盏、盅，将春卷皮用刀切成盏、盅大小的面积，放入两盏中间，下温油锅炸制成型后脱去盏盅；另一种用整张春卷皮，放入温油锅中，取可口可乐小瓶或250克装啤酒瓶，放入春卷皮从上向下压，当炸制成型时，脱去小瓶，捞起沥油。将面皮盏放入盘中，盛装各色炒菜，如金盏鱼米、金盏虾仁等，还可装入干性的甜品、水果、冰激凌等。

6. 擘酥做皮

借鉴西餐包饼点心制作技术，运用擀、叠制成擘酥面团中的酥皮，制作成圆形、方形、菱形装的"酥盒"。在叠制好的生坯酥皮中间挖成一个空壳状，留底，烤制成熟后，可装入虾仁、虾球、鸽粒等料于酥盒内，上面再盖上酥盒盖。此乃中西合璧、菜点合一之典范。此菜的难度在于制作擘酥盒，取用油酥面（黄油制）和水油面两块，经冷冻、叠、擀等多种工序方能完成此酥层盒子。如酥盒虾花、酥盒鹑脯、酥盒海鲜等。这是各大饭店值得推广的高档次菜肴。

7. 竹节（筒）、菠萝壳做器

竹节（筒）盛装菜肴，可以是炒菜，也可以是烧、烩、煮类菜，还可以装入羹类菜肴。用竹节（筒）、菠萝外壳作为食器盛装菜肴，也是饮食业许多饭店常使用的"配壳增韵"方法。大竹筒可一剖为二，亦可削成船形盛装菜肴。普通菜肴装进特殊的盛具，可使菜肴生辉添彩，如竹节云腿鸽、明炉竹节鱼、竹筒牛蛙、竹筒甲鱼等。竹节（筒）下有底座，上有盖子，整竹筒上席，外形完整，配上绿叶菜蔬点缀，确实风格独特。

将菠萝一切为二，挖去中间菠萝肉，留外壳，用微波炉或扒炉使壳内略加热后盛装各式炒、烧、炸肴，如菠萝鸭片、菠萝鱼块、咕噜肉、菠萝饭等，顶部有菠萝绿叶陪衬，若插上小伞、小旗，更具有独特的效果。

8. 冬瓜、南瓜、西瓜做汤盅（盏）

即取用冬瓜、南瓜、西瓜外壳作盘饰而制成冬瓜盅、南瓜盅、西瓜盅，名为"盅"，实为装汤、羹的特色深"盘"。它是配壳配味佳肴的传统工艺菜品，瓜盅只当盛器，不做菜肴，在瓜的表面可以雕刻成各种图形，或花卉，或山水，或动物，可配合宴席内容，变化多端，美不胜收。瓜盅内盛入多种原料，可汤肴，可甜羹，可整只菜，多味渗透，滑嫩清香，汁鲜味美，多为夏令时菜。

用食品外壳配装菜品，可使较普通的菜肴增加特殊的风味，它能化平庸为神奇，达到出神入化的艺术境界。诸如此类配壳增风韵的菜肴品种还有很多，如椰子壳、香瓜盅、苹果盅、雪梨盅、番茄盅等。在菜肴制作中，如能合理利用、巧妙配壳，应是菜肴创新的一个较好的思路。

思考与练习

一、课后练习

（一）填空题

1. 汉代引进的原料有 _____、_____、_____、_____ 等。

2. 在普通粗粮上创新，代表粗粮品种有 _____、_____、土豆、豌豆、山药、_____、_____ 等。

3. "十三香鸡"是采用 _____ 创新法；"天麻鱼头"是采用 _____ 创新法。

4. 制作"包菜类"菜肴的"纸"主要有 _____、_____、_____、_____。

5. 制作菜卷主要用的菜有 _____、_____、_____ 三大类。

6. 填酿工艺主要有 _____、_____、_____ 三大类。

7. 滚粘工艺主要有 _____、_____、_____ 三大类。

8. 在菜肴造型与装饰中常使用的方法有 _____ 和 _____ 两大类。

（二）判断题

1. 仿古菜是仿制古代已有的菜肴。（　　　）

2. 仿古菜主要是照搬古代制作的菜肴。（　　　）

3. "废物"利用就是把扔掉的东西捡起来再用。（　　　）

4. 嫁接组合是菜品创新常用的制作手法。（　　　）

5. "烤鸭两吃"是利用菜点结合的方法完成的。（　　　）

6. 夹心类菜肴制成后往往中间都是空的。（　　　）

7. 番茄酱是舶来品的调味料。（　　　）

8. 配壳增风韵类菜肴要注意菜肴与配壳的大小合适。（　　　）

（三）问答题

1. 为什么说菜肴创新必须先继承传统再进行创新？

2. 卷的工艺变化多端，请分析卷制工艺的制作特色。

3. 试分析夹制法的工艺特点及注意事项。

4. 举例说明菜肴借鉴点心工艺技法的创新特色。

5. 如何走中外菜品结合之路进行创新？

6. 菜肴配制外壳时必须注意哪些问题？

二、拓展训练

1. 以小组为单位，到图书馆或网上查阅创新菜资料，并归纳总结，进行班级汇报。

2. 以小组为单位，每组分别利用不同薄型片料卷制不同馅料，对所制成的卷类菜肴进行小组评讲。

3. 每人制作两款不同风格的酿制菜肴。

4. 利用可食用原料雕制两种盛装菜肴的外壳，并说明配制菜肴时的注意事项。

参考文献

［1］陈学智．中国烹饪文化大典．杭州：浙江大学出版社，2011．

［2］陈苏华．烹饪工艺学．上海：上海文化出版社，2006．

［3］周晓燕．烹调工艺学．北京：中国纺织出版社，2008．

［4］杨国堂．中国烹调工艺学．上海：上海交通大学出版社，2008．

［5］冯玉珠．烹调工艺学．北京：中国轻工业出版社，2009．

［6］季鸿崑．烹调工艺学．北京：高等教育出版社，2003．

［7］梅方．中国烹饪艺术．北京：高等教育出版社，1989．

［8］周明扬．烹饪工艺美术．北京：中国纺织出版社，2008．

［9］周妙林．中餐烹调技术．北京：高等教育出版社，1995．

［10］国家旅游局人事劳动教育司．原料制作与加工．北京：中国旅游出版社，1996．

［11］邵万宽．现代烹饪与厨艺秘笈．北京：中国轻工业出版社，2006．

［12］邵万宽．餐饮时尚与流行菜式．沈阳：辽宁科技出版社，2001．

［13］邵万宽．创新菜点开发与设计．北京：旅游教育出版社，2004．

［14］邵万宽．菜单设计．北京：高等教育出版社，2008．

［15］邵万宽，章国超．干货食品原料的涨发与菜肴制作．南京：江苏科学技术出版社，1999．

［16］邵万宽．中国烹调术基本功发展研究．四川旅游学院学报，2019（4）．

［17］邵万宽．创新能力融入烹饪技术教学的实践研究．职业，2020（7下）．

［18］邵万宽．现代厨房生产与管理（第二版）．南京：东南大学出版社，2014．

［19］邵万宽．中国美食设计与创新．北京：中国轻工业出版社，2020．